石油石化职业技能鉴定试题集

石油金属结构制作工

中国石油天然气集团公司职业技能鉴定指导中心　编

石 油 工 业 出 版 社

内 容 提 要

本书是由中国石油天然气集团公司职业技能鉴定指导中心依据石油金属结构制作工职业资格等级标准统一组织编写的《石油石化职业技能鉴定试题集》中的一本。本书包含石油金属结构制作工初级工、中级工、高级工、技师和高级技师五个级别的理论知识试题和技能操作试题,是石油金属结构制作工职业技能培训和鉴定的必备用书。

图书在版编目(CIP)数据

石油金属结构制作工/中国石油天然气集团公司职业技能鉴定指导中心编.
北京:石油工业出版社,2010.3
(石油石化职业技能鉴定试题集)
ISBN 978-7-5021-7402-6

Ⅰ. 石…
Ⅱ. 中…
Ⅲ. 油田工厂-金属结构-制作-职业技能鉴定-习题
Ⅳ. TE68-44

中国版本图书馆 CIP 数据核字(2010)第 020064 号

出版发行:石油工业出版社
　　　　(北京安定门外安华里2区1号　100011)
　　　　网　　址:www.petropub.com
　　　　编辑部:(010)64523585　图书营销中心:(010)64523633
经　　销:全国新华书店
印　　刷:北京中石油彩色印刷有限责任公司

2010年3月第1版　2016年4月第3次印刷
787×1092毫米　开本:1/16　印张:23.5
字数:600千字

定价:48.00元
(如出现印装质量问题,我社图书营销中心负责调换)
版权所有,翻印必究

《石油石化职业技能鉴定试题集》
编委会

主　任： 孙金瑜

副主任： 向守源　邱　颖

委　员（以姓氏笔画为序）：

丁传峰　丁福良　王阳福　王运才　王奎一
司志臣　刘孝祖　刘金彪　刘晓华　朱正建
朱春杰　纪安德　许　坚　李世效　李孟洲
李超英　宋玉权　张全胜　张树忠　张晓明
张爱东　张章兴　杨日新　杨明亮　杨静芬
陈若平　帕尔哈提　庞宝森　胡友彬　赵　华
郭为民　崔贵维　崔　昶　曹宗祥　职丽枫
韩　伟　熊术学　蔡激扬　樊红五　潘　慧

前 言

为适应技术、工艺、设备、材料的发展和更新，提高石油石化企业员工队伍素质，满足培训、鉴定工作的需要，中国石油天然气集团公司职业技能鉴定指导中心和中国石油化工集团公司职业技能鉴定指导中心共同组织对"十五"期间编写的部分工种职业技能鉴定题库进行了修订，同时新组织开发了部分工种职业技能鉴定题库。

本套题库的修订、编写坚持以职业活动为导向、以职业技能为核心、统一规范、充实完善的原则，注重内容的先进性与通用性；修订的题库在原题库基础上做了较大的补充和修改，增加了鉴定点和试题，内容主要是新技术、新工艺、新设备、新材料。理论知识试题仍分为选择题、判断题、简答题、计算题四种题型，以客观性试题为主；技能操作试题体现了具体化、量化、可检验、可考核的原则，更具有可操作性。

为方便石油石化企业员工学习使用，现将题库中部分试题编辑出版，形成本套《石油石化职业技能鉴定试题集》。每个工种按级别编写，合为一册出版。理论知识试题公开出版了题库中70%左右的试题，其余30%的隐含试题在相应鉴定点中都可找到同类型或同内容的试题。新试题集出版后，原试题集不再使用。

本工种题库由华北石油管理局组织修订，白青山、赵国岗任主编，参加编写的人员有高峰、胡正光、王会江、饶雪飞、曹淑芳。参加审定的人员有四川石油管理局油建公司陈炯，辽河石油职业技术学院王英，中国石油天然气第七建设公司王金涛，中国石油天然气第一建设公司刘新儒。

由于编者水平有限，书中错误、疏漏之处请广大读者提出宝贵意见。

编者

2009 年 4 月

目　　录

石油金属结构制作工职业资格等级标准(节选) …………………………………… (1)

第一部分　初级工理论知识试题

鉴定要素细目表 ………………………………………………………………………… (11)
理论知识试题 ……………………………………………………………………………… (16)
理论知识试题答案 ……………………………………………………………………… (48)

第二部分　初级工技能操作试题

考核内容层次结构表 …………………………………………………………………… (52)
鉴定要素细目表 ………………………………………………………………………… (53)
技能操作试题 …………………………………………………………………………… (54)

第三部分　中级工理论知识试题

鉴定要素细目表 ………………………………………………………………………… (87)
理论知识试题 ……………………………………………………………………………… (92)
理论知识试题答案 ……………………………………………………………………… (124)

第四部分　中级工技能操作试题

考核内容层次结构表 …………………………………………………………………… (129)
鉴定要素细目表 ………………………………………………………………………… (130)
技能操作试题 …………………………………………………………………………… (131)

第五部分　高级工理论知识试题

鉴定要素细目表 ………………………………………………………………………… (172)
理论知识试题 ……………………………………………………………………………… (177)
理论知识试题答案 ……………………………………………………………………… (211)

第六部分　高级工技能操作试题

考核内容层次结构表 ………………………………………………………………（217）
鉴定要素细目表 ……………………………………………………………………（218）
技能操作试题 ………………………………………………………………………（219）

第七部分　技师和高级技师理论知识试题

鉴定要素细目表 ……………………………………………………………………（278）
理论知识试题 ………………………………………………………………………（283）
理论知识试题答案 …………………………………………………………………（328）

第八部分　技师和高级技师技能操作试题

考核内容层次结构表 ………………………………………………………………（344）
鉴定要素细目表 ……………………………………………………………………（345）
技能操作试题 ………………………………………………………………………（346）

参考文献 …………………………………………………………………………（369）

石油金属结构制作工职业资格等级标准(节选)

一、基础知识
1. 基础理论知识
(1)识图知识;
(2)公差与配合;
(3)常用金属材料及热处理知识;
(4)常用非金属材料知识。
2. 冷作钣金加工基础知识
(1)冷作、钣金图样的特点;
(2)基本作图方法;
(3)展开基本原理;
(4)展开方法;
(5)冷作钣金加工常用设备知识(如:剪床、卷板机、压弯设备、压力机、弯管机、钻床等的分类、用途、基本结构及维护保养方法);
(6)气割设备、工具及砂轮切割机的使用;
(7)装配工具、夹具、吊具的种类和使用方法;
(8)手工电弧焊、气焊设备及工具的知识;
(9)铆接工具及用途;
(10)设备润滑知识。
3. 钳工基础知识
(1)划线知识;
(2)钳工操作知识(锉、锯、錾、钻、绞孔、攻螺纹、套螺纹)。
4. 电工知识
(1)通用设备常用电器的种类和用途;
(2)电力拖动基础知识;
(3)安全用电知识。
5. 安全文明生产与环境保护知识
(1)现场文明生产要求;
(2)安全操作与劳动保护知识;
(3)环境保护知识。
6. 质量管理知识
(1)企业的质量方针;
(2)岗位的质量要求;
(3)岗位的质量保证措施与责任。
7. 相关法律、法规知识
(1)《劳动法》相关知识;
(2)《合同法》相关知识。

二、工作要求

1. 初级

职业功能	工作内容	技能要求	相关知识
一、备料	（一）读图与绘图	能读懂简单框架、壳体、常压容器等零件和简单构件的图样	1. 常用零件的规定画法与读图知识 2. 简单装配图的读图知识
	（二）矫正划线和展开放样	1. 能矫正一般原材料的变形 2. 能划出简单平片结构的样图 3. 能作出圆管、棱管、正圆锥管等简单件的展开图 4. 能计算简单弯曲件的展开料长	1. 原材料产生变形的原因 2. 矫正方法 3. 钣金划线基本规则和常用符号 4. 判断可展与不可展的方法 5. 圆管、棱管、正圆锥管、正棱锥管等简单构件的展开方法
	（三）切割（锯削、切、剪切、气割、砂轮切割、冲裁）	1. 能使用手锯、錾子、手剪等手工具切割原材料 2. 能使用剪床、常规气割设备、砂轮切割机等设备切割原材料	1. 锯削应用和锯削工艺 2. 錾子的种类 3. 錾割工艺 4. 剪切原理和剪切工艺 5. 冲裁原理和工艺 6. 气割原理和条件 7. 气割方法 8. 砂轮切割原理 9. 砂轮切割方法
二、成形	（一）手工成形	能使用手工工具和胎具进行简单构件的冷、热成形	1. 手工弯曲成形工艺 2. 放边与收边工艺
	（二）机械成形（卷弯、压弯、压延、弯管）	能使用弯板机、弯管机、压力机、压弯机等专用或通用成形机械进行一般构件的成形	1. 卷弯原理及工艺 2. 压弯原理和材料变形过程 3. 压弯工艺 4. 压延基本原理和工艺 5. 弯管的变形过程和弯管方法 6. 一般弯管的手工弯曲工艺 7. 有芯弯管和无芯弯管工艺
三、装配	（一）装配的基本要求	能使用夹具装配定型产品	夹具装配的定位、夹紧原理、装配基准和装配方法
	（二）简单段框架的零部件组合	能装配简单平面及方形框架	简单框架的装配工艺
	（三）简单壳体常压容器构件的零件组合	能装配简单壳体常压容器等构件	常压容器的装配工艺

续表

职业功能	工作内容	技能要求	相关知识
四、连接	(一) 连接(焊接、铆接、胀接、咬接、螺纹连接)	1. 能进行一般构件的定位焊 2. 能进行一般要求的构件铆接 3. 能咬接一般要求的平、角咬缝 4. 能进行常规要求的螺纹连接 5. 能按工艺规程进行胀接	1. 焊接原理和分类 2. 手工电弧焊原理和工艺 3. 气焊原理和工艺 4. 钎焊原理和工艺及工具 5. 铆接原理和分类 6. 铆接连接形式与工艺 7. 胀接原理和分类 8. 胀接结构形式与胀接工具 9. 常压构件的胀接方法 10. 螺纹连接结构形式 11. 螺纹连接工具与工艺 12. 咬接原理和结构形式 13. 咬接工具 14. 平角单咬缝的咬接方法
	(二) 连接后矫正	能矫正简单连接构件的变形	矫正简单连接构件变形的原理
五、质量检验	(一) 简单框架尺寸形状等检验	根据有关质量标准及技术要求对简单框架进行检验	线形尺寸的检验方法
	(二) 简单壳体常压容器尺寸、形状、位置等检验	根据有关质量标准及技术要求对简单壳体、常压容器零部件进行检验	线形对样板相结合检测方法

2. 中级

职业功能	工作内容	技能要求	相关知识
一、备料	(一) 读图与绘图	能读懂一般桁架类、箱壳、箱门类构件,低中压容器等一般构件的图样	1. 相关工种的几何作图方法 2. 一般结构件图样的读图与绘制方法 3. 装配图样中尺寸、形位公差、焊缝代号、表面粗糙度的标注及含义
	(二) 矫正划线和展开放样	1. 能矫正变形较大或复合变形的原材料 2. 能划出一般构件的样图,合理用料 3. 能作出一般结构件和方圆接管、斜圆锥管、三通管等简单相贯构件的展开图 4. 能计算多弯曲构件的展开料长	1. 手工矫正、机械矫正、火焰矫正等矫正方法的原理及应用 2. 构件划线和合理用料的方法 3. 相贯线的求作方法 4. 方圆接管、斜锥管、三通管等一般构件的展开方法 5. 简单构件的计算展开知识 6. 板厚处理方法

续表

职业功能	工作内容	技能要求	相关知识
一、备料	（三）切割（锯削、錾切、剪切、气割、砂轮切割、冲裁）	1. 能使用剪床、气割设备等设备切割曲线、薄板和 25～40mm 的厚板 2. 能安装冲裁模	1. 切削原理 2. 錾刃的几何角度和刃磨 3. 錾子的热处理 4. 剪刀刀刃的几何角度 5. 剪切力的计算 6. 常用剪床的传动原理 7. 冲裁磨具的安装和调整 8. 切割工艺参数的选择；切割变形原理和防止变形的方法；机械切割，高速、精密切割等知识；碳弧气刨知识；钣金铣切知识
二、成形	（一）手工成形	能采用通用或专用胎膜、靠模进行手工成形	1. 内、外拔销的原理与应用 2. 拱曲的原理与工艺
二、成形	（二）机械成形（卷弯、压弯、压延、弯管）	能使用弯板机、弯管机、压力机、拉弯机等专用或通用成形机械进行多曲率复杂构件的成形	1. 热卷材料加热工艺和热卷工艺 2. 双曲面的卷弯工艺 3. 弯曲回弹和最小弯曲半径的因素 4. 复杂结构的压弯方法 5. 压延坯料尺寸的计算方法 6. 热压工艺 7. 椭圆度计算方法 8. 螺旋管等弯管的手工弯曲工艺 9. 水平和空间简单多弯头弯管的弯曲工艺
二、成形	（三）其他成形	能运用爆炸成形、旋压成形和水火成形的方法将工件成形	1. 爆炸成形的原理和工艺 2. 旋压成形的原理 3. 水火成形的原理和工艺
三、装配	（一）桁架、梁柱零部件组合	能进行桁架、梁柱零部件的装配	一般桁架、梁柱类的装配工艺
三、装配	（二）箱壳、箱门类和低中压容器的零部件组合	能进行箱壳、箱门类和低中压容器的装配	一般箱壳、箱门类和低中压容器的装配工艺
三、装配	（三）调试工夹具和改善工夹具的性能	根据装配技术要求调试和改善工夹具的性能	工夹具设计的基础知识

续表

职业功能	工作内容	技能要求	相关知识
四、连接	（一）连接（焊接、铆接、胀接、咬接、螺纹连接）	1. 能进行全位置定位焊 2. 能作要求较高的结构铆接 3. 能作低中压构件的胀接 4. 能进行双咬缝和角式复合咬缝的咬接 5. 能进行各类的螺纹连接	1. 电弧焊设备的构造和工作原理 2. 焊条的分类、型号和焊条的选用 3. 焊接变形与矫正方法 4. 其他焊接原理 5. 铆接设备的构造和工作原理 6. 铆钉参数的确定方法 7. 其他铆接方法 8. 铆接顺序和胀紧程度的确定方法 9. 低压构件的胀接方法 10. 胀接缺陷分析方法 11. 螺纹连接放松措施 12. 螺纹连接力矩控制方法 13. 平、角复合咬缝的咬接知识 14. 弯管的咬接知识 15. 常压容器的咬接知识
	（二）连接后矫正	能矫正一般连接构件的变形	一般连接构件变形的原理
五、质量检验	（一）一般构件尺寸、形状、位置等检验	能根据有关质量标准及技术要求对一般构件进行尺寸、形状、位置检验	构件形位的检测知识
	（二）中低压容器尺寸、形状、位置等检验	能根据有关质量标准及技术要求对低中压容器进行尺寸、形状、位置检验	了解《国标150》及《容规》的有关检测知识
	（三）焊缝外观的检验	能根据有关焊缝质量标准、技术要求对焊缝进行外观检验	有关焊接标准，焊缝余高、腰高及腰边等方面的检测知识

3. 高级

职业功能	工作内容	技能要求	相关知识
一、备料	（一）读图与绘图	能读懂复杂结构桁架类，箱壳类、箱门类构件，中高压容器等复杂构件的图样	1. 复杂结构件图样的读图与分析方法 2. 根据装配图样拆绘零件图样的方法
	（二）矫正划线和展开放样	1. 能矫正不同材质及不同横截面原材料的变形 2. 能绘制复杂构件的样图 3. 能作出复杂构件和偏、斜交相贯构件的展开图 4. 能作出一般不可展表面构件的近似展开图 5. 能计算简单空间弯曲件的展开料长	1. 不同材质及不同横截面原材料的矫正方法 2. 划线时加工余量的确定方法 3. 结构件的局部结构工艺性处理方法 4. 偏、斜交相贯线求作及其表面展开的方法 5. 不可展表面近似展开的方法

续表

职业功能	工作内容	技能要求	相关知识
一、备料	（三）切割（锯削、錾切、剪切、气割、砂轮切割、冲裁）	1. 能根据切断材料的断面等进行质量分析，并采取相应措施 2. 能按一般构件的技术要求及结构类型制定工艺流程	1. 剪床剪切能力换算方法 2. 剪切质量分析和剪床调整方法 3. 冲裁件质量分析方法 4. 气割质量分析和工艺措施 5. 等离子弧切割原理和工艺 6. 光电跟踪切割原理
二、成形	（一）手工、机械成形	1. 能根据成形要求和成形设备制造一般胎、夹具 2. 能根据图样要求制作展开样板 3. 能对成形缺陷进行工艺分析，并能采取相应措施	1. 手工成形质量分析方法及常见缺陷防止方法 2. 卷板机传动系统 3. 卷板机上的家具设计、制造方法 4. 压弯模及其安装、调整方法 5. 压弯间的缺陷分析和防止措施 6. 压延模具的安装、调试方法 7. 压延工艺流程的制定方法 8. 空间多角度弯管的夹角、料长等计算弯管工艺
	（二）其他成形	能运用橡皮成形、旋压成形、水火成形方法将工件成形	1. 橡皮成形原理 2. 旋压成形原理 3. 水火成形原理
三、装配	（一）复杂桁架、机架、箱门的零部件组合	能制作安装复杂桁架、机架、箱门等复杂结构件	复杂桁架、机架、箱门等结构件的装配工艺
	（二）中高压容器的零部件组合	能进行中高压容器的装配	中高压容器的装配工艺
	（三）制造工装夹具	能根据装配技术要求制造工装夹具	设计制造工装夹具的基础知识
四、连接	（一）连接（焊接、铆接、胀接、咬接、螺纹连接）	能对焊接、铆接、胀接、咬接等的连接缺陷进行分析，并能采取相应的措施	1. 焊接质量分析方法 2. 焊接结构变形与矫正方法 3. 特种材料的焊接方法 4. 其他焊接设备和焊接方法 5. 铆接工艺制定知识 6. 铆接件的变形和防止变形的方法 7. 铆接缺陷的分析与减少缺陷的方法 8. 胀接工艺制定知识 9. 其他胀接方法
	（二）连接后矫正	1. 能分析构件连接后产生变形的原因 2. 能矫正连接后复杂结构的变形	1. 构件连接后的变形分析 2. 不同材质构件的几种矫正方法

续表

职业功能	工作内容	技能要求	相关知识
五、质量检验	（一）复杂结构件的尺寸、形状、位置等检验	能根据装配技术的要求检验复杂结构件	复杂结构件的计算知识
	（二）在基准转换时尺寸、形状、位置的检验	在基准转换时，能根据技术要求进行构件的检验	基准转换时构件尺寸的计算方法
	（三）接缝检验	能进行接缝致密性检验及接缝强度的计算	接缝致密性检测知识及铆接、焊接的强度计算等

4. 技师

职业功能	工作内容	技能要求	相关知识
一、备料	（一）读图与绘图	能根据一般构件绘制零件加工图	测绘零、部件的知识
	（二）矫正划线和展开放样	1. 能作出异形构件和复杂相贯构件的展开图 2. 能作出复杂不可展开表面构件的展开图 3. 能计算一般空间弯曲件的展开料长	1. 不同材质及不同横截面原材料的矫正方法 2. 划线时加工余量的确定方法 3. 结构件的局部结构工艺性处理方法 4. 本工种相关的画法几何知识 5. 空间夹角的求作和计算方法
	（三）切割（锯削、錾切、剪切、气割、砂轮切割、冲裁）	能分析构件图样及技术要求，制定工艺流程，编写工艺规程	1. 冲裁工艺的编制知识 2. 数控切割原理和工艺
二、成形	（一）手工、机械成形	1. 能进行非常规筒体及其他零件的冷、热卷制 2. 能对成形质量进行分析，并能改进制造工艺 3. 能根据成形要求和成形设备设计工装夹具	1. 手工成形时材料应力改变的基本知识 2. 压弯模主要参数的确定方法 3. 压弯件质量分析方法 4. 压延件质量分析方法 5. 压延模主要工作部位的调试和修正方法 6. 弯管的质量分析方法 7. 弯管模主要参数的确定方法
	（二）其他成形	能运用点压成形、水模成形的方法成形	1. 点压成形的原理和工艺 2. 水模成形的原理和工艺
三、装配	（一）构件的装配工艺	能根据构件的技术要求制定装配工艺	一般构件的装配工艺
	（二）设计工装夹具	能根据装配技术要求设计工装夹具	工装夹具的设计和制造知识

续表

职业功能	工作内容	技能要求	相关知识
四、连接	（一）连接（焊接、铆接、胀接、咬接、螺纹连接）	1. 能按技术要求制定焊接、铆接、胀接、咬接等连接工艺 2. 能计算出焊接、铆接、胀接、咬接的强度以及加工余量	1. 电弧焊、气焊等焊接工艺的制定方法 2. 焊缝质量分析方法 3. 焊接应力、变形分析方法 4. 其他焊接工艺 5. 铆接接缝结构尺寸的确定方法 6. 铆接强度校核方法 7. 螺纹连接强度校核方法
	（二）连接后矫正	1. 能根据不同的材料、材质及用途编制矫正工艺 2. 能根据图样上的构件及连接形式分析其应力及变形，并制定相应的连接工艺	热矫工艺及机械、手工矫正工艺的编制方法
五、质量检验	（一）制定检验方案	能按技术要求制定检验方案	质量控制方面的知识
	（二）对产品功能试验和检验	能按图样技术要求进行产品功能试验和检验	构件质量检查知识
六、新技术的应用	（一）新技术的应用	能学习应用国内本工种新技术、新工艺	国内新技术、新工艺应用知识
	（二）新设备、新材料的应用	能学习应用推广国内新设备、新材料	国内新设备、新材料应用知识
七、培训指导	（一）指导操作	能指导初、中、高级工进行实际操作	培训指导实际操作基本方法
	（二）理论培训	能讲授本专业技术理论知识	培训教学基本方法
八、管理	（一）质量管理	1. 能在本职工作中认真贯彻各项质量标准 2. 能应用质量管理知识，对操作过程进行质量分析与控制	1. 相关质量标准 2. 质量分析与控制方法
	（二）生产管理	1. 能组织有关人员协同作业 2. 能协助部门领导进行生产计划、调度及人员的管理	生产管理基本知识
九、计算机应用	（一）文字录入	能用五笔或拼音在计算机文档或表格内进行文字录入，每分钟不少于30字节	文字录入处理知识
	（二）表格处理	能作一些常用表格	Excel等表格编辑知识
	（三）制图软件的应用	运用制图软件绘制一些简单图形及展开图	AutoCAD等制图软件知识

5. 高级技师

职业功能	工作内容	技能要求	相关知识
一、备料	（一）读图与绘图	能根据复杂产品图样分解绘制零部件图样	计算机辅助常识
	（二）矫正划线和展开放样	1. 能作出非常规构件的展开图 2. 能制作复杂、高难度的展开样板，能制定材料定额	1. 复杂构件的划线放样知识 2. 一般位置异形构件或相贯件的展开知识 3. 一般位置空间夹角的求作和计算知识
	（三）切割（锯削、錾切、剪切、气割、砂轮切割）	能根据产品结构特点及技术要求，制定、编写包括产品试验、零部件加工、质量检验和总装调试等整个产品制造的工艺规程、生产计划等工艺性文件	合理制定备料定额及备料综合工艺知识
二、成形	（一）手工成形	1. 能编制非常规筒体等的卷制工艺，并能对机械设备进行调整 2. 能根据产品的技术要求，制定成形工艺 3. 能设计用于成形的工具、夹具、模具	1. 手工成形时材料应力消除及缺陷的防治措施 2. 压延力的计算方法 3. 压延模主要参数的确定和模具的改进方法 4. 防止弯管质量问题的措施 5. 特殊管径弯管工艺的制定方法
	（二）机械成形		
三、装配	（一）零部件装配组合	能进行现场装配，并能对装配进行质量分析和采取相应措施	装配复杂结构件工具、夹具、模具的设计和制造知识
	（二）装配工艺	能根据产品技术要求，制定部件间的装配工艺	装配质量的分析方法
四、连接	（一）连接（焊接、铆接、胀接、咬接、螺纹连接）	1. 能对焊接、铆接、螺纹连接等进行强度校核 2. 能对连接接缝质量进行分析，并能采取相应的工艺措施	1. 焊接冶金知识 2. 焊接质量的检验方法 3. 焊缝强度校核方法 4. 控制复杂结构焊接变形和矫正方法
	（二）连接后矫正	能设计用于矫正的工装夹具等	1. 连接构件应力分析方法 2. 火焰矫正热点分布图的绘制方法
五、质量检验	（一）尺寸、形状、位置等检验及变形分析	能全面分析产品质量问题产生的各种原因	对产生产品质量问题的原因进行全面分析
	（二）尺寸、形状、位置等检验及解决办法	对产品产生变形提出解决问题的具体方案	对产生产品质量问题提出解决办法

续表

职业功能	工作内容	技 能 要 求	相 关 知 识
六、新技术应用	（一）新技术应用	能够进行初、中、高级工培训	国内新技术、新工艺应用知识
	（二）新设备、新材料应用	能学习应用推广国内新设备、新材料	国内新设备、新材料应用知识
七、培训指导	（一）技能培训	能指导初、中、高级工进行实际操作	技能操作培训讲义的编制
	（二）理论培训	能指导初、中、高级工进行技术理论培训	理论培训讲义的编制
八、计算机应用	（一）文字录入	能用五笔或拼音在计算机文档或表格内进行文字录入，每分钟不少于60字节	文字录入处理知识
	（二）表格处理	能作一些常用表格	Excel 等表格编辑知识
	（三）制图软件的应用	能运用制图软件绘制一些简单图形及展开图	AutoCAD 等制图软件知识
	（四）多媒体制作	能利用多媒体给职工讲课	PowerPoint 幻灯片等多媒体应用知识

第一部分　初级工理论知识试题

鉴定要素细目表

行为领域	代码	鉴定范围（重要程度比例）	鉴定比重	代码	鉴定点	重要程度	备注
基础知识 A 25%	A	机械制图知识（08:06:03）	5%	001	图样的定义	X	
				002	图纸与图样	Y	
				003	图纸的规格	Y	
				004	图幅与比例	Y	
				005	剖视与剖面	X	
				006	三视图及投影规律	X	
				007	水平投影法和正投影法	X	
				008	总图与零件图	X	
				009	尺寸公差的定义	Y	
				010	配合的概念	X	
				011	形位公差的范畴	Y	
				012	表面粗糙度的涵义	Z	
				013	金属结构制作工图样的尺寸标注	X	
				014	金属结构制作工图样中的材料拼接与焊缝	X	
				015	金属结构制作工图样的视图方法	Z	
				016	简单装配图的识读过程	Y	
				017	石油化工设备图样的特点	Z	
	B	常用钢材及其热处理（06:06:04）	10%	001	金属材料的种类	Y	
				002	金属的性质	Z	
				003	钢的种类	X	
				004	钢材分类	Y	
				005	钢材的性能	Y	
				006	金属材料的密度	X	
				007	碳素钢的含碳量	X	
				008	碳素工具钢的含碳量	Z	
				009	特殊工具钢的分类	Z	
				010	钢材常见的变形	X	

续表

行为领域	代码	鉴定范围（重要程度比例）	鉴定比重	代码	鉴定点	重要程度	备注
基础知识 A 25%	B	常用钢材及其热处理（06:06:04）	10%	011	常见的矫正钢材设备	Y	
				012	常见钢材的热处理	Y	
				013	退火的目的	X	
				014	正火的目的	Y	
				015	淬火的目的	X	
				016	回火的目的	Z	
	C	标准件及附件（05:03:02）	10%	001	法兰	X	
				002	紧固件	Y	
				003	管嘴及管头	Y	
				004	密封件	X	
				005	阀门	X	
				006	透光孔、人孔及手孔	Z	
				007	量液孔及通气管	Z	
				008	接合管及呼吸阀	Y	
				009	阻火器	X	
				0010	加热器	X	
专业知识 B 65%	A	常用设备、工具及量具（07:06:02）	10%	001	滚弯的概念及特点	Y	
				002	对称式三轴卷板机的特点	X	
				003	不对称式三轴卷板机的特点	X	
				004	龙门剪板机的工作特点	X	
				005	其他剪切设备的工作特点	Y	
				006	机械压力机的工作特点	X	
				007	液压机的工作特点	X	
				008	矫形设备的结构特点	Y	
				009	刨边机的适用范围	X	
				010	设备润滑知识	Y	
				011	手弧焊设备的分类	Y	
				012	其他相关设备的型号标定方法	Z	
				013	常用工具的种类和用途	Z	
				014	量具的划分	Y	
				015	常用量具的用途	X	
	B	展开与放样（16:07:02）	10%	001	放样	X	
				002	放样基准的选择	X	
				003	放样步骤	X	
				004	划线基本原则	X	
				005	划线常用符号	Y	

续表

行为领域	代码	鉴定范围（重要程度比例）	鉴定比重	代码	鉴定点	重要程度	备注
专业知识 B 65%	B	展开与放样（16:07:02）	10%	006	号料	Y	
				007	号料的允差范围	X	
				008	放样与号料工具	Y	
				009	样板的种类和作用	Z	
				010	常用几何作图方法	X	
				011	可展表面的判断	X	
				012	不可展表面的判断	X	
				013	线段实长的判定	X	
				014	求实长的方法	X	
				015	几何形体截交线的投影规律	X	
				016	画展开图的方法	X	
				017	板厚处理的原则	Y	
				018	型钢构件的弯制	X	
				019	弯曲体的展开长度计算	Y	
				020	弯曲料展开计算的步骤	X	
				021	圆钢弯曲的展开长度计算	Y	
				022	角钢弯曲的展开长度计算	Y	
				023	圆管弯曲的展开长度计算	X	
				024	样板制作	X	
				025	容器封头的种类及特点	Z	
	C	压力容器制造及质量保证（16:09:02）	20%	001	压力容器的种类	Y	
				002	压力容器制造的一般要求	Y	
				003	压力容器制造工艺及质量标准	X	
				004	材料的准备	X	
				005	下料	X	
				006	预弯工艺参数	Y	
				007	对中的方法	X	
				008	圆柱面卷弯工艺	X	
				009	圆锥面卷弯工艺	X	
				010	压弯工艺的选择	Y	
				011	压弯时材料的变形过程	X	
				012	弯曲回弹的原理	X	
				013	压延工艺	X	
				014	压延基本原理	Y	
				015	压延件起皱的原因	Y	
				016	常用弯管方法	X	

续表

行为领域	代码	鉴定范围（重要程度比例）	鉴定比重	代码	鉴 定 点	重要程度	备注
专业知识 B 65%	C	压力容器制造及质量保证 (16:09:02)	20%	017	零部件预制	X	
				018	组装	X	
				019	零件的自由度	Y	
				020	中心线、对角线及垂直度	X	
				021	组装方法	Z	
				022	组装方法的应用	X	
				023	胎具装配法的定义	X	
				024	焊接检验及热处理	Z	
				025	压力试验和致密性试验	X	
				026	现场组焊工艺及质量标准	Y	
				027	压力容器制造质量保证	Y	
	D	钢结构制作与安装 (08:03:01)	15%	001	原材料检验及钢结构件预制	Y	
				002	地样装配法的适用范围	X	
				003	H形钢组对要求	X	
				004	塔架安装	X	
				005	工厂拼装	X	
				006	钢结构安装的一般知识	Y	
				007	基础验收	Z	
				008	钢结构安装工艺	X	
				009	钢结构的连接和固定	X	
				010	钢结构吊装方法	Y	
				011	钢结构变形的原因	X	
				012	钢结构变形的种类与矫正	X	
	E	金属结构制作基本功 (07:04:01)	10%	001	锤的种类和用途	X	
				002	打大锤的方法	X	
				003	打大锤注意事项及质量要求	X	
				004	扁钢热煨法兰的工艺	X	
				005	铁碳合金状态图的组织变化	Y	
				006	錾子的淬火方法	X	
				007	胀管器的基本结构	X	
				008	开槽胀接的胀接长度	X	
				009	光孔胀接的工艺参数	Y	
				010	胀接原理和用途	Z	
				011	胀接准备	Y	
				012	机械胀接及形式	Y	

续表

行为领域	代码	鉴定范围（重要程度比例）	鉴定比重	代码	鉴 定 点	重要程度	备注
相关知识 C 10%	A	安全基本知识（06:03:01）	5%	001	一般安全常识	Y	
				002	安全用电常识	X	
				003	电对人体的伤害	X	
				004	高空作业	X	
				005	起重安全常识	Y	
				006	机械设备的危险性	X	
				007	环境保护的概念	X	
				008	企业对环境污染的防治	Y	
				009	安全用火和防火常识	X	
				010	带压动火检修安全要求	Z	
	B	相关工种的一般常识（03:01:01）	5%	001	电焊常识	X	
				002	气焊与气割基本知识	X	
				003	钳工基本知识	X	
				004	起重工基本知识	Y	
				005	电工常识	Z	

注：X—核心要素；Y——般要素；Z—辅助要素。

理论知识试题

一、选择题(每题4个选项,只有1个是正确的,将正确的选项号填入括号内)

1. AA001 工程施工时使用的完整技术图纸称为( )。
   (A) 图纸　　　　(B) 图样　　　　(C) 工艺图　　　　(D) 施工图
2. AA001 图样能够准确地表达物体( )尺寸及技术要求。
   (A) 结构　　　　(B) 形式　　　　(C) 形状　　　　(D) 视图
3. AA001 图样是工程的( )。
   (A) 语言　　　　(B) 技术要求　　(C) 准则　　　　(D) 规则
4. AA002 对于( ),图纸也包括带有图框格式的图纸。
   (A) 工程图样　　(B) 工程图纸　　(C) 视图　　　　(D) 图幅
5. AA002 交付生产使用的完整的技术图称为( )。
   (A) 图纸　　　　(B) 图样　　　　(C) 视图　　　　(D) 流程图
6. AA002 图样包括图形结构、尺寸及其公差、形状公差、表面粗糙度等几何特征要求,以及所需要表达的各种( )和文字说明。
   (A) 尺寸　　　　(B) 形状　　　　(C) 数据　　　　(D) 符号
7. AA003 用来绘制图样的纸张称为( )。
   (A) 技术图　　　(B) 视图　　　　(C) 图纸　　　　(D) 流程图
8. AA003 A3图纸沿长方向对折可分割成两张( )图纸。
   (A) A1　　　　　(B) A2　　　　　(C) A4　　　　　(D) A5
9. AA003 图纸和图样的根据区别在于有无( )。
   (A) 视图　　　　(B) 工程图　　　(C) 技术图　　　(D) 加工图
10. AA004 在图纸上,为了制图的需要,往往把实物缩小或扩大一定倍数来绘制。比例为2:1是将实物( )来绘制。
    (A) 放大1倍　　(B) 缩小1倍　　(C) 放大1/2　　(D) 缩小1/2
11. AA004 图框的格式,无论图样是否装订,均应在( )画出。
    (A) 标题栏　　　(B) 图幅内　　　(C) 图样上　　　(D) 图纸上
12. AA004 图样无论采用放大或缩小,在标注尺寸时,应按机件的( )标注。
    (A) 形位尺差　　(B) 技术要求　　(C) 实际尺寸　　(D) 放大或缩小
13. AA005 假想用剖切面剖开机件,将处在观察者和剖切面之间的部分移开,而将其余部分向投影面投影所得的图形称为( )图。
    (A) 剖视　　　　(B) 剖面　　　　(C) 断面　　　　(D) 主视面
14. AA005 剖视不包括( )部分,应按投影方向将其可见部分画出。
    (A) 剖面　　　　(B) 投影　　　　(C) 断面　　　　(D) 视图
15. AA005 旋转剖视两剖切平面的交线一般应与零件上旋转轴( ),使其剖视图不失真。
    (A) 一致　　　　(B) 相同　　　　(C) 相反　　　　(D) 重合
16. AA006 三视图中,正面投影面上的视图为( )。

(A) 主视图　　　(B) 俯视图　　　(C) 左视图　　　(D) 仰视图

17. AA006　三视图中,侧投影面上的视图称为( )。
(A) 主视图　　　(B) 俯视图　　　(C) 左视图　　　(D) 仰视图

18. AA006　画在纸上的图形是( ),即视图。
(A) 施工图纸　　(B) 三视图　　　(C) 技术图样　　(D) 物体的投影

19. AA006　俯视图可以反映物体的( )。
(A) 长度和高度　　　　　　　　　(B) 长度和宽度
(C) 高度和宽度　　　　　　　　　(D) 长度、宽度和高度

20. AA006　左视图反映了物体的( )。
(A) 长度和高度　　　　　　　　　(B) 长度和宽度
(C) 高度和宽度　　　　　　　　　(D) 长度、宽度和高度

21. AA006　将机件分别向三个相互垂直的投影面进行投影而得到的视图称为( )。
(A) 局部视图　　(B) 斜视图　　　(C) 旋转视图　　(D) 三视图

22. AA007　在正投影法中,投影、投影线与投影面垂直的投影称为( )。
(A) 正投影　　　(B) 侧投影　　　(C) 中心投影　　(D) 平行投影

23. AA007　投影法是一组射线通过物体射向预定平面上所得到( )的方法。
(A) 视图　　　　(B) 投影线　　　(C) 图形　　　　(D) 物体特征

24. AA007　平行投影法中,投影线与投影面倾斜时的投影称为( )。
(A) 平行投影　　(B) 水平投影　　(C) 正投影　　　(D) 斜投影

25. AA008　零件图至少由3个视图来表示,在特定情况下,例如1个加强筋板零件,只需1个( )就可以把1个零件表示清楚。
(A) 主视图　　　(B) 俯视图　　　(C) 左视图　　　(D) 剖视图

26. AA008　凡是表达2个以上(含2个)零件组合的图样,统称为( )图。
(A) 零件　　　　(B) 部件　　　　(C) 组件　　　　(D) 装配

27. AA008　总图一般包括1组( )、必要的尺寸以及技术要求和说明,同时还包括标题栏、零件编号和材料明细表。
(A) 图样　　　　(B) 视图　　　　(C) 图纸　　　　(D) 装配图

28. AA009　图样中基本尺寸就是( )。
(A) 极限尺寸　　　　　　　　　　(B) 设计给定的尺寸
(C) 实测尺寸　　　　　　　　　　(D) 实际尺寸

29. AA009　图样中实际尺寸就是( )。
(A) 极限尺寸　　　　　　　　　　(B) 设计给定的尺寸
(C) 零件加工后的实际尺寸　　　　(D) 基本尺寸

30. AA009　图样中极限尺寸就是( )。
(A) 基本尺寸　　　　　　　　　　(B) 实际尺寸
(C) 实测尺寸　　　　　　　　　　(D) 允许尺寸变动的两个界限值

31. AA010　两个零件配合时有一定的空隙,可做相对运动,这种配合称为( )配合。
(A) 静　　　　　(B) 间隙　　　　(C) 过盈　　　　(D) 过渡

32. AA010　两个零件配合时,不但没间隙,而且相互挤压,装配后两零件不能做相对运动的配合称为( )配合。

(A) 动　　　　(B) 间隙　　　　(C) 过盈　　　　(D) 过渡

33. AA010 两零件配合后可做相对运动的配合称为（　）配合。
(A) 静　　　　(B) 间隙　　　　(C) 过盈　　　　(D) 过渡

34. AA011 形位和位置公差简称（　）。
(A) 形位公差　(B) 形状误差　(C) 位置误差　(D) 基本公差

35. AA011 测微准直望远镜和光学直角器,可用于测量机床立柱对水平导轨的（　）误差。
(A) 直线度　　(B) 垂直度　　(C) 平等度　　(D) 对称度

36. AA011 零件的形位公差可由尺寸公差、加工精度和（　）予以保证。
(A) 加工方法　(B) 加工工艺　(C) 生产工艺　(D) 工艺过程

37. AA012 表面粗糙度是指加工表面具有较小间距和峰谷所组成的微观（　）特性。
(A) 不平度　　(B) 几何形状　(C) 加工痕迹　(D) 几何尺寸

38. AA012 用不去除材料的方法获得的表面粗糙度用符号（　）标注。
(A) $\overset{12.5}{\triangledown}$　(B) $\overset{6.3}{\triangledown}$　(C) ⌒　(D) ═

39. AA012 表面粗糙度评定参数中轮廓算术平均偏差用符号（　）表示。
(A) R_r　　　(B) R_x　　　(C) R_a　　　(D) R_2

40. AA013 冷作钣金图样中一般只标出主要的（　）尺寸。
(A) 零件　　　(B) 部件　　　(C) 技术　　　(D) 几何

41. AA013 屋架图样中的斜拉的尺寸一般在图样中（　）标注。
(A) 不预　　　(B) 给予　　　(C) 实尺　　　(D) 节点

42. AA013 屋架图样中支撑角钢的尺寸一般在图样（　）标注。
(A) 不预　　　(B) 给予　　　(C) 实尺　　　(D) 节点

43. AA014 大型结构件中拼接方式、拼接焊缝位置是根据技术要求和（　）进行。
(A) 图样要求　(B) 材料情况　(C) 受力情况　(D) 外观要求

44. AA014 有些构件图样上结合处的接缝形式、（　）没有标明,这也需要根据技术要求、加工工艺进行结构处理确定。
(A) 结构形式　(B) 焊接坡口　(C) 焊条材质　(D) 连接方式

45. AA014 图样中如果结构处理要影响到技术要求,则要通知有关（　）处理、协调方能加工。
(A) 设计部门　(B) 监理　　　(C) 技术部门　(D) 主管领导

46. AA015 图样识读时可从大的（　）开始,循序渐进,直到细小结构、零件。
(A) 几何形状　(B) 框架结构　(C) 轮廓结构　(D) 总图

47. AA015 识读图样以主视图为主,（　）视图为辅仔细识读。
(A) 左　　　　(B) 俯　　　　(C) 剖　　　　(D) 其他

48. AA015 根据每个视图能确定（　）个方向尺寸的原理,确定零件或构件尺寸。
(A) 一　　　　(B) 二　　　　(C) 三　　　　(D) 四

49. AA016 简单装配图样多以（　）或部件的装配图形式出现。
(A) 总图　　　(B) 零件　　　(C) 整体　　　(D) 框架

50. AA016 装配图零件之间具有一定的（　）、连接方式等关系。
(A) 几何形状　(B) 相对位置　(C) 几何尺寸　(D) 整体形状

51. AA016　识读图样时除了对（　）尺寸了解外，还需明确各零件的相对位置和连接方式。
　　　　　（A）整体形状　　（B）几何形状　　（C）框架结构　　（D）整体结构

52. AA017　石化设备图样的主视图上，开口接管一般分别列在器壁两旁，且只表明其相互间的（　）关系。
　　　　　（A）尺寸　　　　（B）左右　　　　（C）高度　　　　（D）长度

53. AA017　石化设备图样的主视图上，某种开口的数量、名义直径、规格、外伸长度及焊接形式等均在总图的（　）。
　　　　　（A）上方　　　　（B）下方　　　　（C）左方　　　　（D）右方

54. AA017　石化设备总图上不仅有符合机械制图所要求的各种视图，而且还给出了设备（　）的有关参数。
　　　　　（A）设计　　　　（B）施工　　　　（C）标准　　　　（D）高度

55. AB001　生铁和钢都是由铁和（　）两种元素为主所组成的合金。
　　　　　（A）磷　　　　　（B）硅　　　　　（C）碳　　　　　（D）硫

56. AB001　钢和生铁的主要区别在于其组成中的（　）元素含量不同。
　　　　　（A）合金　　　　（B）碳　　　　　（C）有色金属　　（D）黑色金属

57. AB001　钢是由（　）经冶炼而成的。
　　　　　（A）生铁　　　　（B）氧化铁　　　（C）锰和铁　　　（D）硅和铁

58. AB002　金属的性质可归纳为物理性质、化学性质及（　）三大部分。
　　　　　（A）导热性　　　（B）导电性　　　（C）导磁性　　　（D）机械性质

59. AB002　金属的物理性质包括密度、熔点、热膨胀、导热性，导电性及（　）。
　　　　　（A）耐热性　　　（B）耐酸性　　　（C）耐碱性　　　（D）导磁性

60. AB002　金属的（　）是在受外力作用时所表现出来的各种物理特性。
　　　　　（A）抗拉强度　　（B）机械性质　　（C）硬度　　　　（D）刚性

61. AB003　钢是黑色金属的大支系，包括（　）和合金钢。
　　　　　（A）低碳钢　　　（B）中碳钢　　　（C）高碳钢　　　（D）碳素钢

62. AB003　碳素钢按其杂质含量多少，分为（　）和优质碳素钢两大类。
　　　　　（A）普通碳素钢　（B）低合金钢　　（C）压力容器用钢（D）高炉钢

63. AB003　结构用钢按其产品可分为压力容器用钢、锅炉用钢、气瓶用钢、轴承用钢和（　）等。
　　　　　（A）建筑用钢　　（B）船舶用钢　　（C）工业用钢　　（D）农业用钢

64. AB004　钢材一般分为板材、管材、线材和（　）四大类。
　　　　　（A）槽钢　　　　（B）角钢　　　　（C）扁钢　　　　（D）型材

65. AB004　角钢、工字钢、槽钢、圆钢、方钢、六角钢和扁钢统称为（　）。
　　　　　（A）型钢　　　　（B）多用钢　　　（C）冷轧钢　　　（D）热轧钢

66. AB004　等边角钢规格用（　）和肢的厚度表示。
　　　　　（A）长度　　　　（B）边长　　　　（C）重量　　　　（D）材质

67. AB005　钢材的强度性能主要指标是（　）。
　　　　　（A）延伸率　　　（B）冷弯能力　　（C）可焊性　　　（D）抗拉强度

68. AB005　钢材的力学性能主要包括强度性能、塑性及（　）。
　　　　　（A）屈服强度　　（B）韧性性能　　（C）工艺性能　　（D）延伸率

69. AB005　塑性性能指标包括（　）和断面收缩率。
　　　　　（A）硬度　　　　（B）冷弯能力　　（C）抗拉强度　　（D）延伸率
70. AB006　钢的密度为7.85（　）。
　　　　　（A）g/cm²　　　（B）g/cm³　　　（C）kg/cm²　　　（D）kg/cm³
71. AB006　锡的密度为（　）g/cm³。
　　　　　（A）8.96　　　　（B）7.298　　　（C）8.298　　　（D）9.96
72. AB006　铜的密度为（　）g/cm³。
　　　　　（A）7.298　　　（B）8.96　　　　（C）8.86　　　　（D）8.298
73. AB007　一般工业实际使用的碳钢含碳量小于（　）。
　　　　　（A）2.11%　　　（B）2.09%　　　（C）1.5%　　　　（D）1.4%
74. AB007　高碳钢含碳量（　）。
　　　　　（A）≤0.25%　　　　　　　　　　　（B）0.25%～0.55%
　　　　　（C）>0.60%　　　　　　　　　　　（D）≥0.65%
75. AB007　中碳钢含碳量为（　）。
　　　　　（A）0.25%～0.40%　　　　　　　　（B）0.3%～0.45%
　　　　　（C）0.35%～0.50%　　　　　　　　（D）0.25%～0.60%
76. AB008　一般碳素工具钢含碳量大于（　）。
　　　　　（A）0.5%　　　　（B）0.6%　　　　（C）0.7%　　　　（D）0.8%
77. AB008　锉刀、刮刀、量具等碳素工具钢含碳量为（　）。
　　　　　（A）0.7%～0.8%　　　　　　　　　（B）0.9%～1.1%
　　　　　（C）1.3%～1.4%　　　　　　　　　（D）1.2%～1.3%
78. AB008　一般要求韧性稍高的碳素工具含碳量（　），如样冲、錾子等。
　　　　　（A）1.3%～1.4%　　　　　　　　　（B）0.9%～1.1%
　　　　　（C）1.2%～1.3%　　　　　　　　　（D）0.7%～0.8%
79. AB009　不锈钢有铬不锈钢和（　）不锈钢。
　　　　　（A）铬镍　　　　（B）铬钼　　　　（C）奥氏体　　　（D）马氏体
80. AB009　常用的铬不锈钢有1Cr13、2Cr13和3Cr13等，统称（　）型不锈钢。
　　　　　（A）Cr11　　　　（B）Cr12　　　　（C）Cr13　　　　（D）Cr14
81. AB009　特殊性能钢的牌号和合金工具钢的表示方法（　）。
　　　　　（A）不相同　　　（B）相同　　　　（C）相似　　　　（D）不一样
82. AB010　冷矫正就是利用金属的（　），借外力或内应力的作用迫使钢材产生再变形来达到矫正的目的。
　　　　　（A）韧性特性　　（B）屈服强度　　（C）物理性能　　（D）塑性性能
83. AB010　加热矫正是利用金属热胀冷缩的（　），使钢材再变形（反变形）来达到矫正的目的。
　　　　　（A）韧性特性　　（B）塑性性能　　（C）物理性能　　（D）机械性能
84. AB010　在常温下对变形钢进行矫正的方法称为（　）。
　　　　　（A）冷作矫正　　（B）加热矫正　　（C）反变形　　　（D）变形
85. AB011　矫正各种型钢的专用矫正设备是（　）。
　　　　　（A）平板机　　　（B）滚板机　　　（C）压力机　　　（D）型钢矫正机

86. AB011　在简单调直设备中应用最广的,且消耗最少、方便制作的是(　)。
　　　　　(A) 滚板机　　　　　　　　　(B) 压力机
　　　　　(C) 龙门式型钢调直工装　　　(D) 钢板矫平机
87. AB011　手工矫正是指采用(　)辅之以夹持工装来完成矫正工作的方法。
　　　　　(A) 矫正设备　　(B) 人力锤击方式　(C) 大锤　　　　(D) 平台
88. AB012　任何热处理都包括加热、(　)和冷却三个阶段。
　　　　　(A) 退火　　　　(B) 正火　　　　　(C) 回火　　　　(D) 保温
89. AB012　将钢材加热到预定温度,保持一定时间,然后将加热件置于静止空气中自然冷却的热处理方法是(　)。
　　　　　(A) 退火　　　　(B) 正火　　　　　(C) 回火　　　　(D) 淬火
90. AB012　焊后消除应力退火温度应控制在(　)左右。
　　　　　(A) 200~300℃　(B) 300~400℃　　(C) 500~600℃　(D) 700~800℃
91. AB013　将钢材热到预定温度,保持一定时间,然后随炉缓慢冷却的热处理方法是(　)。
　　　　　(A) 退火　　　　(B) 正火　　　　　(C) 回火　　　　(D) 淬火
92. AB013　退火能细化晶粒或均匀(　)消除残余应力。
　　　　　(A) 晶体组织　　(B) 化学成分　　　(C) 组织　　　　(D) 内部结构
93. AB013　退火主要用于(　)铸、锻、焊接件及冷冲压件的组织,减少和削除残余应力。
　　　　　(A) 改良　　　　(B) 调控　　　　　(C) 完善　　　　(D) 改善
94. AB014　正火是将钢加热到AC_3以上(　)保温适当时间,出炉后在空气中冷却的热处理工艺。
　　　　　(A) 20~40℃　　(B) 30~50℃　　　(C) 30~60℃　　(D) 30~40℃
95. AB014　正火热处理工艺的主要特点是在(　)中冷却。
　　　　　(A) 空气　　　　(B) 随炉　　　　　(C) 水中　　　　(D) 油中
96. AB014　正火能细化晶粒,改善低碳钢和低碳合金钢的(　)性。
　　　　　(A) 可焊　　　　(B) 切削加工　　　(C) 机加工　　　(D) 可锻
97. AB015　淬火能提高钢的强度、硬度和(　)。
　　　　　(A) 韧性　　　　(B) 耐磨性　　　　(C) 刚度　　　　(D) 细化晶粒
98. AB015　亚共析钢淬火加热温度为AC_3以上(　)℃。
　　　　　(A) 20~40　　　(B) 30~50　　　　(C) 30~60　　　(D) 30~40
99. AB015　共析、过共析钢淬火加热温度为AC_1以上(　)℃。
　　　　　(A) 20~40　　　(B) 30~50　　　　(C) 30~60　　　(D) 30~80
100. AB016　回火是将钢加热到AC_1(　)。
　　　　　(A) 以上某一温度　　　　　　　(B) 以下某一温度
　　　　　(C) 以上20~50℃　　　　　　　(D) 以上30~60℃
101. AB016　低温回火后的材料具有高硬度和高(　)。
　　　　　(A) 强度极限　　(B) 弹性极限　　　(C) 屈服强度　　(D) 耐磨性
102. AB016　中温回火后的材料具有较高的弹性极限和(　)。
　　　　　(A) 强度极限　　(B) 屈服强度　　　(C) 耐磨性　　　(D) 红硬性
103. AC001　法兰是可拆卸零件的一种,属于板状零件,它主要承受(　)。
　　　　　(A) 正压载荷　　(B) 正拉载荷　　　(C) 弯曲载荷　　(D) 动载荷

104. AC001　法兰在使用时总是成对使用。它是靠（　）使其连接。
　　　　(A) 焊接　　　(B) 铆接　　　(C) 密封件　　　(D) 紧固件
105. AC001　1988年颁布实施的钢制管法兰国家标准使用压力等级为（　）MPa。
　　　　(A) 0.25～42.0　(B) 0.35～42.0　(C) 0.45～42.0　(D) 0.55～42.0
106. AC001　JB/T 4700—2000《压力容器法兰分类与技术条件》是现行（　）法兰采用的法兰标准之一。
　　　　(A) 螺纹　　　(B) 压力容器　　　(C) 整体　　　(D) 板式平焊
107. AC002　紧固件是参与连接的一组零件的总称。它分别包括各类（　）及各种垫圈。
　　　　(A) 法兰　　　(B) 密封件　　　(C) 螺栓、螺母　　　(D) 阀门
108. AC002　垫圈常见的且应用最为广泛的有（　），弹簧垫圈及斜垫圈。
　　　　(A) 石棉　　　(B) 橡胶　　　(C) 青稞纸　　　(D) 平垫圈
109. AC002　弹簧垫圈多用在（　）的场合。
　　　　(A) 止退连接要求　　　(B) 密封要求
　　　　(C) 高压要求　　　　　(D) 低压要求
110. AC003　管嘴分压计管嘴及（　）管嘴两类。
　　　　(A) 专用　　　(B) 通用　　　(C) 低压　　　(D) 温度计
111. AC003　弯头多数是通过（　）进行制造的。
　　　　(A) 有芯热煨　(B) 无芯热煨　(C) 冷弯　　　(D) 热轧
112. AC003　人工煨制弯管，其最小半径（　）钢管直径。
　　　　(A) 小于3.5倍　　　　(B) 不小于3.5～4倍
　　　　(C) 不小于4倍　　　　(D) 不小于4.5倍
113. AC004　非金属密封件常用（　）垫片。
　　　　(A) 缠绕式　　　　　　(B) 聚四氟乙烯包覆
　　　　(C) 橡胶石棉　　　　　(D) 铁包石棉
114. AC004　金属密封件多用于（　）工艺管道。
　　　　(A) 高温高压　(B) 低温高压　(C) 低温低压　(D) 高温低压
115. AC004　缠绕式垫片因结构不同可分为（　）、带内环型、带外环型及带内环型、外环型四种。
　　　　(A) 椭圆形金属环垫　　(B) 基本型
　　　　(C) 八角形金属环垫　　(D) 橡胶石棉垫
116. AC005　在工艺流程中起着控制流体介质流通作用的是（　）。
　　　　(A) 密封件　　(B) 管嘴　　　(C) 阀门　　　(D) 法兰
117. AC005　常用于工艺系统，防止超压爆炸的阀称为（　）。
　　　　(A) 减压阀　　(B) 安全阀　　(C) 截止阀　　(D) 节流阀
118. AC005　用于固态颗粒流体的控制的是（　）。
　　　　(A) 滑阀　　　(B) 截止阀　　(C) 节流阀　　(D) 止回阀
119. AC006　内径在300～500mm之间的压力容器，至少应开设（　）手孔。
　　　　(A) 1个　　　(B) 2个　　　(C) 3个　　　(D) 3个以上
120. AC006　压力容器上如果开设的是椭圆形人孔，其尺寸应不小于（　）。

(A) 200mm×100mm (B) 300mm×100mm
(C) 400mm×100mm (D) 400mm×250mm

121. AC006 透光孔的名义直径一般为（ ）mm。
(A) DN350 (B) DN400 (C) DN450 (D) DN500

122. AC006 用于储罐放空后通风和检修时采光的附件是（ ）。
(A) 人孔 (B) 手孔 (C) 透光孔 (D) 通气孔

123. AC007 主要用于储存不易挥发介质(如重柴油)的固定顶罐,起呼吸作用的附件是（ ）。
(A) 采光孔 (B) 人孔 (C) 通气管 (D) 呼吸阀

124. AC007 用来测定储液计量或取样用的附件是（ ）。
(A) 手孔 (B) 人孔 (C) 液位计 (D) 量液孔

125. AC007 量液孔的公称直径一般为（ ）mm。
(A) DN150 (B) DN200 (C) DN250 (D) DN300

126. AC008 当储存易挥发的石油化工介质(如汽油、原油等)时,应采用（ ）,这样能减少"小呼吸"损失。
(A) 呼吸阀 (B) 通气管 (C) 接合管 (D) 量液孔

127. AC008 呼吸阀组装后,除进行严密性检验外,还应进行（ ）试验。
(A) 机械性能 (B) 水压 (C) 风压 (D) 探伤

128. AC008 罐顶接合管是（ ）的。
(A) 与罐壁齐平 (B) 插入罐顶 (C) 安装在罐顶上 (D) 在罐底

129. AC009 呼吸阀与罐顶接合管之间必须安装（ ）。
(A) 阻火器 (B) 加热器 (C) 通气管 (D) 法兰

130. AC009 安装在呼吸阀之下,用以防止火星和火焰进入储罐的元件是（ ）。
(A) 通气管 (B) 阻火器 (C) 加热器 (D) 液位计

131. AC009 能够阻止火焰回生的阻火最小厚度,称为（ ）。
(A) 阻火厚度 (B) 阻火允许厚度
(C) 阻火极限 (D) 临界阻火厚度

132. AC010 加热器的主要目的是使储液保持最佳的（ ）。
(A) 粘度 (B) 压力
(C) 凝固点 (D) 储存或使用温度

133. AC010 对于管内外传热系数相差很大(如3:1或更大)时,采用（ ）加热器是特别经济和有效的。
(A) 光管排列式 (B) 翅片管 (C) 局部 (D) 电

134. AC010 为了减少热损失,提高经济性,可在储罐内出液管处装设（ ）加热器。
(A) 光管排列式 (B) 翅片管 (C) 局部 (D) 电

135. BA001 在滚床上进行弯曲成形加工的方法称为（ ）。
(A) 压延 (B) 滚弯 (C) 剪切 (D) 塑性变形

136. BA001 使用卷板机滚制圆筒形或弧形工件要掌握好工件的曲率,其大小取决于轴辊间的（ ）。
(A) 受力 (B) 排列 (C) 距离 (D) 位置

137. BA001　使用四辊卷板机时，发生（　）现象的原因是轴辊受力过大。
　　　　　　（A）鼓凸　　　　（B）歪扭　　　　（C）直线段　　　　（D）锥形
138. BA002　对称式三轴卷板机的最大缺点是：滚弯过的工件两端（　）。
　　　　　　（A）留下直线段　（B）歪扭　　　　（C）曲率过大　　　（D）曲率过小
139. BA002　适当（　）调整对称式三轴卷板机上轴辊的位置，即可对板料进行不同曲率的滚弯。
　　　　　　（A）向上　　　　（B）向下　　　　（C）向左　　　　　（D）向右
140. BA002　压头预弯的目的是为了解决对称式三轴卷板机卷板时（　）的问题。
　　　　　　（A）曲率大　　　（B）鼓凸　　　　（C）歪扭　　　　　（D）直线段
141. BA003　不对称式三轴卷板机突出特点是，可消除工件（　）。
　　　　　　（A）直线段　　　（B）歪扭　　　　（C）锥形　　　　　（D）鼓凸
142. BA003　不对称式三轴卷板机的轴辊排列方法，是为了消除卷制工件上的（　）而设计的。
　　　　　　（A）鼓凸　　　　（B）直线段　　　（C）歪扭　　　　　（D）锥形
143. BA003　不对称式三轴卷板机的两个下轴受力不均，使滚出的工件产生（　）现象。
　　　　　　（A）歪扭　　　　（B）锥形　　　　（C）凸凹　　　　　（D）鼓凸
144. BA004　剪板机属于（　）设备。
　　　　　　（A）切割　　　　（B）成形　　　　（C）冲压　　　　　（D）矫正
145. BA004　常见的龙门剪板机是斜刃剪切，它与平刃剪切的剪切力相比（　）。
　　　　　　（A）大得多　　　（B）小得多　　　（C）一样　　　　　（D）速度慢
146. BA004　用龙门剪板机剪切窄条料时，如果压紧机构压不住钢板，可以用（　）等方法，将被剪件压紧后方可进行剪切。
　　　　　　（A）手压　　　　（B）加垫　　　　（C）加宽　　　　　（D）紧顶挡板
147. BA004　在一张钢板上剪切不同规格的零件时，应合理排料，同时要考虑好（　），以免浪费材料或无法进行剪切。
　　　　　　（A）剪切速度　　（B）剪切刃间隙　（C）剪切顺序　　　（D）人员配合
148. BA005　振动剪床只能剪切（　）。
　　　　　　（A）厚板料　　　（B）较薄板料　　（C）型材　　　　　（D）管材
149. BA005　联合冲剪机有3种功能，在使用时，只可进行（　）工序的操作。
　　　　　　（A）板材和型材　（B）板材和冲压　（C）型材和冲压　　（D）其中一种
150. BA005　圆盘剪切机的上、下圆盘剪刃，工作时必须要有合适的间隙。一般情况下，两剪刃间垂直方向的间隙取（　）板厚度。
　　　　　　（A）1/2　　　　 （B）1/3　　　　 （C）1/4　　　　　 （D）1/5
151. BA005　圆盘剪切机适于剪切的板材厚度是有限的，一般适用于（　）mm以下的薄板。
　　　　　　（A）1.5　　　　 （B）2.00　　　　（C）2.5　　　　　 （D）3.00
152. BA006　压力机根据工作原理可分为两大类，即（　）压力机。
　　　　　　（A）机械和液压　（B）水压和油压　（C）机械和摩擦　　（D）摩擦和曲柄
153. BA006　摩擦压力机的最大优点是：当（　）时，传动轮和摩擦盘之间产生滑动，从而可以保护机件不致损坏。
　　　　　　（A）超时间工作　（B）正常工作　　（C）超负荷工作　　（D）启动

154. BA006 开式曲柄压力机具有 C 形的开式机身决定了其工作时（　）。
（A）刚性好、承载均匀　　　　　（B）刚性好、变形小
（C）刚性差、变形小　　　　　　（D）刚性差、变形大

155. BA007 液压机是利用（　）作为介质来传递功率的。
（A）齿轮　　（B）曲柄　　（C）摩擦　　（D）液体

156. BA007 四柱式机架结构的液压机由 4 根立柱作为结构的主体，立柱的作用是（　）。
（A）只承受负荷　　　　　　　　（B）只作为导轨
（C）既承载又作为导轨　　　　　（D）以防止变形

157. BA007 单壁式机架结构的液压机，特别适用于（　）制件的冲压工作。
（A）面积大的薄板　　　　　　　（B）面积小的薄板
（C）面积大的厚板　　　　　　　（D）面积小的厚板

158. BA008 矫正薄钢板用的矫正机，轴辊（　）。
（A）数目少，直径小　　　　　　（B）数目多，直径小
（C）数目多，直径大　　　　　　（D）数目少，直径大

159. BA008 多轴钢板矫正机钢板出口处，上下轴辊之间的距离，应与所矫正钢板厚度（　）。
（A）大许多　　（B）略大　　（C）略小　　（D）相等

160. BA008 多辊钢板矫正机上、下两排轴辊之间的间隙可由专门机构调整，间隙的数值一般与钢板的厚度（　），使钢板得到矫平。
（A）大许多　　（B）略大　　（C）略小　　（D）相等

161. BA009 刨边机加工后工件的表面粗糙度较（　）。
（A）高　　（B）低　　（C）平滑　　（D）粗糙

162. BA009 刨边机的刨削长度一般为（　）m。
（A）2～15　　（B）2～14　　（C）3～14　　（D）3～15

163. BA009 刨边机既可以对板料边缘刨削坡口角度，也可对板料边缘刨削刨成（　）。
（A）垂直的立面　（B）垂直的平面　（C）V 形坡口　（D）X 形坡口

164. BA010 润滑油在摩擦表面形成一层油膜，可减小部件相互间的（　）。
（A）热量　　（B）摩擦阻力　　（C）摩擦系数　　（D）摩擦力

165. BA010 润滑脂的粘度比润滑油的粘度（　）。
（A）大　　（B）小　　（C）一样　　（D）相等

166. BA010 钙基润滑脂呈（　）色，防水性好，耐热性差。
（A）暗褐色　　（B）黑色　　（C）黄色　　（D）白色

167. BA011 直流弧焊机有旋转式和（　）式两种。
（A）硅整流　　（B）晶闸管整流　　（C）整流　　（D）脉冲整流

168. BA011 硅整流弧焊机牌号 2×G1-250，其中 250 表示是（　）。
（A）焊接电流　（B）额定焊接电流　（C）电压　（D）输入电压

169. BA011 交流焊机不能用于药皮类型为（　）等焊条的焊接。
（A）低氢钠型　（B）低氢型　（C）钛钙型　（D）氢钠型

170. BA012 试压泵常用（　）作为产品型号。
（A）额定输出工作压力　　　　　（B）压强
（C）额定输出功率　　　　　　　（D）正常工作压力

171. BA012 型号为 ZX7-400 型的手工电弧焊机,其中"400"表示的含义是( )。
(A) 最小输出电流　　　　　　(B) 最大额定电流
(C) 最小输出功率　　　　　　(D) 最大额定功率

172. BA012 气体压缩设备常用( )作为压缩空气。
(A) 氩气　　(B) 氮气　　(C) 二氧化碳　　(D) 空气

173. BA013 大锤和手锤的主要用途是( )工件。
(A) 磨削　　(B) 锤击　　(C) 剁切　　(D) 修理

174. BA013 砂轮机有不同的种类,其主要作用是( )。
(A) 切削　　(B) 锯割　　(C) 磨削　　(D) 车削

175. BA013 砂轮机的规格是按所安装砂轮片的( )来确定的。
(A) 厚度　　(B) 材质　　(C) 重量　　(D) 直径

176. BA014 用来测量工件几何尺寸的工具是( )。
(A) 量具　　(B) 手锤　　(C) 分度头　　(D) 样板

177. BA014 弯尺主要用来测量( )。
(A) 长度　　(B) 宽度　　(C) 直角度　　(D) 平行度

178. BA014 游标卡尺属于( )量具。
(A) 角度测量　　(B) 长度测量　　(C) 形位检测　　(D) 多样测量

179. BA015 钢卷尺的精度可达到( )mm。
(A) 0.5　　(B) 0.05　　(C) 1　　(D) 0.1

180. BA015 钢板尺主要用于较小工件的( )测量。
(A) 曲线尺寸　　(B) 直线尺寸　　(C) 角度　　(D) 水平度

181. BA015 固定钢角尺主要用来检验几何体两面角( )。
(A) 的度数　　(B) 的精度　　(C) 的尺寸　　(D) 是否呈直角

182. BB001 放样图的比例只限于( )。
(A) 1∶1　　(B) 1∶2　　(C) 2∶1　　(D) 1∶3

183. BB001 选择放样基准时,可以( )为基准来选择。
(A) 两条相交的中心线　　　　(B) 一条中心线
(C) 两个相互垂直的平面　　　(D) 两个相交的水平

184. BB001 图样中作尺寸基准的线或面必须是( )基准。
(A) 划线　　(B) 测量　　(C) 下料　　(D) 放样

185. BB002 在放样时,一般放样基准与设计基准是( )。
(A) 不一样的　　(B) 一致的　　(C) 各有各的画法　　(D) 标准不同的

186. BB002 零件上用来确定其他点、线、面位置的依据称为( )。
(A) 基准　　(B) 基准点　　(C) 基准线　　(D) 基准面

187. BB002 平面图样上零件的各个点、线、面的位置和尺寸均由( )个方向尺寸来确定。
(A) 一　　(B) 两　　(C) 三　　(D) 四

188. BB003 最广泛应用的放样方法是( )放样法。
(A) 比例　　(B) 展开　　(C) 实尺　　(D) 作图

189. BB003 放样应选择合适( )。
(A) 方法　　(B) 基准　　(C) 比例　　(D) 步骤

190. BB003 放样步骤是先划出（　　）线,再确定点、线、面的位置。
(A) 基准　　　　(B) 尺寸　　　　(C) 中心　　　　(D) 边缘

191. BB004 垂直线必须用（　　）划,不能用角度尺或90°角尺划。
(A) 划规　　　　(B) 划针　　　　(C) 直尺　　　　(D) 作图法

192. BB004 当所划的直线长度超过直尺时,必须用（　　）。
(A) 长直尺　　　(B) 粉线　　　　(C) 分段划出　　(D) 打上冲眼

193. BB004 超长直线分段划线时,其线段两端直线应有一定的（　　）长度。
(A) 搭接　　　　(B) 重合　　　　(C) 富裕　　　　(D) 连接

194. BB005 在双线上均打上錾子印,并注上"S"符号表示（　　）线。
(A) 对折　　　　(B) 切割　　　　(C) 中心　　　　(D) 对称

195. BB005 在划线上打上錾子印,并注上斜线符号,表示剪切和切割后斜线一侧为（　　）。
(A) 用料　　　　(B) 废料　　　　(C) 余料　　　　(D) 加工线

196. BB005 在划线的两端均打上3个样冲眼并注上"√"符号,表示加工边（　　）。
(A) 有一定余量　(B) 以号线为准　(C) 加工精度　　(D) 表面粗糙度

197. BB006 按排版图或号料板在钢板上用线条和符号绘画的过程称为（　　）。
(A) 放样　　　　(B) 号料　　　　(C) 展开　　　　(D) 下料

198. BB006 号料时对各种符号线都要用（　　）印标,以便后续工序以此作为加工基准。
(A) 样冲眼　　　(B) 粉线　　　　(C) 基准线　　　(D) 加工线

199. BB006 样板号料中,将零件图样的尺寸直接移植在样板材料上做出样板的方法称为（　　）。
(A) 划样法　　　(B) 过样法　　　(C) 描线法　　　(D) 实尺法

200. BB007 号料时,同规格的（　　）尽可能采用套料。
(A) 材料　　　　(B) 零件　　　　(C) 构件　　　　(D) 样板

201. BB007 一般号料,轮廓线误差（　　）mm。
(A) ±0.5　　　　(B) ±1.0　　　　(C) ±1.5　　　　(D) ±2

202. BB007 一般号料十字线误差（　　）mm。
(A) ±0.5　　　　(B) ±1.0　　　　(C) ±1.5　　　　(D) ±2

203. BB008 号料是制造金属结构（　　）的基本工步。
(A) 放样工序　　(B) 划线工序　　(C) 下料工序　　(D) 制作

204. BB008 勒子主要用于对型钢号孔时勒其（　　）。
(A) 中心线　　　(B) 基准线　　　(C) 放样线　　　(D) 号料线

205. BB008 钻孔时,其中心（　　）则下钻时钻头易于就位,使其钻孔不跑偏。
(A) 划一标记　　(B) 打一冲印　　(C) 放一钻模　　(D) 锤击凹坑

206. BB009 号料样板主要用作构件上钻孔时给定其（　　）。
(A) 中心位置　　(B) 钻孔直径　　(C) 钻孔数量　　(D) 孔距

207. BB009 成形样板主要用来检查零件成形后（　　）是否符合图样要求。
(A) 角度　　　　(B) 尺寸　　　　(C) 曲率　　　　(D) 位置

208. BB009 样板制作有两种方法,其一是（　　）,其二是过样法。
(A) 画样法　　　(B) 移出法　　　(C) 不覆盖过样　(D) 覆盖过样

209. BB010 直角的画法常采用（　　）。

(A) 勾股定理　　(B) 正弦定理　　(C) 近似分度法　　(D) 量角器

210. BB010　以 AB=57.3mm 长为半径的圆弧上,每10mm弧长所对应的圆心角为(　)。
(A) 1°　　(B) 2°　　(C) 5°　　(D) 10°

211. BB010　在椭圆的画法中,只要已知(　)就可以了。
(A) 长轴　　(B) 短轴　　(C) 长轴和短轴　　(D) 焦距尺寸

212. BB011　可展表面能(　)平整地平摊在一个平面上,而不发生撕裂和皱折。
(A) 局部　　(B) 多个表面　　(C) 整体　　(D) 单向

213. BB011　工件的素线均为直线,相邻两条素线构成一个(　),是可展表面。
(A) 平面　　(B) 曲面　　(C) 表面　　(D) 侧表面

214. BB011　工件表面根据其展开(　),可分为可展表面和不可展表面两种。
(A) 方法　　(B) 原理　　(C) 过程　　(D) 性质

215. BB012　双向弯曲的 O 工件是(　)表面。
(A) 不可展　　(B) 可展　　(C) 典型　　(D) 非典型

216. BB012　将不可展表面分割许多小块,把小块看作只在一个方向上弯曲,而在另一方向近似看作为(　)这样便可进行展开。
(A) 曲线　　(B) 直线　　(C) 平行线　　(D) 素线

217. BB012　环形工件是(　)弯曲表面。
(A) 单向　　(B) 双向　　(C) 直线　　(D) 直线

218. BB013　求线段实长是(　)的首要环节。
(A) 展开　　(B) 放样　　(C) 作平面图　　(D) 作放样图

219. BB013　垂直于某投影面而平行于其他两个投影面的空间直线在(　)投影面反映实长。
(A) 一个　　(B) 两个　　(C) 俯、左　　(D) 主、俯

220. BB013　一般位置的空间直线在(　)投影上不反映实长。
(A) 1个　　(B) 2个　　(C) 3个　　(D) 4个

221. BB014　求曲线的实长多用(　)法。
(A) 换面　　(B) 直角三角形　　(C) 平行线　　(D) 旋转法

222. BB014　天圆地方展开时,一般用(　)法求实线段的实长。
(A) 换面　　(B) 直角三角形　　(C) 平行线　　(D) 旋转

223. BB014　用旋转法求斜线实长时,当倾斜线绕一固定轴旋转成正平线时,则该线在(　)反映实长。
(A) 正投影和水平投影　　　　(B) 水平投影
(C) 侧投影　　　　　　　　　(D) 正投影

224. BB015　当截交线垂直圆柱轴线时,其截交线为(　)。
(A) 椭圆　　(B) 圆　　(C) 双曲线　　(D) 矩形

225. BB015　如果截平面为水平面时,截切形体得到的截交线的投影(　)。
(A) 大于实形　　(B) 小于实形　　(C) 反映实形　　(D) 积聚

226. BB015　截平面通过正圆锥的锥顶时,所得到的截交线为(　)。
(A) 圆　　(B) 椭圆　　(C) 双曲线　　(D) 三角形

227. BB016　对于棱体和圆柱体的展开,一般应用(　)展开法。

(A) 平行线　　　(B) 放射线　　　(C) 三角形　　　(D) 旋转

228. BB016　展开法主要应用于锥体侧表面及其截体展开的是（　）。
(A) 平行线　　　(B) 放射线　　　(C) 三角形　　　(D) 旋转

229. BB016　对于构件表面的素线相交于一点的形体展开时可用（　）。
(A) 平行线法　　(B) 放射线法　　(C) 三角形法　　(D) 旋转法

230. BB016　用平行线法作柱体表面的展开，必须画出柱体的两面视图和柱体表面上各平行素线的（　）。
(A) 投影　　　　(B) 实长　　　　(C) 平行线　　　(D) 垂直线

231. BB017　板厚处理的对象是指板厚（　）mm 的各种构件。
(A) 大于1.5　　 (B) 小于1.5　　 (C) 大于2　　　 (D) 小于2

232. BB017　相贯构件板厚处理的一般原则是：展开长度，以构件的（　）尺寸为准。
(A) 外层　　　　(B) 内层　　　　(C) 中性层　　　(D) 重心层

233. BB017　锥体制作板厚处理时，当板厚不大于（　）mm 时，它在弯曲过程中，既不拉长，也不缩短。
(A) 6　　　　　 (B) 5　　　　　 (C) 4　　　　　 (D) 3

234. BB018　弯制构件时，必须知道钢的（　）位置线，它在弯曲过程中，既不拉长，也不缩短。
(A) 重心　　　　(B) 形心　　　　(C) 内弯　　　　(D) 外弯

235. BB018　角钢的断面是不对称的，其中性层的位置在（　）。
(A) 角钢根部的重心处　　　　　　(B) 断面的中心
(C) 偏向角钢内层处　　　　　　　(D) 偏向角钢外层处

236. BB018　角钢内外煨胎具（　）。
(A) 相同　　　　(B) 不同　　　　(C) 各异　　　　(D) 相等

237. BB019　钢材弯曲时（　）侧材料受拉而伸长。
(A) 内　　　　　(B) 外　　　　　(C) 中心层　　　(D) 中性层

238. BB019　钢材弯曲时（　）侧材料受压而缩短。
(A) 内　　　　　(B) 外　　　　　(C) 中心层　　　(D) 中性层

239. BB019　钢材弯曲时（　）既不伸长，也不缩短。
(A) 材料内侧　　(B) 中心层　　　(C) 中性层　　　(D) 材料外侧

240. BB020　在计算弯曲件展开时，应将构件的弯曲部分和直线部分在（　）处分段。
(A) 接合　　　　(B) 节点　　　　(C) 切点　　　　(D) 过渡

241. BB020　分别确定简单弯曲件每段的（　）位置才能计算各段展开长度。
(A) 材料内侧　　(B) 材料外侧　　(C) 中心层　　　(D) 中性层

242. BB020　弯曲件展开计算时，应根据加工要求和（　）要求加放余量。
(A) 工艺　　　　(B) 技术　　　　(C) 图纸　　　　(D) 设计

243. BB021　圆钢弯曲展开长度计算弯曲部分应按弯曲的（　）计算。
(A) 中心层　　　(B) 中性层　　　(C) 外径　　　　(D) 内径

244. BB021　圆钢煨制圆弧的展开长度计算应按（　）计算。
(A) 外径　　　　(B) 内径　　　　(C) 中性层　　　(D) 中心层

245. BB021　圆钢煨制半圆弧的展开长度计算应按（　）计算。

(A) $\dfrac{\pi R_{外}}{2}$ (B) $\dfrac{\pi R_{内}}{2}$

(C) $\dfrac{\pi(D_{内}+中性层\times 2)}{2}$ (D) $\dfrac{\pi(D_{外}+中性层\times 2)}{2}$

246. BB022 角钢弯曲展开长度都是以（ ）计算的。
 (A) 中心层 (B) 中性层 (C) 重心层 (D) 半径

247. BB022 角钢煨圆的展开计算公式为 $L=\pi$（ ）。（D 为内径，Z_0 为重心距，R 为半径）
 (A) $D+2Z_0$ (B) $D+Z_0$ (C) $R+2Z_0$ (D) $R+Z_0$

248. BB022 角钢切口弯曲或矩形框的展开计算为四个直边减（ ）。（t 为钢材厚度）
 (A) $2t$ (B) $4t$ (C) $6t$ (D) $8t$

249. BB023 圆管的展开图为一矩形,若能求出矩形的（ ）,就可以直接下料了。
 (A) 长 (B) 周长 (C) 宽 (D) 长和宽

250. BB023 圆管的展开料长计算公式为 $L=\pi$（ ）。（D 为内径，t 为壁厚）
 (A) $D+t$ (B) $D-t$ (C) $D+2t$ (D) $D-2t$

251. BB023 扁钢大圆弧弯曲的展开长度计算应按（ ）计算。
 (A) 内径 (B) 外径 (C) 中心层 (D) 中性层

252. BB024 用于检验成形加工零件的形状、角度、曲率半径及尺寸的样板称为（ ）。
 (A) 号料样板 (B) 成形样板 (C) 定位样板 (D) 定位栏杆

253. BB024 根据构件形状制作的相应样板,可作为空间定位线确定构件间的相对位置及各种孔口的位置和形状的样板称为（ ）。
 (A) 号料样板 (B) 成形样板 (C) 定位样板 (D) 定位栏杆

254. BB024 卡形样板和验形样板属于（ ）。
 (A) 号料样板 (B) 成形样板 (C) 定位样板 (D) 定位栏杆

255. BB025 标准椭圆封头的特点是:短半径是封头直径的（ ）,而长轴等于封头直径。
 (A) 1/2 (B) 1/3 (C) 1/4 (D) 3/4

256. BB025 容器直径大于4m或封头承受集中载荷过大时采用（ ）封头。
 (A) 椭圆封头 (B) 球形 (C) 碟形 (D) 锥形

257. BB025 椭圆封头采用整体冲压时,其毛坯是一个（ ）。
 (A) 圆板 (B) 椭圆板 (C) 矩形板 (D) 多边形板

258. BC001 承受外部压力大于内部压力的容器是（ ）容器。
 (A) 内压 (B) 外压 (C) 反应 (D) 换热

259. BC001 压力容器分类时,若按压力作用部位可将其分为（ ）容器两类。
 (A) 低压、中压 (B) 低压、高压 (C) 内压、外压 (D) 一类、二类

260. BC001 压力容器按监察管理则分为一类、二类和三类压力容器,（ ）容器为第一类压力容器。
 (A) 内压 (B) 外压 (C) 高压 (D) 低压

261. BC002 容器的设计、制造单位必须具备健全的（ ）。
 (A) 全面质量管理体系 (B) 全面质量管理制度
 (C) 生产安全体系 (D) 生产工艺流程

262. BC002 压力容器制造单位应持有压力容器（ ）。

(A) 设计单位批准书 　　　　　　(B) 制造许可证
(C) 制造合同书 　　　　　　　　(D) 制造责任书

263. BC002 压力容器制造的标准可分为基础标准、相关标准、附属标准及（　）四类。
(A) 制造标准　(B) 检验标准　(C) 产品标准　(D) 安全标准

264. BC003 压力容器在制造过程中及最后都必须进行（　）。
(A) 探伤检验及压力试验 　　　　(B) 机械性能试验
(C) 热处理 　　　　　　　　　　(D) 低温韧脆试验

265. BC003 压力容器制造工艺过程一般包括下述工序：材料准备、下料、零部件预制、组装、焊接、探伤检验、热处理和（　）试验。
(A) 机械性能　(B) 低温　(C) 强度及严密性　(D) 耐腐蚀

266. BC003 压力容器壳体结构有（　）和多层之分。
(A) 热套装 　　　　　　　　　　(B) 多层绕板容器
(C) 绕带容器 　　　　　　　　　(D) 单层

267. BC004 压力容器制造材料应逐张(件)进行材料编号，按（　）方可出库使用。
(A) 批检号　(B) 批检号建档后　(C) 使用顺序　(D) 需要

268. BC004 制造压力容器所需材料从订货到入库都属于（　）。
(A) 质量管理　(B) 安全管理　(C) 材料准备　(D) 后勤服务

269. BC004 压力容器制造材料在入库前，必须保证（　）检查合格后，方可办理入库。
(A) 保管员和提料员 　　　　　　(B) 保管员和专职质检员
(C) 提料员和专职质检员 　　　　(D) 保管员、提料员和专职质检员

270. BC005 压力容器制造的关键工序之一是（　）。
(A) 下料　(B) 画线　(C) 切割　(D) 坡口加工

271. BC005 石油行业往往把下料工序视为由展开放样、样板制作、（　）几个工序的综合。
(A) 组装　(B) 焊接　(C) 划线和切割　(D) 零件预制

272. BC005 下料剪板的质量要求是：边长偏差为（　）mm。
(A) 0～5　(B) 0～4　(C) 0～3　(D) 0～2

273. BC006 理论上对称三辊卷板机剩余直边长度为两辊（　）的二分之一。
(A) 直径　(B) 半径　(C) 辊距　(D) 中心距

274. BC006 对称三辊卷板机滚板时，预弯的长度（　）理论剩余直边的长度。
(A) 大于　(B) 小于　(C) 等于　(D) 略小于

275. BC006 板料滚圆时，如预弯过大，会引起（　）缺陷。
(A) 椭圆　(B) 曲率　(C) 内棱角　(D) 外棱角

276. BC007 对中的目的是使工件的弯曲线与辊轴线（　）。
(A) 垂直　(B) 平行　(C) 倾斜　(D) 对正

277. BC007 对中的方法一般采用（　）。
(A) 目测法　(B) 测量法　(C) 定位法　(D) 划线

278. BC007 工作中，对中可用眼睛来观察上辊或下辊的外线是否（　）于板料的边缘来对中。
(A) 对正　(B) 倾斜　(C) 垂直　(D) 平行

279. BC008 滚弯时应使板料进行初步的弯曲，一般每次的下压量为（　）mm，直到成形。

(A) 2~3　　　　(B) 3~5　　　　(C) 5~8　　　　(D) 5~10

280. BC008　滚弯时上辊的下压量不能太大，否则坯料与下辊（　）太大，无法滚动。
(A) 作用力　　(B) 摩擦力　　(C) 压力　　(D) 滚动力

281. BC008　实际卷弯中，由于钢板的（　）卷弯必须适当弯曲过量。
(A) 塑性　　(B) 韧性　　(C) 刚性　　(D) 回弹

282. BC009　卷弯圆锥面时，只要调节上辊，使它与下辊中心线呈（　）位置。
(A) 垂直　　(B) 平行　　(C) 倾斜　　(D) 对中

283. BC009　卷弯圆锥面时，只要调节上辊的（　）等于圆锥面的斜度，就可以进行卷弯。
(A) 垂直度　　(B) 平行度　　(C) 位置度　　(D) 斜度

284. BC009　圆锥面卷弯时，一般采用（　）法。
(A) 分区　　(B) 分段　　(C) 划线　　(D) 样板

285. BC010　冷压适用于（　）坯料弯曲成形。
(A) 窄　　(B) 宽　　(C) 薄　　(D) 厚

286. BC010　冷压时压弯力较大，坯料有一定的（　）。
(A) 弹性变形　　(B) 回弹　　(C) 塑性变形　　(D) 变形

287. BC010　热压时压弯力较小，坯料（　）较小。
(A) 塑性变形　　(B) 变形　　(C) 回弹　　(D) 弹性变形

288. BC011　开始压弯时，材料处于（　）阶段。
(A) 弹性变形　　(B) 塑性变形　　(C) 自由弯曲　　(D) 弯曲变形

289. BC011　当板料宽度小于板厚的（　）倍时，压弯部分其横断面呈扇形。
(A) 5　　(B) 4　　(C) 3　　(D) 2

290. BC011　开始压弯后，随着压力增加，材料处于（　）阶段。
(A) 弹性变形　　(B) 塑性变形　　(C) 弯曲变形　　(D) 成形

291. BC012　材料弯曲时，当弯曲力去除后，其弯曲角度会发生（　）现象。
(A) 变化　　(B) 回弹　　(C) 形状变化　　(D) 塑性变形

292. BC012　材料弯曲时，在塑性变形的同时还存在着（　）。
(A) 弹性变形　　(B) 回弹　　(C) 尺寸变化　　(D) 形状变化

293. BC012　在弯曲工艺中，通常采用（　）法减小回弹。
(A) 加压　　(B) 矫正　　(C) 加压矫正　　(D) 加热矫正

294. BC013　经过压延形成工件的（　）均较高。
(A) 强度和硬度　　(B) 强度和韧性　　(C) 硬度和刚度　　(D) 强度和刚度

295. BC013　生产中制造不规则形状的空心工件时，一般都是利用（　）工艺进行成形。
(A) 卷弯　　(B) 压延　　(C) 压弯　　(D) 折边

296. BC013　在冷作钣金工艺中通常用（　）压延。
(A) 变薄　　(B) 不变薄　　(C) 冷作　　(D) 加热

297. BC014　筒形件压延时，板料中间部分在在拉伸前后（　）。
(A) 发生变化　　(B) 没有发生变化
(C) 发生压缩变形　　(D) 未发生压缩变形

298. BC014　筒形件压延时，板料沿圆周方向产生了（　）。

(A) 弯曲　　　　(B) 弹性变形　　(C) 压缩变形　　(D) 拉应力

299. BC014　通过凹凸上下运动使板料形成空心筒形零件的过程是（　）。
(A) 冲裁　　　　(B) 成形　　　　(C) 落料　　　　(D) 压延

300. BC015　压延时,板料的四周部分受（　）压应力。
(A) 纵向　　　　(B) 横向　　　　(C) 径向　　　　(D) 切向

301. BC015　压延时,板料的四周部分因受力而产生波浪变形连续弯曲的现象称为（　）。
(A) 起皱　　　　(B) 拔缘　　　　(C) 搂边　　　　(D) 翻边

302. BC015　防止压延起皱的有效方法是采用（　）。
(A) 加热　　　　(B) 减少板料刚性 (C) 增大压力　　(D) 压边圈

303. BC016　常用弯管方法有压弯、滚弯、挤弯和（　）等四种。
(A) 水火弯曲　　(B) 加热弯曲　　(C) 折弯　　　　(D) 回弯

304. BC016　在弯管机上利用芯轴沿模具回弯的方法称为（　）。
(A) 有芯弯管　　(B) 无芯弯管　　(C) 手工弯管　　(D) 水火弯管

305. BC016　在弯管机上利用反变形法来控制管子断面的变形的方法称为（　）。
(A) 水火弯曲　　(B) 加热弯曲　　(A) 有芯弯管　　(B) 无芯弯管

306. BC017　利用水压机(或油压机)借助冲压模具,将钢板加工成封头的过程是（　）。
(A) 冲压成形　　(B) 旋压成形　　(C) 落锤冲击　　(D) 爆炸成形

307. BC017　旋压法加工封头可达（　）m。
(A) 2　　　　　 (B) 4　　　　　 (C) 6~8　　　　 (D) 8~10

308. BC017　利用炸药所释放的巨大能量产生的冲击波,通过流体介质把力传到钢板坯料上,迫使其产生塑性变形而成形的方法是（　）法。
(A) 冲压成形　　(B) 旋压成形　　(C) 落锤成形　　(D) 爆炸成形

309. BC017　补强圈的质量要求有两项,一是曲率,二是（　）。
(A) 换热部件　　(B) 传质部件　　(C) 分离部件　　(D) 检查孔

310. BC018　筒节滚圆后一般会出现歪扭、曲率小(大)等偏差,这些偏差均可在（　）过程中予以校正。
(A) 组装　　　　(B) 组焊　　　　(C) 下料　　　　(D) 预制

311. BC018　调整螺旋是根据正反螺纹同向旋转时,两螺母间距不是增大就是缩小的原理制造的,其功能主要是用于（　）。
(A) 筒节预弯　　　　　　　　　　(B) 调整筒节对口间隙
(C) 调整筒节错边量　　　　　　　(D) 筒节端面不平

312. BC018　辐条式支撑常用于筒体不小于（　）m左右的情况,可用杆件支撑4~6点。
(A) 1　　　　　 (B) 2　　　　　 (C) 3　　　　　 (D) 4

313. BC019　一个刚体在空间如果不加任何约束限制就有（　）个自由度。
(A) 3　　　　　 (B) 4　　　　　 (C) 5　　　　　 (D) 6

314. BC019　定位和夹紧是（　）两个基本条件。
(A) 装配　　　　(B) 焊接　　　　(C) 成形　　　　(D) 压延

315. BC019　确定零件在空间的位置或零件间的相对位置是（　）

(A) 装配　　　　(B) 测时　　　　(C) 夹紧　　　　(D) 定位

316. BC020　在装配金属结构件的过程中,常用（　）来检测划线或工件的精度。
(A) 对角线　　　(B) 垂直线　　　(C) 平行线　　　(D) 中心线

317. BC020　若矩形的边长为 a,宽为 b,则其对角线 c 的长为（　）。
(A) $a+b$　　　(B) $\sqrt{a^2+b^2}$　　(C) $\sqrt{2ab}$　　(D) $\sqrt{2}(a+b)$

318. BC020　反映零件的被测表面或轴心线,相对于基准面或轴心线偏离垂直的程度的是（　）。
(A) 平行度　　　(B) 水平度　　　(C) 垂直度　　　(D) 斜度

319. BC021　仿形法及模具法多用于（　）装配。
(A) 法兰　　　　(B) 钢结构　　　(C) 封头　　　　(D) 弯头

320. BC021　将圆筒形筒节水平放置在平台上进行装配的方法是指（　）。
(A) 正装　　　　(B) 倒装　　　　(C) 卧装法　　　(D) 仿形法

321. BC021　将已组装好的塔体最下一节单节圆筒先直立在平台上,再依次对吊装的第2节、第3节……筒节进行组焊的方法是（　）法。
(A) 卧装　　　　(B) 仿形法　　　(C) 立式倒装　　(D) 立式正装

322. BC022　立装法适用于（　）较大而高度不大的结构。
(A) 直径　　　　(B) 断面　　　　(C) 周长　　　　(D) 形状

323. BC022　立装法可分为（　）种装配法。
(A) 2　　　　　(B) 3　　　　　(C) 4　　　　　(D) 5

324. BC022　卧装适用于（　）不大但长度较大的细长构件。
(A) 断面　　　　(B) 直径　　　　(C) 周长　　　　(D) 尺寸

325. BC023　胎具装配法是将零件的相互位置利用胎具（　）。
(A) 定位和夹紧　(B) 支承和定位　(C) 支承和夹紧　(D) 定位和点焊

326. BC023　胎具与模具的关系是（　）。
(A) 胎具包含模具　　　　　　　(B) 模具包含胎具
(C) 同等关系　　　　　　　　　(D) 毫无关系

327. BC023　适用于大批量生产和定型产品的装配的装配方法是（　）。
(A) 正装　　　　(B) 倒装　　　　(C) 卧装　　　　(D) 胎具装配

328. BC024　在施焊活动中,无论是组焊结构件或是临时工装、吊耳等组焊等,都要受到监察,因此,把这类受监察焊缝,统称为（　）焊缝。
(A) 受控　　　　(B) 工作　　　　(C) 联系　　　　(D) 临时

329. BC024　焊件经焊接后所形成的结合部分,称为（　）。
(A) 接缝　　　　(B) 焊缝　　　　(C) 焊道　　　　(D) 熔合区

330. BC024　检查焊缝内在缺陷常用的手段是（　）。
(A) 磁粉探伤　　　　　　　　　(B) 渗透探伤
(C) 射线和超声波探伤　　　　　(D) 机械性能试验

331. BC025　消除容器和焊缝的残余应力方法很多,目前常用的有（　）和电热法。
(A) 加压法　　　　　　　　　　(B) 锤击法

(C) 反变形法　　　　　　　　(D) 燃油或燃气法

332. BC025 压力试验又称为（　）试验。
(A) 强度　　(B) 硬度　　(C) 抗疲劳　　(D) 抗裂

333. BC025 压力容器的致密性试验多采用（　）试验。
(A) 水压　　(B) 气压　　(C) 气密　　(D) 煤油渗漏

334. BC025 对于一些整体刚度较小的容器,标准允许可用气压试验,气压试验介质为（　）。
(A) 氧气　　(B) 氢气　　(C) 二氧化碳　　(D) 压缩空气

335. BC026 钢制球形储罐现场组焊方法分为散装法和（　）法。
(A) 球带组装　　(B) 卧装　　(C) 倒装　　(D) 正装

336. BC026 对钢制球形储罐的质量要求是,可调式拉杆应（　）。
(A) 拉直　　(B) 对称拉紧　　(C) 对称支撑　　(D) 一边拉紧

337. BC026 环境温度在（　）℃以下时禁止对钢制球形储罐施焊。
(A) −15　　(B) −10　　(C) −5　　(D) 0

338. BC027 质量保证体系是由厂长授权（　）组织建立的。
(A) 施工人员　　(B) 材料员　　(C) 质检员　　(D) 质保师

339. BC027 实施时,生产流程不需中断,只需检查确认的是（　）。
(A) 一般控制点　　(B) 停点检查点　　(C) 控制环节　　(D) 生产环节

340. BC027 质量控制手册的编制是依照有关法规和（　）,按照人、机、料、法、环、检等质量要素而编制的。
(A) 经验　　(B) 制度　　(C) 标准规范　　(D) 技术合同

341. BD001 制作钢结构的钢材（包括焊材及连接螺栓等）,必须有（　）。
(A) 有效质量证明文件　　　　　　(B) 商标
(C) 合格证　　　　　　　　　　　(D) 包装

342. BD001 钢材表面锈蚀、麻点或划痕的深度不得大于该钢材厚度偏差的（　）。
(A) 1/3　　(B) 1/2　　(C) 1/4　　(D) 3/4

343. BD001 需机加工边的钢结构材料,一般余量在（　）mm 左右。
(A) 1　　(B) 2　　(C) 3　　(D) 5

344. BD002 地样装配法适用于（　）和桁架等构件的装配。
(A) 简单构件　　(B) 复杂构件　　(C) 框架　　(D) 机架

345. BD002 地样装配法是将构件的装配样图按（　）的尺寸,直接给在装配平台上,然后根据零件间接合线的位置进行装配。
(A) 1:2　　(B) 1:1　　(C) 2:1　　(D) 1:10

346. BD002 桁架构件的基本组成零件是（　）。
(A) 型钢杆件　　(B) 钢板　　(C) 组合件　　(D) 管件

347. BD003 H 形钢组对时翼缘板与腹板、翼缘板与翼缘板的拼接焊缝的间距应大于（　）mm。
(A) 100　　(B) 200　　(C) 250　　(D) 300

348. BD003 在组对框架时,牛腿与拼接焊缝的间距应大于（　）mm。

(A) 100　　　　(B) 200　　　　(C) 250　　　　(D) 300

349. BD003　H 形钢连接孔边缘与拼接焊缝的间距应大于（　）mm。
(A) 100　　　　(B) 200　　　　(C) 250　　　　(D) 300

350. BD004　塔架全部组装完毕后，空间对角线长度差不大于（　）mm。
(A) 15　　　　(B) 20　　　　(C) 25　　　　(D) 30

351. BD004　塔架安装后高度小于等于 60m 时，垂直度允差为高度的 1/1500，且不大于（　）mm。
(A) 20　　　　(B) 25　　　　(C) 30　　　　(D) 40

352. BD004　塔架安装后，高度大于 60m 时，垂直度允许偏差为高度的 1/3000 加 5.0mm，且不大于（　）mm。
(A) 30　　　　(B) 40　　　　(C) 50　　　　(D) 60

353. BD005　拼装必须按工艺要求的顺序进行，当有隐蔽焊缝时，必须（　）施焊并经检查合格后方可覆盖。
(A) 预先　　　(B) 最后　　　(C) 多层　　　(D) 多道

354. BD005　符合工件几何形状或轮廓的模型是（　）。
(A) 夹具　　　(B) 地样　　　(C) 加减丝　　　(D) 模具

355. BD005　用第一个单面桁架为底样，不要改用其他桁架做底样的原因在于（　）。
(A) 简单方便　　　　　　(B) 生产效率高
(C) 刚性好　　　　　　(D) 减少积累误差

356. BD006　制定钢结构安装程序的主导思想是必须确保结构的（　）和不致永久变形。
(A) 稳定性　　(B) 耐腐蚀性　　(C) 抗震性　　(D) 抗裂性

357. BD006　钢结构在安装前，应按照（　）仔细核查结构件，审查出厂质量证书和设计要求文件。
(A) 设计　　　(B) 图样　　　(C) 图纸　　　(D) 要求

358. BD006　在现场组装工厂预组装大型构件时，应根据预组装（　）进行。
(A) 顺序　　(B) 设计要求　　(C) 合格记录　　(D) 质量要求

359. BD007　基础验收时，首先应核查基础（　）资料。
(A) 交工　　　(B) 设计　　　(C) 施工　　　(D) 检验

360. BD007　轴线控制点是指建设平面图上确定基础中心的（　）点，该点一般用 A 轴和 B 轴以米计的成组数值来表示。
(A) 中心　　　(B) 坐标　　　(C) 基准　　　(D) 重心

361. BD007　标高基准点是指在一个工艺装置内，由国家标定的海拔标高移植在装置内作为装置建筑零点标高的一个（　）。
(A) 基准　　　(B) 基础　　　(C) 参照　　　(D) 点

362. BD008　钢柱脚底板面与基础间的间隙应用填充密实（　）。
(A) 无收缩水泥　(B) 沙石　　　(C) 垫木　　　(D) 钢板

363. BD008　钢柱安装应符合设计图样要求，如果需要用加垫安装时，则每组垫铁不应超过（　）块，且应将垫铁间用焊接点固。

(A) 2 　　　(B) 3 　　　(C) 4 　　　(D) 5

364. BD008　构件安装宜采用扩大拼装和（　）安装的方法施工。
(A) 部分　　(B) 单元　　(C) 综合　　(D) 倒序

365. BD009　永久性普通螺栓连接时,每个螺栓同一侧不得垫（　）个以上垫圈。
(A) 2 　　　(B) 3 　　　(C) 4 　　　(D) 5

366. BD009　高强螺栓安装时,每组螺栓按照顺序应从（　）向边缘施拧。
(A) 重心　　(B) 节点中心　(C) 一侧　　(D) 节点

367. BD009　安装用的临时螺栓或冲钉,在每个节点上应按设计规定数量穿入,不得少于安装孔总数的（　）。
(A) 3/4　　(B) 1/4　　(C) 1/3　　(D) 1/2

368. BD010　钢结构吊装方法按拼装方法可分为高空拼装法和（　）法。
(A) 整体安装　(B) 吊车吊装　(C) 桅杆吊装　(D) 倒链

369. BD010　屋架支座对线是将支座中线对准由（　）中线向上到柱顶的标准中线。
(A) 柱顶截面　(B) 节点　　(C) 基础　　(D) 吊点

370. BD010　两台吊车吊抬一榀屋架时,始终应保持两台吊车吊绳处于（　）工作状态。
(A) 平衡　　(B) 两侧拉紧　(C) 倾斜　　(D) 垂直

371. BD011　钢结构受内力作用产生的变形主要是由（　）引起的。
(A) 焊接　　(B) 拼装　　(C) 运输　　(D) 吊装

372. BD011　薄板变形主要是因（　）防变形措施不当而出现的凸凹不平现象。
(A) 吊装　　(B) 焊接　　(C) 拼装　　(D) 校正

373. BD011　箱形梁结构是由钢板四周封闭组焊而成。这种结构焊接不仅有可能发生弯曲变形,而且还会发生截面（　）变形。
(A) 凸凹　　(B) 横向　　(C) 纵向　　(D) 扭曲

374. BD012　平板凸凹变形的矫正,应对其（　）加热。
(A) 凸点　　(B) 凹点　　(C) 凸凹处　(D) 凸凹之间

375. BD012　火焰加热矫正钢结构的原理是对（　）进行加热,然后用冷水急剧冷却使其收缩达到消除变形的目的。
(A) 受压面　(B) 受拉面　(C) 受拉、受压两面　(D) 整个结构

376. BD012　采用工具借助机械力使变形构件发生反变形,从而达到矫正目的矫正方法称为（　）矫正。
(A) 反变形　(B) 刚性固定　(C) 机械方法　(D) 压力

377. BE001　錾锤常用的规格有 0.0625kg,0.125kg,0.25kg 和（　）kg 四种,主要用于铆接工件的卷边及打样冲眼等。
(A) 0.5　　(B) 0.75　　(C) 1 　　　(D) 1.25

378. BE001　型锤的规格一般有 0.25kg 和（　）kg 两种,常用于钳工用锤子或与其他锤子配合使用,以矫正工件及弯曲度。
(A) 0.5　　(B) 0.75　　(C) 1 　　　(D) 1.25

379. BE001　大锤常用的规格有 3kg、4kg、6kg 和（　）kg,常用于矫正较厚的钢板和型钢。
(A) 7 　　　(B) 7.5　　(C) 8 　　　(D) 8.5

380. BE002　大锤的打法根据工作情况不同,一般挥锤的锤路方向可分为抱打、轮打、横打和（　）四种。
　　　(A) 仰打　　　(B) 纵打　　　(C) 平打　　　(D) 斜打

381. BE002　打锤前要选好站立位置,右打时,左脚在前,左手紧握锤柄后端前（　）mm 处。
　　　(A) 10～20　　(B) 20～30　　(C) 30～40　　(D) 40～50

382. BE002　横打锤是齐腰部出锤,它也称旁打锤,圆筒节（　）时常用。
　　　(A) 装配　　　(B) 立式找圆　(C) 找平　　　(D) 组对

383. BE003　打大锤时,锤头痕迹深度应不大于（　）mm。
　　　(A) 0.5　　　(B) 0.75　　　(C) 1　　　　(D) 1.5

384. BE003　打大锤起锤前,先要看（　）是否有人。
　　　(A) 前面　　　(B) 后面　　　(C) 左边　　　(D) 右边

385. BE003　打大锤时,锤头的表面和打击面应（　）接触,以免造成滑锤。
　　　(A) 偏斜　　　(B) 垂直　　　(C) 平行　　　(D) 轻微

386. BE004　扁钢热煨温度在 1000～1100℃左右,一般在火炉的火孔处能观察到扁钢呈（　）色。
　　　(A) 暗黄　　　(B) 樱红　　　(C) 橘黄　　　(D) 蓝

387. BE004　加热前,扁钢煨弯时应先考虑大卡子、扁钢、铁桩和板弯器在铁砧上的位置,并用粉笔做出记号,以免临时发生（　）的情况。
　　　(A) 错位　　　(B) 旋转不当　(C) 烫伤　　　(D) 热煨不当

388. BE004　用扁钢热煨法兰过程中,应随时清除（　）。
　　　(A) 扁钢余量　(B) 杂质　　　(C) 烟气　　　(D) 氧化皮

389. BE005　当钢加热到 723℃以上时其内部的珠光体就转变为（　）组织。
　　　(A) 铁素体　　(B) 马氏体　　(C) 奥氏体　　(D) 渗碳体

390. BE005　奥氏体组织的（　）很好。
　　　(A) 塑性　　　(B) 韧性　　　(C) 变形　　　(D) 强度

391. BE005　如果加热温度超过了固相线,钢材开始（　）。
　　　(A) 组织变化　　　　　　　　(B) 熔化
　　　(C) 变为液体　　　　　　　　(D) 变为单一奥氏体

392. BE006　錾子的淬火温度一般为 770～800℃,呈（　）色。
　　　(A) 樱红　　　(B) 黄　　　　(C) 蓝　　　　(D) 白

393. BE006　当淬火工具露出水面的部分呈黑色时,由水中取出,利用上部热量进行余热（　）。
　　　(A) 正火　　　(B) 回火　　　(C) 退火　　　(D) 淬火

394. BE006　实践证明,金属结构制作工使用的錾切工具一般采用（　）之间的硬度较合适。
　　　(A) 白红　　　(B) 黑红　　　(C) 红黄　　　(D) 黄蓝

395. BE007　平式单咬缝当板厚在 0.2～0.5mm 时,咬缝宽度取（　）mm。
　　　(A) 2～3　　　(B) 2～4　　　(C) 3～4　　　(D) 3～5

396. BE007　平式单咬缝宽度（　）mm 时,板厚在 0.75～1.5mm 之间。
　　　(A) 3～5　　　(B) 4～6　　　(C) 5～7　　　(D) 5～8

397. BE007　平式单咬缝余量等于咬缝宽度的（　）倍。

(A) 2　　　(B) 3　　　(C) 4　　　(D) 5

398. BE008　矩形弯管、各种罩壳及内部无法放置衬铁结构的角连接最适用的方法是（　　）咬缝。
(A) 外包角　(B) 双折角　(C) 单折角　(D) 立式

399. BE008　适用于盆、桶底部的连接，矩形管的角连接等的咬缝方法是（　　）咬缝。
(A) 立式　　(B) 双折角　(C) 外包角　(D) 单折角

400. BE008　适用大直径多节弯管用管道的连接的咬缝方法是（　　）咬缝。
(A) 双折角　(B) 外包角　(C) 单折角　(D) 立式

401. BE009　角单咬缝的宽度由板料的（　　）确定。
(A) 长度　　(B) 面积　　(C) 体积　　(D) 厚薄

402. BE009　角单咬缝咬交余量为咬缝宽度的（　　）倍。
(A) 2　　　(B) 3　　　(C) 4　　　(D) 5

403. BE009　角单咬缝的宽度一般在（　　）mm 之间，薄板取较小值，厚板取较大值。
(A) 2~5　　(B) 5~8　　(C) 6~10　　(D) 3~8

404. BE010　胀接是利用金属的塑性变形和弹性变形的性质，借助外力将管子与管板胀接成为一体的（　　）连接方法。
(A) 严密　　(B) 配合　　(C) 过盈　　(D) 过渡

405. BE010　胀接是靠管子和管板（　　）来达到密封和紧固的一种机械连接。
(A) 热胀　　(B) 冷缩　　(C) 变形　　(D) 配合

406. BE010　胀接的方法有机械法、爆炸法和（　　）等方法。
(A) 锤击　　(B) 液压　　(C) 热胀　　(D) 冷缩

407. BE011　待胀接的钢管端面应与管中心线（　　）。
(A) 微倾　　(B) 垂直　　(C) 平行　　(D) 一致

408. BE011　准备胀接时，管板孔壁除工艺要求采用机加工环向沟槽外，不得存在其他任何顺管长方向的（　　）。
(A) 机械损伤　(B) 塑性变形　(C) 弹性变形　(D) 拉伸

409. BE011　待胀接管子端部应经（　　）处理。
(A) 淬火　　(B) 正火　　(C) 退火　　(D) 回火

410. BE012　机械胀接由于驱动力不同分为手动、风动、电动及（　　）驱动四种。
(A) 液压马达　(B) 摩擦　　(C) 链　　　(D) 蜗轮

411. BE012　当确定胀接机械类型后，应按（　　）要求加工管板孔。
(A) 实际　　(B) 设计　　(C) 公差　　(D) 变形

412. BE012　光孔胀接适用于介质压力不大于（　　）MPa，工作温度小于300℃的条件。
(A) 0.2　　(B) 0.5　　(C) 0.6　　(D) 3.9

413. CA001　凡存在现场安全问题的单位，必须向现场所在地政府主管部门申请（　　）认可。
(A) 消防安全　(B) 施工安全资质　(C) 生产　　(D) 动火

414. CA001　对操作者本人，尤其是对他人和周围设施的安全有重大危害因素的作业，称为（　　）作业。
(A) 危害　　(B) 安全　　(C) 特种　　(D) 非常

415. CA001　安全色是表达"禁止、警告、指令、提示"等（　　）信息含义的颜色。

(A) 知识　　　(B) 广告　　　(C) 宣传　　　(D) 安全

416. CA001　安全色中表示"揭示、安全状态、通过"的颜色是（　）。
(A) 蓝色　　　(B) 红色　　　(C) 黄色　　　(D) 绿色

417. CA002　保护接地防触电措施适用于（　）电源。
(A) 三相四线制交流　　　　(B) 三相三线制交流
(C) 一般交流　　　　　　　(D) 一般直流

418. CA002　在任何情况下两导体间均不得超过交流值（　）V。
(A) 36　　　(B) 42　　　(C) 50　　　(D) 110

419. CA002　高电压是指任何带电部分对地电压在（　）V以上者。
(A) 110　　　(B) 220　　　(C) 240　　　(D) 250

420. CA002　手持式电动工具，按触电保护分为（　）类，其安全性依顺序递增。
(A) 2　　　(B) 3　　　(C) 4　　　(D) 5

421. CA003　电流对人体内部的伤害称为（　）。
(A) 电击　　　(B) 电伤　　　(C) 触电　　　(D) 电伤害

422. CA003　电对人体外部的伤害称为（　）。
(A) 电击　　　(B) 电伤　　　(C) 触电　　　(D) 外伤

423. CA003　当人体流过（　）mA交流电时就有致命的危险。
(A) 10~30　　　(B) 10~35　　　(C) 20~40　　　(D) 20~50

424. CA004　高处作业分为4个等级，高度在2~5m时，为（　）高处作业。
(A) 一级　　　(B) 二级　　　(C) 三级　　　(D) 特级

425. CA004　凡在坠落高度基准（　）m以上，有可能坠落的高度处进行作业均称为高处作业。
(A) 1.5　　　(B) 2　　　(C) 2.5　　　(D) 3

426. CA004　高处作业时，一般都应架设脚手架，脚手架层间距离不得小于（　）m。
(A) 0.5~0.8　　　(B) 1.0~1.5　　　(C) 1.5~1.8　　　(D) 2.0~2.5

427. CA005　适用于比较高大的起重机械和靠传递信号来指挥起重作业的是（　）。
(A) 口笛　　　(B) 旗语　　　(C) 手势　　　(D) 信号灯

428. CA005　适用于指挥人员同起重机械司机、起重工作人员三者之间相距较近，且相互看得清的起重工作的指挥信号是（　）。
(A) 口笛　　　(B) 旗语　　　(C) 手势　　　(D) 信号灯

429. CA005　适用于机械动作简单的起重工作指挥信号是（　）。
(A) 口笛　　　(B) 旗语　　　(C) 手势　　　(D) 信号灯

430. CA006　旋转部件的危险性主要包括卷带与钩挂，绞碾与挤压，切削和剪切，（　）等。
(A) 撞击　　　(B) 打击　　　(C) 碰撞　　　(D) 挂靠

431. CA006　操作人员的手套、上衣下摆、裤管、鞋带以及（　）等，若与旋转部件接触，极易出现安全事故。
(A) 头发　　　(B) 长裤子　　　(C) 长发　　　(D) 短发

432. CA006　做旋转运动的部件在运动中产生（　）。
(A) 离心力　　　(B) 向心力　　　(C) 旋转力　　　(D) 扭矩

433. CA007　环境保护是指运用（　）科学的理论方法，有计划地保护环境。

| | | (A) 自然 | (B) 环境 | (C) 土地 | (D) 空气 |

434. CA007 人类在利用（　　）资源的同时,应深入认识污染和破坏环境带来的危害。
(A) 自然　　　(B) 环境　　　(C) 土地　　　(D) 空气

435. CA007 影响人类（　　）的各种天然和经人工改造的自然因素的总体是环境。
(A) 生活与发展　(B) 生存与发展　(C) 健康与发展　(D) 生存与健康

436. CA008 天然气、沼气属于（　　）污染能源。
(A) 高　　　(B) 低　　　(C) 无　　　(D) 微

437. CA008 太阳能、风力、水力属于（　　）污染能源。
(A) 高　　　(B) 低　　　(C) 无　　　(D) 微

438. CA008 在开发新技术、新材料时,必须注意其可能带来的（　　）。
(A) 环境保护　(B) 环境污染　(C) 环保问题　(D) 环境影响

439. CA009 着火必须有三要素:一是燃料,二是温度,三是（　　）。
(A) 氧气　　(B) 乙炔　　(C) 氢气　　(D) 二氧化碳

440. CA009 特殊环境动火必须履行（　　）。
(A) 上级指示　(B) 用火审批程序　(C) 合同　(D) 操作规程

441. CA009 凡属于非固定动火区域,在有明显的危险因素场需要进行临时焊割时,都属于（　　）动火区。
(A) 临时　　(B) 一级　　(C) 二级　　(D) 三级

442. CA010 采用带压不置换方法焊割燃料容器及管道时,应严格控制可燃气体中含氧量不超过（　　）。
(A) 1%　　(B) 2%　　(C) 5%　　(D) 10%

443. CA010 燃料容器及管道焊补在不停产抢险(修)的情况下,只能用（　　）方法。
(A) 置换焊补　(B) 正压不置换　(C) 负压不置换　(D) 粘接

444. CA010 对燃料容器和管道焊补时,如果采用带压动火检修方法,就要严格控制动火点周围可燃气体浓度,使其必须小于（　　）。
(A) 0.1%　　(B) 0.3%　　(C) 0.5%　　(D) 1%

445. CB001 电弧焊是利用电弧产生的（　　）,使焊材和母材金属熔化形成焊缝的一种焊接方法。
(A) 弧光　　(B) 热量　　(C) 电流　　(D) 电压

446. CB001 型号为 ZX7-400 的电焊机属于（　　）弧焊机。
(A) 交流　　(B) 旋转直流　(C) 逆变　　(D) 硅整流

447. CB001 焊条在焊接过程中,既能传导电流,又能起到焊缝（　　）金属的作用。
(A) 熔化　　(B) 连接　　(C) 凝固　　(D) 填充

448. CB001 焊接接头根部预留间隙的作用是（　　）。
(A) 防止烧穿　(B) 减少应力　(C) 保证焊透　(D) 防止焊瘤

449. CB002 气焊低碳钢应采用（　　）。
(A) 轻微氧化焰　(B) 氧化焰　(C) 中性焰　(D) 碳化焰

450. CB002 割嘴距离割件表面的距离,应根据（　　）来决定。
(A) 割嘴与割件间的倾角　　　(B) 混合气体流量
(C) 气割速度　　　　　　　　(D) 预热火焰的长度和割件厚度

451. CB002　氧气瓶外应涂成（　）。
　　　　(A) 灰色　　　(B) 白色　　　(C) 银色　　　(D) 蓝色
452. CB002　氧气在气焊和气割中是（　）气体。
　　　　(A) 可燃　　　(B) 易燃　　　(C) 杂质　　　(D) 助燃
453. CB003　对加工余量较大的平面进行锉削时,应选择（　）。
　　　　(A) 平板锉　　(B) 方锉　　　(C) 半圆锉　　(D) 三角锉
454. CB003　使用丝锥在孔壁上切削出内螺纹的加工方法称为（　）。
　　　　(A) 套丝　　　(B) 攻丝　　　(C) 绞孔　　　(D) 镗孔
455. CB003　需套扣的工件直径一般比螺纹外径（　）mm。
　　　　(A) 小 0.5~0.7　　　　　　　(B) 小 0.3~0.5
　　　　(C) 小 0.1~0.3　　　　　　　(D) 大 0.1~0.3
456. CB003　麻花钻的顶角影响主切削刃上切削力的大小,顶角小,则（　）。
　　　　(A) 切削力小　(B) 切削力大　(C) 轴向力大　(D) 钻尖强度大
457. CB004　千斤顶是一种常用的简单起重设备,其构造类型可分为螺旋式、液压式和（　）等几种。
　　　　(A) 机械式　　(B) 齿条式　　(C) 齿轮式　　(D) 手压式
458. CB004　锚锭装置俗称"地锚",常用于现场临时作业中,有立式、卧式、岩石地面及（　）锚锭。
　　　　(A) 有挡　　　(B) 无挡　　　(C) 混凝土　　(D) 钢柱
459. CB004　钢起重桅杆起重可达 30(管式)~100t(格构式),高度可达（　）m。
　　　　(A) 30　　　　(B) 35　　　　(C) 40　　　　(D) 50
460. CB004　钢丝绳是起重吊装作业中使用最多的一种,它是由（　）制成。
　　　　(A) 低碳钢　　(B) 中碳钢　　(C) 高碳钢　　(D) 高强碳素钢
461. CB005　用电流表测得的交流电流的数值是交流电的（　）值。
　　　　(A) 有效　　　(B) 最大　　　(C) 瞬时　　　(D) 平均
462. CB005　通电导体在磁场中所受作用力的方向可用（　）来确定。
　　　　(A) 右手定则　(B) 左手定则　(C) 计算方法　(D) 感觉
463. CB005　全电路中,电流大小与（　）成正比。
　　　　(A) 导线长　　(B) 截面积　　(C) 电动势　　(D) 负载

二、判断题（对的画"√",错的画"×"）

(　) 1. AA001　图纸与图样的含义,两者有着一定的区别。
(　) 2. AA002　放样划线时首先要选取两个基准。
(　) 3. AA003　在图纸上为了制图的需要,往往把实物缩小或放大一定的比例来绘制。
(　) 4. AA004　在图纸上绘制图样时,由于受图幅的限制,可以将实物按一定比例缩小来绘制。
(　) 5. AA005　剖面和剖视的区别在于剖视是机件上剖切断面的投影,而剖面则是剖切后机件的投影。
(　) 6. AA006　斜剖主要表达零件的倾斜结构。
(　) 7. AA007　当直线(平面)平行于投影面时具有收缩性。
(　) 8. AA008　零件图只表明机器或设备中某一个零件的制造图样。

第一部分 初级工理论知识试题

( ) 9. AA009 图样中极限尺寸就是基本尺寸。
( ) 10. AA010 孔和轴分别规定了 30 个基本偏差。
( ) 11. AA011 形位公差包括形状公差和位置公差。
( ) 12. AA012 表面粗糙度就是表面微观的不平度。
( ) 13. AA013 屋架图样中的斜拉的尺寸一般在图样中给予标注。
( ) 14. AA014 大型结构件中拼接方式、拼接焊缝位置是根据技术要求和图样要求进行。
( ) 15. AA015 识读图样以主视图为主、左视图为辅,应仔细识读。
( ) 16. AA016 识读图样时除了对整体形状尺寸了解外,还需明确各零件的相对位置和连接方式。
( ) 17. AA017 石化设备图样中,大多数情况下,只有两个视图,除主视图外,立式设备再画一俯视图,卧式设备画一左视图。
( ) 18. AB001 生铁和钢都属于有色金属材料。
( ) 19. AB002 铜、铅、锌、镍、钴、锡、汞都属于重金属。
( ) 20. AB003 低碳钢是指含碳量在 0.25% ~0.60% 之间的碳素钢。
( ) 21. AB004 热轧钢板沿着轧制方向存在着纤维组织,但板材纵向和横向的力学性能却没有多大差异。
( ) 22. AB005 钢材的韧性性能指标由冲击功值来表示,单位为 J。
( ) 23. AB006 切削机加工的切削刀具应采用低密度合金材料。
( ) 24. AB007 含碳量大于 2.11% 的铁碳合金称为碳素钢。
( ) 25. AB008 一般碳素工具钢含碳量 >0.7% 以上。
( ) 26. AB009 碳素工具钢必须经过热处理后使用。
( ) 27. AB010 钢材发生变形的实质就是弹性变形。
( ) 28. AB011 手工矫正只能对一些小截面且变形不大的型钢材料进行矫正。
( ) 29. AB012 正火与退火热处理后的力学性能相比,前者的强度削弱不大,但硬度降低,塑性提高;后者的强度却削弱较多。
( ) 30. AB013 热处理是将钢加热、保温和冷却,获得所需组织的性能的工艺过程。
( ) 31. AB014 正火与退火有着本质上的区别。
( ) 32. AB015 淬火能提高钢的强度、硬度和韧性。
( ) 33. AB016 回火是将淬火钢加热到 AC_3 以上某一温度后保温一定时间然后冷却至室温的热处理工艺。
( ) 34. AC001 压力容器法兰俗称管道法兰。
( ) 35. AC002 平垫圈材料多采用弹簧钢或 65Mn 钢制作。
( ) 36. AC003 用机械加热制造弯头多是因为弯头弯曲半径较大。
( ) 37. AC004 聚四氟乙烯包覆仅在设备法兰密封上使用。
( ) 38. AC005 阀门型号由阀门类型、驱动种类、连接形式和结构、密封圈或衬里材料、公称压力、阀体材料等 6 个部分组成。
( ) 39. AC006 球形压力容器的人孔应设在极带上。
( ) 40. AC007 量液孔只适用于安装有通气管的储罐。
( ) 41. AC008 呼吸阀安装在固定顶储罐的顶部,用以调节储藏的正压或真空度。

( ) 42. AC009　储罐大多用干式阻火器,其阻火原理从广义上说,也是一种热交换器。
( ) 43. AC010　在缺乏蒸汽或距离汽源较远,或在某些场合使用蒸汽不太适宜时,可采用电加热器。
( ) 44. BA001　对于气割的工件,滚板前不必清除切口边缘氧化铁渣。
( ) 45. BA002　对称式三轴卷板机的三个轴辊的轴心呈等腰三角形排列,它的两个下辊为同步主动转动,上轴辊为从动转动。
( ) 46. BA003　不对称式三轴卷板机和对称式三轴卷板机相比,因其结构复杂,操作方便,造价低而获得广泛应用。
( ) 47. BA004　龙门斜刃剪板机的两个刃呈水平且相互平行。
( ) 48. BA005　振动剪床是靠电动机带动产生的振动来剪切工件的。
( ) 49. BA006　闭式曲柄压力机床身结构呈框架形,其结构刚性差,只能承受较小的冲击力。
( ) 50. BA007　四柱式液压机,其结构比较简单,刚性差,其吨位不可能做得太大。
( ) 51. BA008　型钢矫正机同钢板矫正机在结构上不同之处是,辊轮代替了轴辊。
( ) 52. BA009　刨边机属于切削设备。
( ) 53. BA010　不同的设备,不同运动状态的不同部分,润滑油所起的作用是一样的。
( ) 54. BA011　在手工电弧焊过程中,焊条既作为电极传导电流,又起到焊缝的保护作用。
( ) 55. BA012　对采用浸油润滑的设备齿轮箱,夏冬两季要适时更换润滑油。
( ) 56. BA013　剋切类工具不能分割大而厚的工件。
( ) 57. BA014　一般量具和精密量具是按测量对象的不同来划分的。
( ) 58. BA015　钢卷尺既可以用于直线测量,也可用于曲线测量。
( ) 59. BB001　画放样图的过程称为展开。
( ) 60. BB002　实尺放样就是采用任意的比例进行放样。
( ) 61. BB003　实尺放样是应用最广泛的基本方法。
( ) 62. BB004　为保证划线质量应注意材料是否符合图样的技术要求。
( ) 63. BB005　当所划的直线长度超过直尺时,必须用长直尺。
( ) 64. BB006　放样是制造金属结构第一道工序,而号料则是另一道工序。
( ) 65. BB007　要合理用料,充分提高工作效率。
( ) 66. BB008　画规的主要作用是用来截取线段和画较小直径圆的工具。
( ) 67. BB009　号料样板多用于几何形状较复杂的板状零件或型钢零件。
( ) 68. BB010　勾股定理是直角三角形斜边的平方等于两直角边的平方和。
( ) 69. BB011　工件的素线均为曲线,相邻两条素线构成一个单向弯曲的曲面是可展表面。
( ) 70. BB012　球体是典型的不可展平面。
( ) 71. BB013　求线段实长是作展开图的首要环节。
( ) 72. BB014　如果线段的投影在三视图中都不反映实长,那么该线段必定是投影面的平行线。
( ) 73. BB015　当截交线为一般位置时,在其三面投影中均不反映实形。
( ) 74. BB016　展开方法中,放射线法最复杂,三角形法次之,平行线法最简单。

( ) 75. BB017　板厚处理的构件,其中性层的位置就是板厚的中间位置。
( ) 76. BB018　在塑性弯曲过程中,中性层的位置与弯曲半径 R 和板厚 T 的比值无关。
( ) 77. BB019　对于简单的型钢弯曲件最简便的方法是通过作图求得展开尺寸。
( ) 78. BB020　在计算曲面展开前先要确定中性层的位置,然后才能进行计算展开。
( ) 79. BB021　无论何种弯曲材料展开计算都是直线部分加弯曲部分。
( ) 80. BB022　扁钢的平面弯曲应按中性层计算展开长度。
( ) 81. BB023　角钢内弯和外弯中心层所处的位置是一样的。
( ) 82. BB024　直径大的圆管展开长度一般都是按内径加2个板厚计算的。
( ) 83. BB025　壳体为钢板卷制者,封头公称直径是以外径为基准的。
( ) 84. BC001　根据规定:易燃介质或毒性程度为中度危害介质的低压容器和储存容器为高压容器。
( ) 85. BC002　无制造许可证的单位,经上级主管部门的批准,可以制造或组焊压力容器。
( ) 86. BC003　在压力容器制造过程中,必须对设备的可靠性有充分的保证,这是保证压力容器正常、安全运行的重要条件之一。
( ) 87. BC004　压力容器材料从开始订货就应纳入压力容器质量管理。
( ) 88. BC005　对于大型的矩形板材需要放样,此后再进行划线和切割。
( ) 89. BC006　由对称式卷板机工作原理可知板料滚弯时,一端总有剩余直边。
( ) 90. BC007　对中是板料弯曲时的首要工序。
( ) 91. BC008　滚弯时为使板料的曲率达到要求,一般每次上辊的下压量为10~20mm。
( ) 92. BC009　圆锥面卷弯时,其卷弯过程与圆柱面相似。
( ) 93. BC010　热压适用于宽坯料的弯曲成形。
( ) 94. BC011　对板料施加压力,使它成为一定形状的加工方法称为压弯。
( ) 95. BC012　材料弯曲时,当弯曲力去除后,其弯曲角度或半径会发生变化。
( ) 96. BC013　压延工艺分变薄压延和不变薄压延两种。
( ) 97. BC014　压延筒形件时,坯料沿圆周方向产生了拉伸变形。
( ) 98. BC015　压延时,板料的四周部分受纵向压应力。
( ) 99. BC016　冷压是在常温下压制,适用于厚度较薄的材料成形,因此压弯后没有回弹量。
( ) 100. BC017　在补强圈的质量要求中,内曲率必须比待补强壳体外曲率小一些。
( ) 101. BC018　直径小于2m的容器,如果筒体刚性大,也必须设支撑。
( ) 102. BC019　一个刚体在空间如果不加任何约束限制就有三个自由度。
( ) 103. BC020　现场操作中,以图形或工件的两个角的顶角(不相邻的角)作基准,分别测出两个对角线的长度,并进行比较,即可判定工件是否达到技术要求。
( ) 104. BC021　仿形法及模具法常用于容器装配。
( ) 105. BC022　立装法可分为三种装配法。
( ) 106. BC023　适用于大批量生产和定型产品的装配的装配方法是正装。
( ) 107. BC024　容器焊后热处理的目的就是增加其塑性。
( ) 108. BC025　压力试验是以高出设计压力一定比率的试验压力对容器强度进行考核的

一种试验手段。

( ) 109. BC026　在雨天及雪天的施焊条件下,也可对钢制球形储罐施焊。
( ) 110. BC027　停点检查点不需劳动部门驻厂监察员到场,而一般控制点则不然。
( ) 111. BD001　钢材冷矫正和冷弯曲的环境温度要求是:普通碳钢不小于 -12℃;低合金钢不小于 -16℃。
( ) 112. BD002　地样装配法适用于框架和桁架等构件的装配。
( ) 113. BD003　H 形钢组对中当肋板尺寸较大、且肋板垂直于拼接焊缝时,允许肋板跨焊缝,肋板压焊缝处应断开不焊。
( ) 114. BD004　塔架各杆件焊接后,主肢直线度偏差不应大于杆体长度 1/1000,且不大于 6mm。
( ) 115. BD005　用模具装配焊接结构生产效率低,产品质量也不能保证。
( ) 116. BD006　构件安装校正时,如检测空间的间距和跨度大于 10m 者,应用夹具和拉力计数器配合卷尺使用。
( ) 117. BD007　基础复核定位时,应使用轴线控制点和标高基准点。
( ) 118. BD008　钢结构运输时,一旦因措施不当等原因产生了变形,可通过安装调整得以恢复。
( ) 119. BD009　永久性普通螺栓的连接不能用大螺母代替垫圈。
( ) 120. BD010　屋架柱顶截面中心与基础中心应在同一轴线上。
( ) 121. BD011　用钢板组焊工字梁和 T 字梁,焊接时,若不采取任何防变形措施就会产生扭曲变形。
( ) 122. BD012　火焰加机械方法对箱形梁的扭转变形进行矫正,收效很大。
( ) 123. BE001　锤子(钳工锤)主要用于矫正较厚的钢板和型钢。
( ) 124. BE002　打锤时,可以戴手套操作,可以防止大锤脱手飞出。
( ) 125. BE003　打大锤时,如果两人共同工作,应对面操作。
( ) 126. BE004　扁钢煨弯过程中,弯度超过时,应套在有弧边的铁砧上进行敲打修正。
( ) 127. BE005　在平衡状态下,不同成分的铁碳合金在不同温度时所具有的状态或组织的图形不同。
( ) 128. BE006　只要淬火温度足够,既使錾子的淬火处与非淬火处有明显的界线,刃部也不容易在此断裂。
( ) 129. BE007　平式单咬缝咬接,当板厚在 0.2~0.5mm 时,咬缝宽度取 5~8mm。
( ) 130. BE008　能否采用咬缝这种结构形式,取决于材料的塑性。
( ) 131. BE009　咬缝制作筒形工件时,筒形工件的纵缝采用的是立式结构。
( ) 132. BE010　胀接的原理是:使管板孔壁产生塑性变形,管子产生弹性变形,从而使胀口达到紧固且密封。
( ) 133. BE011　待胀管端和管板孔壁都需打磨,出现金属光泽。
( ) 134. BE012　胀大值(H)在 1%~3% 之间,对厚壁管和有色金属应取较小值。
( ) 135. CA001　安全色中的黄色表示"指示令和必须遵守的规定"。
( ) 136. CA002　人体皮肤一经湿润,36V 电压加在人体上存在生命危险。因此,36V 不是人体绝对安全电压。

（　）137. CA003　并联电路中流过每个电阻的电流都等于电路中的总电流。
（　）138. CA004　饮酒者严禁从事高处作业。
（　）139. CA005　起重设备在吊运中遇到不正常情况应立即停止作业。
（　）140. CA006　机械设备的危险性主要存在于旋转部件和做直线运动的部件。
（　）141. CA007　影响人类生存和发展的，经过人工改造的自然因素的总体是环境。
（　）142. CA008　环境教育是环境管理的重要组成部分。
（　）143. CA009　对容器的清洗置换是否符合要求，不能用置换的遍数来衡量，而必须以化验分析的结果为准。
（　）144. CA010　采用带压动火方法检修燃料容器及管道时，动火前及施工中其内部压力要始终稳定，保持正压状态。
（　）145. CB001　碱性焊条要比酸性焊条所用的焊接电流大。
（　）146. CB002　使用割矩时，如果发生回火，应立即关闭切割氧气阀和乙炔调节阀，然后再关闭预热氧气调节阀。
（　）147. CB003　在使用钻孔机械钻孔时，不允许戴手套。
（　）148. CB004　指挥者手上的绿旗左右摇动，表示停止起升设备；红旗左右摇动，表示吊杆左转或右转。
（　）149. CB005　电阻并联后的总电阻值总是大于任何一个电阻值。

理论知识试题答案

一、选择题

1. B	2. C	3. A	4. A	5. B	6. D	7. C	8. C	9. A	10. A
11. B	12. C	13. A	14. C	15. D	16. A	17. C	18. D	19. B	20. C
21. D	22. A	23. C	24. D	25. A	26. D	27. B	28. B	29. C	30. D
31. B	32. C	33. B	34. A	35. B	36. D	37. B	38. A	39. C	40. C
41. A	42. A	43. C	44. D	45. C	46. C	47. D	48. B	49. C	50. B
51. A	52. C	53. A	54. A	55. C	56. B	57. A	58. D	59. D	60. B
61. D	62. A	63. B	64. D	65. A	66. B	67. D	68. B	69. D	70. B
71. B	72. B	73. D	74. C	75. D	76. C	77. B	78. D	79. A	80. C
81. B	82. D	83. C	84. A	85. D	86. C	87. B	88. D	89. B	90. C
91. A	92. C	93. D	94. B	95. A	96. B	97. B	98. B	99. B	100. B
101. D	102. B	103. C	104. D	105. A	106. B	107. C	108. D	109. A	110. D
111. A	112. B	113. C	114. A	115. B	116. C	117. B	118. A	119. B	120. D
121. D	122. C	123. A	124. D	125. A	126. A	127. C	128. B	129. A	130. B
131. D	132. D	133. B	134. C	135. B	136. C	137. A	138. A	139. B	140. D
141. A	142. B	143. D	144. A	145. B	146. B	147. C	148. B	149. D	150. B
151. B	152. A	153. C	154. D	155. B	156. D	157. A	158. B	159. D	160. C
161. B	162. D	163. B	164. B	165. A	166. C	167. C	168. B	169. A	170. A
171. B	172. D	173. B	174. C	175. D	176. A	177. D	178. B	179. A	180. B
181. D	182. A	183. C	184. D	185. B	186. A	187. B	188. C	189. B	190. A
191. D	192. B	193. B	194. B	195. D	196. B	197. B	198. A	199. A	200. A
201. B	202. A	203. C	204. A	205. B	206. A	207. C	208. A	209. B	210. D
211. C	212. C	213. A	214. D	215. A	216. B	217. B	218. D	219. B	220. C
221. A	222. B	223. D	224. A	225. C	226. A	227. A	228. B	229. B	230. A
231. A	232. C	233. D	234. B	235. A	236. A	237. B	238. A	239. C	240. C
241. D	242. B	243. B	244. C	245. A	246. C	247. A	248. D	249. D	250. A
251. D	252. B	253. A	254. B	255. D	256. A	257. C	258. A	259. A	260. D
261. A	262. B	263. C	264. A	265. C	266. D	267. B	268. C	269. D	270. A
271. C	272. D	273. D	274. A	275. D	276. B	277. A	278. D	279. D	280. B
281. D	282. C	283. D	284. A	285. D	286. B	287. C	288. A	289. D	290. B
291. B	292. A	293. C	294. D	295. B	296. B	297. B	298. C	299. D	300. D
301. A	302. D	303. D	304. D	305. D	306. A	307. C	308. D	309. D	310. A
311. B	312. C	313. D	314. D	315. D	316. A	317. B	318. C	319. B	320. C

第一部分 初级工理论知识试题

321. D	322. B	323. A	324. B	325. A	326. A	327. D	328. A	329. B	330. C
331. D	332. A	333. C	334. D	335. D	336. B	337. C	338. D	339. A	340. C
341. A	342. B	343. D	344. C	345. B	346. A	347. D	348. A	349. D	350. B
351. B	352. C	353. A	354. D	355. D	356. D	357. D	358. C	359. A	360. B
361. D	362. A	363. B	364. C	365. A	366. D	367. D	368. A	369. C	370. D
371. A	372. D	373. D	374. A	375. D	376. D	377. A	378. D	379. C	380. A
381. B	382. D	383. A	384. D	385. C	386. D	387. B	388. D	389. C	390. A
391. B	392. A	393. B	394. D	395. D	396. D	397. B	398. D	399. D	400. D
401. D	402. B	403. D	404. D	405. D	406. D	407. D	408. A	409. C	410. A
411. B	412. C	413. B	414. C	415. D	416. D	417. D	418. C	419. D	420. B
421. D	422. B	423. D	424. D	425. D	426. D	427. D	428. D	429. A	430. D
431. C	432. A	433. B	434. A	435. D	436. D	437. D	438. D	439. D	440. B
441. D	442. D	443. D	444. D	445. D	446. D	447. D	448. D	449. D	450. D
451. D	452. D	453. A	454. B	455. D	456. D	457. B	458. C	459. D	460. D
461. A	462. B	463. C							

二、判断题

1. √ 2. √ 3. √ 4. √ 5. × 剖面和剖视的区别在于剖面是机件上剖切断面的投影,而剖视则是剖切后机件的投影。 6. √ 7. × 当直线(平面)平行于投影面时具有真实性。 8. √ 9. × 图样中极限尺寸就是允许尺寸变动的两个界限值。 10. × 孔和轴分别规定了 28 个基本偏差。

11. √ 12. √ 13. × 屋架图样中的斜拉的尺寸一般在图样中不予标注。 14. × 大型结构件中拼接方式、拼接焊缝位置是根据技术要求和受力情况要求进行。 15. × 识读图样以主视图为主、其他视图为辅,应仔细识读。 16. √ 17. √ 18. × 生铁和钢都属于黑色金属材料。 19. √ 20. × 低碳钢是指含碳量小于 0.25% 的碳素钢。

21. × 热轧钢板沿着轧制方向存在着纤维组织,但是板材纵向和横向的力学性能有相当大的差异。 22. √ 23. × 切削机加工的切削刀具应采用高合金工具钢。 24. × 含碳量小于 2.11%,并含有少量硅、锰、硫、磷等杂质元素的铁碳合金称为碳素钢。 25. √ 26. √ 27. × 钢材发生变形的实质就是金属组织的晶格由于受外力或内力的人为原因使其发生形变而导致钢材产生变形。 28. √ 29. √ 30. √

31. × 正火可看成是退火的一种特例,两者并无本质上的区别,仅是正火比退火冷却速度稍快。 32. × 淬火能提高钢的硬度和耐磨性。 33. × 回火是将淬火后的钢件重新加热到 AR_1 以下某一温度,保温一定时间后冷却至室温的热处理工艺。 34. × 压力容器法兰俗称设备法兰。 35. × 平垫圈材料多采用 Q235A 或 10 号和 20 号钢制作。 36. × 用机械加热制造弯头多是因为弯头弯曲半径较小。 37. √ 38. √ 39. √ 40. √

41. √ 42. √ 43. √ 44. × 对于气割的工件,滚板前必须清除切口边缘氧化铁渣,防止其铁渣损伤轴辊表面。 45. √ 46. × 不对称式三轴卷板机和对称式三轴卷板机相比,其结构简单,操作也比较困难,所以这种卷板机目前很少采用。 47. × 龙门斜刃剪板机的两个刀刃相互交叉或具有一定的高度,一般上刀刃是倾斜的,下刀刃是水平且固定的。

48. ×　振动剪床的上剪刃固定在滑块上,滑块通过连杆与偏心轴连接,由电动机带动做高速往复运动(类似振动现象),来剪切工件。　49. ×　闭式曲柄压力机床身结构呈框架形,其结构刚性较好,能承受较大的冲击力。　50. ×　四柱式液压机,其结构比较简单,刚性好,可制成较大吨位的压力机。

51. √　52. √　53. ×　不同的设备,不同运动状态的不同部分,润滑油所起的作用是不一样的。　54. ×　在手工电弧焊过程中,焊条既作为电极传导电流,又起到焊缝的填充金属作用。　55. √　56. √　57. ×　一般量具和精密量具是按测量精度来划分的。　58. √　59. ×　画放样图的过程称为放样。　60. ×　实尺放样就是采用1:1的比例进行放样。

61. √　62. √　63. ×　当所划的直线长度超过直尺时,必须用粉线。　64. ×　放样与号料是两个不同工序,它们都是制造金属结构第一道工序。　65. ×　要合理用料,充分提高材料的利用率。　66. √　67. √　69. ×　工件的素线均为直线,相邻两条素线构成一个单向弯曲的曲面是可展表面。　70. ×　球体是典型的不可展体。

71. √　72. ×　如果线段的投影在三视图中都不反映实长,那么该线段必定是投影面的一般位置线。　73. √　74. ×　展开方法中,以三角形法最复杂,放射线法次之,平行线法较简单。　75. ×　板厚处理的构件,其中性层的位置不一定就是板厚的中间位置。　76. ×　在塑性弯曲过程中,中性层的位置与弯曲半径 R 和板厚 T 的比值有关。　77. ×　对于简单的型钢弯曲件最简便的方法是通过计算求得展开尺寸。　78. √　79. √　80. √

81. ×　角钢内弯和外弯中心层所处的位置是不一样的。　82. ×　直径大的圆管展开长度一般都是按内径加1个板厚计算的。　83. ×　壳体为钢板卷制者,封头公称直径是以内径为基准的。　84. ×　根据规定:易燃介质或毒性程度为中度危害介质的低压容器和储存容器为中压容器。　85. ×　无制造许可证的单位,经上级主管部门的批准,不得制造或组焊压力容器。　86. √　87. √　88. ×　对于大型的矩形板材可直接在钢板上划线,不需放样,就可进行切割。　89. ×　由对称式卷板机工作原理可知板料滚弯时,两端总有剩余直边。　90. √

91. ×　滚弯时为使板料的曲率达到要求,一般每次上辊的下压量根据板厚、弯曲半径决定。　92. √　93. ×　热压适用于厚坯料的弯曲成形。　94. ×　利用模具对板料施加外力,使它弯成一定角度或一定形状的加工方法称为压弯。　95. √　96. √　97. ×　压延筒形件时,坯料沿压延方向产生了拉伸变形。　98. ×　压延时,板料的四周部分受切向压应力。　99. ×　冷压是在常温下压制,适用于厚度较薄的材料成形,因此压弯后有一定的回弹量。　100. ×　在补强圈的质量要求中,内曲率与待补强壳体外曲率相同。

101. ×　直径小于2m的容器,如果筒体刚性大,可不设支撑。　102. ×　一个刚体在空间如果不加任何约束限制就有六个自由度。　103. √　104. ×　仿形法及模具法多用于钢结构装配。　105. ×　立装法可分为两种装配法。　106. ×　适用于大批量生产和定型产品的装配的装配方法是胎具装配法。　107. ×　容器焊后热处理的目的是消除焊缝残余应力,以防止应力腐蚀。　108. √　109. ×　在雨天及雪天的施焊条件下,不能对钢制球形储罐施焊。　110. ×　一般控制点,劳动部门驻厂监察员不必到场,但停点检查点则不然。

111. ×　钢材冷矫正和冷弯曲的环境温度要求是:普通钢不小于-16℃;低合金钢不小于-12℃。　112. √　113. √　114. ×　塔架各杆件焊接后,主肢直线度偏差不应大于杆体长度1/1000,且不大于4mm。 115. × 用模具装配焊接结构,具有产品质量好、生产效率高等优点。 116. √ 117. √ 118. × 钢结构运输时,一旦因措施不当等原因产生了变形,应校正后再安装。 119. √ 120. √

121. × 用钢板组焊工字梁和T字梁,焊接时,若不采取任何防变形措施就会产生弯曲变形。 122. √ 123. × 锤子(钳工锤)主要用于矫正较薄的钢板和型钢。 124. × 打锤时,严禁戴手套打锤,以防大锤脱手飞出。 125. × 打大锤时,如果两人共同工作,不得对面操作。 126. √ 127. √ 128. × 淬火温度足够,如果錾子的淬火处与非淬火处有明显的界线,则刃部易在此断裂。 129. × 平式单咬缝咬接,当板厚在0.2~0.5mm时,咬缝宽度取3~5mm。 130. √

131. × 咬缝制作筒形工件时,筒形工件的纵缝采用的是平式结构。 132. × 胀接的原理是:使管板孔壁产生弹性变形,使管子产生塑性变形,从而使胀口达到紧固且密封。 133. √ 134. × 胀大值(H)在1%~3%之间,对厚壁管和有色金属应取较大值。 135. × 安全色中的黄色表示"警告、注意"。 136. √ 137. × 并联电路中总电流等于各支路的电流总和。 138. √ 139. √ 140. √

141. × 影响人类生存和发展的各种天然和经人工改造的自然因素的总体是环境。 142. √ 143. √ 144. √ 145. × 碱性焊条要比酸性焊条所用的焊接电流小。 146. √ 147. √ 148. √ 149. × 电阻并联后的总电阻值总是小于任何一个电阻值。

第二部分 初级工技能操作试题

考核内容层次结构表

级别	识图	手工成形	机械成形	装配	连接	矫正	制造	展开放样	安装	安全	合计
初级工	60分 30~90min	40分 120~180min									100分 150~270min
中级工	40分 60~120min	30分 120~180min	30分 60min 选一项								100分 240~360min
高级工	40分 60~180min	30分 60~180min 选一项			30分 60~180min 选一项						100分 180~540min
技师和高级技师							20分 150min	30分 60min	20分 60min	30分 60min	100分 330min

鉴定要素细目表

行为领域	鉴定范围			鉴定点		
	代码	名称	鉴定比重	代码	名称	重要程度
技能操作 A 100%	A	识图	60%	AA001	画出组合形体的三视图	Y
				AA002	简单几何作图	X
				AA003	看图统计材料(简单钢结构图)	Y
				AA004	看图统计材料(常压容器施工图)	X
				AA005	形体展开(圆管弯头类)	X
				AA006	形体展开(方管弯头类)	X
				AA007	形体展开(天圆地方类)	X
				AA008	形体展开(三通管类)	X
				AA009	形体展开(圆锥类)	X
				AA010	形体展开(棱锥体类)	X
	B	手工成形	40%	AB001	框架类手工成形	X
				AB002	构件类手工成形(锥管咬口制作类)	X
				AB003	构件类手工成形(三通管类)	X

注:X—核心要素;Y——般要素。

技能操作试题

一、AA001 画出组合形体的三视图

本鉴定点下共有 2 道考核试题,这些试题统一的考核要求和配分与评分标准如下。

1. 考核要求

(1) 做好操作前的各项准备工作。
(2) 正确使用各种工具。
(3) 根据已知尺寸画出形体的三视图。
(4) 卷面、图形清晰可见。

2. 配分与评分标准

序号	考核项目	评分要素	配分	评分标准	检测结果	扣分原因	得分	备注
1	画三视图	工具劳保准备	5	少一件扣 2 分				
2		画三视图	20	分别画出粗实线、细实线、虚线、点划线等线段,画错一处扣 5 分				
3		尺寸误差	25	允差 ±1mm,每超出 1mm,一处扣 5 分				
4		三视图位置误差,高平齐,长对正,宽相等	20	允差 ±1mm,每超出 1mm,一处扣 5 分				
5		尺寸标注	20	尺寸标注按有关规定,不合理一处扣 2 分				
6		卷面清晰	10	卷面脏乱差,该项不得分				
7		安全文明生产		不安全操作不得分,不文明行为一次从总分中扣 2 分				
8		时间定额		每超时 1min 从总分中扣 2 分,超时 10min 停止操作				
合计			100					

考评员:_____   记分员:_____   ____年____月____日

3. 考核评分

(1) 本题分值采用百分制,100 分满分,60 分单科及格,然后乘以鉴定比重。
(2) 评分方法:按单项记分、扣分。

4. 准备要求

(1) 鉴定机构准备:教室 1 间,能容纳 30～50 人,通风、光线良好,整洁规范无干扰;A4 绘图纸若干。

（2）考生准备：

名　称	规　格	数　量	名　称	规　格	数　量
圆规	100～150mm	1把	绘图铅笔	HB,2H,2B	各1支
三角板	200mm	1副	橡皮		1块

5. 考核时限

准备时间10min,正式操作时间60min,记时从正式操作开始,至操作完毕结束。规定时间内全部完成,每超时1min,从总分中扣2分;总超时10min,停止考核。

6. 否定项说明

尺寸误差大于3mm的。

试题1. AA001－1　画出支座的三视图

工件图:见题AA001－1图。

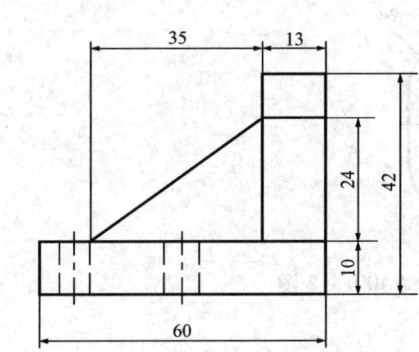
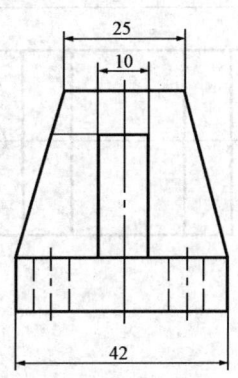

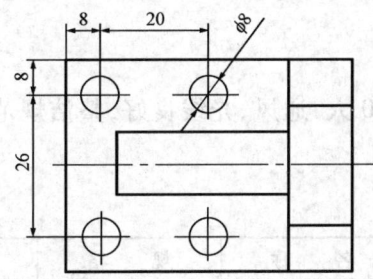

题AA001－1图

试题2. AA001－2　画出轴承座的三视图

工件图:见题AA001－2图。

二、AA002　简单几何作图

本鉴定点下共有3道考核试题,这些试题统一的考核要求如下。

1. **考核要求**

（1）做好操作前的各项准备工作。

（2）正确使用各种工具。

（3）根据已知尺寸作几何图。

（4）卷面、图形清晰可见。

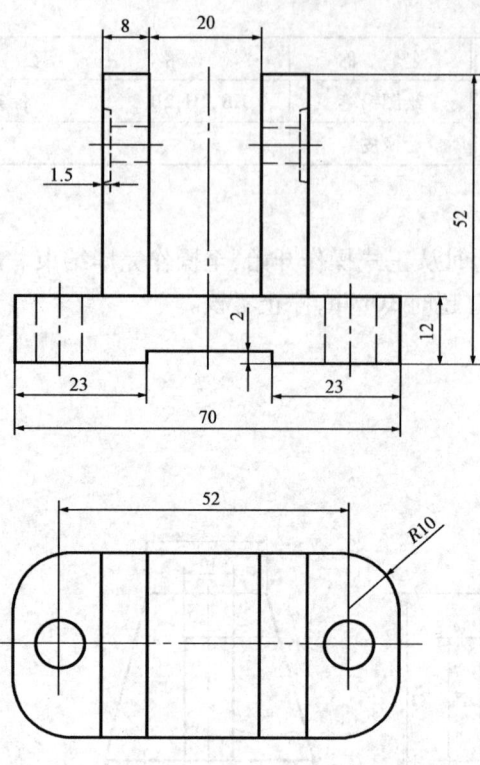
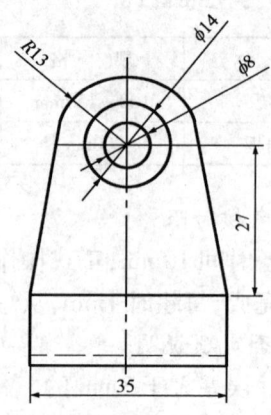

题 AA001-2 图

2. 考核评分

(1) 本题分值采用百分制,100 分满分,60 分单科及格,然后乘以鉴定比重。

(2) 评分方法:按单项记分、扣分。

3. 准备要求

(1) 鉴定机构准备:教室 1 间,能容纳 30～50 人,通风、光线良好,整洁规范无干扰;A4 绘图纸若干。

(2) 考生准备:

名 称	规 格	数 量	名 称	规 格	数 量
圆规	100～150mm	1 把	绘图铅笔	HB,2H,2B	各 1 支
三角板	200mm	1 副	橡皮		1 块
曲线板		1 个			

4. 否定项说明

尺寸误差大于 3mm 的。

试题 1. AA002-1　画出内接三边形和五边形两个图形

(1) 考核时限:

准备时间 10min,正式操作时间 30min,记时从正式操作开始,至操作完毕结束。规定时间内全部完成,每超时 1min,从总分中扣 2 分;总超时 10min,停止考核。

(2) 工件图:见题 AA002-1 图。

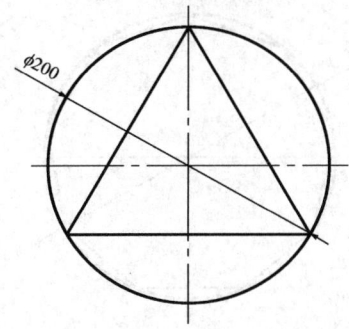 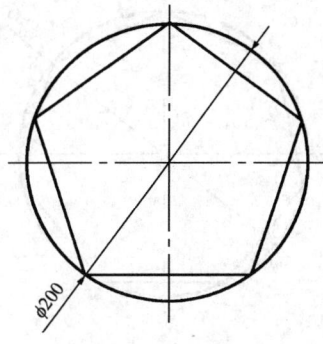

题 AA002-1 图

(3)配分与评分标准:

序号	考核项目	评分要素	配分	评分标准	检测结果	扣分原因	得分	备注
1	几何作图	工具劳保准备	5	少一件扣2分				
2		画十字线、圆	25	允差±1mm,尺寸误差每超出1mm扣5分,角度误差每超出1°,一处扣5分				
3		作辅助线	30	允差±1mm,每超出1mm,一处扣5分				
4		内接多边形	30	允差±1mm,每超出1mm,一处扣5分				
5		卷面清晰	10	卷面脏乱差,该项不得分				
6		安全文明生产		不安全操作不得分,不文明行为一次从总分中扣2分				
7		时间定额		每超时1min从总分中扣2分,超时10min停止操作				
合计			100					

考评员:_____   记分员:_____   ____年___月___日

试题 2. AA002-2 画出内接七边形和九边形两个图形

(1)考核时限:

准备时间10min,正式操作时间45min,记时从正式操作开始,至操作完毕结束。规定时间内全部完成,每超时1min,从总分中扣2分;总超时10min,停止考核。

(2)工件图:见题 AA002-2 图。

(3)配分与评分标准:同题 AA002-1。

试题 3. AA002-3 用四圆心法和同心圆法分别画椭圆

(1)考核时限:

准备时间10min,正式操作时间45min,记时从正式操作开始,至操作完毕结束。规定时间内全部完成,每超时1min,从总分中扣2分;总超时10min,停止考核。

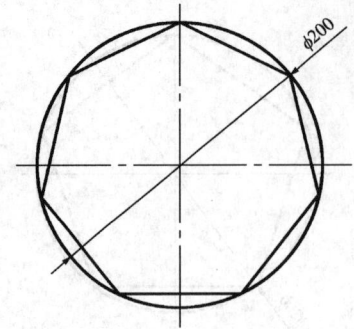 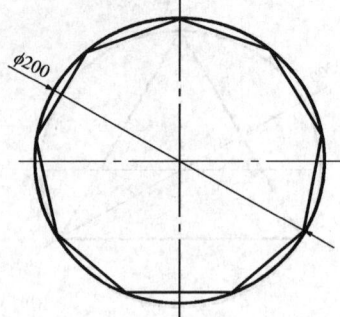

题 AA002-2 图

(2) 工件图：见题 AA002-3 图。

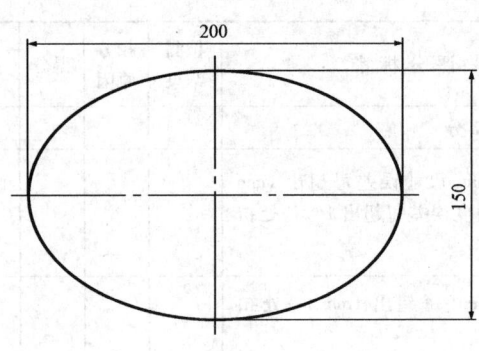 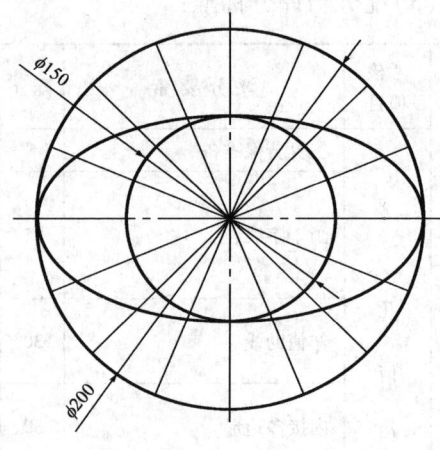

题 AA002-3 图

(3) 配分与评分标准：

序号	考核项目	评分要素	配分	评分标准	检测结果	扣分原因	得分	备注
1		工具劳保准备	5	少一件扣2分				
2		作十字线	10	允差±1°，每超出1°扣3分				
3	画	确定长短轴半径	10	允差±1mm，每超出1mm，一处扣5分				
4		作辅助线	20	允差±1mm，每超出1mm，一处扣5分				
5		确定四个圆弧中心	15	允差±1mm，每超出1mm，一处扣5分				
6	椭	画椭圆	20	圆弧过渡不圆滑一处扣5分				
7		尺寸允差	20	允差±1mm，每超出1mm，一处扣5分				
8	圆	安全文明生产		不安全操作不得分，不文明行为一次从总分中扣2分				
9		时间定额		每超时1min从总分中扣2分，超时10min停止操作				
合计			100					

考评员：_____ 记分员：_____ ____年____月____日

三、AA003　看图统计材料（简单钢结构图）

本鉴定点下共有 2 道考核试题，这些试题统一的考核要求和配分与评分标准如下。

1. 考核要求

（1）写出图中所有的材料名称、规格、型号、数量及下料尺寸，多边形及不规格图形可按方形或圆形计算。

（2）答出钢结构件装配所采取的方法。

（3）答出防止变形的措施。

2. 配分与评分标准

序号	考核项目	评分要素	配分	评分标准	检测结果	扣分原因	得分	备注
1	看图统计材料	工具劳保准备	5	少一件扣2分				
2		各种材料名称	10	错一种扣5分				
3		规格型号	15	错一种扣3分				
4		数量	15	错一个扣3分				
5		下料尺寸（板料可按方形或圆计算）	30	长度、宽度、圆直径半径等几何尺寸，错一种尺寸扣5分				
6		装配方法	10	划线、仿形、模具，答错一种扣4分				
7		防变形措施	15	答对一种得5分				
8		安全文明生产		不安全操作不得分，不文明行为一次从总分中扣2分				
9		时间定额		每超时1min从总分中扣2分，超时10min停止操作				
合计			100					

考评员：_____　　　记分员：_____　　　___年___月___日

3. 考核评分

（1）本题分值采用百分制，100 分满分，60 分单科及格，然后乘以鉴定比重。

（2）评分方法：按单项记分、扣分。

4. 准备要求

（1）鉴定机构准备：教室 1 间，能容纳 30～50 人，通风、光线良好，整洁规范无干扰；A4绘图纸若干；简单钢结构图若干（每位考生 1 份）。

（2）考生准备：钢笔或圆珠笔 1 支。

5. 考核时限

准备时间 10min，正式操作时间 60min，记时从正式操作开始，至操作完毕结束。规定时间内全部完成，每超时 1min，从总分中扣 2 分；总超时 10min，停止考核。

6. 否定项说明

看不懂图纸的。

试题 1. AA003－1　爬犁及支座总图

工件图：由鉴定机构准备。

试题 2. AA003 – 2　烟囱分总图

工件图:由鉴定机构准备。

四、AA004　看图统计材料(常压容器施工图)

本鉴定点下共有 2 道考核试题,这些试题统一的考核要求和配分与评分标准如下。

1. 考核要求

(1)写出图中所有的材料名称、规格、型号、数量及下料尺寸。
(2)答出钢结构件组对所采取的方法。
(3)答出防止变形的措施。
(4)答出常压容器的试漏方法。

2. 配分与评分标准

序号	考核项目	评分要素	配分	评分标准	检测结果	扣分原因	得分	备注
1	看图统计材料	工具劳保齐全	5	少一件扣 2 分				
2		容器直径、长度板厚、材质及封头规格	15	答错一项扣 3 分				
3		人孔配管法兰规格及伸出长度	20	答错一项扣 5 分				
4		容器周长下料计算	15	答对满分,否则不得分				
5		容器封头下料计算	15	答对满分,否则不得分				
6		容器组对的先后顺序	15	顺序颠倒扣 10 分,漏掉中间环节一项扣 5 分				
7		常压容器的试漏(试压)方法	15	答出一种得 5 分				
8		安全文明生产		不安全操作不得分,不文明行为一次从总分中扣 2 分				
9		时间定额		每超时 1min 从总分中扣 2 分,超时 10min 停止操作				
合计			100					

考评员:_____　　记分员:_____　　____年____月____日

3. 考核评分

(1)本题分值采用百分制,100 分满分,60 分单科及格,然后乘以鉴定比重。
(2)评分方法:按单项记分、扣分。

4. 准备要求

(1)鉴定机构准备:教室 1 间,能容纳 30~50 人,通风、光线良好,整洁规范无干扰;A4 绘图纸若干;常压容器施工图若干(每位考生 1 份)。
(2)考生准备:钢笔或圆珠笔 1 支。

5. 考核时限

准备时间 10min,正式操作时间 60min,记时从正式操作开始,至操作完毕结束。规定时间内全部完成,每超时 1min,从总分中扣 2 分;总超时 10min,停止考核。

6. 否定项说明

看不懂图纸的。

试题 1. AA004-1　20m³回水罐

工件图：由鉴定机构准备。

试题 2. AA004-2　50m³常压卧罐

工件图：由鉴定机构准备。

五、AA005　形体展开(圆管弯头类)

本鉴定点下共有4道考核试题,这些试题统一的考核要求和配分与评分标准如下。

1. 考核要求

(1)做好劳保及工具准备。

(2)操作过程标准化。

(3)达到有关的技术要求。

(4)安全文明施工。

(5)检验方法:直线度检查点不少于3个,平面度检查点不少于3个,圆弧检查点不少于6个。

2. 配分与评分标准

序号	考核项目	评分要素	配分	评分标准	检测结果	扣分原因	得分	备注
1	形体展开	工具劳保准备	5	少一件扣2分				
2		画主、俯视图	10	画法不正确不得分,多线少线一处扣2分				
3		板厚处理	25	不处理板厚不得分,错一条线扣3分;允差±1mm,超出1mm,一处扣2分,超差大于2mm不得分				
4		求实长线	25	画法不正确不得分,多线少线一处扣2分;允差±1mm,超出1mm,一处扣2分,超差大于2mm不得分				
5		画展开图	35	画法不正确不得分,多线少线一处扣2分;允差±1mm,超出1mm,一处扣3分,超差大于2mm不得分;曲线不圆滑一处扣2分				
6		安全文明生产		不安全操作不得分,不文明行为一次从总分中扣2分				
7		时间定额		每超时1min从总分中扣2分,超时10min停止操作				
合计			100					

考评员:_____　　　记分员:_____　　　____年____月____日

3. 考核评分

(1)本题分值采用百分制,100分满分,60分单科及格,然后乘以鉴定比重。

(2)评分方法:按单项记分、扣分。

4. 准备要求

(1)鉴定机构准备:不小于 $3m^2$ 的钢制平台或清洁光滑的水泥场地,通风、光线良好,整洁规范无干扰;油毡纸若干(每位考生1块)。

(2)考生准备:

名 称	规 格	数 量	名 称	规 格	数 量
直板尺	1000mm	1把	直角尺	250mm×500mm	1把
划规	400mm	1把	钢卷尺	2m	1把
铁皮剪刀		1把	划针		1根

5. 考核时限

准备时间 10min,正式操作时间 60min,记时从正式操作开始,至操作完毕结束。规定时间内全部完成,每超时 1min,从总分中扣 2 分;总超时 10min,停止考核。

6. 否定项说明

尺寸误差大于 3mm 的。

试题1. AA005-1　90°弯头展开($\phi 114mm \times 8mm$)

工件图:见题 AA005-1 图。

试题2. AA005-2　90°弯头展开($\phi 89mm \times 6mm$)

工件图:见题 AA005-2 图。

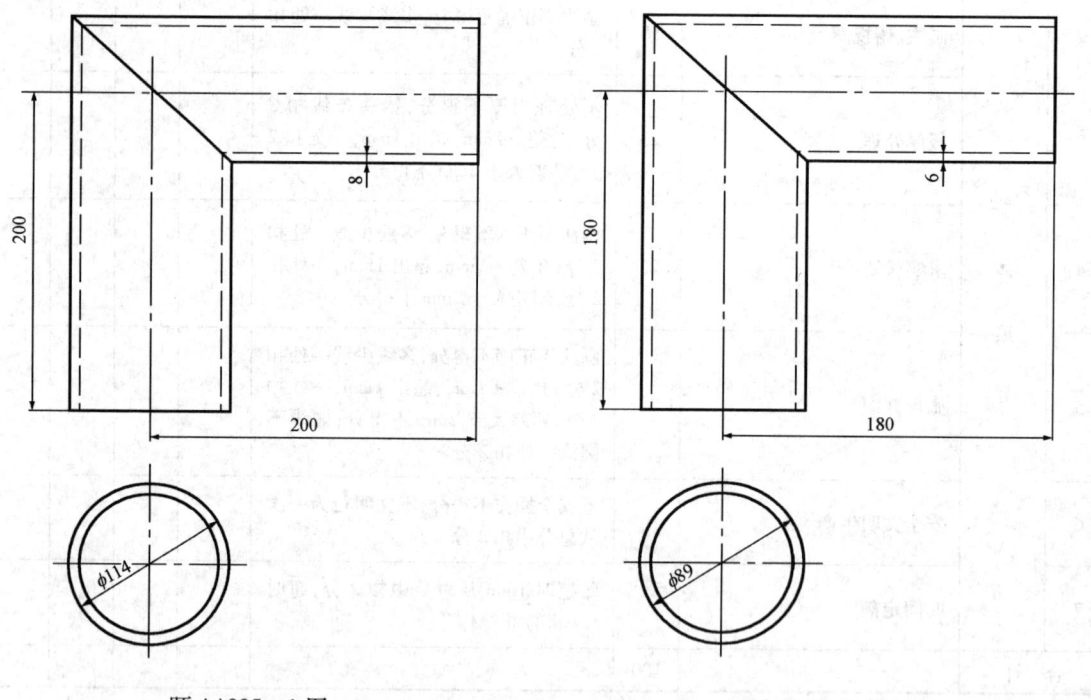

题 AA005-1 图　　　　　　题 AA005-2 图

试题3. AA005-3　120°弯头展开($\phi 76mm \times 6mm$)

工件图:见题 AA005-3 图。

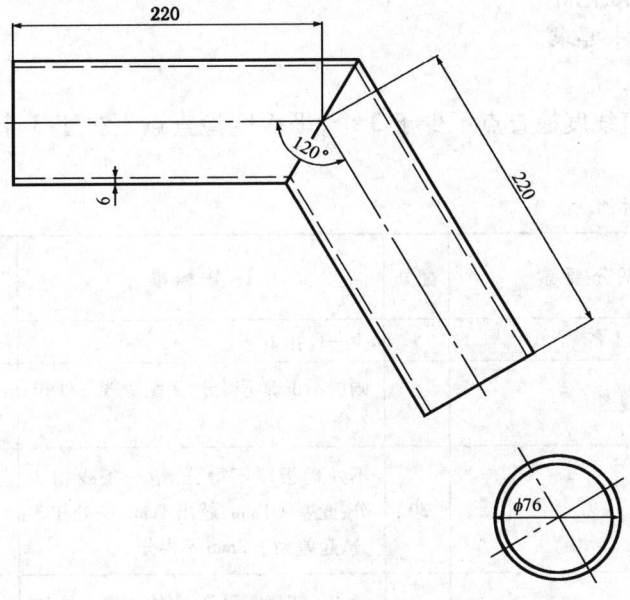

题 AA005-3 图

试题 4. AA005-4　120°弯头展开($\phi 89\text{mm} \times 8\text{mm}$)

工件图：见题 AA005-4 图。

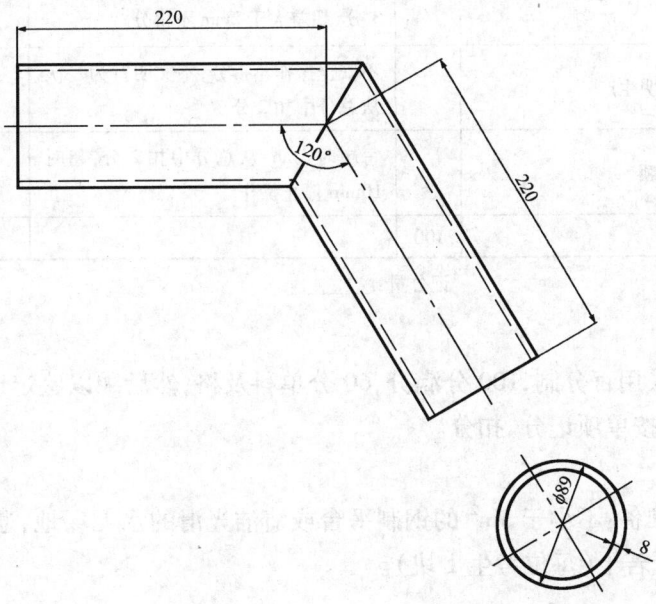

题 AA005-4 图

六、AA006　形体展开(方管弯头类)

本鉴定点下共有 2 道考核试题，这些试题统一的考核要求和配分与评分标准如下。

1. 考核要求

(1) 做好劳保及工具准备。

(2)操作过程标准化。
(3)达到有关技术要求。
(4)安全文明施工。
(5)检验方法:直线度检查点不少于3个,平面度检查点不少于3个,圆弧检查点不少于6个。

2. 配分与评分标准

序号	考核项目	评分要素	配分	评分标准	检测结果	扣分原因	得分	备注
1	形体展开	工具劳保准备	5	少一件扣2分				
2		画主、俯视图	10	画法不正确不得分,多线少线一处扣2分				
3		板厚处理	30	不处理板厚不得分,错一条线扣3分;允差±1mm,超出1mm,一处扣3分,超差大于2mm不得分				
4		求实长线	25	画法不正确不得分,多线少线一处扣2分;允差±1mm,超出1mm,一处扣3分,超差大于2mm不得分				
5		画展开图	30	画法不正确不得分,多线少线一处扣2分;允差±1mm,超出1mm,一处扣3分,超差大于2mm不得分				
6		安全文明生产		不安全操作不得分,不文明行为一次从总分中扣2分				
7		时间定额		每超时1min从总分中扣2分,超时10min停止操作				
合计			100					

考评员:_____   记分员:_____   ____年____月____日

3. 考核评分
(1)本题分值采用百分制,100分满分,60分单科及格,然后乘以鉴定比重。
(2)评分方法:按单项记分、扣分。

4. 准备要求
(1)鉴定机构准备:不小于3m² 的钢制平台或清洁光滑的水泥场地,通风、光线良好,整洁规范无干扰;油毡纸若干(每位考生1块)。
(2)考生准备:

名称	规格	数量	名称	规格	数量
直板尺	1000mm	1把	直角尺	250mm×500mm	1把
划规	400mm	1把	钢卷尺	2m	1个
铁皮剪刀		1把	划针		1根

5. 考核时限

准备时间 10min,正式操作时间 60min,记时从正式操作开始,至操作完毕结束。规定时间内全部完成,每超时 1min,从总分中扣 2 分;总超时 10min,停止考核。

6. 否定项说明

尺寸误差大于 3mm 的。

试题 1. AA006 - 1 90°方管弯头展开

工件图:见题 AA006 - 1 图。

试题 2. AA006 - 2 90°矩形管弯头展开

工件图:见题 AA006 - 2 图。

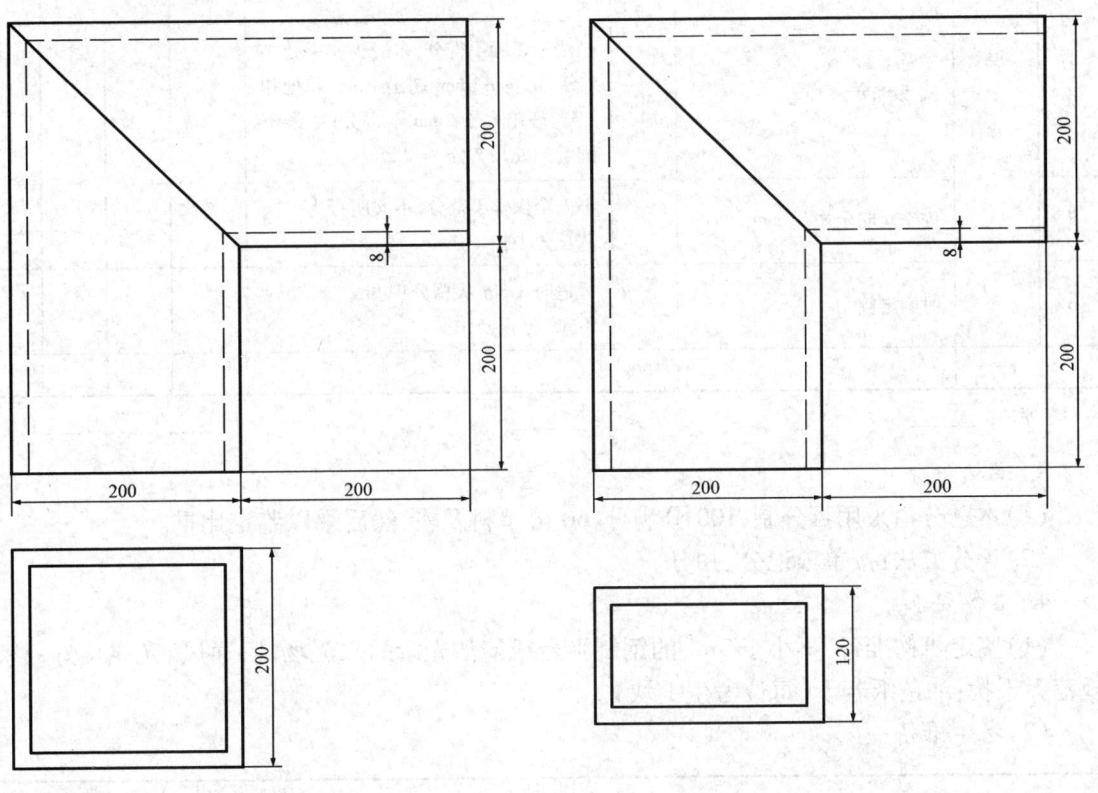

题 AA006 - 1 图   题 AA006 - 2 图

七、AA007 形体展开(天圆地方类)

本鉴定点下共有 2 道考核试题,这些试题统一的考核要求和配分与评分标准如下。

1. 考核要求

(1)做好劳保及工具准备。

(2)操作过程标准化。

(3)达到有关技术要求。

(4)安全文明施工。

(5)检验方法:直线度检查点不少于 3 个,平面度检查点不少于 3 个,圆弧检查点不少于 6 个。

2. 配分与评分标准

序号	考核项目	评分要素	配分	评分标准	检测结果	扣分原因	得分	备注
1		工具劳保准备	5	少一件扣2分				
2		画主、俯视图	25	画法不正确不得分,多线少线一处扣2分;允差±1mm,超出1mm,一处扣3分,超差大于2mm不得分				
3	形体展开	求实长线	30	画法不正确不得分,多线少线一处扣2分;允差±1mm,超出1mm,一处扣3分,超差大于2mm不得分				
4		画展开图	40	画法不正确不得分,多线少线一处扣2分;允差±1mm,超出1mm,一处扣3分,超差大于2mm不得分;曲线不圆滑一处扣2分				
5		安全文明生产		不安全操作不得分,不文明行为一次从总分中扣2分				
6		时间定额		每超时1min从总分中扣2分,超时10min停止操作				
合计			100					

考评员：_____　　　　记分员：_____　　　　____年____月____日

3. 考核评分

(1) 本题分值采用百分制,100分满分,60分单科及格,然后乘以鉴定比重。

(2) 评分方法:按单项记分、扣分。

4. 准备要求

(1) 鉴定机构准备:不小于3m²的钢制平台或清洁光滑的水泥场地,通风、光线良好,整洁规范无干扰;油毡纸若干(每位考生1块)。

(2) 考生准备：

名称	规格	数量	名称	规格	数量
直板尺	1000mm	1把	直角尺	250mm×500mm	1把
划规	400mm	1把	钢卷尺	2m	1个
铁皮剪刀		1把	划针		1根

5. 考核时限

准备时间10min,正式操作时间90min,记时从正式操作开始,至操作完毕结束。规定时间内全部完成,每超时1min,从总分中扣2分;总超时10min,停止考核。

6. 否定项说明

尺寸误差大于3mm的。

第二部分 初级工技能操作试题

试题1. AA007-1 天圆地方展开

工件图:见题 AA007-1 图。

试题2. AA007-2 天圆地长方展开

工件图:见题 AA007-2 图。

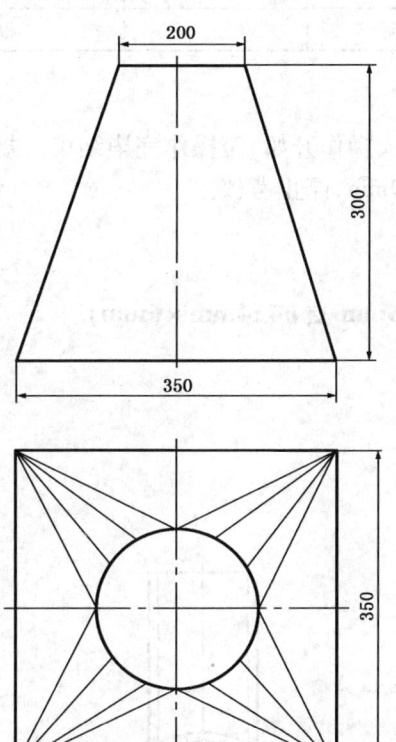

题 AA007-1 图

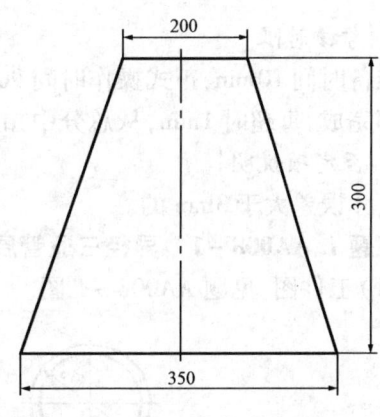

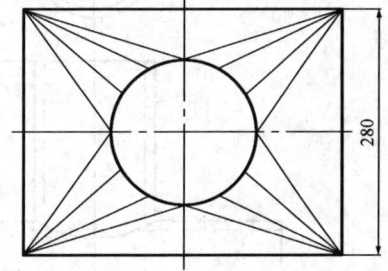

题 AA007-2 图

八、AA008 形体展开(三通管类)

本鉴定点下共有6道考核试题,这些试题统一的考核要求如下。

1. 考核要求

(1)做好劳保及工具准备。

(2)操作过程标准化。

(3)达到有关技术要求。

(4)安全文明施工。

2. 考核评分

(1)本题分值采用百分制,100分满分,60分单科及格,然后乘以鉴定比重。

(2)评分方法:按单项记分、扣分。

3. 准备要求

(1)鉴定机构准备:不小于 $3m^2$ 的钢制平台或清洁光滑的水泥场地,通风、光线良好,整洁规范无干扰;油毡纸(1m×1m)若干(每位考生1块)。

(2)考生准备：

名　称	规　格	数　量	名　称	规　格	数　量
直板尺	1000mm	1把	直角尺	250mm×500mm	1把
划规	400mm	1把	钢卷尺	2m	1个
铁皮剪刀		1把	划针		1根

4. 考核时限

准备时间10min，正式操作时间90min，记时从正式操作开始，至操作完毕结束。规定时间内全部完成，每超时1min，从总分中扣2分；总超时10min，停止考核。

5. 否定项说明

尺寸误差大于3mm的。

试题1. AA008-1　异径三通管展开（$\phi76mm \times 6mm$ 交 $\phi114mm \times 6mm$）

(1)工件图：见题AA008-1图。

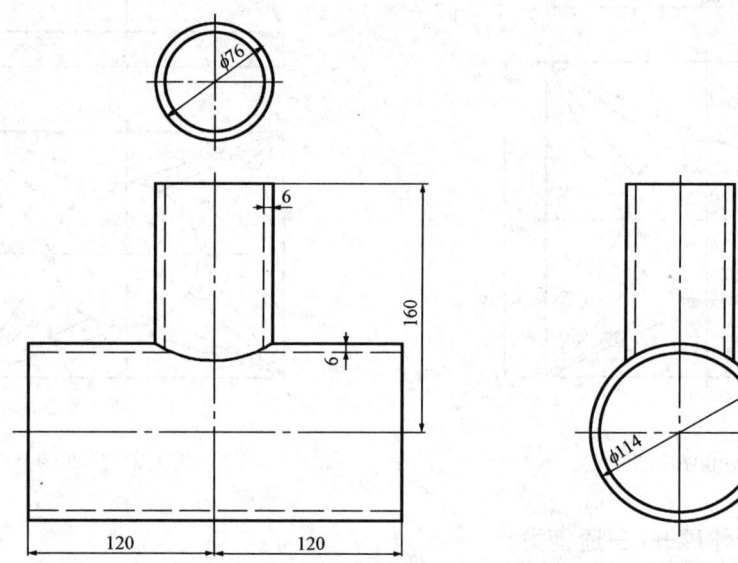

题 AA008-1 图

(2)配分与评分标准：

序号	考核项目	评分要素	配分	评分标准	检测结果	扣分原因	得分	备注
1	形体展开	工具劳保准备	5	少一件扣2分				
2		画主、俯视图	10	画法不正确不得分，允差±1mm，超出1mm，一处扣2分，超差大于2mm不得分				
3		板厚处理	15	不处理板厚不得分，错一条线扣3分				
4		求接合线	10	多线少线一处扣2分，允差±1mm，超出1mm，一处扣2分，大于2mm不得分				

续表

序号	考核项目	评分要素	配分	评分标准	检测结果	扣分原因	得分	备注
5	形体展开	支管展开	30	画法不正确不得分,展开素线不平行一处扣3分;允差±1mm,超出1mm,一处扣2分,超差大于2mm不得分;曲线不圆滑一处扣2分				
6		孔展开	30	画法不正确不得分,展开素线不平行一处扣3分;允差±1mm,超出1mm,一处扣2分,超差大于2mm不得分;曲线不圆滑一处扣2分				
7		安全文明生产		不安全操作不得分,不文明行为一次从总分扣2分				
8		时间定额		每超时1min从总分中扣2分,超时10min停止操作				
合计			100					

考评员：_____ 记分员：_____ ____年___月___日

试题2. AA008-2　异径三通管展开(ϕ89mm×8mm 交 ϕ114mm×8mm)

(1)工件图:见题AA008-2图。
(2)配分与评分标准:同题AA008-1。

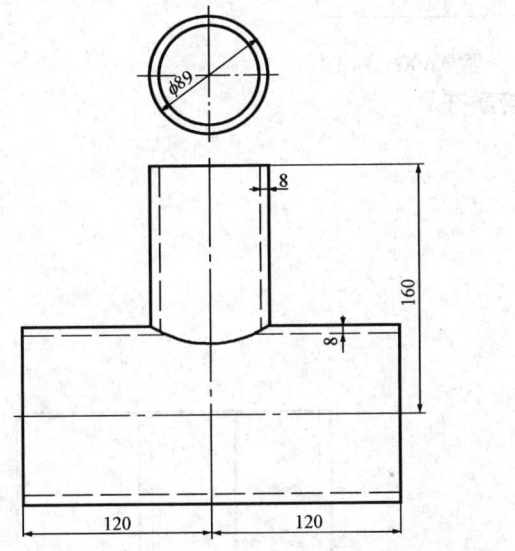
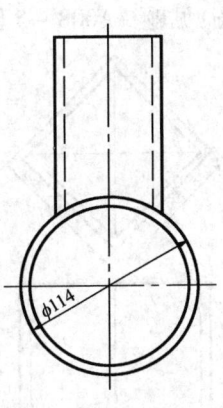

题 AA008-2 图

试题3. AA008-3　等径直交三通管展开(ϕ76mm×6mm)

(1)工件图:见题AA008-3图。
(2)配分与评分标准:同题AA008-1。

试题4. AA008-4　等径直交三通管展开(ϕ89mm×8mm)

(1)工件图:见题AA008-4图。
(2)配分与评分标准:同题AA008-1。

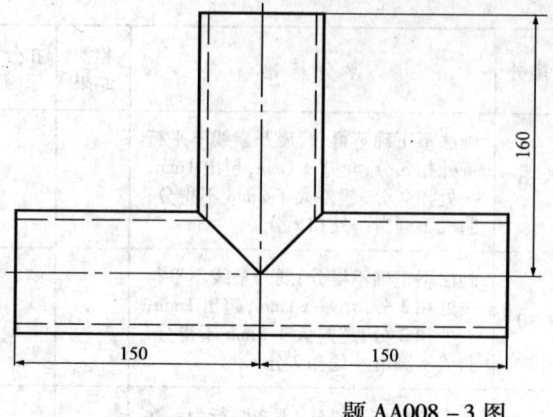
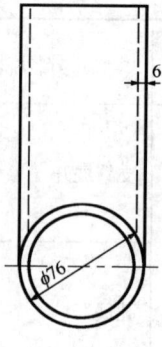

题 AA008-3 图

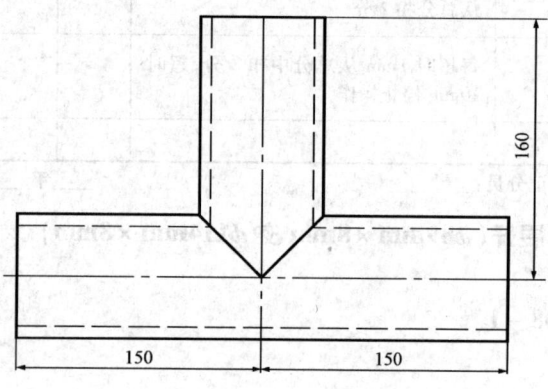
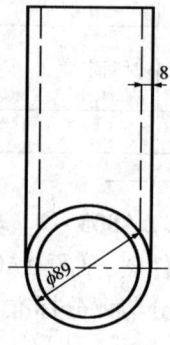

题 AA008-4 图

试题 5. AA008-5　异径三通方管展开
(1) 工件图：见题 AA008-5 图。

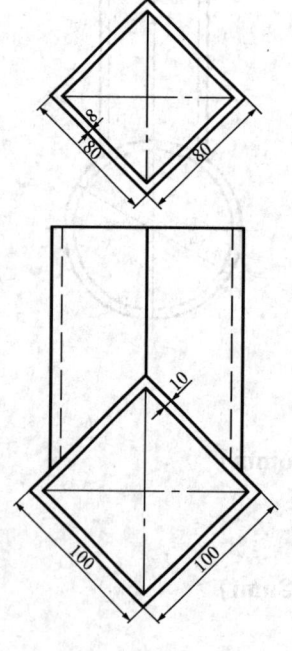
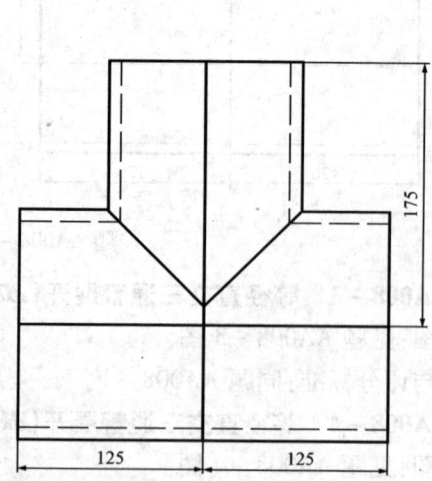

题 AA008-5 图

(2)配分与评分标准：

序号	考核项目	评分要素	配分	评分标准	检测结果	扣分原因	得分	备注
1	形体展开	工具劳保准备	5	少一件扣2分				
2		画主、俯视图	10	画法不正确不得分，允差±1mm，超出1mm，一处扣2分，超差大于2mm不得分				
3		板厚处理	15	不处理板厚不得分，错一条线扣3分				
4		求接合线	10	多线少线扣2分，允差±1mm，超出1mm，一处扣2分，大于2mm不得分				
5		支管展开	30	画法不正确不得分，展开素线不平行一处扣3分；允差±1mm，超出1mm，一处扣3分，超差大于2mm不得分				
6		孔展开	30	画法不正确不得分，展开素线不平行一处扣3分；允差±1mm，超出1mm，一处扣3分，超差大于2mm不得分				
7		安全文明生产		不安全操作不得分，不文明行为一次从总分扣2分				
8		时间定额		每超时1min从总分中扣2分，超时10min停止操作				
合计			100					

考评员：_____   记分员：_____   ___年___月___日

试题6. AA008-6　等径三通方管展开

(1)工件图：见题AA008-6图。

(2)配分与评分标准：同题AA008-5。

九、AA009　形体展开(圆锥体类)

本鉴定点下共有3道考核试题，这些试题统一的考核要求和配分与评分标准如下。

1. 考核要求

(1)做好劳保及工具准备。

(2)操作过程标准化。

(3)达到有关技术要求。

(4)安全文明施工。

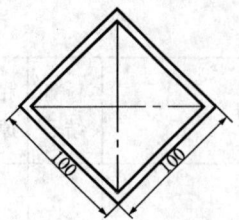

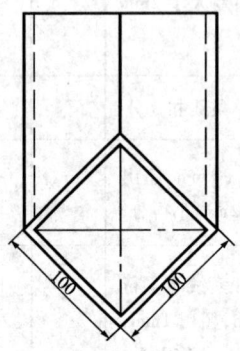
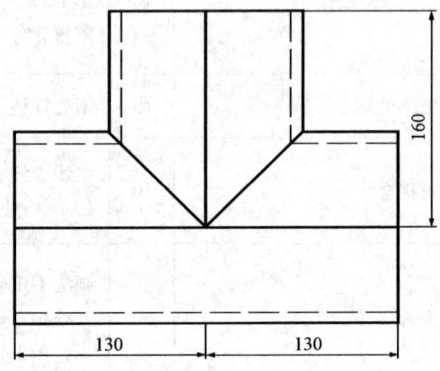

题 AA008-6 图

2. 配分与评分标准

序号	考核项目	评分要素	配分	评分标准	检测结果	扣分原因	得分	备注
1		工具劳保准备	5	少一件扣2分				
2	形体展开	画主、俯视图	25	画法不正确不得分,多线少线一处扣3分;允差±1mm,超出1mm,一处扣2分,大于2mm不得分				
3		求实长线	30	画法不正确不得分,多线少线一处扣3分;允差±1mm,超出1mm,一处扣3分,超差大于2mm不得分				
4		画展开图	40	画法不正确不得分,多线少线一处扣3分;允差±1mm,超出1mm,一处扣3分,超差大于2mm不得分;曲线不圆滑一处扣2分				
5		安全文明生产		不安全操作不得分,不文明行为一次从总分扣2分				
6		时间定额		每超时1min从总分中扣2分,超时10min停止操作				
合计			100					

考评员:_____   记分员:_____   ___年___月___日

3. 考核评分
(1) 本题分值采用百分制,100 分满分,60 分单科及格,然后乘以鉴定比重。
(2) 评分方法:按单项记分、扣分。

4. 准备要求
(1) 鉴定机构准备:不小于 3m² 的钢制平台或清洁光滑的水泥场地,通风、光线良好,整洁规范无干扰;油毡纸(1m×1m)若干(每位考生 1 块)。
(2) 考生准备:

名 称	规 格	数 量	名 称	规 格	数 量
直板尺	1000mm	1 把	直角尺	250mm×500mm	1 把
划规	400mm	1 把	钢卷尺	2m	1 个
铁皮剪刀		1 把	划针		1 根

5. 考核时限
准备时间 10min,正式操作时间 60min,记时从正式操作开始,至操作完毕结束。规定时间内全部完成,每超时 1min,从总分中扣 2 分;总超时 10min,停止考核。

6. 否定项说明
尺寸误差大于 3mm 的。

试题 1. AA009 - 1 圆锥形壶嘴的展开

工件图:见题 AA009 - 1 图。

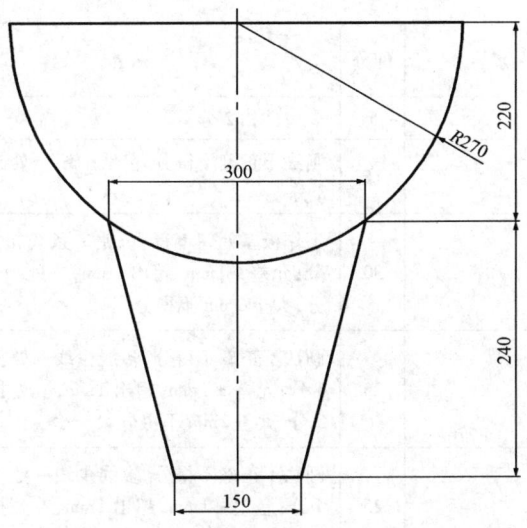

题 AA009 - 1 图

试题 2. AA009 - 2 圆锥上部斜切后的展开

工件图:见题 AA009 - 2 图。

试题 3. AA009 - 3 圆锥下部斜切后的展开

工件图:见题 AA009 - 3 图。

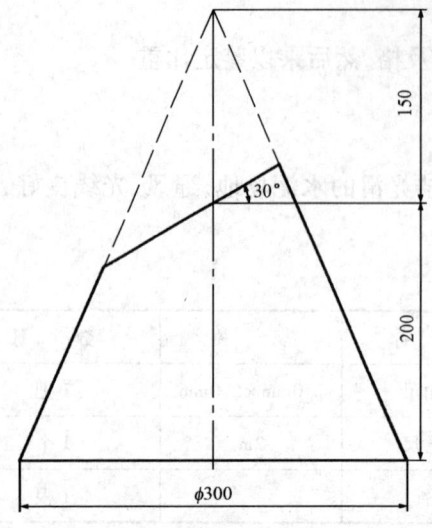 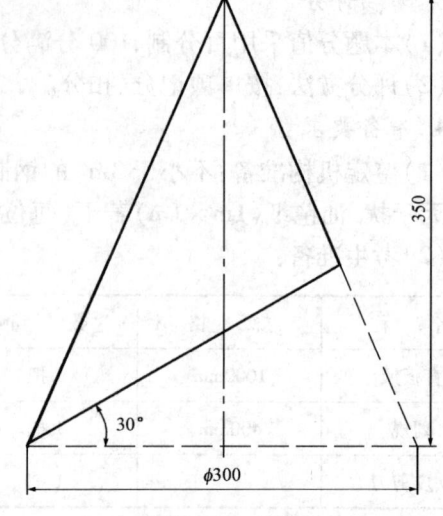

题 AA009-2 图　　　　　　　　题 AA009-3 图

十、AA010　形体展开(棱锥体类)

本鉴定点下共有 2 道考核试题,这些试题统一的考核要求和配分与评分标准如下。

1. 考核要求
(1)做好劳保及工具准备。
(2)操作过程标准化。
(3)达到有关技术要求。
(4)安全文明施工。

2. 配分与评分标准

序号	考核项目	评分要素	配分	评分标准	检测结果	扣分原因	得分	备注
1	形体展开	工具劳保准备	5	少一件扣2分				
2		画主、俯视图	15	画法不正确不得分,多线少线一处扣3分				
3		板厚处理	30	不作板厚处理不得分,错一条线扣4分;允差±1mm,超出1mm,一处扣5分,大于2mm不得分				
4		求实长线	25	画法不正确不得分,多线少线一处扣3分;允差±1mm,超出1mm,一处扣5分,大于2mm不得分				
5		画展开图	25	画法不正确不得分,多线少线一处扣5分;允差±1mm,超出1mm,一处扣5分,大于2mm不得分				
6		安全文明生产		不安全操作不得分,不文明行为一次从总分中扣2分				
7		时间定额		每超时1min从总分中扣2分,超时10min停止操作				
合计			100					

考评员:＿＿＿＿＿　　　　记分员:＿＿＿＿＿　　　　　　＿＿＿年＿＿＿月＿＿＿日

3. 考核评分

(1) 本题分值采用百分制,100 分满分,60 分单科及格,然后乘以鉴定比重。

(2) 评分方法:按单项记分、扣分。

4. 准备要求

(1) 鉴定机构准备:不小于 3m² 的钢制平台或清洁光滑的水泥场地,通风、光线良好,整洁规范无干扰;油毡纸(1m×1m)若干(每位考生 1 块)。

(2) 考生准备:

名 称	规 格	数 量	名 称	规 格	数 量
直板尺	1000mm	1 把	直角尺	250mm×500mm	1 把
划规	400mm	1 把	钢卷尺	2m	1 个
铁皮剪刀		1 把	划针		1 根

5. 考核时限

准备时间 10min,正式操作时间 60min,记时从正式操作开始,至操作完毕结束。规定时间内全部完成,每超时 1min,从总分中扣 2 分;总超时 10min,停止考核。

6. 否定项说明

尺寸误差大于 3mm 的。

试题 1. AA010 – 1 正六棱锥展开

工件图:见题 AA010 – 1 图。

试题 2. AA010 – 2 正四棱锥展开

工件图:见题 AA010 – 2 图。

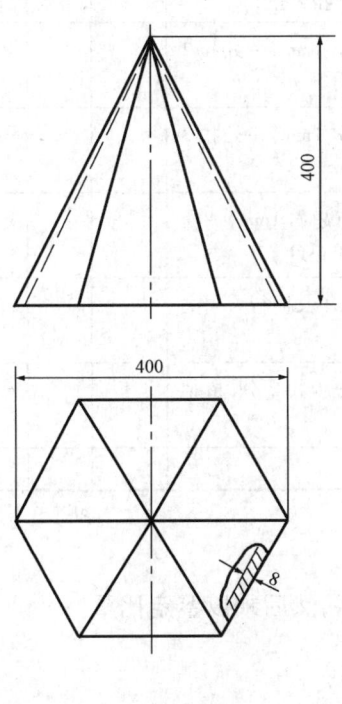

题 AA010 – 1 图

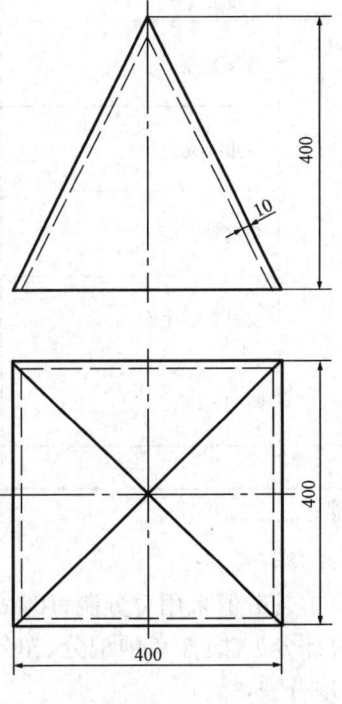

题 AA010 – 2 图

十一、AB001　框架类手工成形

本鉴定点下共有 4 道考核试题，这些试题统一的考核要求和配分与评分标准如下。

1. 考核要求

(1)看图下料。

(2)角铁锯割。

(3)修磨、矫正、煨制。

(4)点焊。

(5)自检。检验方法：用校验的直尺或其他量具进行检验，直线度检验应不少于 3 个检测点，平面度用卷尺在平台上检查，扭曲度可用角度尺或卡样板检查。

2. 配分与评分标准

序号	考核项目	评分要素	配分	评分标准	检测结果	扣分原因	得分	备注
1	框架类手工成形	工具劳保准备	5	少一件扣 2 分				
2		看图下料	10	允差 ±1mm，每超出 1mm，一处扣 2 分，大于 4mm 不得分				
3		矫正划线	10	允差 ±1mm，每超出 1mm，一处扣 2 分，大于 4mm 不得分				
4		锯割修磨	20	一次性锯割得满分，多修磨一次扣 2 分				
5		点焊矫正	15	对口间隙大于 2mm，一处扣 5 分，错边大于 1mm，一处扣 2 分				
6		角度允差	10	允差 ±1°，每超出 1°扣 2 分				
7		边长允差	10	允差 ±1mm，每超出 1mm，一处扣 2 分，大于 4mm 不得分				
8		对角线允差	10	允差 ±2mm，每超出 1mm，一处扣 3 分，大于 4mm 不得分				
9		角钢平面度	10	扭曲允差 ±2mm，每超出 1mm，一处扣 2 分，大于 4mm 不得分				
10		安全文明生产		不安全操作不得分，不文明行为一次从总分中扣 2 分				
11		时间定额		每超时 1min 从总分中扣 2 分，超时 10min 停止操作				
合计			100					

考评员：_____　　记分员：_____　　____年____月____日

3. 考核评分

(1)本题分值采用百分制，100 分满分，60 分单科及格，然后乘以鉴定比重。

(2)评分方法：按单项记分、扣分。

4. 准备要求

(1)鉴定机构准备：

序 号	名 称	规 格	数 量	备 注
1	钢制平台			每位考生1个,安全设施齐全,整洁规范无干扰
2	角铁	∠30mm×(2.5~3)mm	2m	
3	油毡纸		若干	每位考生1块
4	电焊机		1台	设专人管理
5	砂轮机		1台	

(2)考生准备:

名 称	规 格	数 量	名 称	规 格	数 量
直板尺	1000mm	1把	直角尺	250mm×500mm	1把
手锤	1kg	1把	钢卷尺	2m	1个
锯弓	300mm	1把	锯条	300mm	3根
锉刀		1把	石笔		自定
划针		1根			

5. 考核时限

准备时间10min,正式操作时间120min,记时从正式操作开始,至操作完毕结束。规定时间内全部完成,每超时1min,从总分中扣2分;总超时10min,停止考核。

6. 否定项说明

外形尺寸误差大于5mm的。

试题1. AB001-1　角铁框制作(300mm×500mm)

工件图:见题AB001-1图。

试题2. AB001-2　角铁框制作(350mm×450mm)

工件图:见题AB001-2图。

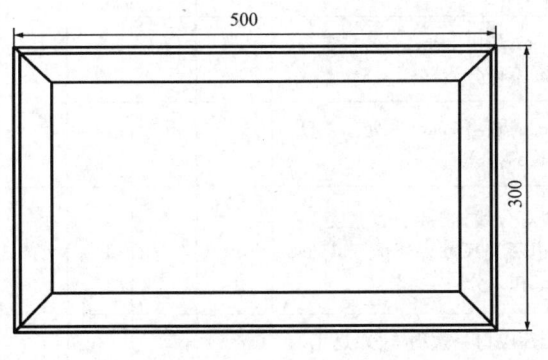

题AB001-1图

题AB001-2图

试题3. AB001-3　角铁框制作(450mm×450mm)

工件图:见题AB001-3图。

试题4. AB001-4　角铁框制作(480mm×480mm)

工件图:见题AB001-4图。

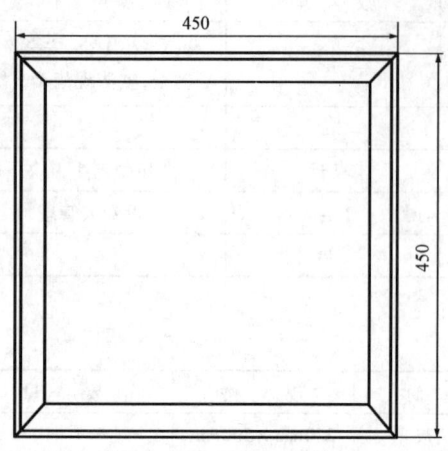

题 AB001-3 图

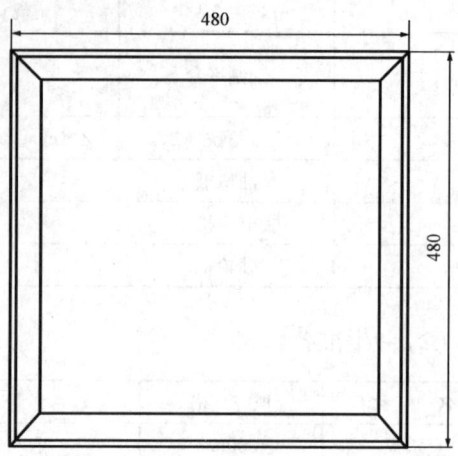

题 AB001-4 图

十二、AB002 构件类手工成形(锥管咬口制作类)

本鉴定点下共有 2 道考核试题,这些试题统一的考核要求和配分与评分标准如下。

1. 考核要求

(1)看图下料。

(2)划线剪切(留咬口余量)。

(3)成形、咬口、矫正。

(4)焊锡。

(5)成品自检。

(6)安全文明生产。

2. 配分与评分标准

序号	考核项目	评分要素	配分	评分标准	检测结果	扣分原因	得分	备注
1	构件类手工成形	工具劳保准备	5	少一件扣2分				
2		画展开图	15	允差±1mm,超出1mm,一处扣3分,大于2mm不得分				
3		样板制作	10	允差±1mm,超出1mm,一处扣2分,大于2mm不得分				
4		划线板小边	10	划出折线等分线,咬接小边宽度3~5mm,小边两端尺寸差不大于1mm,超出1mm扣2分				
5		折弯成形	10	折弯成形后咬口一次得满分,返工一次扣5分				
6		咬口宽度、间隙及局部凹凸度	15	咬口宽度4~6mm,超出1mm一处扣2分,有咬口间隙扣5分,有一处未咬合扣5分,局部凹凸不平有锤痕扣2分				

续表

序号	考核项目	评分要素	配分	评分标准	检测结果	扣分原因	得分	备注
7	构件类手工成形	成形尺寸允差	15	允差±2mm,每超出1mm,一处扣3分,大于4mm不得分				
8		上下口水平度	10	允差±2mm,每超出1mm,一处扣2分,大于4mm不得分				
9		扭曲度	10	允差±2mm,每超出1mm,一处扣2分,大于4mm不得分				
10		安全文明生产		不安全操作不得分,不文明行为一次从总分中扣2分				
11		时间定额		每超时1min从总分中扣2分,超时10min停止操作				
合计			100					

考评员:_____　　记分员:_____　　　　___年___月___日

3. 考核评分
(1) 本题分值采用百分制,100分满分,60分单科及格,然后乘以鉴定比重。
(2) 评分方法:按单项记分、扣分。

4. 准备要求
(1) 鉴定机构准备:

序号	名称	规格	数量	备注
1	钢制高架平台			每位考生1个,安全设施齐全,整洁规范无干扰
2	油毡纸		若干	每位考生1块
3	镀锌铁皮	厚0.5~0.75mm	若干	每位考生1块
4	砂纸	100目	若干	每位考生1块
5	棉纱		若干	
6	角铁	∠50mm×5mm	若干	1根长500mm(或槽钢)
7	台虎钳	150mm	若干	

(2) 考生准备:

名称	规格	数量	名称	规格	数量
钢板尺	1000mm	1把	直角尺	250mm×500mm	1把
铁皮剪刀	大号	1把	钢卷尺	2m	1把
划规	400mm	1把	划针		1根
錾口锤		1把	木锤		1把
钢锯条		1根			

5. 考核时限

准备时间 10min,正式操作时间 180min,记时从正式操作开始,至操作完毕结束。规定时间内全部完成,每超时 1min,从总分中扣 2 分;总超时 10min,停止考核。

6. 否定项说明

(1)咬口咬合不上的。

(2)尺寸误差大于 5mm 的。

试题 1. AB002 -1　方锥管咬口制作

工件图:见题 AB002 -1 图。

试题 2. AB002 -2　矩形锥管咬口制作

工件图:见题 AB002 -2 图。

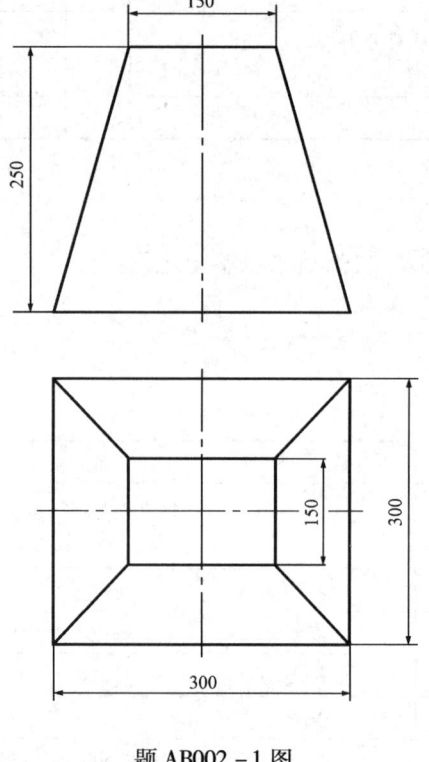

题 AB002 -1 图

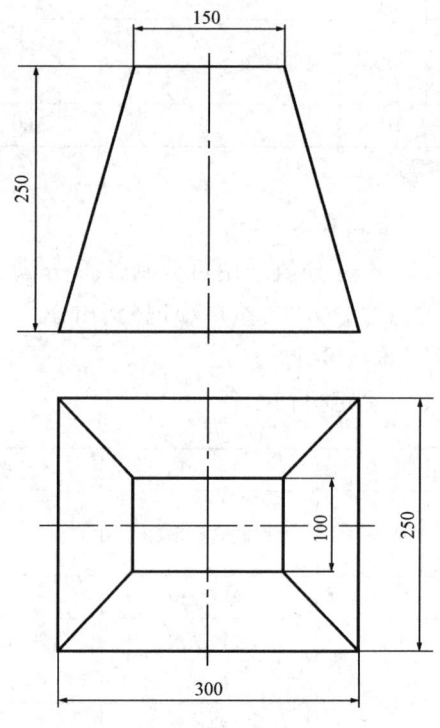

题 AB002 -2 图

十三、AB003　构件类手工成形(三通管类)

本鉴定点下共有 6 道考核试题,这些试题统一的考核要求和配分与评分标准如下。

1. 考核要求

(1)看图放样。

(2)划线切割。

(3)组对成形。

(4)点焊固定,必须是考生自己动手。

(5)成品自检。

(6)安全文明生产。

(7)检查样板用标准样板,检查角度用校验的直尺弯尺或角度样板。

2. 配分与评分标准

序号	考核项目	评分要素	配分	评分标准	检测结果	扣分原因	得分	备注
1	构件类手工成形	工具劳保准备	5	少一件扣2分				
2		画主、俯视图及板厚处理	15	多线少线一处扣2分,放样时不做板厚处理扣10分				
3		画展开图	15	画法不正确不得分,允差±1mm,每超出1mm,一处扣3分,超差大于3mm不得分				
4		样板制作	5	允差±1mm,每超出1mm,一处扣2分				
5		划线切割修磨	15	一次成形得满分,返工一次扣3分				
6		组对间隙	10	不大于3mm得满分,大于3mm,一处扣4分,大于5mm不得分				
7		点焊	10	焊点均匀光滑得满分,有气孔、夹渣、焊瘤等一处扣2分,别人点焊该项不得分				
8		成品检查	15	几何尺寸允差±2mm,每超出1mm,一处扣3分,超差大于4mm不得分				
9		垂直度和扭曲度	10	允差±0.5°,每超出0.5°扣4分,大于3°不得分				
10		安全文明生产		不安全操作不得分,不文明行为一次从总分中扣2分				
11		时间定额		每超时1min从总分中扣2分,超时10min停止操作				
合计			100					

考评员:_____ 记分员:_____ ____年____月____日

3. 考核评分
(1)本题分值采用百分制,100分满分,60分单科及格,然后乘以鉴定比重。
(2)评分方法:按单项记分、扣分。

4. 准备要求(考生准备)

名 称	规 格	数 量	名 称	规 格	数 量
直板尺	1000mm	1把	直角尺	250mm×500mm	1把
划规	400mm	1把	钢卷尺	2m	1个
铁皮剪刀		1把	划针		自定
手锤	1kg	1把	锉刀		1把
石笔		自定			

5. 考核时限
准备时间10min,正式操作时间150min,记时从正式操作开始,至操作完毕结束。规定时间内全部完成,每超时1min,从总分中扣2分;总超时10min,停止考核。

6. 否定项说明

尺寸误差大于5mm的。

试题1. AB003－1　等径ϕ60mm×5mm直交三通管制作

(1)准备要求(鉴定机构准备)：

序　号	名　　称	规　　格	数　量	备　注
1	钢制平台		若干	每位考生1个,安全设施齐全,整洁规范无干扰
2	油毡纸	1m×1m	若干	每位考生1块
3	钢管	ϕ60mm×5mm	若干	长1000mm,每位考生1根
4	焊条	$J_{422}\phi$3.2mm	若干	
5	角磨片		若干	
6	电焊机		2台	专人负责
7	气焊工具		2套	专人负责

(2)工件图:见题AB003－1图。

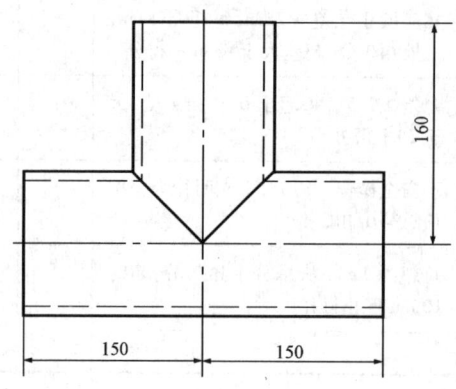 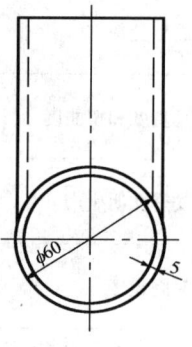

题 AB003－1 图

试题2. AB003－2　等径ϕ108mm×6mm直交三通管制作

(1)准备要求(鉴定机构准备)：

序　号	名　　称	规　　格	数　量	备　注
1	钢制平台		若干	每位考生1个,安全设施齐全,整洁规范无干扰
2	油毡纸	1m×1m	若干	每位考生1块
3	钢管	ϕ108mm×6mm	若干	长1000mm,每位考生1根
4	焊条	$J_{422}\phi$3.2mm	若干	
5	角磨片		若干	
6	电焊机		2台	专人负责
7	气焊工具		2套	专人负责

(2)工件图:见题AB003－2图。

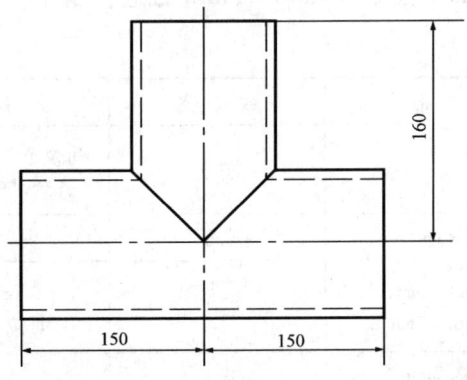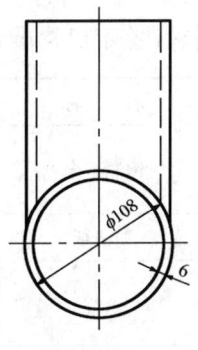

题 AB003-2 图

试题 3. AB003-3 异径 $\phi76mm \times 5mm$ 交 $\phi89mm \times 6mm$ 三通管制作

(1) 准备要求（鉴定机构准备）：

序 号	名 称	规 格	数 量	备 注
1	钢制平台		若干	每位考生1个，安全设施齐全，整洁规范无干扰
2	油毡纸	$1m \times 1m$	若干	每位考生1块
3	钢管	$\phi76mm \times 5mm$，$\phi89mm \times 6mm$	若干	长500mm，每位考生各1根
4	焊条	$J_{422}\phi3.2mm$	若干	
5	角磨片		若干	
6	电焊机		2台	专人负责
7	气焊工具		2套	专人负责

(2) 工件图：见题 AB003-3 图。

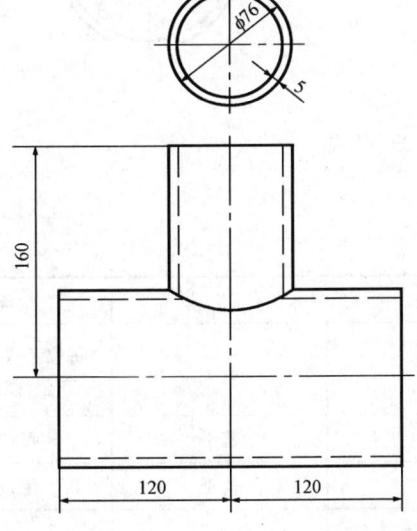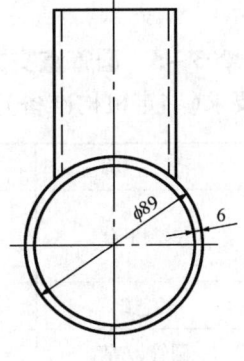

题 AB003-3 图

试题 4. AB003-4　异径 $\phi 89\text{mm} \times 5\text{mm}$ 交 $\phi 114\text{mm} \times 7\text{mm}$ 三通管制作

(1) 准备要求(鉴定机构准备):

序　号	名　称	规　格	数　量	备　注
1	钢制平台		若干	每位考生1个,安全设施齐全,整洁规范无干扰
2	油毡纸	$1\text{m} \times 1\text{m}$	若干	每位考生1块
3	钢管	$\phi 89\text{mm} \times 5\text{mm}$, $\phi 114\text{mm} \times 7\text{mm}$	若干	长500mm, 每位考生各1根
4	焊条	$J_{422} \phi 3.2\text{mm}$	若干	
5	角磨片		若干	
6	电焊机		2台	专人负责
7	气焊工具		2套	专人负责

(2) 工件图:见题 AB003-4 图。

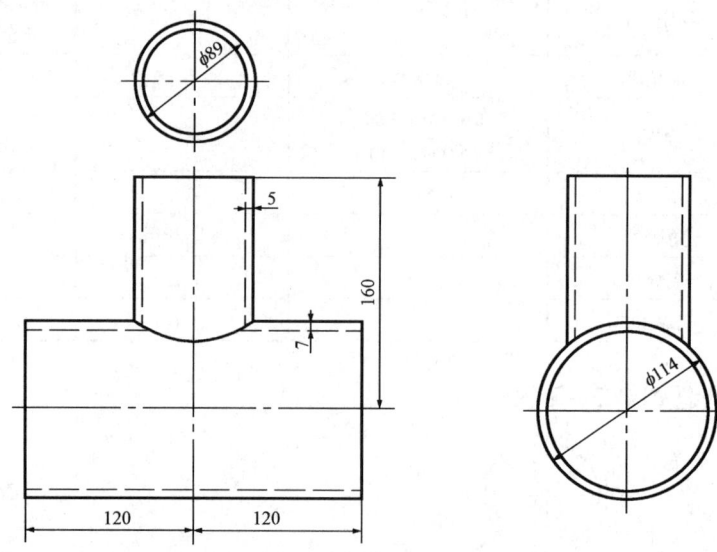

题 AB003-4 图

试题 5. AB003-5　圆管直交方管

(1) 准备要求(鉴定机构准备):

序　号	名　称	规　格	数　量	备　注
1	钢制平台		若干	每位考生1个,安全设施齐全,整洁规范无干扰
2	油毡纸	$1\text{m} \times 1\text{m}$	若干	每位考生1块
3	圆管、方管		若干	每位考生1根
4	焊条	$J_{422} \phi 3.2\text{mm}$	若干	

续表

序 号	名 称	规 格	数 量	备 注
5	角磨片		若干	
6	电焊机		2台	专人负责
7	气焊工具		2套	专人负责

(2)工件图:见题 AB003-5 图。

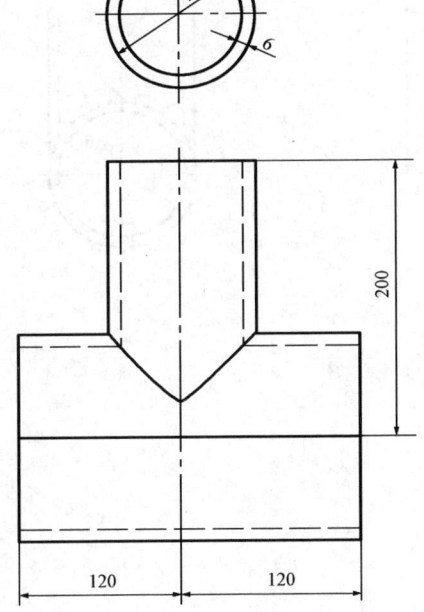
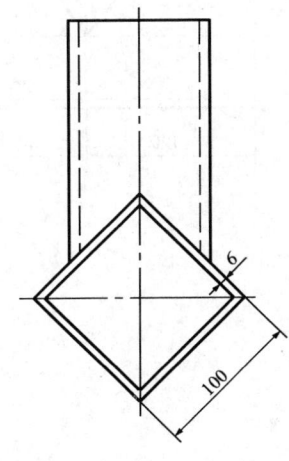

题 AB003-5 图

试题 6. AB003-6　方管直交圆管

(1)准备要求(鉴定机构准备):

序 号	名 称	规 格	数 量	备 注
1	钢制平台		若干	每位考生1个,安全设施齐全,整洁规范无干扰
2	油毡纸	1m×1m	若干	每位考生1块
3	圆管、方管		若干	每位考生1根
4	焊条	$J_{422}\phi3.2mm$	若干	
5	角磨片		若干	
6	电焊机		2台	专人负责
7	气焊工具		2套	专人负责

(2)工件图:见题 AB003-6 图。

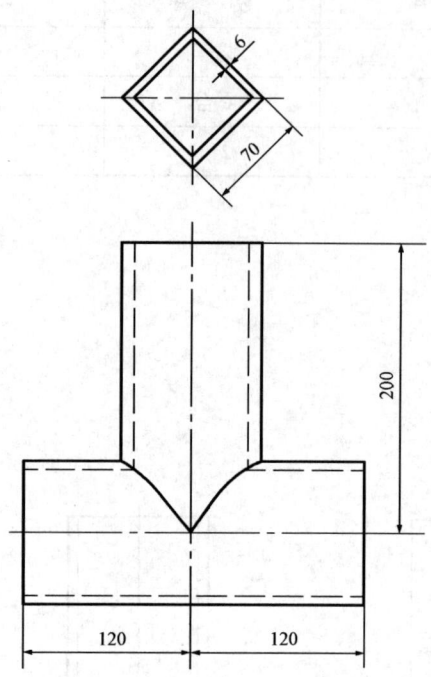
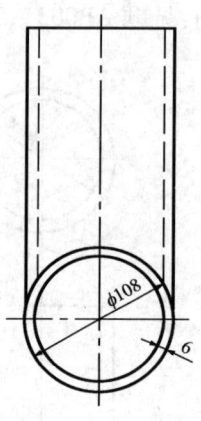

题 AB003-6 图

第三部分　中级工理论知识试题

鉴定要素细目表

行为领域	代码	鉴定范围（重要程度比例）	鉴定比重	代码	鉴定点	重要程度	备注
基础知识 A 25%	A	常用金属材料分类及规格编号（03:02:01）	3%	001	钢材材料分类	X	
				002	有色金属材料分类	Y	
				003	材料质量与评定	Y	
				004	结构钢性能及应用	X	
				005	特殊钢性能及应用	Z	
				006	合金工具钢	X	
	B	设备图（08:06:04）	11%	001	三视图的投影特点	Y	
				002	点、线、面的投影特性	Z	
				003	剖视图和剖面图	Y	
				004	公差与配合	Z	
				005	基孔制的涵义	X	
				006	形位公差的表示方法	Y	
				007	表面粗糙度的标注符号	X	
				008	设备总图	Y	JD
				009	图样常用符号	X	
				010	识读图样的过程	X	
				011	常用焊缝基本符号的表示方法	Y	
				012	尺寸视图和尺寸	X	
				013	技术特性表	Z	
				014	管口表及技术要求	X	
				015	明细栏及标题栏	Y	
				016	部件装配图	X	
				017	零件图	X	
				018	石油化工设备图样的特点	Z	

续表

行为领域	代码	鉴定范围（重要程度比例）	鉴定比重	代码	鉴定点	重要程度	备注
基础知识 A 25%	C	设备图的表达特点（03:02:01）	5%	001	视图的配置	X	
				002	多次旋转配置的方法	Z	
				003	管口方位的表达方法	Y	
				004	局部结构的表达方法	X	
				005	夸大的表达方法	Y	
				006	断开的表达方法	X	
	D	工程力学简单知识（03:02:01）	6%	001	力的基本性质	Z	
				002	金属材料的力学性能和工艺性能	X	
				003	金属材料的力学性能试验	Y	
				004	内力和应力	X	
				005	许用应力	Y	
				006	安全系数和构件的基本变形	X	
专业知识 B 57%	A	容器与金属构架（07:06:03）	13%	001	钢架结构的分类	Y	
				002	容器的概念及分类	Z	JD
				003	容器承受的荷载形式	Y	JD
				004	容器的开孔	X	
				005	容器开孔的补强	X	
				006	容器开孔补强结构	X	
				007	金属构架的结构形式	Z	
				008	应力的产生及影响	X	
				009	焊接应力的存在形式	Y	
				010	焊接应力产生的原因	X	
				011	产生应力变形的根本原因	Z	
				012	焊缝在焊接件的位置对焊件变形的影响	X	JD
				013	焊接变形与构件刚度的关系	Y	
				014	预变形数值控制与反变形法的关系	Y	
				015	锤击焊缝法的作用要点	Y	
				016	减少和消除焊接应力的措施	X	
	B	焊接结构变形矫正方法（07:05:03）	10%	001	矫正原理	Z	
				002	冷矫正	X	
				003	热矫正	Y	
				004	手工矫正	X	
				005	机械矫正	X	
				006	火焰矫正原理	Y	
				007	火焰矫正方式	Y	

续表

行为领域	代码	鉴定范围（重要程度比例）	鉴定比重	代码	鉴定点	重要程度	备注
专业知识B 57%	B	焊接结构变形矫正方法（07:05:03）	10%	008	点状加热	X	
				009	加热点直径、加热速度与变形工件的关系	Y	
				010	线状加热区域的确定	X	
				011	火焰矫正时加热温度的确定	Z	JD
				012	线状加热	X	
				013	三角形加热	X	
				014	火焰矫正钢结构的原则与步骤	Y	
				015	矫正要领	Z	
	C	型钢弯曲、料长计算及煨制（08:06:04）	10%	001	钢材弯曲变形过程及特点	Y	
				002	钢材的变形特点对弯曲加工的影响	X	
				003	压弯的特点	Y	
				004	滚弯的特点	X	
				005	压延的特点	Z	
				006	压延件坯料面积等的计算法	X	JS
				007	压延件坯料的计算方法	Y	JS
				008	加热压延与材料厚度	X	
				009	不锈钢压延方法	Y	
				010	铝及铝合金压延工艺要点	Y	
				011	铜及铜合金压延工艺要点	Z	
				012	角钢、槽钢内曲和外曲及展开料长计算	X	
				013	平弯槽钢圈及工字钢圈料长计算	X	
				014	型钢弯曲的分类	Z	
				015	影响型钢煨制胎具的因素	X	JD
				016	影响扁钢煨制胎具的因素	Y	
				017	型钢胎具尺寸的确定	X	
				018	型钢煨制工艺操作及注意事项	Z	
	D	夹具、胎具、模具（05:04:02）	10%	001	夹具常识	Y	JD
				002	螺旋夹具	X	JD
				003	楔条夹具	Z	
				004	杠杆夹具	X	
				005	偏心夹具	Y	
				006	气动夹具	X	
				007	液压夹具	Y	
				008	磁力夹具	Z	
				009	胎具	X	
				010	压弯模	X	JD
				011	冲压模	Y	

続表

行为领域	代码	鉴定范围（重要程度比例）	鉴定比重	代码	鉴定点	重要程度	备注
专业知识 B 57%	E	安装工程 (08:07:03)	14%	001	大型工业厂房钢结构桁架的组成	Y	JD
				002	线性尺寸	X	
				003	装配方法	Y	
				004	屋架安装	Y	
				005	钢构架连接	Y	
				006	桁架安装技术	X	
				007	框架安装技术	Y	
				008	炉管安装	X	
				009	钢结构预制偏差要求	Z	
				010	加工余量	Z	
				011	立式炉钢架的安装	X	
				012	圆筒炉钢架的安装	X	
				013	烟囱	Z	
				014	内浮顶罐的工艺知识	X	
				015	气柜的工艺知识	X	
				016	钟罩与中节	X	
				017	水槽	Y	
				018	导轨与导轮	Y	
相关知识 C 18%	A	常用设备 (14:09:04)	15%	001	多辊轴平板机	X	
				002	上下列辊平行的矫正机构的轴辊分布	Y	
				003	上列辊倾斜的矫正机的适用范围	X	
				004	成对导向辊矫正机的适用范围	Y	
				005	型钢矫正机的矫正方法	X	
				006	圆管矫正机的矫正方法	X	JD
				007	龙门剪板机的类型及特点	Y	
				008	龙门剪板机的工作原理和上剪刃、下剪刃的间隙调整	Y	
				009	联合冲剪机的结构	Y	
				010	振动式剪板机的结构及特点	Y	
				011	圆盘式剪板机的结构及特点	Z	
				012	滚刀式剪板机的结构及特点	Y	
				013	斜口剪刃斜角	X	
				014	斜口剪刃前角、后角	X	
				015	斜口剪刃间隙	X	
				016	剪切力的计算	X	
				017	冲裁模调整的主要内容	Z	
				018	冲裁模具间隙与冲裁工件质量的关系	X	

续表

行为领域	代码	鉴定范围（重要程度比例）	鉴定比重	代码	鉴定点	重要程度	备注
相关知识 C 18%	A	常用设备（14:09:04）	15%	019	剪切的一般工艺要求及操作注意事项	X	
				020	卷板机的类型	X	
				021	各类卷板机的特点	X	
				022	筒体畸形	X	
				023	锥体卷制	X	
				024	卷板的一般工艺要求及操作注意事项	Z	
				025	刨边机	Y	
				026	设备的使用	Y	
				027	设备的保养	Z	JD
	B	冷作成形新技术（02:02:01）	3%	001	水火弯板	X	
				002	爆炸成形	X	
				003	电液成形	Y	
				004	超塑性成形	Y	
				005	冷作CAE与FMS技术	Z	

注：X—核心要素；Y—一般要素；Z—辅助要素；JD—简答题；JS—计算题。

理论知识试题

一、选择题(每题4个选项,只有1个是正确的,将正确的选项号填入括号内)

1. AA001 钢的分类中按S、P含量分类的是( )。
   (A) 碳素钢　　　(B) 合金钢　　　(C) 特殊钢　　　(D) 优质钢
2. AA001 钢的分类中按化学成分分类的是( )。
   (A) 结构钢　　　(B) 合金钢　　　(C) 镇静钢　　　(D) 工具钢
3. AA001 属于特殊性能钢的是( )。
   (A) 合金调质钢　(B) 滚动轴承钢　(C) 精密量具钢　(D) 耐磨钢
4. AA002 抗腐蚀性好,强度低,压力加工性好,焊接性好,只能压力加工强化,不能热处理的铝合金是( )。
   (A) 防锈铝合金　(B) 硬铝合金　　(C) 超硬铝合金　(D) 锻铝合金
5. AA002 铜合金按化学成分分类中,白铜的主加元素是( )。
   (A) Zn　　　　　(B) Sn　　　　　(C) Ni　　　　　(D) Be
6. AA002 钛合金根据其杂质含量不同可分为( )个等级。
   (A) 3　　　　　(B) 4　　　　　(C) 5　　　　　(D) 8
7. AA003 钢材技术标准中"ASTM"标准是( )的技术标准。
   (A) 日本　　　　(B) 美国　　　　(C) 德国　　　　(D) 英国
8. AA003 在材料质量标准中,起统一术语和明确概念的作用的标准是( )。
   (A) 综合基础标准　　　　　　　(B) 钢铁产品类标准
   (C) 工艺质量标准　　　　　　　(D) 试验方法类标准
9. AA003 我国对板料厚度公差要求规定有( )种。
   (A) 2　　　　　(B) 3　　　　　(C) 5　　　　　(D) 7
10. AA004 优质碳素结构钢S、P含量均应控制在( )以下。
    (A) 0.045%　　(B) 0.035%　　(C) 0.030%　　(D) 0.025%
11. AA004 低合金结构钢是在普通碳素结构钢的基础上,加入质量分数不超过( )的合金元素,以提高其强度。
    (A) 2%~3%　　(B) 3%~4%　　(C) 4%~5%　　(D) 3%~5%
12. AA004 16MnDR按低使合金结构钢用途分类属于( )。
    (A) 普通低合金钢　　　　　　　(B) 低合金低温用钢
    (C) 低合金耐腐蚀钢　　　　　　(D) 低合金高强度容器钢
13. AA005 不锈钢是指在腐蚀性介质中,具有较高的抗腐蚀能力的( )。
    (A) 低合金钢　(B) 碳素钢　　(C) 高合金钢　(D) 低碳钢
14. AA005 耐热钢按钢的组织结构不同可分为( )大类。
    (A) 2　　　　　(B) 3　　　　　(C) 4　　　　　(D) 6
15. AA005 冷作模具钢在工作时,承受很大的剪切力、冲击力和摩擦力,工作温度一般不超过( )℃。

(A) 150~250　　(B) 200~300　　(C) 250~350　　(D) 300~500

16. AA006　低合金高速钢其中Cr的作用是提高高速钢的（　）和强度。
    (A) 韧性　　(B) 淬透性　　(C) 淬硬性　　(D) 耐磨性

17. AA006　普通低合金钢中Cu、P可提高（　）。
    (A) 耐蚀性　　(B) 固溶强化性　　(C) 细化晶粒　　(D) 脱氧程度

18. AA006　耐热钢按组织结构不同分为（　）大类。
    (A) 2　　(B) 3　　(C) 4　　(D) 5

19. AB001　三视图中，主视图与左视图的高（　）。
    (A) 相等　　(B) 平齐　　(C) 对正　　(D) 平行

20. AB001　投影线汇交于一点的投影称为（　）投影。
    (A) 平行　　(B) 正　　(C) 中心　　(D) 侧

21. AB001　三视图中，主视图表示形体的（　）方位。
    (A) 上、下　　(B) 左、右　　(C) 前、后　　(D) 上、下、左、右

22. AB002　当直线平行于投影面时，投影为实长线，具有（　）。
    (A) 积聚性　　(B) 收缩性　　(C) 真实性　　(D) 直观性

23. AB002　当平面倾斜于投影面，投影形状呈（　），具有收缩性。
    (A) 类似　　(B) 实形　　(C) 直线　　(D) 点

24. AB002　点的正面投影与（　）的连线垂直于X轴。
    (A) 侧面投影　　(B) 水平投影　　(C) 正面倾斜投影　　(D) 正轴

25. AB003　将机件的局部结构，用大于原图形的比例画出的图形，称为（　）图。
    (A) 局部　　(B) 局部放大　　(C) 剖视　　(D) 局部剖视

26. AB003　假想将机件的倾斜部分旋转到与基本投影面平行后，再向该投影面投影得到的视图为（　）视图。
    (A) 基本　　(B) 局部　　(C) 斜　　(D) 旋转

27. AB003　假想用剖切面剖开机件，将要观察的部分向投影面投影所得到的图形，称为（　）视图。
    (A) 基本　　(B) 局部　　(C) 剖　　(D) 旋转

28. AB004　未注公差尺寸也称自由尺寸，它是指图样上只标注（　）尺寸。
    (A) 实际　　(B) 基本　　(C) 最大极限　　(D) 最小极限

29. AB004　具有间隙的配合，称为（　）配合，此时，孔的公差带在轴的公差带之上。
    (A) 过盈　　(B) 过渡　　(C) 间隙　　(D) 公差

30. AB004　形状公差包括的项目有平面度、圆度、圆柱度、（　）度和线轮廓度、面轮廓度。
    (A) 平行　　(B) 垂直　　(C) 同轴　　(D) 直线

31. AB004　标注尺寸的起点称为（　）。
    (A) 定形尺寸　　(B) 尺寸基准　　(C) 定位尺寸　　(D) 基本尺寸

32. AB005　基准孔其代号用（　）表示。
    (A) H　　(B) h　　(C) g　　(D) M

33. AB005　基准孔公差带位于零线的（　），下偏差为零。
    (A) 上方　　(B) 下方　　(C) 左方　　(D) 右方

34. AB005　基准轴其代号用（　）表示。

(A) H　　　　(B) h　　　　(C) g　　　　(D) M

35. AB006　在形位公差中圆柱度用（　）符号表示。
(A) ○　　　(B) ╱　　　(C) ◎　　　(D) ⌒

36. AB006　在形位公差中同轴度用（　）符号表示。
(A) ○　　　(B) ╱　　　(C) ◎　　　(D) ⌒

37. AB006　在形位公差中符号▱代表（　）。
(A) 平行度　　(B) 平面度　　(C) 倾斜度　　(D) 对称度

38. AB007　表面粗糙度（Ra）符号 $\sqrt{}^{3.2}$ 表示用（　）方法获得的表面 Ra 的最大允值为 $3.2\mu m$。
(A) 任何　　(B) 去除材料　　(C) 不去除材料　　(D) 机加工

39. AB007　表面粗糙度（Ra）符号 $\sqrt{}^{3.2}$ 表示用（　）方法获得的表面 Ra 的最大允值为 $3.2\mu m$。
(A) 任何　　(B) 去除材料　　(C) 不去除材料　　(D) 机加工

40. AB007　表面粗糙度（Ra）符号 $\sqrt{}^{3.2}$ 表示（　）获得的表面 Ra 的最大允值为 $3.2\mu m$。
(A) 任何　　(B) 去除材料　　(C) 不去除材料　　(D) 机加工

41. AB008　设备总图中的（　）、各种表格、文字资料要布置均称，美观整齐。
(A) 视图　　(B) 零件图　　(C) 部件图　　(D) 装配图

42. AB008　总装配图是表达产品（　）、部件与零件或零件间的连接图样。
(A) 部件　　(B) 零件　　(C) 部件与部件　　(D) 零件与零件

43. AB008　装配图分为部件装配图和（　）装配图。
(A) 零件　　(B) 组件　　(C) 局部　　(D) 整机

44. AB009　图样中直径用（　）表示。
(A) φ　　　(B) D　　　(C) d　　　(D) b

45. AB009　图样中符号 √ 表示（　）。
(A) 不需要加工　(B) 表面粗糙度　(C) 表面精度　(D) 加工精度

46. AB009　图样中符号 √ 表示（　）。
(A) 不需要加工　(B) 表面粗糙度　(C) 表面精度　(D) 加工精度

47. AB010　图样识读是将图样上的平面的（　）根据投影原理变为头脑中的立体影像。
(A) 图样　　(B) 图形　　(C) 视图　　(D) 三视图

48. AB010　从投影原理可知，每个视图反映物体（　）个坐标方向的尺寸。
(A) 一　　　(B) 两　　　(C) 三　　　(D) 四

49. AB010　从技术要求和相关技术参数可以了解（　）。
(A) 加工工艺　(B) 加工方法　(C) 组装工艺　(D) 施工工艺

50. AB011　焊缝符号"⌒"表示（　）V形坡口焊缝。
(A) 带钝边的单边　　　　　　(B) 带钝边的双边

(C) 不带钝边的双边　　　　　　　　(D) 不带钝边的单边

51. AB011　焊缝补充符号"⌒"表示（　）。
(A) 单面焊　　　　　　　　　　　　(B) 单面焊双面成形
(C) 焊缝底部封底焊　　　　　　　　(D) 双面焊

52. AB011　焊缝补充符号"Z"表示（　）。
(A) 双面交错断续焊缝　　　　　　　(B) 双面交错连续
(C) 对称焊接　　　　　　　　　　　(D) 交错焊接

53. AB012　在装配图中的某一视图为对称机件时,在该视图中,可采用（　）视图的形式表达。
(A) 主　　　　(B) 全剖　　　　(C) 半剖　　　　(D) 局部剖

54. AB012　选择最能显示出装配体的构制特征和工作原理的视图称为（　）。
(A) 装配图　　(B) 主视图　　　(C) 全剖图　　　(D) 半剖图

55. AB012　装配尺寸也称为（　）尺寸。
(A) 标准　　　(B) 规格　　　　(C) 加工　　　　(D) 配合

56. AB012　表示装配体安装到其他装配体地基上所需要的尺寸为（　）。
(A) 安装尺寸　(B) 配合尺寸　　(C) 装配尺寸　　(D) 轮廓尺寸

57. AB013　技术特性表就是用表格形式列出设备的主要（　）。
(A) 工艺特性　(B) 技术特性　　(C) 技术要求　　(D) 技术指标

58. AB013　技术特性表一般在总图的（　）方。
(A) 左上　　　(B) 右上　　　　(C) 左下　　　　(D) 右下

59. AB013　用表格形式列出设备的主要工艺特性的表格称为（　）。
(A) 明细表　　(B) 标题栏　　　(C) 技术特性表　(D) 标准表

60. AB014　管口表位置一般在技术特性表的（　）。
(A) 上方　　　(B) 下方　　　　(C) 左方　　　　(D) 右方

61. AB014　技术要求是用（　）的,必须遵守的国家或部门有关技术规范和必须达到的技术指标。
(A) 图样表示　(B) 表格表示　　(C) 文字说明　　(D) 曲线图

62. AB014　设备上各种开孔很多,为了便于施工、备料和检验,常将接管（　）另行编号,列表填注。
(A) 管口　　　(B) 形式　　　　(C) 名称　　　　(D) 口径

63. AB015　明细栏应在标题栏的（　）。
(A) 上方　　　(B) 下方　　　　(C) 左方　　　　(D) 右方

64. AB015　将组成设备的所有零件按顺时针方向依次编号,按编号顺序由下向上将零部件名称、规格、材质、数量、质量等内容填写在（　）中。
(A) 标题栏　　(B) 技术特性表　(C) 明细栏　　　(D) 图框

65. AB015　标题栏的（　）国家标准未做规定。
(A) 方位　　　(B) 格式和尺寸　(C) 用途　　　　(D) 内容

66. AB016　部件装配图是表示设备中某一（　）的结构、形状、大小和连接装配关系及必要的加工、检验要求等内容的图样。
(A) 组件　　　(B) 部件　　　　(C) 零件　　　　(D) 局部

67. AB016 组件图和部件图一般都是一个具有独立作用的机构（　　）图。
(A) 装配　　　　(B) 总装　　　　(C) 表达　　　　(D) 部件

68. AB016 （　　）是连接总图与零件的桥梁。
(A) 零件图　　　(B) 装配图　　　(C) 部件图　　　(D) 辅助视图

69. AB017 零件图是表示设备中某一（　　）的结构形状大小以及技术要求等内容的图样。
(A) 零件　　　　(B) 部件　　　　(C) 组件　　　　(D) 局部

70. AB017 选择零件主视图应考虑（　　）的原则。
(A) 公差　　　　(B) 基本尺寸　　(C) 实际尺寸　　(D) 加工位置

71. AB017 一个加强筋板零件，由于板厚由材料规格给定，则只需画（　　）视图就可以表示清楚。
(A) 主、俯　　　(B) 主、左　　　(C) 左、俯　　　(D) 主

72. AB018 石化设备在图样绘制上，总图上不仅有符合机械制图要求的各种视图，而且还给出了设备（　　）的有关参数。
(A) 设计　　　　(B) 运行　　　　(C) 保养　　　　(D) 维修

73. AB018 石化设备图样的主视图上，开口接管一般分别列在器壁两旁，且只表明相互间的（　　）关系。
(A) 装配　　　　(B) 高度　　　　(C) 左右　　　　(D) 尺寸

74. AB018 石化设备图样的图面除技术要求外，一般还附加（　　）。
(A) 图片　　　　(B) 计算公式　　(C) 说明　　　　(D) 标准

75. AC001 卧式设备采用（　　）两个基本视图来表达其主体。
(A) 主、俯　　　(B) 主、左　　　(C) 俯、左　　　(D) 主、辅助

76. AC001 设备的主图一般采用（　　）视图。
(A) 局部剖　　　(B) 半剖　　　　(C) 全剖　　　　(D) 旋转剖

77. AC001 视图较多，又受图纸幅面所限，俯视图或左视图以及其他辅助视图，允许分画在数张图纸上，但需注明视图间的（　　）。
(A) 名称　　　　(B) 相互关系　　(C) 位置　　　　(D) 尺寸

78. AC002 按设备各个结构的不同方位，分别采用假想的旋转画法，并表达在一个视图上，称为（　　）画法。
(A) 投影　　　　(B) 阶梯　　　　(C) 多次旋转　　(D) 分段

79. AC002 多次旋转画法，可以反映各个结构的（　　）形状和位置。
(A) 真实　　　　(B) 假想　　　　(C) 放大　　　　(D) 缩小

80. AC002 多次旋转法，即假想将设备不同方位的结构，分别旋转到与（　　）视图所在的投影面平行位置，然后进行投影，画出视图或剖视。
(A) 辅助　　　　(B) 左　　　　　(C) 俯　　　　　(D) 主

81. AC003 管口方位图是供设备制造或安装设备和管线时确定管口（　　）的依据。
(A) 尺寸　　　　(B) 方位　　　　(C) 连接　　　　(D) 用途

82. AC003 管口方位图标包括各管口的编号，从主视图的（　　）方开始，以顺时针方向依次编号。
(A) 左下　　　　(B) 右下　　　　(C) 左上　　　　(D) 右上

83. AC003 为了合理使用图幅，通常将方位图或俯视图画在图纸的（　　）处，并加注管口方

位图或俯视图等字样。
  (A) 左下　　　(B) 右下　　　(C) 空白　　　(D) 背面

84. AC004　采用局部放大图的表达方法,将局部结构表示清楚,这种图称为（　　）图。
  (A) 局部剖视　(B) 半剖视　　(C) 向视　　　(D) 节点

85. AC004　局部结构表达方法多采用（　　）和向视图两种表达方法。
  (A) 节点图　　(B) 视图　　　(C) 剖视　　　(D) 剖面

86. AC004　为了表达设备的总体形状和各部分结构的相对位置和有关尺寸,采用（　　）的简化画法,画出整体设备的剖视图。
  (A) 双线　　　(B) 单线　　　(C) 断开　　　(D) 夸大

87. AC005　采用夸大画法,即不按（　　）夸大画法,直至它们表达清楚为止。
  (A) 尺寸　　　(B) 比例　　　(C) 形状　　　(D) 规定

88. AC005　薄壁容器应用较广,用（　　）夸大画出壁厚。
  (A) 细单线　　(B) 粗单线　　(C) 双线　　　(D) 虚线

89. AC005　为了提高绘图速度,薄壁容器的薄壁部分的剖面符号允许用（　　）的方法表达。
  (A) 涂色　　　(B) 虚线　　　(C) 文字　　　(D) 数字代号

90. AC006　塔类及其他设备比较细长,其中有相当部分的形状和结构相同,可采用（　　）画法,简化作图。
  (A) 夸大　　　(B) 局部放大　(C) 断开　　　(D) 多次旋转

91. AC006　设备图中某些结构,如容器、罐设备的壳体允许画成（　　）。
  (A) 单线　　　(B) 双线　　　(C) 虚线　　　(D) 双虚线

92. AC006　塔体断开和分段画法有利于图面布置,大大简化了作图。为进一步表达设备内部一层或数层塔盘结构,可采用（　　）方法,详细表达塔盘的结构形状。
  (A) 夸大　　　(B) 视图　　　(C) 剖面　　　(D) 局部放大

93. AD001　在国际单位制中,力的单位名称是（　　）。
  (A) 牛顿　　　(B) 磅　　　　(C) 千克　　　(D) 千克力

94. AD001　力的三要素是指力的（　　）。
  (A) 大小、方向、作用效应　　　　(B) 大小、方向、作用点
  (C) 大小、单位、作用效应　　　　(D) 大小、作用点、单位

95. AD001　1N 等于（　　）$kg \cdot m/s^2$。
  (A) 0.1　　　(B) 0.5　　　(C) 1　　　　(D) 10

96. AD002　硬度指标中洛氏硬度适合测定（　　）的硬度。
  (A) 热处理工件(B) 毛坯　　　(C) 硬而薄工件(D) 金属薄镀层

97. AD002　属于金属工艺性能指标的是（　　）。
  (A) 强度　　　(B) 硬度　　　(C) 可焊性　　(D) 塑性

98. AD002　金属材料对各种工艺手段表现出来的特性称为（　　）。
  (A) 刚性　　　(B) 强度　　　(C) 韧性　　　(D) 工艺性能

99. AD003　确定材料的强度特性和变形特性的一些特征值,是通过（　　）测定的。
  (A) 试验　　　(B) 对比　　　(C) 经验　　　(D) 计算

100. AD003　屈服点表示金属材料产生（　　）时的最小应力。
  (A) 断裂　　　(B) 变形　　　(C) 屈服现象　(D) 疲劳现象

101. AD003　拉伸试验可测得抗拉强度极限、屈服点、断面收缩率和（　）等指标。
　　　　　　（A）韧性　　　（B）硬度　　　（C）伸长率　　　（D）焊接性
102. AD004　由于外力作用而引起的内部各分子之间相互作用的力称为（　）。
　　　　　　（A）内力　　　（B）应力　　　（C）拉力　　　（D）压力
103. AD004　内力的作用是抵抗（　）。
　　　　　　（A）变形　　　（B）外力　　　（C）应力　　　（D）腐蚀
104. AD004　单位面积上的内力称为（　）。
　　　　　　（A）拉力　　　（B）压力　　　（C）弹力　　　（D）应力
105. AD005　实际上（　）就是材料各项强度数据除以相应的安全系数，取其中的最小值。
　　　　　　（A）许用应力　（B）内力　　　（C）应力　　　（D）强度极限
106. AD005　σ_b符号表示金属材料（　）的名称。
　　　　　　（A）强度　　　（B）强度极限应力　（C）屈服极限应力　（D）许用应力
107. AD005　常温下使用的压力容器，只考虑在室温下的（　）。
　　　　　　（A）蠕变极限　（B）持久强度　（C）屈服极限　（D）强度性能
108. AD006　各种梁的变形属于（　）变形。
　　　　　　（A）平面弯曲　（B）拉伸　　　（C）剪切　　　（D）扭转
109. AD006　机械中的传动轴产生的主要变形就是（　）变形。
　　　　　　（A）拉伸　　　（B）扭转　　　（C）剪切　　　（D）弯曲
110. AD006　剪钢板时钢板的变形属于（　）变形。
　　　　　　（A）拉伸　　　（B）弯曲　　　（C）扭转　　　（D）剪切
111. AD006　（　）表示的是强度极限安全系数。
　　　　　　（A）σ_b　　　（B）n_b　　　（C）σ_s　　　（D）n_s
112. BA001　容器结构是以（　）为主体制造的结构。
　　　　　　（A）型材　　　（B）板材　　　（C）管材　　　（D）板材和型材
113. BA001　金属构架是以（　）为主体制造的结构。
　　　　　　（A）型材　　　（B）板材　　　（C）管材　　　（D）板材和型材
114. BA001　箱体结构和一般构件结构是以（　）制造的结构。
　　　　　　（A）型材　　　（B）板材　　　（C）管材　　　（D）型材和板材
115. BA002　容器外径与内径的比，即$k \geq 1.1$称为（　）容器。
　　　　　　（A）低压　　　（B）高压　　　（C）薄壁　　　（D）厚壁
116. BA002　工作压力在$0.1\text{MPa} \leq p < 1.6\text{MPa}$的压力容器属于（　）容器。
　　　　　　（A）低压　　　（B）中压　　　（C）高压　　　（D）超高压
117. BA002　按压力容器的设计压力可分为（　）压力等级。
　　　　　　（A）2个　　　（B）3个　　　（C）4个　　　（D）5个
118. BA002　全部射线探伤的压力容器，对接焊缝射线探伤合格级别为（　）级。
　　　　　　（A）Ⅰ　　　（B）Ⅱ　　　（C）Ⅲ　　　（D）Ⅳ
119. BA002　石油液化气瓶属于（　）容器。
　　　　　　（A）一类　　　（B）二类　　　（C）三类　　　（D）外压
120. BA002　容器外部压力大于内部压力称为（　）容器。
　　　　　　（A）内压　　　（B）外压　　　（C）低压　　　（D）高压

121. BA003　由于温度变化引起的应力称为（　　）。
　　　　　(A) 温度荷载　　(B) 组织应力　　(C) 瞬时应力　　(D) 残余应力

122. BA003　物体温度变化时，受到相邻部分或其他物体制约而不能自由伸长或缩短时，应能产生（　　）。
　　　　　(A) 内力　　　　(B) 温度应力　　(C) 组织应力　　(D) 残余应力

123. BA003　容器自重、运行中内装物料质量、附属设备及隔热材料等均属于（　　）荷载。
　　　　　(A) 压力　　　　(B) 应力　　　　(C) 重力　　　　(D) 弹力

124. BA004　当在容器壳体上开椭圆形或长圆形孔时，孔的长径与短径之比应不大于（　　）。
　　　　　(A) 1.5　　　　 (B) 2　　　　　 (C) 2.5　　　　 (D) 3

125. BA004　容器上开孔边缘与焊缝的距离应大于3倍位壁厚，且小于（　　）mm。
　　　　　(A) 50　　　　　(B) 70　　　　　(C) 90　　　　　(D) 100

126. BA004　锥形封头的开孔最大直径应不小于（　　），D_i为开孔外锥壳内直径。
　　　　　(A) $1/4D_i$　　(B) $1/3D_i$　　(C) $1/2D_i$　　(D) D_i

127. BA004　在椭圆形或碟形封头过渡部分开孔时，孔边或外加补强元件的边缘与封头边缘间的投影距离不小于（　　）（D_i为圆筒内径）。
　　　　　(A) $2D_i$　　　(B) D_i　　　 (C) $0.5D_i$　　(D) $0.1D_i$

128. BA005　整体补强就是用增加整个筒壁或封头（　　）的方法来降低开孔附近的边缘应力，并使之达到允许的范围之内。
　　　　　(A) 壁厚　　　　(B) 强度　　　　(C) 加强筋　　　(D) 焊缝数量

129. BA005　局部补强就是在开孔处一定范围内增加（　　），以使该处达到局部增强的目的。
　　　　　(A) 加强筋　　　(B) 焊缝数量　　(C) 壁厚　　　　(D) 强度

130. BA005　内压容器壁上开孔和接管会引起（　　）。
　　　　　(A) 内力增大　　(B) 应力集中　　(C) 变形　　　　(D) 承载降低

131. BA006　容器开孔补强结构采用补强圈时，其材料一般与容器壳体材料相同，厚度是壳体厚度的（　　）。
　　　　　(A) 0.5倍　　　 (B) 1倍　　　　 (C) 2倍　　　　 (D) 2倍多

132. BA006　容器开孔局部补强采用补强圈时，其外径约为开孔直径的（　　）。
　　　　　(A) 0.5倍　　　 (B) 1倍　　　　 (C) 2倍　　　　 (D) 2.5倍

133. BA006　补强圈一般是贴合在容器的（　　），并与壳体及接口管牢固地焊接在一起，使它与器壁能同时受力。
　　　　　(A) 外壁　　　　(B) 内壁　　　　(C) 内壁、外壁　(D) 接口管

134. BA007　支撑庞大设备的钢构架采用（　　）结构。
　　　　　(A) 框架　　　　(B) 桁架　　　　(C) 塔架　　　　(D) 钢管网架

135. BA007　金属构架通常由立柱、横梁、支撑杆以及缀条、缀板等组成，其中横梁承受（　　）。
　　　　　(A) 轴向拉力　　(B) 轴向压力　　(C) 弯矩　　　　(D) 扭矩

136. BA007　大跨距的管架过桥、钢结构的大型厂房屋架等都采用（　　）结构。
　　　　　(A) 框架　　　　(B) 桁　　　　　(C) 塔架　　　　(D) 钢管网架

137. BA008　焊接引起构件内应力的主要因素之一是（　　）。
　　　　　(A) 加热温度不均　　　　　　　　(B) 焊材质量不高
　　　　　(C) 设备不先进　　　　　　　　　(D) 焊接接头不良

138. BA008　在低温下工作和动荷载下工作的金属结构,如果焊接应力过大,很易造成(　　),致使金属构件破坏。
　　　　　　(A)弹性变形　　(B)塑性变形　　(C)焊接裂纹　　(D)体积增大

139. BA008　如果焊接结构中焊件能自由收缩,则焊后焊件的变形较大,而(　　)较小。
　　　　　　(A)内力　　　　(B)焊接应力　　(C)收缩力　　　(D)强度

140. BA009　焊接薄板的对接焊缝或在金属表面堆焊时,焊缝存在的应力是(　　)应力。
　　　　　　(A)横向单向　　(B)纵向单向　　(C)双向　　　　(D)三向

141. BA009　焊接较厚的对接焊缝及角焊缝时,焊缝金属沿纵向和横向都受到阻碍,焊缝内产生(　　)拉应力。
　　　　　　(A)横向单向　　(B)纵向单向　　(C)双向　　　　(D)三向

142. BA009　焊接厚板时,对接焊缝金属不仅纵向和横向收缩受阻,而且沿焊缝高度方向的收缩也被抑制,焊缝中出现(　　)拉应力。
　　　　　　(A)横向单向　　(B)纵向单向　　(C)双向　　　　(D)三向

143. BA010　焊接应力按产生的原因可分为(　　)应力。
　　　　　　(A)瞬间　　　　(B)残余　　　　(C)组织　　　　(D)热应力和组织

144. BA010　由于对焊件进行了局部的不均匀的加热,造成局部(　　),就会产生焊接应力。
　　　　　　(A)淬硬　　　　(B)膨胀和收缩　(C)膨胀　　　　(D)收缩

145. BA010　焊接开始时,焊件受到不均匀加热,金属体积膨胀向外伸长,但受到周围冷金属的抑制,焊缝金属受到(　　)作用。
　　　　　　(A)压应力　　　(B)拉应力　　　(C)热应力　　　(D)组织应力

146. BA011　产生焊接应力与变形的根本原因是焊缝金属受热时各部分的(　　)不均匀。
　　　　　　(A)收缩　　　　(B)膨胀　　　　(C)热胀冷缩　　(D)温度

147. BA011　焊接残余变形通常是一种焊后不能恢复的(　　)。
　　　　　　(A)弹性变形　　(B)塑性变形　　(C)收缩变形　　(D)韧性变形

148. BA011　焊接构件由焊接而产生的内应力称为(　　)。
　　　　　　(A)焊接残余应力　　　　　　　(B)焊接应力
　　　　　　(C)应力　　　　　　　　　　　(D)内应力

149. BA012　焊件变形量的大小决定于焊缝重心到结构截面(　　)的距离。
　　　　　　(A)中心线　　　(B)重心线　　　(C)侧面　　　　(D)两端

150. BA012　焊缝的重心线与焊接结构截面的重心重合或焊缝对结构的重心线对称布置,则焊后结构主要产生(　　)。
　　　　　　(A)角变形　　　(B)弯曲变形　　(C)纵横向缩短　(D)波浪变形

151. BA012　不属于焊接变形的是(　　)。
　　　　　　(A)纵向收缩　　(B)弯曲变形　　(C)角变形　　　(D)凹坑

152. BA013　在实际操作中,焊接变形的大小取决于构件的(　　)。
　　　　　　(A)刚度　　　　(B)强度　　　　(C)形状　　　　(D)厚度

153. BA013　在控制焊接变形的措施中,不属于设计措施的是(　　)。
　　　　　　(A)合理选择焊缝尺寸和形式　　(B)选择合理的装配焊接顺序
　　　　　　(C)尽可能地减少焊缝数量　　　(D)合理安排焊缝位置

154. BA013　在控制焊接变形的工艺措施中,不属于选择合理的装配焊接顺序的是(　　)。

(A) 选择合理的装配顺序　　　　　　(B) 选择合理的焊接顺序
(C) 预留收缩余量　　　　　　　　　(D) 采用不同的焊接方向与次序

155. BA014 为了抵消焊接变形,在焊前装配时,将焊件向与焊接变形相反的方向进行人为的变形称为（　　）。
(A) 反变形法　　(B) 刚性固定法　　(C) 变形法　　(D) 挠性固定法

156. BA014 焊接工字梁时,为了防止翼板在与腹板进行角焊时产生的角变形,采用的反变形方法是（　　）。
(A) 下料反变形　　(B) 弹性反变形　　(C) 塑性反变形　　(D) 焊接反变形

157. BA014 水管接头集中分布一侧锅炉锅筒,防止锅炉锅筒的弯曲变形的反变形方法是（　　）。
(A) 下料反变形　　(B) 弹性反变形　　(C) 塑性反变形　　(D) 焊接反变形

158. BA015 薄板中间有几处相邻的凸起,则应在（　　）轻轻锤击,使数处凸起合并成一个。
(A) 边缘　　(B) 中间　　(C) 交界处　　(D) 凸起处

159. BA015 手工矫正扭曲的最好方法是（　　）。
(A) 锤展法　　(B) 拍打法　　(C) 扳正法　　(D) 反变形法

160. BA015 属于内应力引起变形的构件,矫正部位选在（　　）。
(A) 变形部位　　(B) 变形周围　　(C) 应力集中区　　(D) 变形区外

161. BA016 焊前对工件预热,可降低焊后工件的（　　）。
(A) 冷却速度　　(B) 内力　　(C) 强度　　(D) 刚度

162. BA016 焊后消除应力处理是一种（　　）热处理方法。
(A) 正火　　(B) 回火　　(C) 退火　　(D) 淬火

163. BA016 对于厚的焊缝应采用（　　）焊法,此法熔深浅,产生的热应力小。
(A) 多层　　(B) 跳焊　　(C) 对称　　(D) 交替

164. BA016 焊后热处理温度在（　　）,在这种温度下钢材屈服点显著降低,可增大塑性,消除内应力。
(A) 150～250℃　　(B) 350～450℃　　(C) 500～600℃　　(D) 650℃以上

165. BB001 金属材料在外力作用下,材料发生变形,去除外力后而复原,这种变形称为（　　）变形。
(A) 弹性　　(B) 塑性　　(C) 刚性　　(D) 机械

166. BB001 钢材所以能被矫正,根本原因在于钢材具有一定的（　　）。
(A) 弹性　　(B) 塑性　　(C) 压缩性　　(D) 延展性

167. BB001 当外力超过一定数值后,去除外力后材料变形不能复原,这种残留变形称为（　　）变形。
(A) 刚性　　(B) 机械　　(C) 塑性　　(D) 弹性

168. BB002 钢材在常温状态下进行的矫正称为（　　）矫正。
(A) 冷　　(B) 热　　(C) 弹性　　(D) 塑性

169. BB002 为防止钢材出现冷脆现象,在（　　）时不得进行冷矫正。
(A) 常温　　(B) 低温严寒　　(C) 高温　　(D) 热处理

170. BB002 冷矫正时钢材易产生（　　）现象。
(A) 疲劳　　(B) 屈服　　(C) 塑性　　(D) 冷硬

171. BB003 钢材在高温状态下进行的矫正称为（ ）。
（A）塑性变形　（B）热矫正　（C）热处理　（D）热煨

172. BB003 （ ）矫正是指在工件变形区域,全部加热后的矫正。
（A）全加热　（B）局部加热　（C）冷　（D）火焰

173. BB003 只有在工件变形严重、材质硬脆,且矫正设备能力不足的情况下才采用（ ）矫正。
（A）火焰　（B）局部加热　（C）全部加热　（D）手工

174. BB004 手工矫正主要依靠（ ）的方法来矫正工作件的变形。
（A）锤敲击　（B）矫正机具　（C）加热　（D）人力

175. BB004 （ ）矫正适用于塑性较好的材料、截面较小的型材和壁厚较薄的板材。
（A）机械　（B）火焰　（C）手工　（D）全部加热

176. BB004 对于凸凹不同的板料和扁铁立弯可用（ ）比较适用。
（A）扳正法　（B）斜悬沉法　（C）摔震法　（D）锤展法

177. BB005 多辊轴钢板矫正机辊子的数目及直径的选择,取决于钢板的（ ）。
（A）厚度　（B）长度　（C）宽度　（D）材质

178. BB005 卷板机主要用于（ ）或卷圆。
（A）矫平　（B）矫直
（C）矫圆　（D）矫断面几何形状

179. BB005 型钢矫形机主要用于矫正（ ）。
（A）板材　（B）管材　（C）圆钢　（D）型材

180. BB006 火焰矫正是指用火焰对钢材进行局部加热,利用加热后（ ）产生的新变形,去矫正原有变形的一种矫正方法。
（A）收缩　（B）膨胀　（C）脆化　（D）塑化

181. BB006 当金属局部加热时,材料受热而膨胀,受到周围金属阻碍,形成对加热金属区的（ ）。
（A）径向拉力　（B）径向压力　（C）轴向拉力　（D）轴向压力

182. BB006 被加热金属部分冷却时,产生拉应力,这个应力超过正在冷却状态的金属（ ）强度时,将不平处拉直,从而达到矫正的目的。
（A）抗拉　（B）疲劳　（C）屈服　（D）剪切

183. BB007 火焰矫正的三要素是加热位置、加热方式和（ ）。
（A）温度　（B）速度　（C）时间　（D）材质

184. BB007 要取得理想的矫正效果,就必须根据构件变形特点正确选择火焰加热位置,加热位置不同,矫正变形（ ）也不同。
（A）大小　（B）快慢　（C）方向　（D）方法

185. BB007 火焰矫正时,加热点的冷却有两种方法,即（ ）法和水冷却法。
（A）风冷却　（B）油冷却　（C）土埋　（D）自然

186. BB008 火焰矫正的点状加热,就是用烤把在钢材上烤一系列的（ ）。
（A）圆点　（B）方框　（C）环状　（D）三角形

187. BB008 矫正钢管弯曲时,用火焰对凸处进行点状加热,温度加热到700～800℃后变形方向向（ ）收缩,使钢管得到矫直。

(A) 轴向　　　(B) 径向　　　(C) 凸面　　　(D) 凹面

188. BB008　火焰矫正中的点状加热,其点的数量多少和大小,应根据矫正工件的(　)和钢结构特点以及变形情况而定。
(A) 位置　　　(B) 材质　　　(C) 长度　　　(D) 宽度

189. BB009　火焰矫正加热点直径大小和加热的(　)应根据变形强度和工件厚度而定。
(A) 速度　　　(B) 面积　　　(C) 区域　　　(D) 密度

190. BB009　对于焊接变形的火焰矫正,说法不正确的是(　)。
(A) 确定正确的加热位置是关键
(B) 16Mn 钢可用火焰矫正
(C) 加热方式主要有点状、线状、三角形加热
(D) 火焰矫正时不能加外力

191. BB009　利用火焰矫正焊接变形时,可采用点状加热方式加热矫正,有关点状加热,说法不正确的是(　)。
(A) 矫正薄钢时,常采用梅花式点状加热
(B) 适用于板厚在 8mm 以上的钢板
(C) 可加热一点或数点
(D) 加热完一点后,可立即用木锤敲打加热点

192. BB010　线状加热的区域应根据(　)和工件的厚度而定。
(A) 变形程度　　(B) 截面形状　　(C) 材料质量　　(D) 结构尺寸

193. BB010　线状加热冷却后,其横向收缩量(　)纵向收缩量。
(A) 大于　　　(B) 等于　　　(C) 小于　　　(D) 小于等于

194. BB010　线状加热的加热深度不要超过板厚的(　)。
(A) 1/2　　　(B) 1/3　　　(C) 1/4　　　(D) 2/3

195. BB011　火焰矫正的加热温度一般取(　)℃。
(A) 600～750　(B) 600～800　(C) 600～900　(D) 500～850

196. BB011　火焰矫正时,用点状加热矫正厚板时,加热点的直径应不小于(　)mm。
(A) 5～10　　(B) 10～20　　(C) 20～30　　(D) 30～40

197. BB011　对加热厚度超过 5mm 的焊件进行火焰矫正时,最好采用(　)。
(A) 碳化焰　　(B) 强氧化焰　　(C) 中性焰　　(D) 弱氧化焰

198. BB012　火焰矫正的线状加热方式有 3 种,即直线加热、带状加热和(　)加热。
(A) 月牙状　　(B) 锯齿状　　(C) 环状　　(D) 8 字状

199. BB012　火焰矫正的线状加热方法中,直线加热收缩均匀,矫正(　)。
(A) 准确　　(B) 加热速度快　　(C) 加热收缩量大　　(D) 加热深度深

200. BB012　采用火焰矫正的线状加热方式时,当焊炬(或割矩)移动除直线运动外,同时做横向摆动,这种加热方式称为(　)加热。
(A) 直线　　　(B) 带状　　　(C) 环状　　　(D) 链状

201. BB013　一般情况下,三角形加热温度在(　)℃左右。
(A) 500　　　(B) 600　　　(C) 700　　　(D) 800

202. BB013　三角形加热是在被矫正件的凸面用焊炬(或割矩)烤出一个等边三角形,不论型钢向哪一个方向弯曲,三角形的顶点应在弯曲(　)一侧。

(A) 凹面　　　(B) 凸面　　　(C) 轴向　　　(D) 径向

203. BB013　三角形加热常用于（　　）、刚性较强的钢结构件的弯曲变形。
(A) 厚度较小　(B) 厚度较大　(C) 宽度较小　(D) 宽度较大

204. BB014　火焰矫正钢结构时，一般先矫正（　　），后矫正上拱，再矫正旁弯。
(A) 扭曲　　　(B) 局部　　　(C) 小弯　　　(D) 上部结构

205. BB014　采用火焰矫正时，要确定加热位置、加热范围以及加热方式和温度，首先要确定（　　）。
(A) 加热温度　(B) 加热方式　(C) 加热位置　(D) 加热方式

206. BB014　火焰矫正时，加热温度取决于钢结构变形及构件（　　）的大小。
(A) 长度　　　(B) 宽度　　　(C) 位置　　　(D) 截面尺寸

207. BB015　正确选择（　　）是矫正成败的关键。
(A) 矫正方式　(B) 矫正部位　(C) 矫正温度　(D) 矫正机具

208. BB015　矫正变形的实质，就是利用材料的（　　），设法造成新的变形，来补偿或抵消已发生的变形。
(A) 塑性　　　(B) 弹性　　　(C) 刚性　　　(D) 强度

209. BB015　对内应力引起的变形，一般针对产生（　　）部位采取措施。
(A) 变形　　　(B) 凸处　　　(C) 凹处　　　(D) 内应力

210. BC001　在材料弯曲过程的初始阶段，外弯矩的数值不大，材料内应力的数值小于材料的（　　），仅使材料发生弹性变形。
(A) 屈服极限　(B) 弹性极限　(C) 屈服强度　(D) 抗拉强度

211. BC001　弯曲成形所用的材料通常为钢材等（　　）材料。
(A) 高强度　　(B) 塑性　　　(C) 高硬度　　(D) 韧性

212. BC001　在金属材料的内层和外层之间，存在着金属既不被伸长也不被缩短的中间层，称为（　　）。
(A) 重心距　　(B) 中心层　　(C) 中性层　　(D) 核心层

213. BC002　无论采用何种弯曲成形方法，其弯曲力都必须能使被弯曲材料的内应力超过其（　　）。
(A) 屈服极限　(B) 弹性极限　(C) 屈服强度　(D) 抗拉强度

214. BC002　当材料的表面和剪断面质量较差时，弯曲易造成（　　）使材料过早破坏，这种情况下应采用较大的弯曲半径。
(A) 冷作硬化　(B) 应力集中　(C) 疲劳　　　(D) 断裂

215. BC002　当材料弯曲线与（　　）方向垂直时，材料不易断裂，弯曲半径可以小些。
(A) 长度　　　(B) 宽度　　　(C) 金相组织　(D) 纤维组织

216. BC003　在压力机床上使用弯曲模进行弯曲成形的加工方法称为（　　）。
(A) 压弯　　　(B) 校正　　　(C) 变形　　　(D) 弯曲成形

217. BC003　若材料弯曲时，仅与凸、凹模在3条线接触，弯曲圆角半径是自然形成的，这种弯曲方式称为（　　）弯曲。
(A) 校正　　　(B) 自由　　　(C) 接触　　　(D) 内

218. BC003　采用自由弯曲，所需（　　）小，但工作时靠调整凹模槽口的宽度和凸模的下死点位置来保证零件的形状。

(A) 应力　　　　(B) 内力　　　　(C) 压弯力　　　　(D) 弹力

219. BC004　滚弯件的曲率,取决于轴辊间的(　)、板料的厚度和机械性能。
(A) 相对位置　(B) 间隙　　　(C) 角度　　　　(D) 数目

220. BC004　滚弯往往不能一次滚压成形,而多次的冷滚压会引起材料的(　)。
(A) 应力集中　(B) 冷加工硬化　(C) 塑性变形　　(D) 弹性变形

221. BC004　冷滚压成形的允许弯曲半径R,不能以板料的(　)为界,而应大些。
(A) 屈服极限　(B) 疲劳极限　(C) 最小弯曲半径　(D) 最大弯曲半径

222. BC005　压延工艺分为坯料不变薄压延和(　)压延两种。
(A) 变薄　　　(B) 变宽　　　(C) 变厚　　　　(D) 变长

223. BC005　(　)是将一定形状的平板毛坯在凸模压力作用下,通过凹模形成一个开口空心零件的压制工艺过程。
(A) 滚弯　　　(B) 压延　　　(C) 压弯　　　　(D) 弯曲成形

224. BC005　为了使压延件尽量不向破坏方向激化,必须根据材料(　)来选择合理的变形程度。
(A) 弹性　　　(B) 刚性　　　(C) 塑性　　　　(D) 韧性

225. BC006　在压延材料的变形是较为复杂的(　)变形过程。
(A) 弹性　　　(B) 塑性　　　(C) 韧性　　　　(D) 疲劳

226. BC006　计算压延件坯料尺寸的方法有等体积法、(　)、等面积法和经验公式法。
(A) 等重量法　(B) 放样法　　(C) 周长法　　　(D) 等尺寸法

227. BC006　假设坯料直径等于工件截面周长,并考虑一定加工余量的近似计算方法称为(　)。
(A) 等尺寸法　(B) 放样法　　(C) 等重量法　　(D) 周长法

228. BC007　无凸缘筒形压延件按等面积计算的方法是将它分成(　)个简单的几何体并分别求面积。
(A) 两　　　　(B) 三　　　　(C) 四　　　　　(D) 五

229. BC007　半圆形压延的下料直径的经验公式是(　)乘以半圆形的中心直径。
(A) 1.414　　 (B) 1.416　　 (C) 2.576　　　 (D) 2.382

230. BC007　封头压延成形时的材料拉伸系数一般取(　)。
(A) 0.65　　　(B) 0.75　　　(C) 0.85　　　　(D) 0.95

231. BC008　加热压延一般板厚大于(　)mm。
(A) 5　　　　 (B) 6　　　　 (C) 7　　　　　 (D) 8

232. BC008　冷压延一般适用于小于(　)mm的板料。
(A) 8　　　　 (B) 7　　　　 (C) 6　　　　　 (D) 5

233. BC008　Q235钢板在热压延时终压温度为(　)℃。
(A) 650~800　(B) 700~800　(C) 800~1000　 (D) 700~730

234. BC009　不锈钢的压延方法一般用(　)。
(A) 冷压　　　(B) 热压　　　(C) 矫正压　　　(D) 初压

235. BC009　不锈钢热压延时,模具应预热到(　)℃。
(A) 200~300　(B) 250~350　(C) 300~350　 (D) 350~400

236. BC009　与碳钢相比,不锈钢冷作硬化现象严重,应在每次压延后进行(　)处理,恢复塑性。

(A) 正火　　(B) 回火　　(C) 淬火　　(D) 退火

237. BC010　铝及铝合金压延时下模及压边圈工作表面应保持（　）。
(A) 干净　　(B) 光洁　　(C) 一定温度　　(D) 润滑良好

238. BC010　铝及铝合金压延时一般采用（　）。
(A) 热压　　(B) 冷压　　(C) 低温压　　(D) 常温压

239. BC010　铝及铝合金热压延时，模具最好预热到（　）℃。
(A) 200~300　　(B) 200~250　　(C) 250~300　　(D) 250~320

240. BC011　铜及铜合金坯料通常在（　）状态下冷压。
(A) 退火　　(B) 正火　　(C) 调质　　(D) 回火

241. BC011　钛板易氧化，坯料加热前应（　）。
(A) 光洁　　(B) 涂高温涂料　　(C) 去氧化层　　(D) 润滑良好

242. BC011　钛及钛合金压制速度应小于（　）m/min。
(A) 0.20　　(B) 0.25　　(C) 0.30　　(D) 0.35

243. BC012　角钢与槽钢由于具有2个面和3个面的（　），因此它们的弯曲形式较多。
(A) 互相连接　　(B) 互相垂直　　(C) 互相平行　　(D) 各向异性

244. BC012　在实践中，为了简化查表手续，角钢与槽钢的重心距 Z_0 一般可近似地按边宽的（　）位置确定。
(A) 1/2　　(B) 1/3　　(C) 1/4　　(D) 1/5

245. BC012　角钢、槽钢的弯曲有多种形式，折角弯曲分为（　）和不切口弯。
(A) 平弯　　(B) 内弯　　(C) 外弯　　(D) 切口弯

246. BC013　平弯槽钢圈和平弯工字钢圈时，其型钢截面的中心内侧、外侧是（　）的。
(A) 对称　　(B) 平行　　(C) 不对称　　(D) 垂直

247. BC013　平弯槽钢圈和工字钢圈时，可按（　）计算整卷展开料长。
(A) 内径　　(B) 外径　　(C) 中心径　　(D) 中心距

248. BC013　各类型钢弯曲成圆环时，算出展开料长后，在弯曲之前，在型钢两端做出（　），否则弯曲后两端接口不能很好吻合。
(A) 斜度　　(B) 平口　　(C) 预弯　　(D) 圆角

249. BC014　冷弯使钢材内易产生较大应力，并导致较大（　）变形。
(A) 回弹　　(B) 冷　　(C) 拉伸　　(D) 压缩

250. BC014　在热加工中，关键是掌握好钢材的（　）。
(A) 屈服点　　(B) 加热温度　　(C) 加热时间　　(D) 加热位置

251. BC014　钢材加热温度在（　）℃时，钢材产生蓝脆性，这时不允许锤打和弯曲，否则会使钢材断裂。
(A) 650~730　　(B) 580~650　　(C) 530~580　　(D) 200~300

252. BC015　型钢煨制较关键的工作是（　）。
(A) 煨制件制作　　(B) 回弹量选取　　(C) 煨制速度　　(D) 胎具制作

253. BC015　在制作胎具时，要根据弯曲的具体情况适当增减（　）来抵消变形。
(A) 胎具半径　　(B) 工件厚度　　(C) 工件余量　　(D) 内应力

254. BC015　外界气温低，在煨制工件时，会导致（　）的一边的弯曲变形较大些。

(A) 表面积较小　(B) 表面积较大　(C) 表面性能差　(D) 表面性能好

255. BC016　扁钢热煨胎具一般用（　）制造。
(A) 钢板　　　(B) 铸铁　　　(C) 铝合金　　　(D) 铜合金

256. BC016　扁钢圈胎具一般不做成整圈,而是整圆的（　）左右,这样有利于煨曲时取放工件。
(A) 1/3　　　(B) 2/3　　　(C) 1/4　　　(D) 1/2

257. BC016　扁钢热煨胎具上装卡固定用的孔的位置和大小,当胎具在平台上位置确定后,依据平台孔的（　）而定。
(A) 数量　　　(B) 精度　　　(C) 深浅　　　(D) 位置和大小

258. BC017　角钢煨弯胎具一般用（　）焊接而成。
(A) 钢板　　　(B) 铸铁　　　(C) 铝合金　　　(D) 铜合金

259. BC017　在手工操作进行直段角钢劈角时,常用一种呈不同角度数的（　）劈角。
(A) 平锤　　　(B) 凸锤　　　(C) 手锤　　　(D) 大锤

260. BC017　对于角钢圈劈角可用（　）劈角。
(A) 胎具　　　(B) 模具　　　(C) 带肘板的胎具　(D) 垫板

261. BC018　煨制好的型钢,要放在平整、干燥的地方,让其自然冷却,防止（　）变形。
(A) 自然　　　(B) 强制　　　(C) 收缩　　　(D) 应力

262. BC018　型钢煨制的起始温度为（　）℃。
(A) 1000　　　(B) 900　　　(C) 800　　　(D) 750

263. BC018　对于角钢圈劈角可用（　）劈角。
(A) 胎具　　　(B) 模具　　　(C) 带肘板的胎具　(D) 垫板

264. BD001　凡用来对零件施加外力,使其获得可靠和正确定位的工艺设备称为（　）。
(A) 组装夹具　(B) 胎具　　　(C) 模具　　　(D) 矫形机具

265. BD001　将各种钢结构零件组合起来,使每一零件获得正确的定位,装配成合乎图纸要求的钢结构,这一过程称为（　）。
(A) 配合　　　(B) 组装　　　(C) 工装　　　(D) 工步

266. BD001　有足够的（　）是对夹具的一个基本要求。
(A) 硬度　　　(B) 塑性　　　(C) 强度和刚性　(D) 抗应力腐蚀

267. BD002　螺旋夹具是通过丝杆与螺母（　）传递外力以紧固零件的。
(A) 相对运动　(B) 相向运动　(C) 螺旋运动　(D) 摩擦运动

268. BD002　螺旋夹具具有夹、压、拉、顶和（　）等多种功能。
(A) 摩擦　　　(B) 撑　　　　(C) 撬　　　　(D) 挤

269. BD002　螺旋压紧器,在使用时通常将支架临时焊固在工件上,利用丝杆（　）。
(A) 拉　　　　(B) 顶　　　　(C) 夹紧　　　(D) 压紧

270. BD003　楔角夹具是利用楔条的（　）将外力转变为夹紧力,从而达到夹紧工件的目的。
(A) 斜面　　　(B) 楔角　　　(C) 过盈量　　(D) 摩擦角

271. BD003　使用楔条夹具时,将工件放入夹具后,用锤击斜楔头,则斜楔对工件产生（　）力。
(A) 支撑　　　(B) 夹紧　　　(C) 拉　　　　(D) 顶

272. BD003　斜楔外角小,则（　）好,夹紧力大。

(A) 配合性　　(B) 摩擦性　　(C) 自锁性　　(D) 支撑性

273. BD004 杠杆夹具结构中,支持杠杆转动的固定点称为（　）。
(A) 支点　　(B) 重点　　(C) 力点　　(D) 平衡点

274. BD004 杠杆夹具结构中对杠杆施力的一点称为（　）。
(A) 支点　　(B) 重点　　(C) 力点　　(D) 平衡点

275. BD004 杠杆夹具的支点到重心的距离称为（　）。
(A) 力矩　　(B) 扭矩　　(C) 重臂　　(D) 力臂

276. BD005 常用偏心夹具是带有偏心孔的（　），套在固定轴上,并可绕轴转动。
(A) 圆偏心轮　　(B) 齿轮　　(C) 楔块　　(D) 椭圆轮

277. BD005 圆偏心夹具的夹紧力和自锁力是（　）的。
(A) 稳定　　(B) 不稳定　　(C) 可靠　　(D) 可调

278. BD005 偏心夹具只能用于（　）的场合。
(A) 支撑　　(B) 振动
(C) 无振动或振动小　　(D) 拉紧

279. BD006 气动夹具是利用（　）的压力,通过机械运动施加夹紧力的各类夹紧机构。
(A) 压缩空气　　(B) 流动气体　　(C) 蒸汽　　(D) 燃气热量

280. BD006 气动夹具主要用于（　）工件。
(A) 支撑　　(B) 夹紧　　(C) 顶紧　　(D) 拉紧

281. BD006 气动夹具的夹紧力比较（　）。
(A) 大　　(B) 小　　(C) 稳定　　(D) 不稳定

282. BD007 液压夹具的工作原理与（　）夹具相似。
(A) 气动　　(B) 杠杆　　(C) 螺旋　　(D) 楔条

283. BD007 液压夹具的（　）尺寸可以做得很小。
(A) 夹具　　(B) 结构　　(C) 偏心轮　　(D) 杠杆

284. BD007 液压夹具常用在要求夹持力很大而（　）受限制的地方。
(A) 环境气温　　(B) 工件尺寸　　(C) 空间尺寸　　(D) 夹持力

285. BD008 磁力夹具是借助（　）吸紧工件。
(A) 磁力　　(B) 离子　　(C) 电场　　(D) 电离子

286. BD008 磁力夹具分为（　）和电磁式两种。
(A) 铁心式　　(B) 线圈式　　(C) 永磁式　　(D) 漏磁式

287. BD008 电磁式磁力夹具其缺点是耗费（　）。
(A) 磁材料　　(B) 电能　　(C) 机械能　　(D) 热能

288. BD009 胎具是指制造工模、砂型或某些产品时所依据的（　）。
(A) 模型　　(B) 产品　　(C) 工具　　(D) 样板

289. BD009 制作封头的凹型胎具一般采用（　）制作。
(A) 扁钢圈　　(B) 模板　　(C) 铸铁　　(D) 角钢圈

290. BD009 焊接滚轮架是借助工件与主动滚轮间的（　）来带动工件旋转的机械装置。
(A) 啮合力　　(B) 动力　　(C) 重力　　(D) 摩擦力

291. BD010 压弯模的结构形式根据弯曲件的（　）、精度要求、生产批量等因素来选择。
(A) 形状　　(B) 材质　　(C) 机械性能　　(D) 硬度

292. BD010 安装压模时，上、下模的（ ）应互相对准，以保证压制出来的工件形状正确。
(A) 间隙　　　　(B) 中心线　　　　(C) 基准面　　　　(D) 基准线

293. BD010 对于大型工件较多，压模的精度要求不高的压弯模可采用（ ）焊接而成，这样可降低成本。
(A) 铸铁　　　　(B) 铸钢　　　　(C) 板材和型材　　(D) 合金材料

294. BD011 冲压模具材料一般采用（ ）。
(A) 铸铁　　　　(B) 铸钢　　　　(C) 砂土　　　　(D) 铸铝

295. BD011 压制胎模的上模应有（ ）。
(A) 脱模斜度　　(B) 弧度　　　　(C) 收缩量　　　(D) 加弹量

296. BD011 在实际生产中以内径为基准的封头，上封头冲压胎模的上模设计应考虑同一直径几种相邻壁厚封头的（ ）。
(A) 安全性　　　(B) 经济性　　　(C) 通用性　　　(D) 实用性

297. BE001 （ ）是工业厂房用于支撑屋架和吊车梁，同时承挂墙板，是工业厂房承重构件。
(A) 钢柱　　　　(B) 基础　　　　(C) 吊车梁　　　(D) 屋架

298. BE001 大型工业厂房金属构架是用焊接、铆接和（ ）等三种方法连接而成。
(A) 捆绑　　　　(B) 销接　　　　(C) 过盈配合　　(D) 螺栓连接

299. BE001 大型工业厂房钢结构采用的是（ ）结构。
(A) 桁架　　　　(B) 框架　　　　(C) 塔架　　　　(D) 网架

300. BE002 线性尺寸是指零件上被测的点、线、（ ）与测量基准间的直线距离。
(A) 曲面　　　　(B) 平面　　　　(C) 几何面　　　(D) 面

301. BE002 测量线性尺寸的量具有钢卷尺、（ ）。
(A) 钢直尺　　　(B) 水平仪　　　(C) 角度样板　　(D) 线坠

302. BE002 在批量生产时可采用（ ）测量线性尺寸。
(A) 钢卷尺　　　(B) 水平尺　　　(C) 样杆　　　　(D) 直尺

303. BE003 画线定位装配中地样装配法是将构件的装配样图按（ ）尺寸，直接绘装配平台上，然后根据零件间接合线的位置进行装配。
(A) 1∶1　　　　(B) 1∶2　　　　(C) 2∶1　　　　(D) 1∶10

304. BE003 样板定位装配是根据工件形状制作相应的样板，作为（ ）定位线以确定零件的相对装配位置，以及各种角度的位置。
(A) 平面　　　　(B) 曲面　　　　(C) 空间　　　　(D) 表面

305. BE003 已知屋架中心高度为3.8m，另一端高度为2.6m，整个跨度为24m，坡度为（ ）。
(A) 1∶8　　　　(B) 1∶14　　　(C) 1∶12　　　(D) 1∶10

306. BE004 钢屋架的挠度比例为（ ）。
(A) 1/400　　　(B) 1/500　　　(C) 1/600　　　(D) 1/700

307. BE004 钢结构放样的直线允许误差是±（ ）mm。
(A) 0.20　　　　(B) 0.25　　　(C) 0.4　　　　(D) 0.5

308. BE004 焊接零件组装对口的错边允差为板厚除以10，且不大于（ ）mm。
(A) 2　　　　　(B) 3　　　　　(C) 4　　　　　(D) 5

309. BE005 根据金属构架的特点，一般采用（ ）法进行组装。

(A) 地样　　　　(B) 吊装　　　　(C) 立装　　　　(D) 拼装

310. BE005　组装各种钢结构如桁架或其他结构,一般是在（ ）上铆焊拼装组合,有的是直接制成单件,可直接在现场安装。
(A) 地面　　　　(B) 平台　　　　(C) 构架　　　　(D) 胎架

311. BE005　组装金属构架时,应预先采取防变形措施和（ ）组合。
(A) 弯曲　　　　(B) 拉伸　　　　(C) 压缩　　　　(D) 反变形

312. BE006　大型工业厂房钢结构安装时,首先在基础上安装（ ）,找正后再吊装横梁。
(A) 钢柱　　　　(B) 斜撑　　　　(C) 主梁　　　　(D) 次梁

313. BE006　钢结构厂房屋架在钢柱和横梁安装完并经找正后,再开始安装（ ）。
(A) 主梁　　　　(B) 次梁和斜撑　　(C) 立柱　　　　(D) 桁架

314. BE006　钢结构在全部安装过程中,应按照能保证构架结构的（ ）和不变形的程序进行。
(A) 强度　　　　(B) 刚性　　　　(C) 稳定　　　　(D) 安全

315. BE007　将框架按其结构组装成几个段,然后将每段框架逐段组装起来形成一个整体的安装方法称为（ ）法。
(A) 分片组装　　(B) 分散正装　　(C) 分段组装　　(D) 整体安装

316. BE007　框架整体安装法可把集中作业改为（ ）作业,使生产周期缩短,适用于高效率的大批生产。
(A) 分步　　　　(B) 阶段　　　　(C) 单个　　　　(D) 分散

317. BE007　当框架不是很高而跨度较大时采用（ ）法较适用。
(A) 分散正装　　(B) 分片组装　　(C) 分段组装　　(D) 整体安装

318. BE008　单根炉管应该用整根制作,若需拼接,只允许拼接（ ）。
(A) 1次　　　　(B) 2次　　　　(C) 3次　　　　(D) 4次

319. BE008　炉管与箱式铸钢弯头胀接时,胀杆严格保持水平,胀管时应采取（ ）胀法。
(A) 一段　　　　(B) 两段　　　　(C) 三段　　　　(D) 四段

320. BE008　在温度低于（ ）℃时,禁止胀接施工。
(A) 5　　　　　(B) 0　　　　　(C) -5　　　　　(D) -10

321. BE009　炉管装配后进行焊接应采用（ ）的施工方法,且宜用氩弧焊打底。
(A) 单层　　　　(B) 单道多层　　(C) 多层多道　　(D) 双道单层

322. BE009　钢结构主要承重梁和柱应选用（ ）。
(A) 整料　　　　(B) 拼料　　　　(C) 锻料　　　　(D) 组合料

323. BE009　钢结构上所有门类、仪表开孔和接管开孔,位置偏差应小于（ ）mm。
(A) 25　　　　　(B) 20　　　　　(C) 15　　　　　(D) 10

324. BE010　冷作钣金加工后,要进行切削加工时应在原尺寸的基础上加放（ ）mm的切削加工余量。
(A) 2~4　　　　(B) 2~5　　　　(C) 3~4　　　　(D) 3~5

325. BE010　连续焊缝的纵向收缩量为（ ）mm/m。
(A) 0.3~0.5　　(B) 0.2~0.4　　(C) 0.9~1.2　　(D) 1~1.5

326. BE010　冷作钣金成形余量应根据（ ）方法加放余量。
(A) 不同的成形　(B) 加热成形　　(C) 冷作成形　　(D) 机加成形

327. BE011　立式炉中间管架的安装螺栓孔,其相邻螺栓孔间距偏差应小于(　)mm。
　　　　(A) 1　　　　(B) 2　　　　(C) 3　　　　(D) 4
328. BE011　立式炉主框架上的中间管板及中间管架的安装螺栓孔,应以(　)为基准。
　　　　(A) 基础面　　　　　　　　(B) 主柱底板上表面
　　　　(C) 主柱底板下表面　　　　(D) 中间管板
329. BE011　为调整框架安装位置,柱脚板与基础面之间应放置(　)。
　　　　(A) 螺栓　　　(B) 砂石　　　(C) 垫木　　　(D) 垫铁
330. BE012　圆筒炉辐射室筒体可根据排版图下料预制,在滚轮架上(　)。
　　　　(A) 卧装　　　(B) 立装　　　(C) 分散组装　　(D) 分片组装
331. BE012　圆筒炉辐射室筒体为防止变形,在筒节内部设(　)加固。
　　　　(A) 加厚层　　(B) 支撑　　　(C) 钢架　　　(D) 壁板
332. BE012　圆筒炉对流室框架组装合格后,可安装管板及壁板,然后喷涂轻质耐热衬里,再进行穿管、焊接弯头及(　)试验。
　　　　(A) 探伤　　　(B) 致密　　　(C) 水压　　　(D) 气压
333. BE013　烟囱可按(　)进行下料预制和组装。
　　　　(A) 排版图　　(B) 地样　　　(C) 样板　　　(D) 具体情况
334. BE013　烟道挡板两个轴套的安装焊接应保持(　),并垂直于烟囱的轴线。
　　　　(A) 平直　　　(B) 平行　　　(C) 同心　　　(D) 一定倾角
335. BE013　烟囱进行衬里后,烟道挡板应与囱壁衬里保持(　)。
　　　　(A) 紧贴　　　(B) 均匀间隙　　(C) 过盈量　　　(D) 平直
336. BE014　内浮顶罐的浮顶支于立柱上的高度,一般不低于(　)m。
　　　　(A) 1.8　　　(B) 2　　　　(C) 2.5　　　(D) 3
337. BE014　对于直径不大于20m的内浮顶罐,静电导线数量要不小于(　)。
　　　　(A) 1根　　　(B) 2根　　　(C) 3根　　　(D) 4根
338. BE014　在内浮顶罐壁上部圆周方向上,等距离布置若干个罐壁通气孔,原则上沿圆周每(　)m开设1个。
　　　　(A) 4　　　　(B) 8　　　　(C) 10　　　　(D) 12
339. BE015　低压湿式气柜可分为三种类型,即外导架直升式、螺旋导轨式和(　)。
　　　　(A) 无外导架直升式　　　　(B) 多角形
　　　　(C) 圆筒形　　　　　　　　(D) 低压式
340. BE015　现广泛采用的是低压湿式气柜,其储气部分是依靠(　)在水槽中升降而改变储气容量。
　　　　(A) 导轨　　　(B) 中节和水槽　　(C) 导轮　　　(D) 气柜
341. BE015　气框按储气压力大小可分为高压储气罐和(　)储气罐两种。
　　　　(A) 湿式　　　(B) 干式　　　(C) 中压　　　(D) 低压
342. BE016　气柜的钟罩形状为(　),顶部的顶板直接铺设在钟罩顶架上。
　　　　(A) 圆柱形　　(B) 圆锥形　　(C) 天圆地方　　(D) 半圆
343. BE016　钟罩顶板厚度由(　)决定。
　　　　(A) 强度　　　　　　　　　(B) 耐热性
　　　　(C) 耐低温　　　　　　　　(D) 刚度和腐蚀裕量

344. BE016　中节为一圆柱形筒节,上端和下端装有（　　）。
　　　　　　（A）垫圈　　　　（B）密封圈　　　（C）水封　　　　（D）油封
345. BE017　为增加强度,大型气柜常采用（　　）等作水槽壁板材料。
　　　　　　（A）低碳钢　　　（B）中碳钢　　　（C）调质钢　　　（D）16Mn钢
346. BE017　为便于检修和施工,在距地面一定高度处,壁板上应开设（　　）。
　　　　　　（A）人孔　　　　（B）呼吸孔　　　（C）手孔　　　　（D）盘梯
347. BE017　钢质水槽的缺点是钢材耗量大,在大型气柜中,占气柜主体总钢材量的（　　）。
　　　　　　（A）10%　　　　（B）30%~40%　（C）50%　　　　（D）60%
348. BE018　外导架立柱是气柜中各中节垂直升降时起（　　）作用的导轨。
　　　　　　（A）导向　　　　（B）定位　　　　（C）限位　　　　（D）稳定
349. BE018　为防止钟罩升起后发生倾斜,内导轮的数目一般比外导轮数目多（　　）。
　　　　　　（A）4倍　　　　（B）3倍　　　　（C）2倍　　　　（D）1倍
350. BE018　为防止气柜升起后的高度超过允许极限,造成倾翻事故,通常在气柜上都要装设（　　）机构。
　　　　　　（A）安全　　　　（B）警报　　　　（C）限制　　　　（D）导向
351. CA001　钢板矫平的程度,除与板料在平板机的辊子间移动的次数有关外,还与钢板（　　）有关。
　　　　　　（A）宽度　　　　（B）厚度　　　　（C）材质　　　　（D）长度
352. CA001　用多辊轴平板机矫正钢板时,辊轴间距离是根据被矫平的钢板（　　）来确定的。
　　　　　　（A）强度　　　　（B）刚性　　　　（C）厚度　　　　（D）宽度
353. CA001　多辊轴平板机矫正厚度小于10mm的钢板时,进口处上辊、下辊间的距离一般采用（　　）mm。
　　　　　　（A）5　　　　　（B）4　　　　　（C）2　　　　　（D）1
354. CA002　上下列辊平行的矫正机,上下两排轴是（　　）分布的。
　　　　　　（A）交错　　　　（B）平行　　　　（C）倾斜　　　　（D）对称
355. CA002　上下列辊平行的矫正机上下辊列的间隙（　　）被矫正钢板的厚度时,钢板通过后便产生反复弯曲,再通过最后的导向辊得以调平。
　　　　　　（A）略大于　　　（B）等于　　　　（C）略小于　　　（D）大于等于
356. CA002　上下列辊平行的矫正机的上列两端的两个辊轴为（　　）,直径较小,受力不大。
　　　　　　（A）主动辊　　　（B）被动辊　　　（C）导向辊　　　（D）从动辊
357. CA003　上列辊倾斜的矫正机常用于（　　）钢板的矫正。
　　　　　　（A）中厚　　　　（B）中薄　　　　（C）厚　　　　　（D）薄
358. CA003　上列辊倾斜的矫正机上下辊列的轴心连线形成的（　　）,上辊既能作升降调节,还能借转角机构改变倾角的大小。
　　　　　　（A）直线　　　　（B）曲线　　　　（C）直角　　　　（D）夹角
359. CA003　上列轴倾斜的矫正机可以不必设置单独调节的（　　）。
　　　　　　（A）主动辊　　　（B）被动辊　　　（C）导向辊　　　（D）从动辊
360. CA004　成对导向轴矫正机常用于（　　）钢板的矫正。
　　　　　　（A）中厚　　　　（B）中薄　　　　（C）厚　　　　　（D）薄
361. CA004　成对导向轴矫正机在矫正辊的两端设有（　　）个导向轴辊。

(A) 1　　　　(B) 2　　　　(C) 3　　　　(D) 4

362. CA004　成对导向轴矫正机在矫正过程中除发生弯曲外,还有附加(　),从而提高矫正质量。
(A) 应力　　(B) 拉力　　(C) 弯曲力　　(D) 推力

363. CA005　型钢撑直机是利用(　)弯曲的方法来矫直型钢的。
(A) 压力　　(B) 拉力　　(C) 正向　　(D) 反向

364. CA005　由于型钢塑性变形的同时还存在弹性变形,当外力消除后会发生(　)现象。
(A) 硬化　　(B) 回弹　　(C) 过弯　　(D) 扭曲

365. CA005　为消除型钢矫正的回弹现象,在矫正时反向弯曲应(　)。
(A) 适当过量　　(B) 弯曲过量　　(C) 加压矫正　　(D) 加热矫正

366. CA006　圆管矫正机矫正时圆钢或钢管在压辊作用下,一方面做(　)运动。
(A) 螺旋　　(B) 直线　　(C) 曲线　　(D) 单曲线

367. CA006　圆管矫正机矫正时圆钢或钢管在压辊作用下另一方面(　)弯曲,使其纤维长度趋于一致而得以矫正。
(A) 受拉　　(B) 受压　　(C) 受挤　　(D) 受推

368. CA006　多辊式斜辊矫正机在矫直管材的同时也矫正了圆钢或钢管的(　)。
(A) 截面形状　　(B) 弯曲　　(C) 扭曲　　(D) 拱面

369. CA007　剪板机属于(　)设备。
(A) 切割　　(B) 成形　　(C) 冲压　　(D) 矫正

370. CA007　平口剪切机用于剪切(　)。
(A) 曲线　　(B) 内孔　　(C) 直线　　(D) 型钢

371. CA007　国产斜口剪板机的下刀片是水平放置固定不动的,上刀片安装成倾斜的,倾斜角为(　)。
(A) 6°　　(B) 5°　　(C) 4°　　(D) 1°~4°

372. CA008　各种剪切设备上剪刀、下剪刀间都有间隙要求,间隙过小时,会使材料断裂部分挤坏,使剪床(　)增加。
(A) 剪速　　(B) 剪切力　　(C) 负荷　　(D) 振动

373. CA008　剪板机上剪刀、下剪刀间隙过大时,会使剪切断面(　)。
(A) 不平整　　(B) 平整　　(C) 变形小　　(D) 精度高

374. CA008　龙门剪板机上剪刃、下剪刃之间的间隙应根据被剪切钢板的(　)而定。
(A) 宽度　　(B) 厚度　　(C) 长度　　(D) 质量

375. CA009　联合冲剪机的一头装有(　)布置的剪刀板。
(A) 横向　　(B) 纵向　　(C) 上下　　(D) 左右

376. CA009　联合冲剪机的中部还能剪切(　)。
(A) 圆钢　　(B) 方钢　　(C) 角钢　　(D) 型钢

377. CA009　内拉是指剪切较长板料时,板料向刀刃内(　)的现象。
(A) 翻翘　　(B) 变形　　(C) 旋转　　(D) 扭曲

378. CA010　振动式剪板机的上刀片、下刀片均为倾斜状态,其夹角一般为(　)。
(A) 15°~20°　　(B) 20°~25°　　(C) 20°~30°　　(D) 30°~40°

379. CA010　振动式剪板机上下剪刀的水平间距是料厚的(　)。

(A) 1/2　　　(B) 1/3　　　(C) 1/4　　　(D) 1/5

380. CA010　振动式剪板机的主要缺点是（　）。
(A) 操作简单　　　　　　(B) 可剪曲线
(C) 只能剪裁较薄的板料　(D) 能剪内孔

381. CA011　圆盘剪床既能剪（　），也能剪曲线，又可完成切圆孔等加工。
(A) 直线　　　(B) 折线　　　(C) 连续剪切　　　(D) 多边形

382. CA011　QA23-3型双盘剪床的剪切厚度为（　）mm。
(A) 2　　　(B) 3　　　(C) 5　　　(D) 23

383. CA011　QB23-4型双盘剪床的剪切直径为（　）mm。
(A) 700　　　(B) 900　　　(C) 1000　　　(D) 1200

384. CA012　滚刀剪切时，常将滚刀（　）剪切下料。
(A) 水平置　　　(B) 垂直置　　　(C) 斜置　　　(D) 相交置

385. CA012　滚刀剪切时，上下滚刀的夹角为（　）。
(A) 15°　　　(B) 20°　　　(C) 25°　　　(D) 30°

386. CA012　滚刀剪板机上下滚刀重叠部分很少，一般仅为（　）倍的剪板厚度。
(A) 0.1~0.2　　　(B) 0.2~0.3　　　(C) 0.3~0.4　　　(D) 0.4~0.5

387. CA013　龙门式剪斜口剪板机剪刃斜角一般在（　）之间。
(A) 2°~7°　　　(B) 2°~5°　　　(C) 2°~6°　　　(D) 2°~8°

388. CA013　横入式斜口剪板机剪刃斜角一般在（　）之间。
(A) 2°~7°　　　(B) 3°~10°　　　(C) 5°~12°　　　(D) 7°~12°

389. CA013　当剪刃斜角增大到一定数值时，将因（　）推力过大，使材料从刃口中退出而无法进行剪切。
(A) 垂直　　　(B) 剪切　　　(C) 水平　　　(D) 倾斜

390. CA014　斜口剪板机剪刃前角的大小不仅影响剪切力和剪切质量，而且直接影响剪刃（　）。
(A) 质量　　　(B) 强度　　　(C) 硬度　　　(D) 韧性

391. CA014　斜口剪板机剪刃前角应依据被剪材料（　）不同而选取。
(A) 长度　　　(B) 宽度　　　(C) 性质　　　(D) 厚度

392. CA014　斜口剪板机剪切钢材时，剪刃前角值通常在（　）。
(A) 2°~7°　　　(B) 3°~7°　　　(C) 4°~7°　　　(D) 5°~7°

393. CA015　斜口剪板机剪刃合理间隙值主要取决于被剪材料的性质和（　）。
(A) 长度　　　(B) 硬度　　　(C) 厚度　　　(D) 宽度

394. CA015　斜口剪板机在剪切不锈钢时剪刃合理间隙范围是（　）（用对板厚 t 的百分数表示）。
(A) 5%~8%　　　(B) 5%~9%　　　(C) 7%~13%　　　(D) 8%~15%

395. CA015　斜口剪板机在剪切防锈铝时剪刃合理间隙范围是（　）（用对板厚 t 的百分数表示）。
(A) 3%~6%　　　(B) 4%~8%　　　(C) 2%~7%　　　(D) 5%~8%

396. CA016　在剪床性能铭牌上标出的最大剪切厚度通常是以（　）号钢的强度极限为依据计算的。

(A) 20~25　　(B) 25~30　　(C) 20~40　　(D) 20~30

397. CA016 平口剪床剪切力公式 $p = kA\delta$ 中,折算系数 k 一般取（　）。
(A) 1.1~1.2　　(B) 1.4~1.5　　(C) 1.3~1.4　　(D) 1.2~1.3

398. CA016 在斜口剪床剪切力的计算中,对于碳素钢抗剪强度 $\delta = $（　）。
(A) 0.7~0.8　　(B) 0.75~0.85　　(C) 0.85~0.90　　(D) 0.8~0.86

399. CA017 冲裁模安装后的调试一般通过（　）逐步进行。
(A) 试冲　　(B) 试压　　(C) 装配　　(D) 调整

400. CA017 冲裁模安装后的调试中压力机调整主要调整（　）。
(A) 闭合高度和下模　　(B) 行程和上模
(C) 闭合高度或行程　　(D) 行程和下模

401. CA017 对行程可调的压力机,可通过调整偏心套与曲轴的相对位置而改变（　），再配合调节连杆长度,使行程和闭合高度达到或接近理想状态。
(A) 开启高度　　(B) 路径　　(C) 闭合高度　　(D) 行程

402. CA018 冲裁模安装后的调试中模具间隙过大表现为（　）。
(A) 剪裂纹错开　　(B) 出现拉断毛刺　　(C) 断面不平　　(D) 刃口磨钝

403. CA018 冲裁模安装后的调试中合理的单边间隙应为板料厚度的（　）。
(A) 2%~4%　　(B) 3%~9%　　(C) 4%~12%　　(D) 5%~15%

404. CA018 冲裁模凸、凹刃口间隙,是保证冲裁断面质量的（　）因素。
(A) 一般　　(B) 次要　　(C) 无关紧要　　(D) 重要

405. CA019 剪板机剪切钢板时,不得同时剪切（　）以上的钢板。
(A) 1层　　(B) 2层　　(C) 3层　　(D) 4层

406. CA019 连续剪切同规格尺寸板材时,可利用剪板机上的（　）定位。
(A) 下刃边　　(B) 压板　　(C) 定位装置　　(D) 离合器

407. CA019 如果剪切板料的厚度改变很大时,要及时调整剪板机的（　）。
(A) 压紧装置　　(B) 离合器　　(C) 制动器　　(D) 刀刃间隙

408. CA020 如果不对称式三轴卷板机的两个轴受力不均,就会使滚出的工件产生（　）现象。
(A) 凸凹　　(B) 鼓凸　　(C) 歪扭　　(D) 锥形

409. CA020 不对称式三轴卷板机的特点是:两个下轴辊可分别做（　）方向的调整。
(A) 前后　　(B) 左右　　(C) 垂直　　(D) 任意

410. CA020 不对称式三轴卷板机突出特点是:可消除工件（　）。
(A) 锥形　　(B) 鼓凸　　(C) 歪扭　　(D) 直线段

411. CA021 对称式三轴卷板机的最大缺点是:滚弯过的工件两端（　）。
(A) 留下直线段　　(B) 歪扭　　(C) 曲率过大　　(D) 曲率过小

412. CA021 适当（　）调整对称式三轴卷板机上轴辊的位置,即可对板料进行不同曲率的滚弯。
(A) 向上　　(B) 向下　　(C) 向左　　(D) 向右

413. CA021 对于薄板且直径较大的圆筒,对称式三轴卷板机卷弯时采用（　）来消除板料两端直线段。
(A) 焊卷法　　(B) 垫压法　　(C) 模具压弯法　　(D) 预留直边法

414. CA022 在调整上辊或侧辊高度时,应使卷板机辊轴中心线严格保持平行,否则卷出筒节就会出现( )。
　　　(A) 扭曲　　　(B) 锥度　　　(C) 曲率不一　　　(D) 鼓肚
415. CA022 板料弯曲时,必须在卷板机上下辊间摆正位置,否则卷成的筒节边缘( )。
　　　(A) 歪扭　　　(B) 锥度　　　(C) 曲率过大　　　(D) 鼓凸
416. CA022 在卷厚钢板时,若卷板机的辊子刚度不足,会使辊子产生弯曲变形,滚出的圆筒会产生( )现象。
　　　(A) 扭曲　　　(B) 锥度　　　(C) 曲率不一　　　(D) 鼓肚
417. CA023 锥体小口径在( )mm以上者,可用卷板机卷制。
　　　(A) 200　　　(B) 300　　　(C) 400　　　(D) 500
418. CA023 用卷板机卷制锥体时,先选出钢板对口的两个边,且合乎样板的( )。
　　　(A) 尺寸　　　(B) 弧度　　　(C) 形状　　　(D) 宽度
419. CA023 卷制锥体时,在将板料放入卷板机时,其小口靠近卷板机架子的一头,其纵边平行于下辊的( )。
　　　(A) 边缘　　　(B) 轴线　　　(C) 中心线　　　(D) 公切线
420. CA024 操作人员应熟悉卷板机保养与操作规程,卷板前检查机况并( )试运。
　　　(A) 负载　　　(B) 空载　　　(C) 超载　　　(D) 不需
421. CA024 如果室内温度低于( )℃,应停止卷板工作,以免钢板因冷脆而折裂。
　　　(A) -10　　　(B) -15　　　(C) -20　　　(D) -25
422. CA024 使用卷板机时,为便于在卷压中校对钢板的位置,应在板材上划出( )。
　　　(A) 中心线　　　(B) 卷制线　　　(C) 尺寸线　　　(D) 校对线
423. CA025 刨边机刨边时,板料应在下料时就预留加工余量,一般为( )mm。
　　　(A) 2~4　　　(B) 4~5　　　(C) 5~6　　　(D) 6~7
424. CA025 刨边机上的边缘加工属直线形的( )加工。
　　　(A) 车削　　　(B) 刨　　　(C) 切割　　　(D) 磨削
425. CA025 钢板放在刨边机的工作台后,其刨削线可用刀架上的( )测定,并予以调整。
　　　(A) 刨刀　　　(B) 压紧装置　　　(C) 划线盘　　　(D) 边线
426. CA026 设备的使用要做到"三定",即定人、定机和( )。
　　　(A) 定量　　　(B) 定编　　　(C) 定时　　　(D) 定岗位
427. CA026 单人操作,一班作业的设备,要实行( )制。
　　　(A) 专人　　　(B) 专机　　　(C) 专人专机　　　(D) 专业
428. CA026 对操作工人要进行技术培训,使其达到"四懂,三会"的要求,其中"四懂"是指懂用途、懂性能、懂结构、( )。
　　　(A) 懂原理　　　(B) 懂操作　　　(C) 懂保养　　　(D) 懂排除故障
429. CA027 设备的定期维护是指( )保养。
　　　(A) 一级　　　(B) 二级　　　(C) 一级和二级　　　(D) 例保
430. CA027 设备的二级保养除包括一级保养全部作业内容外,其主要作业以( )为中心,技术要求较高。
　　　(A) 大修　　　(B) 检查、调整　　　(C) 润滑、清洗　　　(D) 清扫、擦拭
431. CA027 铆工常用设备规定,一级保养要求运转( )h。

(A) 600　　　(B) 1000　　　(C) 2000　　　(D) 3000

432. CB001　水火弯板就是利用火焰将板材（　）加热、冷却所产生的角变形与横向变形,达到弯曲成形的方法。
(A) 整体　　　(B) 局部　　　(C) 随意　　　(D) 缓慢

433. CB001　水火弯板中带形加热法适用于板厚大于（　）mm 的厚板成形。
(A) 5　　　(B) 6　　　(C) 8　　　(D) 10

434. CB001　水火弯板中成形效果是每次加热后（　）的总和,所以对每一次加热的位置、长度、加热速度、方向和火焰功率的选择,都将直接影响到总的成形效果。
(A) 变形　　　(B) 弯曲　　　(C) 扭曲　　　(D) 拱曲

435. CB002　爆炸成形是利用爆炸物质在爆炸瞬间释放出巨大的（　）,对金属坯料进行加工的高能率成形方法。
(A) 势能　　　(B) 热能　　　(C) 化学能　　　(D) 物理能

436. CB002　爆炸成形对成形模具的要求是:为了保证成形零件的质量,除采用无底的模具外,还必须考虑（　）问题。
(A) 排气　　　(B) 模具固定　　　(C) 冲击波　　　(D) 热能转换

437. CB002　在爆炸成形中保证爆炸成形能否成功的重要因素是（　）。
(A) 装药形状　　　(B) 爆炸物质　　　(C) 炸药量　　　(D) 操作人员

438. CB003　电液成形是利用液体中强电流脉冲放电所产生的强大（　）,对金属进行加工的高能率成形方法。
(A) 热能　　　(B) 冲击波　　　(C) 动能　　　(D) 势能

439. CB003　电液成形主要用于难以用一般冲压方法成形的直径（　）mm 以下的小型工件的批量生产。
(A) 600　　　(B) 1000　　　(C) 400　　　(D) 200

440. CB003　电磁成形的放电元件为空气中的（　）。
(A) 氧气　　　(B) 线圈　　　(C) 模具　　　(D) 氢气

441. CB004　超塑性变形下的金属,在单向拉伸变形过程中,不产生（　）,变形抗力是常态下金属变形抗力的几十分之一。
(A) 扩颈现象　　　(B) 缩颈现象　　　(C) 扭曲现象　　　(D) 鼓肚现象

442. CB004　超塑性成形方法中,真空成形适用于厚度在（　）mm 以下,强度较低的金属板。
(A) 0.5　　　(B) 1　　　(C) 2　　　(D) 3

443. CB004　超塑性成形方法中,扩散连接成形是一种（　）方法。
(A) 固体焊接　　　(B) 液体焊接　　　(C) 固体搭接　　　(D) 固体铆接

444. CB005　CAE 技术为计算机辅助工艺,其核心是有限元分析、（　）技术。
(A) 模拟　　　(B) 数字　　　(C) 化验　　　(D) 综合

445. CB005　利用 CAE 技术省去了传统工艺中反复多次繁杂的（　）过程,从而大大缩短汽车覆盖件的生产,乃至整个汽车改型换代的时间。
(A) 放样　　　(B) 试模、修模　　　(C) 下料　　　(D) 展开

446. CB005　冷冲加工 FMS 指以（　）、加工中心及辅助设备为基础,将柔性的自动化运输、存储系统有机结合起来,由计算机对系统的软、硬件资源实施集中管理和控制,形成一个物料流和信息流密切结合、监控诊断和处理紧密结合的自动化加工

系统。
  （A）数控机床 （B）模具 （C）胎具 （D）普通机床

二、判断题(对的画"√",错的画"×")

（　）1. AA001　钢材分类中按脱氧程度分脱氧彻底的钢是镇静钢。
（　）2. AA002　GCr15SiMn 表示为平均含 Cr 量为 1.5%的滚动轴承钢。
（　）3. AA003　GB/T 13912—2002《金属覆盖层钢铁制件热浸镀锌层技术要求及试验方法》为钢铁热镀锌质量标准。
（　）4. AA004　普通低合金钢含碳量在 0.10%~0.25%之间,合金元素含量小于7%。
（　）5. AA005　耐热钢是指在高温下具有高的热化学稳定热强性的特殊钢,也称高温合金钢。
（　）6. AA006　合金刃具钢主要用于制造各种金属切削刀具
（　）7. AB001　投影线相互平行的投影称为平行投影。
（　）8. AB002　点的水平投影到 X 轴的距离等于侧面投影到 Z 轴的距离。
（　）9. AB003　机件向不平行任何基本投影面的平面投影得到的视图称为斜视图。
（　）10. AB004　基本偏差是确定公差带大小的。
（　）11. AB005　国家标准规定配合的基准制是基孔制和基轴制。
（　）12. AB006　标注形位公差代号时,形状公差项目符号,应写入形状公差框内第一格。
（　）13. AB007　零件表面粗糙度值越小,零件的工件性能就越差。
（　）14. AB008　装配图应包括装配(加工)与检验所必需的数据和技术要求。
（　）15. AB009　图样上常用的符号有"ϕ"、"R"、"▽"、"∨"。
（　）16. AB010　图样识读是将图样上的平面的视图根据投影原理变为头脑中的立体影像。
（　）17. AB011　焊缝符号"‖"代表不开坡口的焊缝。
（　）18. AB012　装配尺寸不是安装尺寸。
（　）19. AB013　若图幅有限,技术特性表也可移放他处。
（　）20. AB014　管口表的表格内容包括技术要求。
（　）21. AB015　明细栏主要用于填写设备的名称与主要规格、图样名称、制图比例、图样编号以及设计、制图、校审人员签字等项内容。
（　）22. AB016　组图和部图是产品制造时的主要技术文件,也是铆工拼装所依据的重要技术文件。
（　）23. AB017　零件图至少由3个视图来表示。
（　）24. AB018　石油化工设备图样在技术要求上只有总装质量标准。
（　）25. AC001　设备的壳体以回转形体为主,故一般用3个基本视图来表达其主体。
（　）26. AC002　在对设备采用多次旋转画法时,允许不做任何标注。
（　）27. AC003　管口方位图只能在多张图样中和其他视图一起共同表达设备的形状和特征。
（　）28. AC004　节点图只能用视图的形式来表达。
（　）29. AC005　设备总体与其零部件间尺寸相差悬殊,对于过小的尺寸结构或零部件无法按实际尺寸画出时,可采用夸大画法。
（　）30. AC006　断开画法适合各种设备结构的作图。
（　）31. AD001　力是有大小、没有方向的量。

( ) 32. AD002　低碳钢其特性是塑性差、强度高。
( ) 33. AD002　金属试样横截面积的缩减量与原始横截面积之比值的百分率称为断面收缩率。
( ) 34. AD003　硬度试验不但能测得材料的硬度值,还能测得材料的刚性。
( ) 35. AD004　研究构件的强度和刚度等问题时,需要确定其内应力。
( ) 36. AD004　构件内力是抵抗外力的,并且与之是平衡的。
( ) 37. AD005　压力容器如使用温度较高,材料的屈服极限有所下降,则应考虑它在使用温度下的屈服极限。
( ) 38. AD006　安全系数的选定都大于1。
( ) 39. BA001　支持大型设备的框架、屋架以及设备操作管理用的构件属于箱体结构。
( ) 40. BA002　对于一类、二类和三类压力容器,类别越高,要求也越高。
( ) 41. BA002　设备本体的承压部分,通常由圆筒体和各种形状的封头所组成,是压力容器的共同特点。
( ) 42. BA002　非易燃或无毒介质的低压容器,以及易燃或有毒介质的低压分离容器和热交换器属于三类容器。
( ) 43. BA003　一般情况下,容器承受的压力荷载就是动力荷载。
( ) 44. BA003　一般来说,温度应力产生在容器的局部区域内。
( ) 45. BA004　当在容器壳体上开椭圆形或长圆形孔时,短轴应平行于轴线。
( ) 46. BA004　在容器上开孔除满足工艺要求及操作安装和维修需要外,开孔越少越好,可分散应力的集中。
( ) 47. BA005　容器筒身上开设排孔,或封头上开孔较多时,才采用整体补强。
( ) 48. BA006　容器开孔补强圈,其具体尺寸没有具体标准,可根据具体情况自行确定。
( ) 49. BA007　桁架与框架这两种结构同属于金属构架类,所以在施工方法上完全相同。
( ) 50. BA008　钢结构零部件在预制加工的过程中,可消除各种残余应力。
( ) 51. BA008　焊接应力过大,容易产生焊接裂纹,所以焊接应力是形成各种裂纹的原因之一。
( ) 52. BA009　单向应力容易引起焊接裂纹。
( ) 53. BA009　焊接时产生的焊接应力,只以三种形式存在,即单向应力、双方应力和三向应力。
( ) 54. BA010　焊接过程中,焊件局部加热温度分布不均是产生焊接应力的原因之一。
( ) 55. BA011　产生焊接应力与变形的根本原因是焊缝金属受热时各部分的收缩不均匀。
( ) 56. BA012　焊件变形量的大小决定于焊缝重心到结构截面中心线的距离。
( ) 57. BA013　在控制焊接变形的措施中,合理选择焊缝尺寸和形式属于装配措施。
( ) 58. BA014　反变形法主要取决于预变形角度控制的正确性。
( ) 59. BA015　手工矫正扭曲的最好方法是锤展法。
( ) 60. BA016　锤击底层和表面层焊道,金属表面不会产生冷却硬化。
( ) 61. BA016　对称地布置焊缝,避免将焊缝集中在一个小区域内,及交叉焊缝或合并接头可减少焊接应力。
( ) 62. BB001　对塑性差、硬度高的材料,如铸铁、淬火钢也可进行适当矫正。
( ) 63. BB002　冷矫正时,作用于钢材单位面积上的力,应小于屈服强度,使钢材产生塑性变形以达到矫正目的。
( ) 64. BB003 局部矫正的加热方法是使用氧气—乙炔焰。
( ) 65. BB004 对工件变形的松弛区进行压缩,使松弛区域的面积紧缩减少,钢材内部松紧情况得到适当调整,工件变形即被矫正。
( ) 66. BB005 型钢矫正机适用于小批量或单个型材的矫正工作。
( ) 67. BB006 火焰矫正和热矫正的原理都是一样的。
( ) 68. BB007 一般情况下,火焰加热温度越高,矫正能力越强,矫正变形量也就越大。
( ) 69. BB008 工件变形量大的,点状加热时,点与点距离要大些。
( ) 70. BB009 火焰矫正加热点直径的大小和加热区域应根据变形强度和工件厚度而定。
( ) 71. BB010 线状加热的深度不超过板厚的2/3。
( ) 72. BB011 对于箱形焊接梁上拱和旁弯的矫正,可先矫正角变形,再矫正上拱,最后矫正旁弯。
( ) 73. BB012 用线状加热矫正板材对接焊后发生的角变形时,加热位置应选在凸面,采用线状加热中的直线加热。
( ) 74. BB013 三角形加热时,三角形底边应在弯曲凹面一侧。
( ) 75. BB014 火焰矫正时,一般先矫正局部变形,后矫正主要变形。
( ) 76. BB015 选择矫正顺序时,应先矫下部变形,后矫上部变形。
( ) 77. BC001 弯曲过程中,金属材料的横截面形状不发生变化。
( ) 78. BC002 材料的塑性越好,其允许变形程度越大,则最小弯曲半径越小。
( ) 79. BC003 采用接触弯曲时,由模具保证弯曲件精度,因此比自由弯曲质量高而且稳定。
( ) 80. BC004 滚弯成形方法的最大优点是通用性强,板材滚弯时一般不需要在滚板机上添加工艺装备,型材滚弯也只需适于不同剖面形状和尺寸的滚轮。
( ) 81. BC005 坯料初次压延时是否采用压边圈,可根据制件的相对厚度($100\frac{t}{d}$)来确定,相对厚度大于2时采用压边圈。
( ) 82. BC006 假设坯料直径等于工件截面周长,并考虑一定加工余量的近似计算法称为等尺寸法。
( ) 83. BC007 无凸缘筒形压延件按等面积计算的方法是将它分成四个简单的几何体并分别求面积。
( ) 84. BC008 Q235钢板在热压延时加热温度为600~800℃。
( ) 85. BC009 不锈钢热压延时,模具应预热到300~350℃。
( ) 86. BC010 铝及铝合金压延时一般采用冷压。
( ) 87. BC011 钛及钛使合金压制速度小于0.25m/min。
( ) 88. BC012 槽钢内曲是指槽钢弯曲后开口的一面向外的弯曲。
( ) 89. BC013 凡是内曲型钢,应该标注内径。
( ) 90. BC014 钢材在高温下进行变形加工,比低温下容易得多。
( ) 91. BC015 型钢煨制后的回弹量与钢材性能、工件形状有关,一般凭经验来选取。
( ) 92. BC016 扁钢热煨胎具厚度应与工件厚度相同或略厚些。
( ) 93. BC017 角钢内煨、外煨的胎具是不相同的,外煨胎具要大一些。
( ) 94. BC018 型钢加热时,一次煨制成要求形状,不能进行多次加热煨制。

第三部分 中级工理论知识试题

(　) 95. BD001　夹具对零件、部件作用力有四种方式,即夹紧、压紧、拉紧和顶紧。
(　) 96. BD002　螺旋拉紧器主要在组装焊接作业中拉紧工件、矫正工件形状、防止焊接变形时使用。
(　) 97. BD003　斜楔外角小,则夹紧行程大,移动距离短,便于装夹工件。
(　) 98. BD004　杠杆夹具的力臂与重臂相等,杠杆就费力。
(　) 99. BD005　圆偏心夹具夹紧迅速,但工作行程小,自锁性能较差。
(　) 100. BD006　气动夹具不便于集中控制,故不易实现自动作业,常用于单件生产。
(　) 101. BD007　液压夹具与气动夹具的工作方式是完全不同的。
(　) 102. BD008　电磁式磁力夹具的夹紧力通常都比较大。
(　) 103. BD009　在组合式焊接滚轮架中,常采用橡胶—金属结合式的滚轮。橡胶轮主要是增加摩擦力,防止工件在滚轮上打滑。
(　) 104. BD010　安装压模后,就可立即正式冲压。
(　) 105. BD011　考虑到脱模方便,冲压模的上部直径要稍小些。
(　) 106. BE001　桁架式吊车梁用于柱距较小的厂房。
(　) 107. BE002　线性尺寸是指零件上被测的点、线、面与测量基准间的直线距离。
(　) 108. BE003　仿形复制装配法适用于型钢装配。
(　) 109. BE004　钢屋架的挠度比例一般为1/600。
(　) 110. BE005　金属构架材料连接方法是采用螺栓连接。
(　) 111. BE005　空间桁架结构可用多种地样把桁架每一平面结构组装好后,再进行总装配。
(　) 112. BE006　框架同桁架比较,所用的型材截面尺寸大,结构的截面尺寸也比较大,施工技术比较复杂。
(　) 113. BE007　胀接时,应在同一炉管两端同时进行。
(　) 114. BE008　弯头与炉管中心应在同一中心线上,两管中心线应相互平行,不得歪斜。
(　) 115. BE009　钢结构主要承重梁、柱,如需拼接,则需设计单位同意。
(　) 116. BE010　连续焊缝的纵向收缩量为0.2~0.4mm/m。
(　) 117. BE011　经有关单位对基础全面检查验收后,方可进行钢结构工程的安装,同时要核对钢结构设计方位。
(　) 118. BE012　圆筒炉筒体直径过大时,采用整体安装的方法施工。
(　) 119. BE013　烟囱衬里后,应在衬里的外壁大量进行施焊以使牢固。
(　) 120. BE014　内浮顶罐油品的蒸发损失比固定顶油罐要多。
(　) 121. BE015　低压储气罐是一种压力基本稳定,储气容积在一定限度内可以变化的低压储气设备。
(　) 122. BE016　钟罩顶部有一顶环,它的作用是起着连接顶板、钟罩侧壁及顶架,使之构成为一个整体的作用。
(　) 123. BE017　整体浇制钢筋混凝土水槽,一般适用于大型气柜。
(　) 124. BE018　气柜中,上、下两中节的螺旋导轨应按相同方向敷设。
(　) 125. CA001　矫平薄板时,用小辊径、辊数多、辊间距小的平板机,矫正效果较好。
(　) 126. CA002　上下列辊平行的矫正机的上下两排轴是交错排布的。
(　) 127. CA003　上列辊倾斜的矫正机上列辊沿高度方向调节外,其倾角不能调节。

(　) 128. CA004　成对导向轴矫正机在矫正辊的两端要设有成对导向轴辊。
(　) 129. CA005　型钢撑直机是利用压力弯曲的方法来矫直型钢的。
(　) 130. CA005　为消除型钢矫正的回弹现象,在矫正时应适当过量。
(　) 131. CA006　圆管矫正机矫正时圆钢或钢管在压辊作用下,一方面做螺旋运动。
(　) 132. CA007　龙门剪板机用于板材的直线剪切。
(　) 133. CA008　龙门剪板机上、下剪刃之间的间隙对剪切质量没有影响。
(　) 134. CA009　QA34-16型联合冲剪机的最大剪板厚度为34mm。
(　) 135. CA010　飞机上大型蒙皮等零件的切边、开口或装配过程中的修合,经常用手提式振动剪板机剪切。
(　) 136. CA011　QA23-3型双盘剪床的剪切厚度为23mm。
(　) 137. CA012　滚刀式剪板机一般只用于剪裁精度要求不高、板厚仅为2.5mm以下的较薄毛料。
(　) 138. CA013　为了限制毛料在剪切时变形,剪刃斜角不宜过大。
(　) 139. CA014　增大剪刃前角有利于使刃口锋利。
(　) 140. CA015　对于剪切常用的碳钢板刀片间隙为材料厚度的4%~7%。
(　) 141. CA016　已知板厚 $t=7$mm,板宽 $B=500$mm,抗剪强度 $\tau=300$MPa,则剪切力 $F=1.3\times500\times7\times300=1170000$N。
(　) 142. CA017　在冲裁模压力机的调整中,闭合高度或行程调整后,必须将锁紧装置打开,以免在冲裁中发生变化而影响冲裁正常进行。
(　) 143. CA018　冲裁模的合理间隙不仅使板料从凸、凹刃边始裂,且上下裂纹重合,还使其断面没有裂口和毛刺,质量最好。
(　) 144. CA019　如剪切板料的厚度改变很大时,不可继续剪切。
(　) 145. CA020　不对称式三轴卷板机同对称式三轴卷板机相比,其结构简单、操作方便、造价低,因此获得广泛应用。
(　) 146. CA021　对称式三轴卷板机的两个下辊轴能做水平方向的调整。
(　) 147. CA022　卷板机卷圆时,若中心距控制不当,卷出的筒节就会出现扭曲缺陷。
(　) 148. CA023　锥体卷制是将钢板水平倾斜制成的。
(　) 149. CA024　卷制好的筒节可以长期卧放,不会因自重而变形。
(　) 150. CA025　刨边机边缘加工速度慢、效率低、质量差、成本高、劳动强度高。
(　) 151. CA026　设备的使用要做到"三定",其中"定人"是指定操作人员。
(　) 152. CA027　设备的周末维护要求的范围和程度高于日保。
(　) 153. CB001　高温成形是使金属在接近再结晶温度下进行的塑性变形。
(　) 154. CB002　爆炸成形可以不采用密封装置。
(　) 155. CB003　电液成形速度快,成形过程稳定,可以压制高强度耐热合金和各种特种材料,如钼、铌、镁、钛合金,贴模精度高达0.02~0.05mm。
(　) 156. CB004　超塑性成形法主要用于复杂空心件的吹胀成形,以及两块金属板的扩散连接成形。
(　) 157. CB005　冷冲加工FMS是指以计算机、加工中心及辅助设备为基础,将柔性的自动化运输、存储系统有机地结合起来,由计算机对系统的软、硬件资源实施集中管理和控制,形成一个物料流和信息流密切结合、监控诊断和处理紧密结合的自动化加工系统。

三、简答题

1. AB008　设备总图包括哪些内容?
2. AB008　整体设备的表达方法是什么?
3. BA002　根据压力容器的工作压力可分为哪几种?
4. BA003　压力容器在运行过程中,主要承受哪几种形式的荷载?
5. BA012　长焊缝的施焊方法是什么?
6. BB011　简述火焰矫正钢结构的原则与步骤。
7. BC015　影响型钢煨制胎具的因素是什么?
8. BD001　对夹具的基本要求是什么?
9. BD002　螺旋夹具按用途可分为哪几种?
10. BD010　常见的几种压弯模具的结构形式有哪些?
11. BD010　安装压模时,应注意什么问题?
12. BE001　大型工业厂房钢结构安装程序应遵循的原则是什么?
13. CA006　采用对称式三辊卷板机弯卷时,消除板料两端无法卷压的直线段措施有哪些?
14. CA027　设备的例行保养包括哪些内容?

四、计算题

1. BC006　角钢的尺寸为 $80mm \times 80mm \times 8mm$,内曲外径 $D = 2000mm$ 的角钢圈,求角钢的展开料长(重心距 $Z_0 = 22.7mm$)。
2. BC006　10 号槽钢内曲外径为 $1800mm$ 槽钢圈,求料长(槽钢重心距 $Z_0 = 15.2mm$)。
3. BC007　20 号槽钢平弯内径为 $3000mm$ 的槽钢圈,求展开料长(20 号槽钢圈高度为 $200mm$)。

理论知识试题答案

一、选择题

1. D	2. B	3. D	4. A	5. C	6. B	7. B	8. B	9. B	10. B
11. A	12. B	13. C	14. C	15. B	16. B	17. A	18. C	19. B	20. C
21. D	22. C	23. A	24. B	25. C	26. D	27. C	28. B	29. C	30. D
31. B	32. A	33. A	34. B	35. B	36. C	37. B	38. A	39. B	40. C
41. A	42. C	43. D	44. A	45. B	46. A	47. C	48. B	49. A	50. A
51. C	52. A	53. A	54. B	55. D	56. A	57. A	58. C	59. C	60. B
61. C	62. A	63. A	64. C	65. B	66. B	67. C	68. C	69. A	70. D
71. D	72. A	73. B	74. C	75. C	76. B	77. C	78. C	79. A	80. D
81. B	82. A	83. C	84. D	85. A	86. B	87. B	88. C	89. A	90. C
91. A	92. D	93. A	94. B	95. C	96. A	97. C	98. D	99. A	100. C
101. C	102. A	103. B	104. D	105. A	106. B	107. D	108. A	109. B	110. D
111. B	112. B	113. A	114. B	115. D	116. A	117. C	118. B	119. C	120. B
121. A	122. A	123. C	124. D	125. D	126. D	127. C	128. A	129. C	130. D
131. B	132. C	133. A	134. A	135. C	136. B	137. A	138. C	139. B	140. B
141. C	142. D	143. D	144. A	145. A	146. A	147. B	148. D	149. B	150. C
151. D	152. A	153. B	154. C	155. D	156. C	157. B	158. D	159. C	160. C
161. A	162. C	163. C	164. C	165. A	166. B	167. C	168. A	169. B	170. D
171. B	172. A	173. C	174. A	175. C	176. D	177. A	178. C	179. D	180. A
181. B	182. C	183. A	184. C	185. D	186. A	187. C	188. B	189. A	190. D
191. B	192. C	193. A	194. D	195. B	196. B	197. C	198. C	199. A	200. B
201. D	202. A	203. B	204. A	205. C	206. D	207. B	208. A	209. D	210. A
211. B	212. C	213. A	214. B	215. C	216. A	217. B	218. C	219. A	220. B
221. C	222. A	223. B	224. C	225. D	226. C	227. D	228. B	229. A	230. B
231. B	232. C	233. D	234. A	235. C	236. D	237. B	238. A	239. D	240. A
241. B	242. B	243. A	244. A	245. B	246. A	247. C	248. C	249. C	250. B
251. D	252. D	253. A	254. B	255. A	256. B	257. D	258. A	259. B	260. C
261. B	262. A	263. C	264. A	265. D	266. C	267. A	268. B	269. D	270. A
271. B	272. C	273. A	274. C	275. B	276. A	277. B	278. C	279. B	280. B
281. C	282. A	283. B	284. D	285. A	286. C	287. B	288. A	289. B	290. D
291. A	292. B	293. C	294. B	295. A	296. C	297. C	298. D	299. C	300. D
301. A	302. C	303. A	304. C	305. D	306. B	307. B	308. B	309. A	310. B
311. D	312. A	313. B	314. C	315. C	316. D	317. B	318. A	319. B	320. D

第三部分 中级工理论知识试题

321. C	322. A	323. D	324. D	325. B	326. A	327. A	328. C	329. D	330. A
331. B	332. C	333. A	334. C	335. D	336. D	337. B	338. C	339. A	340. B
341. D	342. A	343. D	344. C	345. D	346. D	347. B	348. A	349. D	350. C
351. B	352. D	353. D	354. B	355. C	356. D	357. D	358. D	359. C	360. D
361. B	362. B	363. D	364. B	365. A	366. D	367. D	368. A	369. A	370. C
371. D	372. C	373. A	374. B	375. D	376. D	377. C	378. D	379. D	380. C
381. A	382. B	383. C	384. D	385. D	386. D	387. D	388. B	389. B	390. D
391. C	392. D	393. C	394. A	395. D	396. D	397. D	398. D	399. A	400. C
401. D	402. D	403. D	404. D	405. D	406. D	407. D	408. D	409. D	410. D
411. A	412. D	413. A	414. D	415. D	416. D	417. D	418. D	419. D	420. D
421. C	422. D	423. A	424. D	425. C	426. D	427. D	428. D	429. C	430. B
431. A	432. D	433. D	434. D	435. D	436. D	437. D	438. D	439. D	440. A
441. B	442. B	443. A	444. A	445. B	446. A				

二、判断题

1. ×　钢材分类中按脱氧程度分脱氧彻底的钢是特殊镇静钢。　2. √　3. √　4. ×　普通低合金钢含碳量在0.10%~0.25%之间,合金元素含量小于3%。　5. √　6. √　7. √　8. √　9. √　10. ×　基本偏差是指确定公差带相对于零线位置的上偏差或下偏差。

11. √　12. √　13. ×　零件表面粗糙度值越小,零件的工件性能就越好。　14. √　15. √　16. √　17. √　18. √　19. √　20. ×　管口表的表格内容不包括技术要求。

21. ×　明细栏是将组成设备的所有零件,按编号顺序由下向上填写零部件名称、规格、材质、数量、质量等内容。　22. √　23. √　24. ×　石油化工设备图样在技术要求上不仅有总装质量标准,而且还有内部零部件安装质量要求和材料标准等。　25. ×　设备的壳体以回转形体为主,故一般用两个基本视图来表达其主体。　26. √　27. ×　管口方位图只能在一张图样中和其他视图一起共同表达设备的形状和特征。　28. ×　节点图可以用视图、剖视、剖面等多种形式来表达。　29. √　30. ×　断开画法适合于塔类及其他设备比较细长,其中有相当部分的形状和结构相同的断开表达。

31. ×　力是具有大小和方向的量。　32. ×　低碳钢其特性是塑性好,但强度低。　33. √　34. ×　硬度试验不但能测得材料的硬度值,还可依据硬度值近似地确定抗拉强度值。　35. ×　研究构件的强度和刚度等问题时,需要确定其内力。　36. √　37. √　38. √　39. ×　支持大型设备的框架、屋架以及设备操作管理用的构件属于金属构架。　40. √

41. √　42. ×　非易燃或无毒介质的低压容器,以及易燃或有毒介质的低压分离容器和热交换器属于一类容器。　43. ×　一般情况下,容器承受的压力荷载也就是设计压力。　44. √　45. √　46. ×　在容器上开孔除满足工艺要求及操作安装和维修需要外,开孔越小越好,以免增加连接处物料泄漏的机会。　47. √　48. ×　容器开孔补强圈已有标准,具体尺寸可由有关手册查出。　49. ×　桁架与框架这两种结构同属于金属构架类,但由于其结构形式各有特点,所以在施工方法上略有不同。　50. ×　钢结构零部件在预制加工的过程中,会保留下各种残余应力。

51. √　52. ×　双向应力和三向空间应力容易引起焊缝裂纹。　53. √　54. √　55. √　56. ×　焊件变形量的大小决定于焊缝重心到结构截面重心线的距离。　57. ×　在控制焊接变形的措施中,合理选择焊缝尺寸和形式属于设计措施。　58. ×　反变形法主要取决于预变形数值控制的正确性。　59. ×　手工矫正扭曲的最好方法是扳正法。　60. ×　对底层和表面层焊道一般不锤击,避免金属表面冷却硬化。

61. √　62. ×　对塑性差,硬度高的材料,如铸铁、淬火钢不能矫正。　63. ×　冷矫正时,作用于钢材单位面积上的力,应超过屈服强度而小于极限强度,使钢材产生塑性变形以达到矫正目的。　64. √　65. √　66. ×　型钢矫正机适用于大批型材的矫正工作。　67. ×　火焰矫正是利用局部加热后,冷却时收缩产生的应力去抵消原有的变形,而热矫正则是加热后为了增加塑性。　68. √　69. ×　工件变形量大的,点状加热时,点与点距离要小些。　70. ×　火焰矫正加热速度和加热点直径的大小应根据变形程度和工件厚度而定。

71. √　72. √　73. ×　用线状加热矫正板材对接焊后发生的角变形时,加热位置应选在凸面,采用线状加热中的带状加热。　74. ×　三角形加热时,三角形底边应在弯曲凸面一侧。　75. ×　火焰矫正时,一般先矫正主要变形,后矫正局部变形。　76. √　77. ×　弯曲过程中,金属材料的横截面形状也要发生变化。　78. √　79. √　80. √

81. ×　坯料初次压延时是否采用压边圈,可根据制件的相对厚度($\frac{t}{d}\times 100$)来确定,相对厚度大于2时不用压边圈。　82. ×　假设坯料直径等于工件截面周长,并考虑一定加工余量的近似计算法称为周长法。　83. ×　无凸缘筒形压延件按等面积计算的方法是将它分成三个简单的几何体并分别求面积。　84. √　85. √　86. ×　铝及铝合金压延时一般采用热压。　87. √　88. ×　槽钢内曲是指槽钢弯曲后开口的一面向里的弯曲。　89. ×　凡是内曲型钢,应该标注外径。　90. √

91. √　92. √　93. ×　角钢内煨、外煨的胎具是相同的。　94. ×　型钢加热时,一次不能煨制成要求形状时,就继续加热煨制。　95. √　96. √　97. ×　斜楔外角小,自锁性能好,夹紧力大,但夹紧行程小,移动距离长,不便于装夹工件。　98. ×　杠杆夹具的力臂与重臂相等,杠杆既不省力又不费力。　99. √　100. ×　气动夹具便于控制,易于实现自动作业,常应用于批量或大量生产中。

101. ×　液压夹具的工作原理与气动夹具相似,工作方式也基本相同。　102. ×　电磁式磁力夹具的夹紧力通常不是很大。　103. √　104. ×　安装压模后,应先试压,待试压件合格,方可正式冲压。　105. ×　考虑到脱模方便,冲压模的上部直径要稍大些。　106. ×　桁架式吊车梁用于柱距较大的厂房。　107. √　108. ×　仿形复制装配法适用于钢屋架装配。　109. ×　钢屋架的挠度比例一般为1/500。　110. ×　金属构架连接方法有焊接、铆接、螺栓连接三种方法。

111. √　112. √　113. ×　胀接时,不准在同一炉管两端同时进行胀接。　114. √　115. √　116. √　117. √　118. ×　圆筒炉筒体直径过大时,可采用分片安装的方法施工。　119. ×　烟囱衬里后,不允许在衬里的外壁大量施焊,并禁止敲打或碰撞。　120. ×　内浮顶罐油品的蒸发损失比固定顶油罐要少90%左右。

121. √　122. √　123. ×　整体浇制钢筋混凝土水槽,一般适用于直径和高度较小的小型气柜。 124. × 气柜中,上、下两中节的螺旋导轨应按相反方向敷设。 125. √ 126. × 上下列辊平行的矫正机上下两排轴是平行排布的。 127. × 上列辊倾斜的矫正机上列辊沿高度方向调节外,其倾角也能调节。 128. √ 129. × 型钢撑直机矫直型钢时采用是的反向弯曲方法矫直的。 130. √

131. √ 132. √ 133. × 龙门剪板机上、下剪刃之间的间隙大小根据剪切钢板厚度和材料性质而定,其大小必须合理。 134. × QA34-16 型联合冲剪机的最大剪板厚度为 16mm。 135. √ 136. × QA23-3 型双盘剪床的剪切厚度 3mm。 137. √ 138. √ 139. √ 140. × 对于剪切常用的碳钢板刀片间隙为材料厚度的 2%~7%。

141. × 已知板厚 $t=8mm$,板宽 $B=500mm$,抗剪强度 $\tau=300MPa$,则剪切力 $F=1.3 \times 500 \times 8 \times 300 = 1365000N$。 142. × 在冲裁模压力机的调整中,闭合高度或行程调整后,必须将锁紧装置锁定,以免在冲裁中发生变化而影响冲裁正常进行。 143. √ 144. × 如剪切板料的厚度改变很大时,仍可继续剪切。 145. × 对称式三轴卷板机同不对称式三轴卷板机相比,其结构简单、操作方便、造价低,因此获得广泛应用。 146. × 对称式三轴卷板机的上辊轴能做垂直方向上、下的移动。 147. × 卷板机卷圆时,若中心距控制不当,卷出的筒节就会出现曲率过大或过小以及曲率不均匀的缺陷。 148. × 锥体卷制是靠卷板机的上辊与下辊成一定角度倾斜制成的。 149. × 卷制好的筒节不应长期卧放,应将其立放,以免因自重而变形。 150. × 刨边机边缘加工速度慢、效率高、质量好、成本低、劳动强度低。

151. √ 152. √ 153. √ 154. × 爆炸成形必须采用合理的密封装置。 155. √ 156. √ 157. × 冷冲加工 FMS 是指以数控机床、加工中心及辅助设备为基础,将柔性的自动化运输、存储系统有机地结合起来,由计算机对系统的软、硬件资源实施集中管理和控制,形成一个物料流和信息流密切结合、监控诊断和处理紧密结合的自动化加工系统。

三、简答题

1. (1)一组视图;(2)尺寸以及技术要求和说明;(3)标题栏;(4)零件编号;(5)材料明细表。
   评分标准:每点 20%。

2. (1)采用单线的简化画法,画出整体设备的剖视图;(2)图上应表示出设备的总高,各管口定位尺寸和标高;(3)人(手)孔位置;(4)塔盘或其他主要内件总数和顺序号及间距,塔节的总数及标高;(5)操作平台的标高。
   评分标准:每点 20%。

3. (1)低压容器:$0.1MPa \leqslant p < 1.6MPa$;(2)中压容器:$1.6MPa \leqslant p < 10MPa$;(3)高压容器:$10MPa \leqslant p < 100MPa$;(4)超高容器:$p \geqslant 100MPa$。
   评分标准:每点 25%。

4. (1)压力荷载;(2)重力荷载;(3)温度荷载;(4)风荷载;(5)地震荷载。
   评分标准:每点 20%。

5. (1)分中对称焊;(2)逐步退焊;(3)分中逐步退焊;(4)跳焊;(5)交替焊。
   评分标准:每点 20%。

6. (1)确定矫正方法;(2)确定矫正顺序;(3)确定加热温度及范围;(4)确定加热温度;(5)矫正检查。
   评分标准:每点 20%。

7. (1)型钢截面的不对称性;(2)煨制时的气候条件;(3)煨制速度;(4)回弹量。

8. (1)紧固动作要迅速准确,灵活方便;(2)紧固效果要安全可靠;(3)有足够的强度和刚度;(4)结构简单、易于制造、成本低廉;(5)可减轻劳动强度,提高组装质量和生产效率。
评分标准:每点20%。

9. (1)方形螺旋夹具;(2)螺旋压紧器;(3)螺旋拉紧器;(4)螺旋推撑器;(5)螺旋撑圆器。
评分标准:每点20%。

10. (1)直角形压模;(2)半圆形压模;(3)双面弯曲压模;(4)自由弯曲压模。
评分标准:每点25%。

11. (1)上、下模中心线应互相对准,以保证压制出来的工件形状正确;(2)在正式冲压时,应先试压几次,发现问题及时调整,试压件合格后方可正式冲压;(3)冲压时,要严格执行安全操作规程,发现问题,要及时采取相应的措施。
评分标准:点(1)、(2)各30%,点(3)40%。

12. (1)先基础,后安装;(2)先下后上,先低后高;(3)先立柱,后横梁;(4)先主梁,后次梁;(5)顺序吊装。
评分标准:每点20%。

13. (1)用模具压弯法对钢板端部进行预弯;(2)采用卷板机上垫压法对钢板端部预弯;(3)人工槎打法;(4)焊卷法;(5)预留直边法。
评分标准:每点20%。

14. (1)设备外部简单的清洁;(2)润滑;(3)紧固;(4)调整;(5)防腐。
评分标准:每点20%。

四、计算题

1. 解:根据 $L = \pi(D - 2Z_0)$

   得 $L = 3.1416 \times (2000 - 2 \times 22.7) = 6140.57 \text{(mm)}$

   答:角钢的展开料长为6140.57mm。

   评分标准:公式60%,过程30%,结果10%;公式错误,本题不得分。

2. 解:根据 $L = \pi(D - 2Z_0)$

   $= 3.1416 \times (1800 - 2 \times 15.2)$

   $= 5559.4 \text{(mm)}$

   答:槽钢展开料长为5559.4mm。

   评分标准:公式60%,过程30%,结果10%;公式错误,本题不得分。

3. 解:根据公式 $L = \pi(D + h)$

   $= 3.1416 \times (3000 + 200)$

   $= 10053.1 \text{(mm)}$

   答:槽钢展开料长为10053.1mm。

   评分标准:公式60%,过程30%,结果10%;公式错误,本题不得分。

第四部分　中级工技能操作试题

考核内容层次结构表

级别	识图	手工成形	机械成形	装配	连接	矫正	制造	展开放样	安装	安全	合计
初级工	60分 30~90 min	40分 120~180 min									100分 150~270 min
中级工	40分 60~120 min	30分 120~180 min	30分 60min 选一项								100分 240~360 min
高级工	40分 60~180 min	30分 60~180min 选一项			30分 60~180min 选一项						100分 180~540 min
技师和高级技师							20分 150min	30分 60min	20分 60min	30分 60min	100分 330min

鉴定要素细目表

行为领域	鉴定范围			鉴定点		
	代码	名称	鉴定比重	代码	名称	重要程度
技能操作 A 100%	A	识图	40%	AA001	画出组合形体的三视图	Y
				AA002	看图统计材料(压力容器)	X
				AA003	看图统计材料(简单钢结构)	Y
				AA004	形体展开(三通管类)	X
				AA005	形体展开(三通补料管类)	X
				AA006	形体展开(变形接头类)	X
				AA007	求形体的断面实形	X
	B	手工成形	30%	AB001	框架类手工成形	X
				AB002	构件类手工成形(咬口制作)	X
				AB003	构件类手工成形(三通管类)	X
	C	机械成形	30%	AC001	筒体类机械成形(文字叙述题)	X
				AC002	构件类机械成形(文字叙述题)	X
	D	装配		AD001	支座类装配(文字叙述题)	X
				AD002	箱梁类装配(文字叙述题)	Y
				AD003	圆筒形工件类装配(文字叙述题)	X

注:X—核心要素;Y—一般要素。

技能操作试题

一、AA001 画出组合形体的三视图

本鉴定点下共有 2 道考核试题,这些试题统一的考核要求和配分与评分标准如下。

1. 考核要求

(1)做好操作前的各项准备工作。
(2)正确使用各种工具。
(3)根据已知尺寸画出形体的三视图。
(4)卷面、图形清晰可见。

2. 配分与评分标准

序号	考核项目	评分要素	配分	评分标准	检测结果	扣分原因	得分	备注
1	画出组合形体的三视图	工具劳保准备	5	少一件扣 2 分				
2		画三视图	25	分别画出粗实线、细实线、虚线、点划线等线段,画错一处扣 5 分				
3		尺寸误差	20	允差 ±1mm,超出 1mm,一处扣 5 分				
4		主、俯视图位置误差	20	允差 ±1mm,超出 1mm,一处扣 5 分,有一处大于 2mm 该项不得分				
5		尺寸标注	20	尺寸标注按有关要求,不合理一处扣 2 分				
6		卷面清晰	10	卷面脏乱差,该项不得分				
7		安全文明生产		不安全操作不得分,不文明行为一次从总分扣 2 分				
8		时间定额		每超时 1min 从总分中扣 2 分,超时 10min 停止操作				
合 计			100					

考评员:_____   记分员:_____   ____年____月____日

3. 考核评分

(1)本题分值采用百分制,100 分满分,60 分单科及格,然后乘以鉴定比重。
(2)评分方法:按单项记分、扣分。

4. 准备要求

(1)鉴定机构准备:教室 1 间,能容纳 30~50 人,通风、光线良好,整洁规范无干扰;A4 绘图纸若干。
(2)考生准备:

名 称	规 格	数 量	名 称	规 格	数 量
圆规	100~150mm	1 把	绘图铅笔	HB,2H,2B	各 1 支
三角板	200mm	1 副	橡皮		1 块

5. 考核时限

准备时间 10min,正式操作时间 60min,记时从正式操作开始,至操作完毕结束。规定时间内全部完成,每超时 1min,从总分中扣 2 分;总超时 10min,停止考核。

6. 否定项说明

尺寸误差大于 3mm 的。

试题 1. AA001 – 1　画出支架的三视图

工件图:见题 AA001 – 1 图。

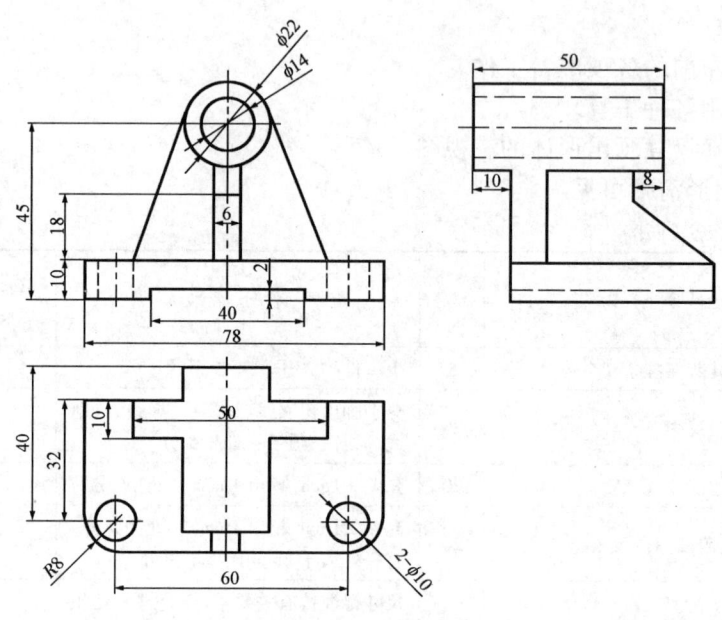

题 AA001 – 1 图

试题 2. AA001 – 2　画出轴泵支座的三视图

工件图:见题 AA001 – 2 图。

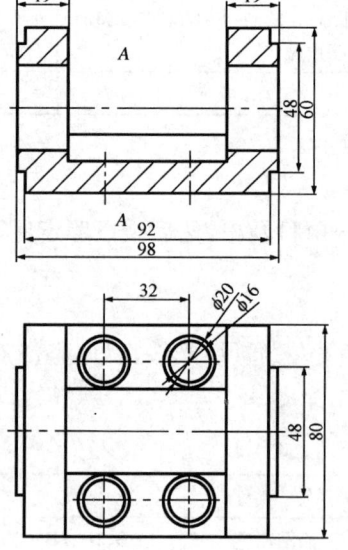
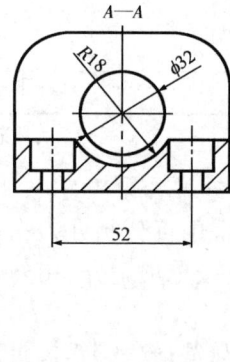

题 AA001 – 2 图

二、AA002 看图统计材料(压力容器)

本鉴定点下共有 2 道考核试题,这些试题统一的考核要求和配分与评分标准如下。

1. 考核要求

(1)认真审阅图纸及技术要求。
(2)写出图中容器筒体、封头、直径、筒体面积、板厚、材质。
(3)写出各零部件名称规格及型号。
(4)写出人孔、法兰、类型、公称压力、公称直径及伸出长度。
(5)写出容器的直径、周长、下料计算。
(6)答出容器成形组对的先后顺序及试压方法。

2. 配分与评分标准

序号	考核项目	评分要素	配分	评分标准	检测结果	扣分原因	得分	备注
1	看图统计材料	工具劳保齐全	5	少一件扣2分				
2		容器筒体面积、长度、板厚、材质	10	错一项扣3分				
3		封头形式、厚度、直边高度	10	错一项扣3分				
4		人孔形式、公称压力、直径、材质、伸出长度	10	错一项扣2分				
5		法兰形式、公称压力、直径、材质及伸出长度	25	错一项扣3分				
6		配管直径、壁厚、长度、材质	10	错一项扣3分				
7		容器周长、下料计算	10	答对满分,否则不得分				
8		容器组对方法	10	卧置、立置,错一种扣5分				
9		压力容器的试压方法及试验压力	10	卧置试压和立置试压,试验压力为设计压力的1.25倍,错一种扣4分				
10		安全文明生产		不安全操作不得分,不文明行为一次从总扣2分				
11		时间定额		每超时1min从总分中扣2分,超时10min停止操作				
合计			100					

考评员:_____ 记分员:_____ ____年____月____日

3. 考核评分

(1)本题分值采用百分制,100分满分,60分单科及格,然后乘以鉴定比重。
(2)评分方法:按单项记分、扣分。

4. 准备要求

(1)鉴定机构准备:教室1间,能容纳30~50人,通风、光线良好,整洁规范无干扰;A4绘图纸若干;压力容器施工图若干(每位考生1份)。
(2)考生准备:钢笔或圆珠笔1支。

5. 考核时限

准备时间10min,正式操作时间60min,记时从正式操作开始,至操作完毕结束。规定时间内全部完成,每超时1min,从总分中扣2分;总超时10min,停止考核。

6. 否定项说明

看不懂图纸的。

试题1. AA002-1 φ1200mm 分离器

工件图:由鉴定机构准备。

试题2. AA002-2 空气储罐

工件图:由鉴定机构准备。

三、AA003 看图统计材料(简单钢结构)

本鉴定点下共有3道考核试题,这些试题统一的考核要求和配分与评分标准如下。

1. 考核要求

(1)认真审阅图纸。

(2)写出图中所有的材料名称、规格、型号、数量及下料尺寸,多边形或不规则图形可按方形或圆形计算。

(3)答出钢结构件装配所采取的方法。

(4)答出防止变形所采取的措施。

2. 配分与评分标准

序号	考核项目	评分要素	配分	评分标准	检测结果	扣分原因	得分	备注
1	看图统计材料	工具劳保准备	5	少一件扣2分				
2		各种材料名称	10	错一种扣2分				
3		各种板材规格(多边形可按正方形计算)、厚度、数量	20	错一种扣2分				
4		各种型材规格、数量	20	少一个扣2分				
5		下料尺寸(板料可按方形计算)	20	长度、宽度、圆直径半径等几何尺寸,错一种扣5分				
6		装配方法	10	划线、仿形、模具装配,答错一种扣4分				
7		防变形措施	15	分三项:控制组对间隙、合理的焊接工艺、钢性固定,答对一种得5分				
8		安全文明生产		不安全操作不得分,不文明行为一次从总分扣2分				
9		时间定额		每超时1min从总分中扣2分,超时10min停止操作				
合计			100					

考评员:_____   记分员:_____   ___年___月___日

3. 考核评分

(1)本题分值采用百分制,100分满分,60分单科及格,然后乘以鉴定比重。

(2)评分方法:按单项记分、扣分。

4. 准备要求

(1)鉴定机构准备:教室1间,能容纳30~50人,通风、光线良好,整洁规范无干扰;施工图纸若干(每位考生1份)。

(2)考生准备:钢笔或圆珠笔1支。

5. 考核时限

准备时间10min,正式操作时间60min,记时从正式操作开始,至操作完毕结束。规定时间内全部完成,每超时1min,从总分中扣2分;总超时10min,停止考核。

6. 否定项说明

看不懂图纸的。

试题1. AA003-1　轻型房架钢结构 CWJ6-1ACDEF

工件图:由鉴定机构准备。

试题2. AA003-2　轻型房架钢结构 CWJ6-2ACDEF

工件图:由鉴定机构准备。

试题3. AA003-3　轻型房架钢结构 CWJ6-3ACDEF

工件图:由鉴定机构准备。

四、AA004　形体展开(三通管类)

本鉴定点下共有7道考核试题,这些试题统一的考核要求如下。

1. 考核要求

(1)做好劳保及工具准备。

(2)操作过程标准化。

(3)达到有关技术要求。

(4)安全文明施工。

2. 配分与评分标准

序号	考核项目	评分要素	配分	评分标准	检测结果	扣分原因	得分	备注
1	形体展开	工具劳保准备	5	少一件扣2分				
2		画主、俯视图	10	画法不正确不得分,允差±1mm,超出1mm,一处扣2分,超差大于2mm不得分				
3		板厚处理	15	不做板厚处理不得分,错一条线扣3分				
4		求接合线	10	多线少线一处扣2分,允差±1mm,超出1mm,一处扣2分,大于2mm不得分				
5		支管展开	30	画法不正确不得分,展开素线不平行一处扣3分;允差±1mm,超出1mm,一处扣2分,超差大于2mm不得分;曲线不圆滑一处扣2分				

续表

序号	考核项目	评分要素	配分	评分标准	检测结果	扣分原因	得分	备注
6	形体展开	孔展开	30	画法不正确不得分,展开素线不平行一处扣2分;允差±1mm,超出1mm,一处扣3分,大于2mm不得分;曲线不圆滑一处扣2分				
7		安全文明生产		不安全操作不得分,不文明行为一次从总分扣2分				
8		时间定额		每超时1min从总分中扣2分,超时10min停止操作				
合计			100					

考评员:_____   记分员:_____   ___年___月___日

3.考核评分
(1)本题分值采用百分制,100分满分,60分单科及格,然后乘以鉴定比重。
(2)评分方法:按单项记分、扣分。

4.准备要求
(1)鉴定机构准备:不小于3m²的钢制平台或清洁光滑的水泥场地,通风、光线良好,整洁规范无干扰;油毡纸(1m×1m)若干(每位考生1块)。
(2)考生准备:

名称	规格	数量	名称	规格	数量
直板尺	1000mm	1把	直角尺	250mm×500mm	1把
划规	400mm	1把	钢卷尺	2m	1个
铁皮剪刀		1把	划针		1根

5.考核时限
准备时间10min,正式操作时间90min,记时从正式操作开始,至操作完毕结束。规定时间内全部完成,每超时1min,从总分中扣2分;总超时10min,停止考核。

6.否定项说明
尺寸误差大于3mm的。

试题1. AA004-1 异径一侧直交三通管的展开
工件图:见题 AA004-1图。

试题2. AA004-2 异径斜交三通管展开
(1)工件图:见题 AA004-2图。
(2)配分与评分标准:同题 AA004-1。

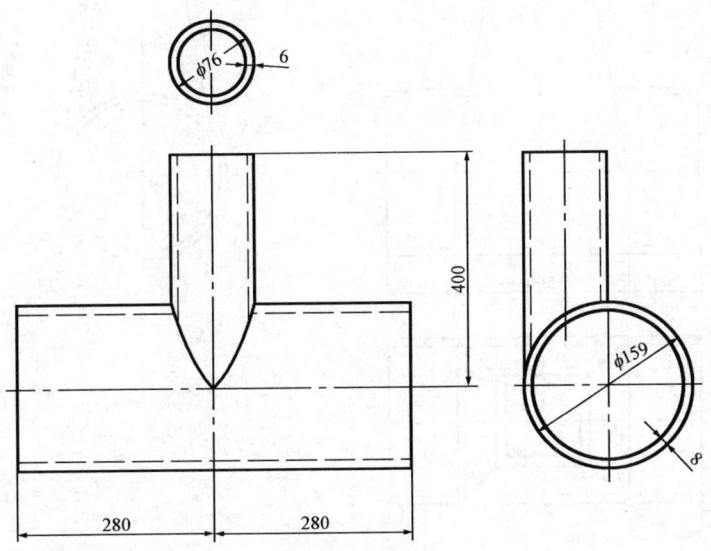

题 AA004-1 图

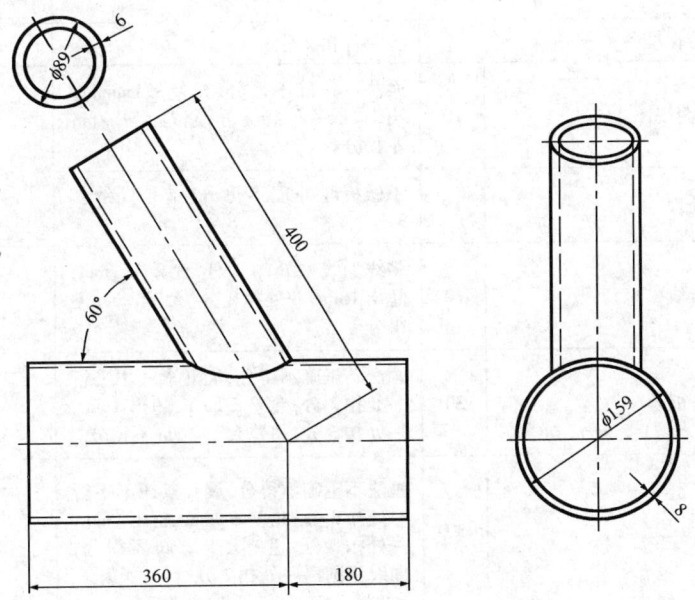

题 AA004-2 图

试题 3. AA004-3　方锥管直交圆管

(1)工件图:见题 AA004-3 图。

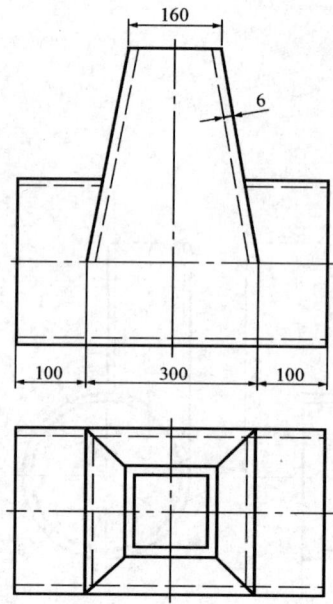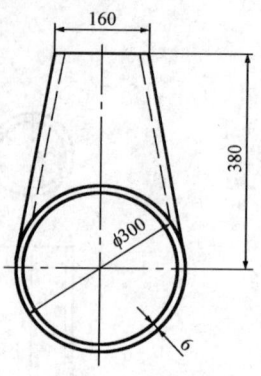

题 AA004-3 图

(2)配分与评分标准：

序号	考核项目	评分要素	配分	评分标准	检测结果	扣分原因	得分	备注
1	形体展开	工具劳保准备	5	少一件扣2分				
2		画主、俯视图	10	画法不正确不得分，允差±1mm，超出1mm，一处扣2分，超差大于2mm不得分				
3		板厚处理	15	不做板厚处理不得分，错一处线扣3分				
4		求接合线	10	多线少线一处扣2分，允差±1mm，超出1mm，一处扣2分，大于2mm不得分				
5		方锥管展开	30	画法不正确不得分，展开素线不平行一处扣3分；允差±1mm，超出1mm，一处扣3分，超差大于2mm不得分				
6		孔展开	30	画法不正确不得分，展开素线不平行一处扣2分；允差±1mm，超出1mm，一处扣3分，超差大于2mm不得分；曲线不圆滑一处扣2分				
7		安全文明生产		不安全操作不得分，不文明行为一次从总分扣2分				
8		时间定额		每超时1min从总分中扣2分，超时10min停止操作				
合计			100					

考评员：_____ 记分员：_____ ____年____月____日

试题 4. AA004－4　圆管斜交正圆锥管展开

(1)工件图:见题 AA004－4 图。

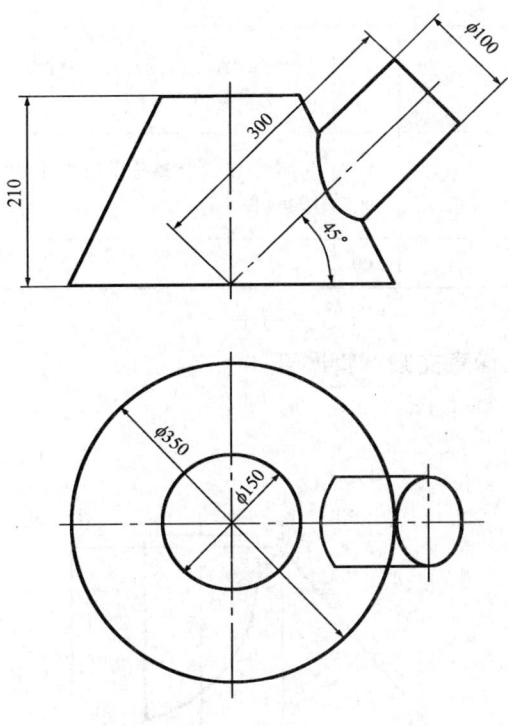

题 AA004－4 图

(2)配分与评分标准:

序号	考核项目	评分要素	配分	评分标准	检测结果	扣分原因	得分	备注
1		工具劳保准备	5	少一件扣2分				
2		画主、俯视图	10	画法不正确不得分,允差±1mm,超出1mm,一处扣2分,超差大于2mm不得分				
3	形体展开	求接合线	15	多线少线一处3分,允差±1mm,超出1mm,一处扣2分,大于2mm不得分				
4		支管展开	35	画法不正确不得分,展开素线不平行一处扣2分;允差±1mm,超出1mm,一处扣3分,超差大于2mm不得分;曲线不圆滑一处扣2分				
5		孔展开	35	画法不正确不得分,展开素线不平行一处扣2分;允差±1mm,超出1mm,一处扣3分,超差大于2mm不得分;曲线不圆滑一处扣2分				

序号	考核项目	评分要素	配分	评分标准	检测结果	扣分原因	得分	备注
6	形体展开	安全文明生产		不安全操作不得分,不文明行为一次从总分扣2分				
7		时间定额		每超时1min从总分中扣2分,超时10min停止操作				
合 计			100					

考评员:_____   记分员:_____   ___年___月___日

试题 5. AA004-5　圆管直交圆锥管展开

(1)工件图:见题 AA004-5 图。

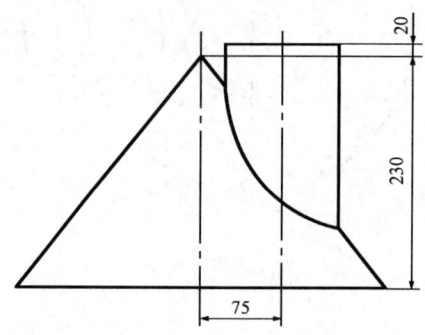

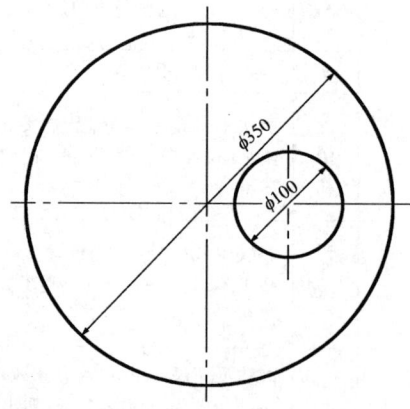

题 AA004-5 图

(2)配分与评分标准:同题 AA004-4。

试题 6. AA004-6　圆锥-圆管两节 90°弯头展开

(1)工件图:见题 AA004-6 图。

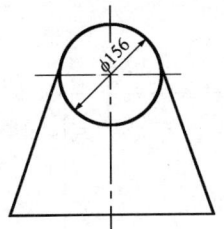
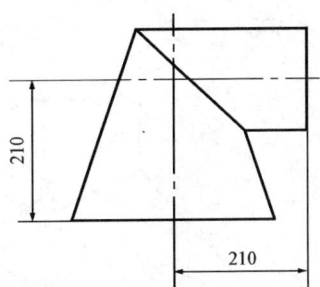
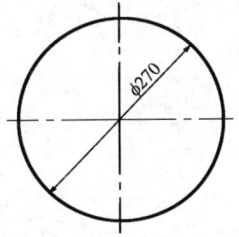

题 AA004－6 图

(2)配分与评分标准：

序号	考核项目	评分要素	配分	评分标准	检测结果	扣分原因	得分	备注
1		工具劳保准备	10	少一件扣2分				
2		画主、俯视图	10	画法不正确不得分,允差±1mm,超出1mm,一处扣2分,超差大于2mm不得分				
3		求接合线	10	多线少线一处扣2分,允差±1mm,超出1mm,一处扣2分,大于2mm不得分				
4	形体展开	圆管展开	30	画法不正确不得分,展开素线不平行一处扣3分;允差±1mm,超出1mm,一处扣3分,超差大于2mm不得分;曲线不圆滑一处扣2分				
5		圆锥管展开	40	画法不正确不得分,圆弧等分点不均匀一处扣4分;允差±1mm,超出1mm,一处扣3分,超差大于2mm不得分;曲线不圆滑一处扣2分				
6		安全文明生产		不安全操作不得分,不文明行为一次从总分扣2分				
7		时间定额		每超时1min从总分中扣2分,超时10min停止操作				
合　计			100					

考评员：_____　　　　　　　记分员：_____　　　　　　___年___月___日

试题 7. AA004 – 7　裤形三通管展开

(1) 工件图：见题 AA004 – 7 图。

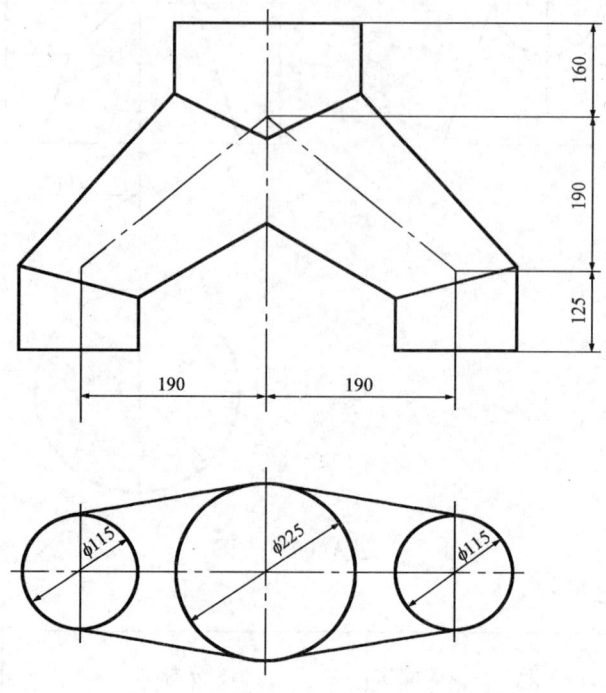

题 AA004 – 7 图

(2) 配分与评分标准：

序号	考核项目	评分要素	配分	评分标准	检测结果	扣分原因	得分	备注
1	形体展开	工具劳保准备	5	少一件扣 2 分				
2		画主、俯视图	10	画法不正确不得分，允差 ±1mm，超出 1mm，一处扣 2 分，超差大于 2mm 不得分				
3		求接合线	10	多线少线一处扣 2 分，允差 ±1mm，超出 1mm，一处扣 2 分，大于 2mm 不得分				
4		圆管Ⅰ展开	20	画法不正确不得分，展开素线不平行一处扣 2 分；允差 ±1mm，超出 1mm，一处扣 2 分，超差大于 2mm 不得分；曲线不圆滑一处扣 2 分				
5		锥管展开	35	画法不正确不得分，圆弧等分点不均匀一处扣 3 分；允差 ±1mm，超出 1mm，一处扣 3 分，超差大于 2mm 不得分；曲线不圆滑一处扣 2 分				

续表

序号	考核项目	评分要素	配分	评分标准	检测结果	扣分原因	得分	备注
6	形体展开	圆管Ⅱ展开	20	画法不正确不得分,展开素线不平行一处扣2分;允差±1mm,超出1mm,一处扣2分,超差大于2mm不得分;曲线不圆滑一处扣2分				
7		安全文明生产		不安全操作不得分,不文明行为一次从总分扣2分				
8		时间定额		每超时1min从总分中扣2分,超时10min停止操作				
合计			100					

考评员:_____   记分员:_____   ___年___月___日

五、AA005 形体展开(三通补料管类)

本鉴定点下共有2道考核试题,这些试题统一的考核要求和配分与评分标准如下。

1. 考核要求

(1)做好劳保及工具准备。
(2)操作过程标准化。
(3)达到有关技术要求。
(4)安全文明施工。

2. 配分与评分标准

序号	考核项目	评分要素	配分	评分标准	检测结果	扣分原因	得分	备注
1		工具劳保准备	5	少一件扣2分				
2		画主、俯视图	20	画法不正确不得分,多线少线一处扣2分;允差±1mm,超出1mm,一处扣5分				
3	形体展开	管Ⅰ展开	25	画法不正确不得分,展开素线不平行一处扣2分;允差±1mm,超出1mm,一处扣2分,超差大于2mm不得分;曲线不圆滑一处扣2分				
4		补料展开	25	画法不正确不得分,展开素线不平行一处扣2分;允差±1mm,超出1mm,一处扣2分,超差大于2mm不得分;曲线不圆滑一处扣2分				
5		管Ⅱ(孔)展开	25	画法不正确不得分,展开素线不平行一处扣2分;允差±1mm,超出1mm,一处扣2分,超差大于2mm不得分;曲线不圆滑一处扣2分				

续表

序号	考核项目	评分要素	配分	评分标准	检测结果	扣分原因	得分	备注
6	形体展开	安全文明生产		不安全操作不得分,不文明行为一次从总分扣2分				
7		时间定额		每超时1min从总分中扣2分,超时10min停止操作				
合计			100					

考评员:_____　　　　记分员:_____　　　　____年____月____日

3. 考核评分

(1)本题分值采用百分制,100分满分,60分单科及格,然后乘以鉴定比重。

(2)评分方法:按单项记分、扣分。

4. 准备要求

(1)鉴定机构准备:不小于3m²的钢制平台或清洁光滑的水泥场地,通风、光线良好,整洁规范无干扰;油毡纸(1m×1m)若干(每位考生1块)。

(2)考生准备:

名称	规格	数量	名称	规格	数量
直板尺	1000mm	1把	直角尺	250mm×500mm	1把
划规	400mm	1把	钢卷尺	2m	1个
铁皮剪刀		1把	划针		1根

5. 考核时限

准备时间10min,正式操作时间120min,记时从正式操作开始,至操作完毕结束。规定时间内全部完成,每超时1min,从总分中扣2分;总超时10min,停止考核。

6. 否定项说明

尺寸误差大于3mm的。

试题1. AA005-1　等径直交三通补料管的展开

工件图:见题AA005-1图。

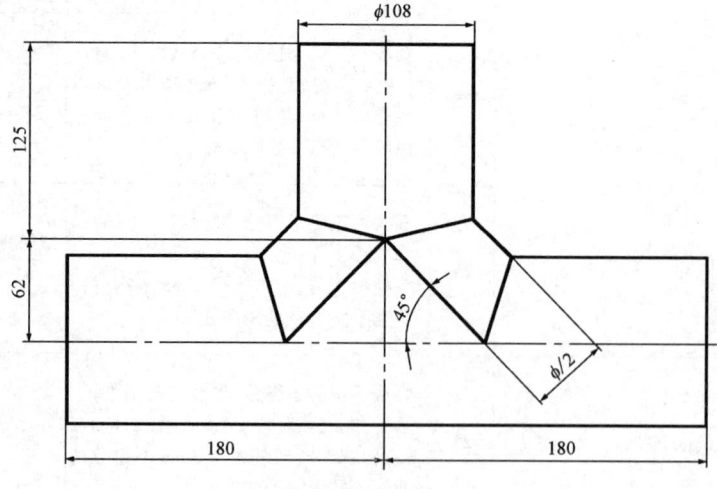

题AA005-1图

试题 2. AA005 - 2　等径直交补料管的展开

工件图：见题 AA005 - 2 图。

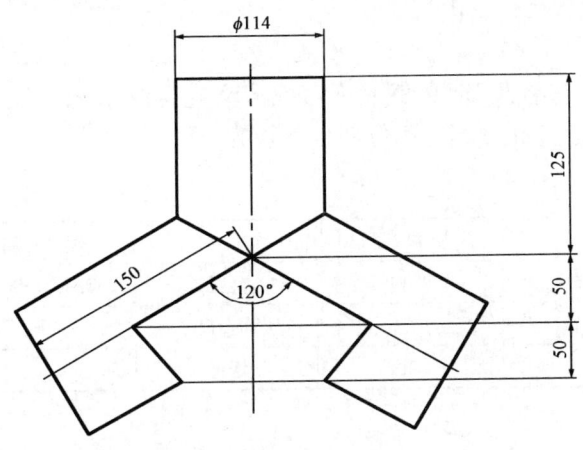

题 AA005 - 2 图

六、AA006　形体展开(变形接头类)

本鉴定点下共有 4 道考核试题，这些试题统一的考核要求和配分与评分标准如下。

1. 考核要求

(1) 做好劳保及工具准备。
(2) 操作过程标准化。
(3) 达到有关技术要求。
(4) 安全文明施工。

2. 配分与评分标准

序号	考核项目	评分要素	配分	评分标准	检测结果	扣分原因	得分	备注
1	形体展开	工具劳保准备	5	少一件扣2分				
2		画主、俯视图	30	画法不正确不得分，多线少线一处扣3分；允差±1mm，超出1mm，一处扣5分，超差大于2mm不得分				
3		求实长线	25	求法不正确不得分，多线少线一处扣3分；允差±1mm，超出1mm，一处扣2分，超差大于2mm不得分				
4		画展开图	40	画法不正确不得分，多线少线一处扣5分；周长允差±1mm，超出1mm，一处扣3分，超差大于2mm不得分；曲线不圆滑一处扣2分				
5		安全文明生产		不安全操作不得分，不文明行为一次从总分扣2分				
6		时间定额		每超时1min从总分中扣2分，超时10min停止操作				
合计			100					

考评员：＿＿＿＿＿＿　　　　　记分员：＿＿＿＿＿＿　　　　　＿＿＿年＿＿＿月＿＿＿日

3. 考核评分
(1) 本题分值采用百分制,100 分满分,60 分单科及格,然后乘以鉴定比重。
(2) 评分方法:按单项记分、扣分。

4. 准备要求
(1) 鉴定机构准备:不小于 3m² 的钢制平台或清洁光滑的水泥场地,通风、光线良好,整洁规范无干扰;油毡纸(1m×1m)若干(每位考生 1 块)。

(2) 考生准备:

名 称	规 格	数 量	名 称	规 格	数 量
直板尺	1000mm	1 把	直角尺	250mm×500mm	1 把
划规	400mm	1 把	钢卷尺	2m	1 个
铁皮剪刀		1 把	划针		1 根

5. 考核时限
准备时间 10min,正式操作时间 90min,记时从正式操作开始,至操作完毕结束。规定时间内全部完成,每超时 1min,从总分中扣 2 分;总超时 10min,停止考核。

6. 否定项说明
尺寸误差大于 3mm 的。

试题 1. AA006 – 1　变形接头的展开

工件图:见题 AA006 – 1 图。

试题 2. AA006 – 2　圆顶矩形斜底变径接头的展开

工件图:见题 AA006 – 2 图。

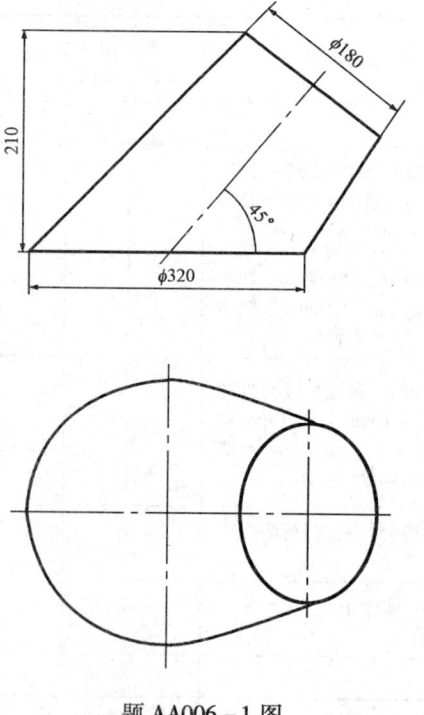

题 AA006 – 1 图

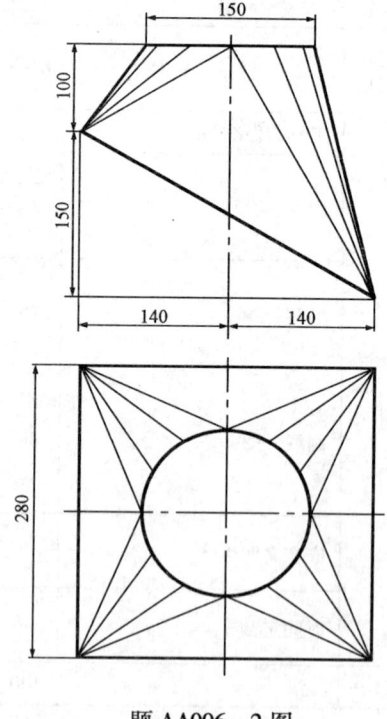

题 AA006 – 2 图

第四部分　中级工技能操作试题

试题 3. AA006 – 3　方顶圆底连接管的展开

工件图:见题 AA006 – 3 图。

试题 4. AA006 – 4　圆顶方底等径连接管的展开

工件图:见题 AA006 – 4 图。

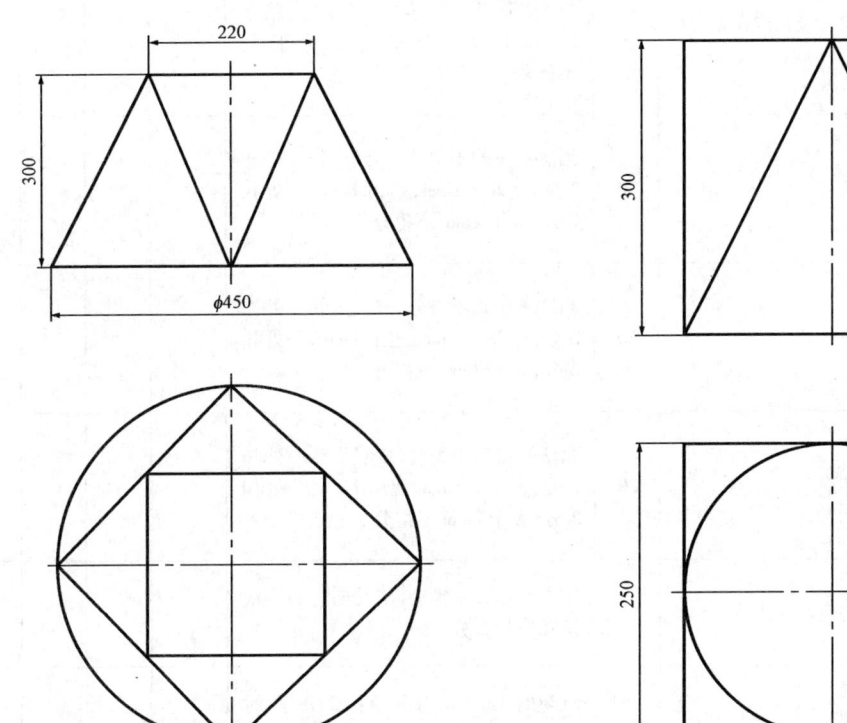

题 AA006 – 3 图　　　　　　　　题 AA006 – 4 图

七、AA007　求形体的断面实形

本鉴定点下共有 5 道考核试题,这些试题统一的考核要求和配分与评分标准如下。

1. 考核要求

(1)做好劳保及工具准备。
(2)操作过程标准化。
(3)达到有关技术要求。
(4)安全文明施工。

2. 配分与评分标准

序号	考核项目	评分要素	配分	评分标准	检测结果	扣分原因	得分	备注
1	求形体的断面实形	工具劳保准备	5	少一件扣2分				
2		画主、俯视图	15	画法不正确不得分,多线少线一处扣2分;允差 ±1mm,超出1mm,一处扣3分,大于2mm不得分				

续表

序号	考核项目	评分要素	配分	评分标准	检测结果	扣分原因	得分	备注
3	求形体的断面实形	切平面尺寸及角度误差	20	尺寸允差±1mm,超出1mm,一处扣5分,大于2mm不得分;角度允差±1°,超出1°一处扣5分,大于2°不得分				
4		作辅助线	20	画法不正确不得分,多线少线一处扣2分;允差±1mm,超出1mm,一处扣2分,大于2mm不得分				
5		求实长线	20	画法不正确不得分,多线少线一处扣2分;允差±1mm,超出1mm,一处扣2分,大于2mm不得分				
6		求断面实形	20	画法不正确不得分,多线少线一处扣2分;允差±1mm,超出1mm,一处扣2分,大于2mm不得分				
7		安全文明生产		不安全操作不得分,不文明行为一次从总分扣2分				
8		时间定额		每超时1min从总分中扣2分,超时10min停止操作				
合计			100					

考评员:_____   记分员:_____   ____年____月____日

3. 考核评分

(1) 本题分值采用百分制,100分满分,60分单科及格,然后乘以鉴定比重。

(2) 评分方法:按单项记分、扣分。

4. 准备要求

(1) 鉴定机构准备:不小于3m²的钢制平台或清洁光滑的水泥场地,通风、光线良好,整洁规范无干扰;油毡纸(1m×1m)若干(每位考生1块)。

(2) 考生准备:

名称	规格	数量	名称	规格	数量
直板尺	1000mm	1把	直角尺	250mm×500mm	1把
划规	400mm	1把	钢卷尺	2m	1个
铁皮剪刀		1把	划针		1根

5. 考核时限

准备时间 10min,正式操作时间 90min,记时从正式操作开始,至操作完毕结束。规定时间内全部完成,每超时 1min,从总分中扣 2 分;总超时 10min,停止考核。

6. 否定项说明

尺寸误差大于 3mm 的。

试题 1. AA007-1 正四棱锥 AA 断面实形求法

工件图:见题 AA007-1 图。

试题 2. AA007-2 矩形锥筒的 AA 断面实形求法

工件图:见题 AA007-2 图。

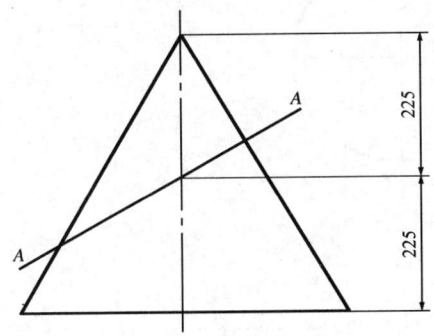

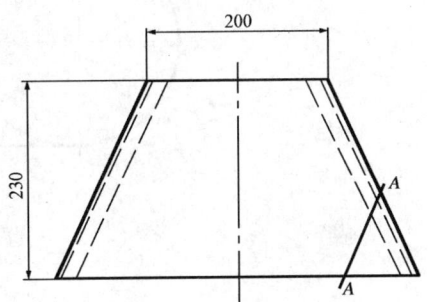

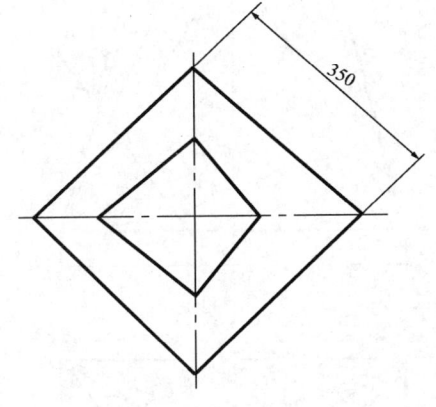

题 AA007-1 图

题 AA007-2 图

试题 3. AA007-3 过渡连接管的 AA 断面实形求法

工件图:见题 AA007-3 图。

试题 4. AA007-4 椭圆封头防冲隔板的 AA 断面实形求法

工件图:见题 AA007-4 图。

试题 5. AA007-5 天圆地方斜切角的 AA 断面实形求法

工件图:见题 AA007-5 图。

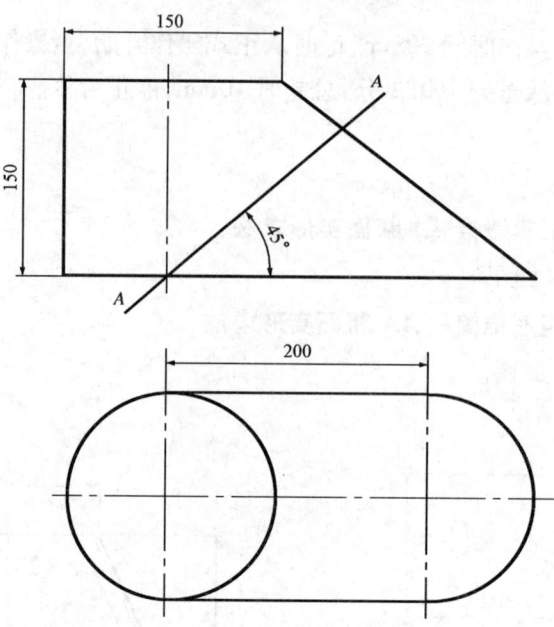

题 AA007-3 图

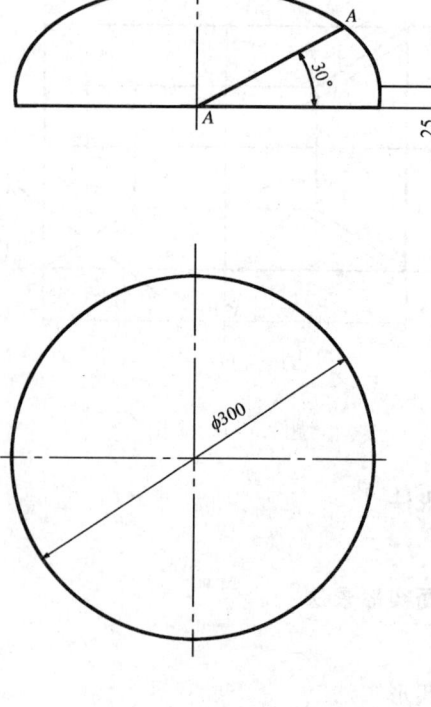

题 AA007-4 图

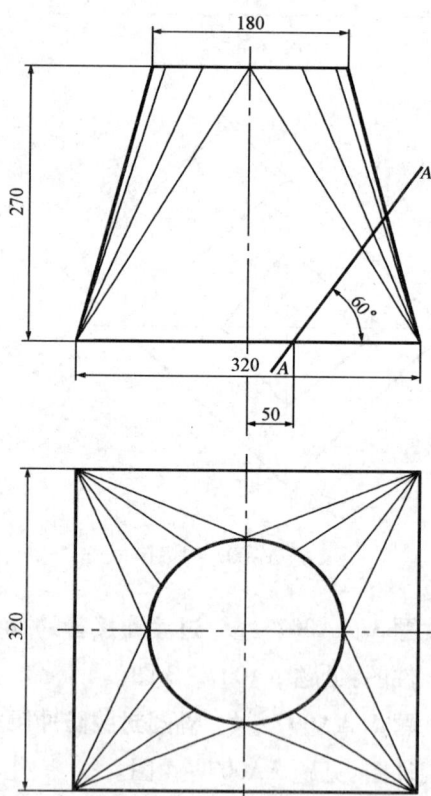

题 AA007-5 图

八、AB001　框架类手工成形

本鉴定点下共有6道考核试题,这些试题统一的考核要求和配分与评分标准如下。

1.考核要求

(1)看图下料。
(2)矫正划线。
(3)锯割修磨。
(4)点焊矫正。
(5)自检。
(6)安全生产文明施工。

2.配分与评分标准

序号	考核项目	评分要素	配分	评分标准	检测结果	扣分原因	得分	备注
1	框架类手工成形	工具劳保准备	5	少一件扣2分				
2		看图计算料长	15	不正确不得分,允差±1mm,超出1mm扣5分				
3		角度样板制作	10	不正确不得分,允差±1mm,超出1mm扣5分				
4		矫正划线	10	允差±1mm,超出1mm,一处扣2分,大于2mm不得分				
5		锯割修磨	20	一次性锯割得满分,多修磨一次扣4分				
6		点焊矫正	10	对口间隙大于3mm,一处扣5分,错边量大于1mm一处扣5分				
7		边长允差	10	允差±2mm,每超出1mm,一处扣2分,大于4mm不得分				
8		对角线允差	10	允差±2mm,每超出1mm,一处扣2分,大于4mm不得分				
9		平面度	10	放置平面检查,间隙允差±2mm,每超出1mm,一处扣2分,大于3mm不得分				
10		安全文明生产		不安全操作不得分,不文明行为一次从总分扣2分				
11		时间定额		每超时1min从总分中扣2分,超时10min停止操作				
合计			100					

考评员:_____　　　记分员:_____　　　___年___月___日

3.考核评分

(1)本题分值采用百分制,100分满分,60分单科及格,然后乘以鉴定比重。

(2)评分方法:按单项记分、扣分。

4. 准备要求(考生准备)

名　称	规　格	数　量	名　称	规　格	数　量
直板尺	1000mm	1把	直角尺	250mm×500mm	1把
手锤	1kg	1把	钢卷尺	2m	1个
锯弓	300mm	1把	锯条	300mm	3根
锉刀		1把	石笔		自定
划针		1根			

5. 考核时限

准备时间10min,正式操作时间120min,记时从正式操作开始,至操作完毕结束。规定时间内全部完成,每超时1min,从总分中扣2分;总超时10min,停止考核。

6. 否定项说明

外形尺寸误差大于5mm的。

试题1. AB001-1　梯形角钢框制作

(1)准备要求(鉴定机构准备):

序　号	名　称	规　格	数　量	备　注
1	钢制高架平台	不小于4m²	若干	每位考生1个,安全设施齐全,整洁规范无干扰
2	角钢	∠30mm×(2.5~3.0)mm	2m	每位考生1块
3	油毡纸		若干	
4	电焊条	J422 φ2.5mm	若干	
5	电焊机		1台	设专人管理
6	砂轮机		1台	

(2)工件图:见题AB001-1图。

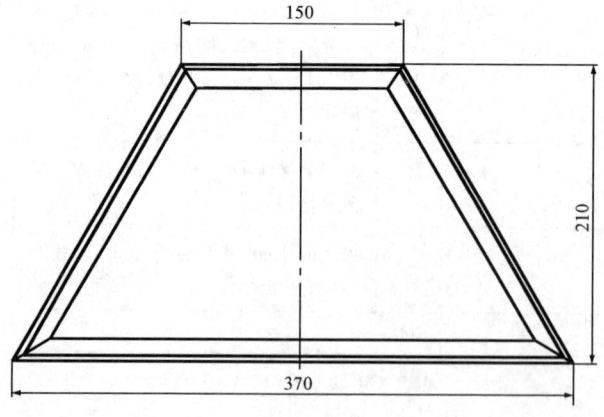

题 AB001-1 图

试题 2. AB001-2 三角形角钢框制作

(1) 准备要求(鉴定机构准备):

序 号	名 称	规 格	数 量	备 注
1	钢制高架平台	不小于 4m²	若干	每位考生 1 个,安全设施齐全,整洁规范无干扰
2	角钢	∠30mm×(2.5~3.0)mm	2m	每位考生 1 块
3	油毡纸		若干	
4	电焊条	J422 φ2.5mm	若干	
5	电焊机		1 台	设专人管理
6	砂轮机		1 台	

(2) 工件图:见题 AB001-2 图。

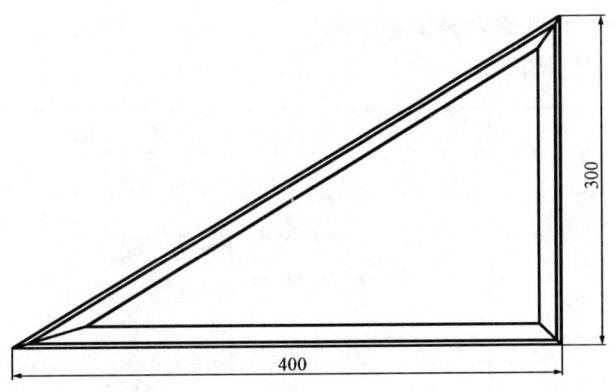

题 AB001-2 图

(3) 配分与评分标准:同题 AB001-1。

试题 3. AB001-3 多边形角钢构件制作

(1) 准备要求(鉴定机构准备):

序 号	名 称	规 格	数 量	备 注
1	钢制高架平台	不小于 4m²	若干	每位考生 1 个,安全设施齐全,整洁规范无干扰
2	角钢	∠30mm×(2.5~3.0)mm	2m	每位考生 1 块
3	油毡纸		若干	
4	电焊条	J422 φ2.5mm	若干	
5	电焊机		1 台	设专人管理
6	砂轮机		1 台	

(2) 工件图:见题 AB001-3 图。
(3) 配分与评分标准:同题 AB001-1。

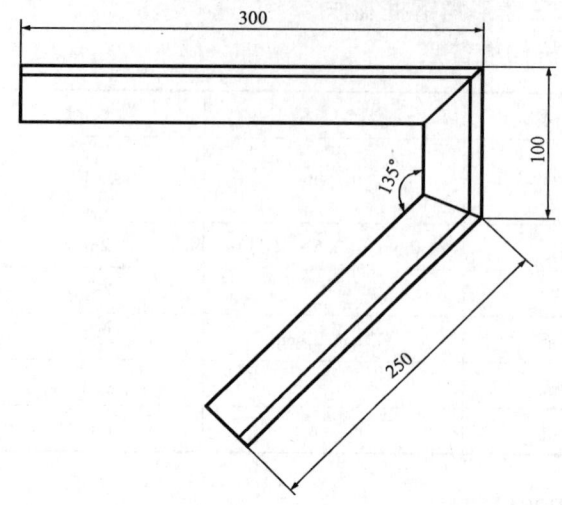

题 AB001-3 图

试题 4. AB001-4 正六边形角钢框制作

(1) 准备要求(鉴定机构准备):

序 号	名 称	规 格	数 量	备 注
1	钢制高架平台	不小于 4m²	若干	每位考生1个,安全设施齐全,整洁规范无干扰
2	角钢	∠30mm×(2.5~3.0)mm	2m	每位考生1块
3	油毡纸		若干	
4	电焊条	J422 φ2.5mm	若干	
5	电焊机		1台	设专人管理
6	砂轮机		1台	

(2) 工件图:见题 AB001-4 图。

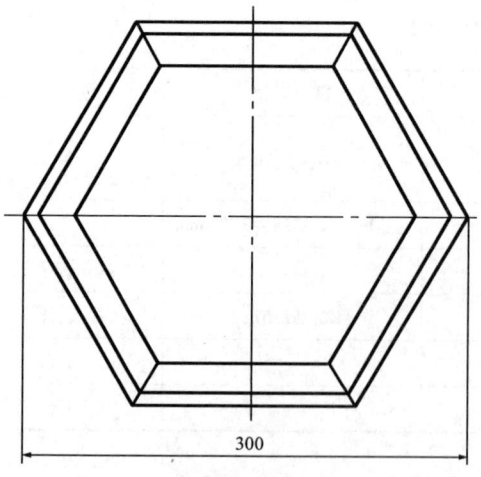

题 AB001-4 图

(3)配分与评分标准:同题 AB001-1。

试题 5. AB001-5　多边形角钢框制作

(1)准备要求(鉴定机构准备):

序号	名称	规格	数量	备注
1	钢制高架平台	不小于 4m²	若干	每位考生 1 个,安全设施齐全,整洁规范无干扰
2	角钢	∠30mm×(2.5~3.0)mm	2m	每位考生 1 块
3	油毡纸		若干	
4	电焊条	J422 φ2.5mm	若干	
5	电焊机		1 台	设专人管理
6	砂轮机		1 台	

(2)工件图:见题 AB001-5 图。

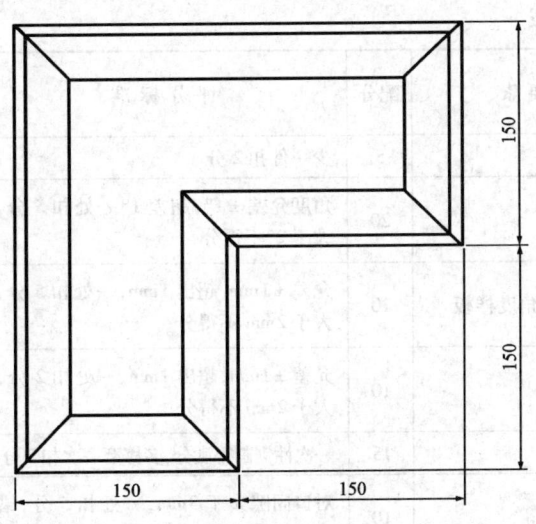

题 AB001-5 图

(3)配分与评分标准:同题 AB001-1。

试题 6. AB001-6　角钢劈八字的矩形框制作

(1)准备要求(鉴定机构准备):

序号	名称	规格	数量	备注
1	钢制高架平台	不小于 4m²	若干	每位考生 1 个,安全设施齐全,整洁规范无干扰
2	角钢	∠30mm×(2.5~3.0)mm	2m	每位考生 1 块
3	专用胎具		若干	
4	台虎钳	150mm	若干	
5	油毡纸		若干	
6	电焊条	J422 φ2.5mm	若干	
7	电焊机		1 台	设专人管理
8	砂轮机		1 台	

(2)工件图:见题 AB001-6 图。

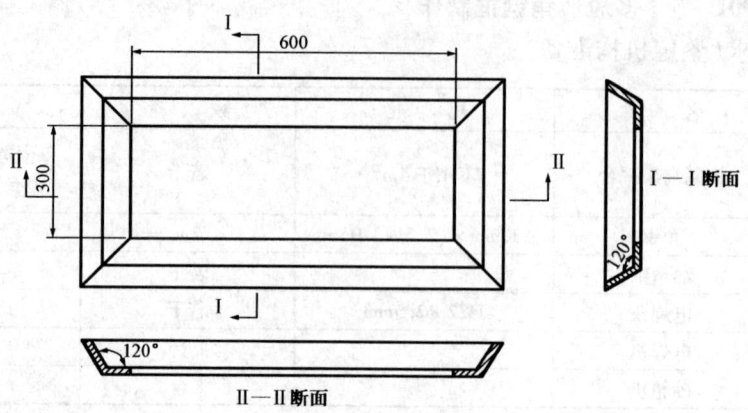

题 AB001-6 图

(3)配分与评分标准:

序号	考核项目	评分要素	配分	评分标准	检测结果	扣分原因	得分	备注
1	框架类手工成形	工具劳保准备	5	少一件扣2分				
2		角钢劈八字	20	角度允差±1°,超差1°一处扣5分,大于2°不得分				
3		计算料长,制作角度样板	10	允差±1mm,超出1mm,一处扣5分,大于2mm不得分				
4		矫正划线	10	允差±1mm,超出1mm,一处扣2分,大于2mm不得分				
5		锯割修磨	15	一次性锯割得满分,多修磨一次扣5分				
6		点焊矫正	10	对口间隙大于3mm,一处扣5分,错边量大于1mm一处扣5分				
7		边长允差	10	允差±2mm,每超出1mm,一处扣2分,大于4mm不得分				
8		对角线允差	10	允差±2mm,每超出1mm,一处扣2分,大于4mm不得分				
9		平面度	10	放置平面检查,间隙允差±2mm,每超出1mm,一处扣2分,大于3mm不得分				
10		安全文明生产		不安全操作不得分,不文明行为一次从总分扣2分				
11		时间定额		每超时1min从总分中扣2分,超时10min停止操作				
合计			100					

考评员:_____   记分员:_____   ___年___月___日

九、AB002　构件类手工成形(咬口制作)

本鉴定点下共有 2 道考核试题,这些试题统一的考核要求和配分与评分标准如下。

1. 考核要求

(1)看图下料,施工划线。

(2)样板制作,划线剪切。

(3)折弯成形,板边咬口。

(4)矫正,成品检验。

(5)文明施工,安全生产。

2. 配分与评分标准

序号	考核项目	评分要素	配分	评分标准	检测结果	扣分原因	得分	备注
1	构件类手工成形	工具劳保准备	5	少一件扣2分				
2		画展开图	20	允差±1mm,超出1mm,一处扣4分,大于2mm不得分				
3		样板制作	10	允差±1mm,超出1mm,一处扣2分,大于2mm不得分				
4		划线板小边	10	咬接小边宽度3~5mm,小于3mm或大于5mm扣5分,小边两端尺寸差不大于1mm,大于1mm扣5分				
5		折弯成形,咬口	15	返工一次扣5分,局部未咬合一处扣10分				
6		咬口宽度、间隙、局部凹凸度	10	咬口宽度大于6mm扣2分,咬口间隙大于0.5mm,一处扣2分,局部凹凸不平有锤痕扣2分				
7		成形尺寸允差	20	允差±2mm,每超出1mm,一处扣4分,大于4mm不得分				
8		上下口水平度及扭曲度	10	放置平台上,间隙允差±2mm,每超出1mm,一处扣2分,大于3mm不得分				
9		安全文明生产		不安全操作不得分,不文明行为一次从总分扣2分				
10		时间定额		每超时1min从总分中扣2分,超时10min停止操作				
合计			100					

考评员:_____　　记分员:_____　　　　　　____年____月____日

3. 考核评分

(1)本题分值采用百分制,100分满分,60分单科及格,然后乘以鉴定比重。

(2)评分方法:按单项记分、扣分。

4. 准备要求

(1) 鉴定机构准备：

序　号	名　称	规　格	数　量	备　注
1	钢制高架平台	不小于 4m²	若干	每位考生 1 个,安全设施齐全,整洁规范无干扰
2	油毡纸		若干	或青稞纸,每位考生 1 块
3	镀锌铁皮	厚 0.5mm	若干	每位考生 1 块
4	钢管	φ60mm×4mm	若干	每位考生 1 块
5	棉纱		若干	
6	角钢或槽钢	10 号	若干	每位考生 1 块
7	台虎钳	150mm	5 个	

(2) 考生准备：

名　称	规　格	数　量	名　称	规　格	数　量
钢板尺	1000mm	1 把	直角尺	250mm×500mm	1 把
铁皮剪刀	大号	1 把	钢卷尺	2m	1 个
划规	400mm	1 把	划针		1 根
錾口锤		1 把	木锤		1 把

5. 考核时限

准备时间 10min,正式操作时间 180min,记时从正式操作开始,至操作完毕结束。规定时间内全部完成,每超时 1min,从总分中扣 2 分;总超时 10min,停止考核。

6. 否定项说明

(1) 咬口咬合不上的。

(2) 尺寸误差大于 5mm 的。

试题 1. AB002-1　正天圆地方咬口制作

工件图:见题 AB002-1 图。

试题 2. AB002-2　上下方转角接头咬口制作

工件图:见题 AB002-2 图。

十、AB003　构件类手工成形(三通管类)

本鉴定点下共有 5 道考核试题,这些试题统一的考核要求和配分与评分标准如下。

1. 考核要求

(1) 看图、板厚处理、放样。

(2) 划线切割。

(3) 修磨组对、点焊。

(4) 成品自检。

(5) 安全生产文明施工。

第四部分 中级工技能操作试题

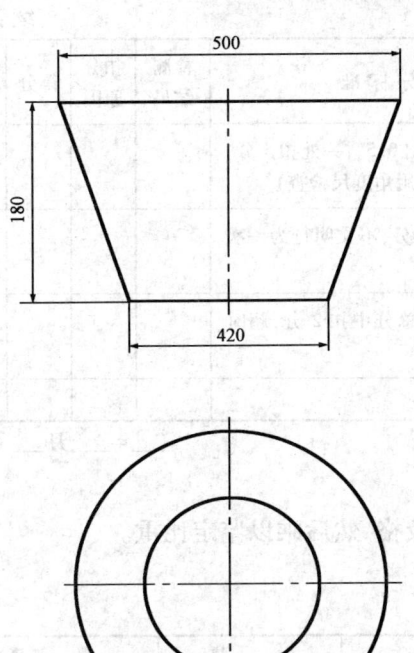

题 AB002-1 图

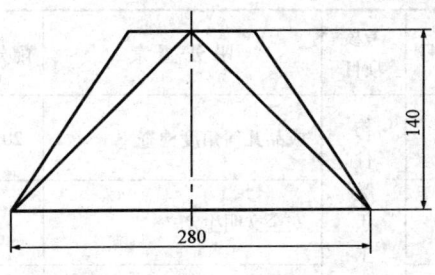

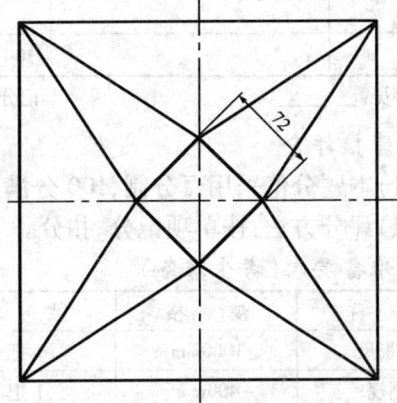

题 AB002-2 图

2. 配分与评分标准

序号	考核项目	评分要素	配分	评分标准	检测结果	扣分原因	得分	备注
1	构件类手工成形	工具劳保准备	5	少一件扣2分				
2		板厚处理	10	放样时不作板厚处理不得分,允差±1mm,每超出1mm,一处扣2分,大于3mm不得分				
3		画展开图并制作样板	15	画法不正确不得分,允差±1mm,每超出1mm,一处扣3分,超差大于3mm不得分				
4		划线切割修磨	10	修磨一次扣2分				
5		组对间隙	10	间隙为2~3mm得满分,小于2mm或大于3mm,一处扣2分,大于5mm不得分				
6		点焊连接	10	焊点要均匀光滑,有气孔、夹渣、焊瘤等一处扣5分				
7		成品几何尺寸检查	20	几何尺寸允差±2mm,每超出1mm,一处扣4分,超差大于4mm不得分				

续表

序号	考核项目	评分要素	配分	评分标准	检测结果	扣分原因	得分	备注
8	构件类手工成形	成品几何角度检查	20	允差±1°,每超出0.5°,一处扣5分,大于2°不得分(用角度尺检查)				
9		安全文明生产		不安全操作不得分,不文明行为一次从总分扣2分				
10		时间定额		每超时1min从总分中扣2分,超时10min停止操作				
合计			100					

考评员:_____   记分员:_____   ___年___月___日

3.考核评分
(1)本题分值采用百分制,100分满分,60分单科及格,然后乘以鉴定比重。
(2)评分方法:按单项记分、扣分。

4.准备要求(考生准备)

名称	规格	数量	名称	规格	数量
直板尺	1000mm	1把	直角尺	250mm×500mm	1把
划规	400mm	1把	钢卷尺	2m	1个
铁皮剪刀		1把	划针		自定
手锤	1kg	1把	角磨机		1个
石笔		自定	角磨片		若干

5.考核时限
准备时间10min,正式操作时间150min,记时从正式操作开始,至操作完毕结束。规定时间内全部完成,每超时1min,从总分中扣2分;总超时10min,停止考核。

6.否定项说明
尺寸误差大于5mm的。

试题1. AB003-1 $\phi76mm×6mm$ $\phi159mm×8mm$ 异径偏心直交三通管制作(点焊)

(1)准备要求(鉴定机构准备):

序号	名称	规格	数量	备注
1	钢制平台	不小于4m²	若干	每位考生1个,安全设施齐全,整洁规范无干扰
2	油毡纸	1m×1m	若干	每位考生1块
3	钢管	$\phi76mm×6mm$,$\phi159mm×8mm$	若干	每位考生1根
4	焊条	J422 $\phi3.2mm$	若干	
5	棉纱		若干	
6	电源插座		若干套	
7	电焊机		若干	专人负责
8	气焊工具		若干	专人负责

(2)工件图:见题 AB003-1 图。

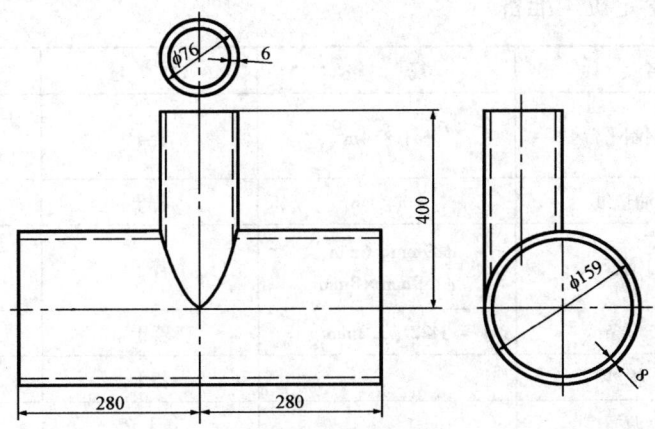

题 AB003-1 图

试题 2. AB003-2 圆管斜交方管三通管制作(点焊)

(1)准备要求(鉴定机构准备):

序 号	名 称	规 格	数 量	备 注
1	钢制平台	不小于 4m²	若干	每位考生1个,安全设施齐全,整洁规范无干扰
2	油毡纸	1m×1m	若干	每位考生1块
3	钢管	φ108mm×6mm	若干	每位考生1根
4	方管	φ100mm×100mm×10mm	若干	
5	焊条	J422 φ3.2mm	若干	
6	棉纱		若干	
7	电源插座		若干套	
8	电焊机		若干	专人负责
9	气焊工具		若干	专人负责

(2)工件图:见题 AB003-2 图。

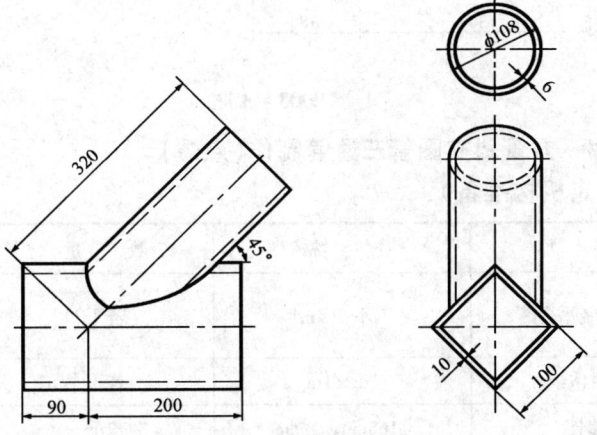

题 AB003-2 图

试题 3. AB003-3　ϕ89mm×6mm　ϕ159mm×8mm 异径斜交三通管制作(点焊)

(1)准备要求(鉴定机构准备):

序　号	名　称	规　格	数　量	备　注
1	钢制平台	不小于4m²	若干	每位考生1个,安全设施齐全,整洁规范无干扰
2	油毡纸	1m×1m	若干	每位考生1块
3	钢管	ϕ89mm×6mm, ϕ159mm×8mm	若干	每位考生1根
4	焊条	J422 ϕ3.2mm	若干	
5	棉纱		若干	
6	电源插座		若干套	
7	电焊机		若干	专人负责
8	气焊工具		若干	专人负责

(2)工件图:见题 AB003-3 图。

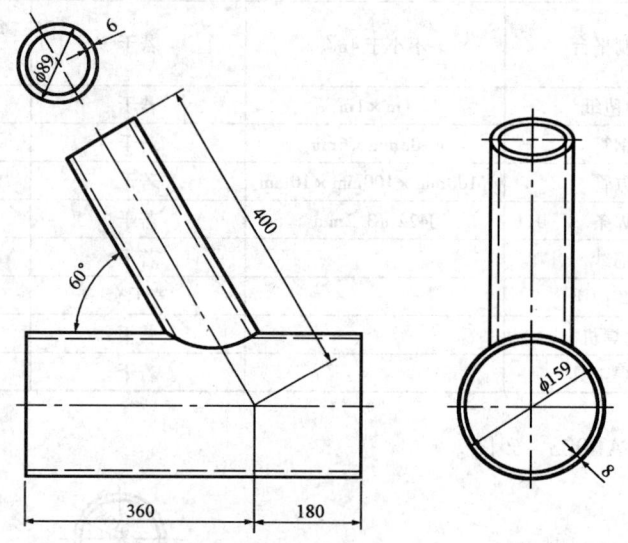

题 AB003-3 图

试题 4. AB003-4　方管斜交圆管三通管制作(点焊)

(1)准备要求(鉴定机构准备):

序　号	名　称	规　格	数　量	备　注
1	钢制平台	不小于4m²	若干	每位考生1个,安全设施齐全,整洁规范无干扰
2	油毡纸	1m×1m	若干	每位考生1块
3	钢管	ϕ168mm×8mm	若干	每位考生1根

续表

序 号	名 称	规 格	数 量	备 注
4	方管	φ100mm×100mm×10mm	若干	
5	焊条	J422 φ3.2mm	若干	
6	棉纱		若干	
7	电源插座		若干套	
8	电焊机		若干	专人负责
9	气焊工具		若干	专人负责

(2)工件图:见题 AB003-4 图。

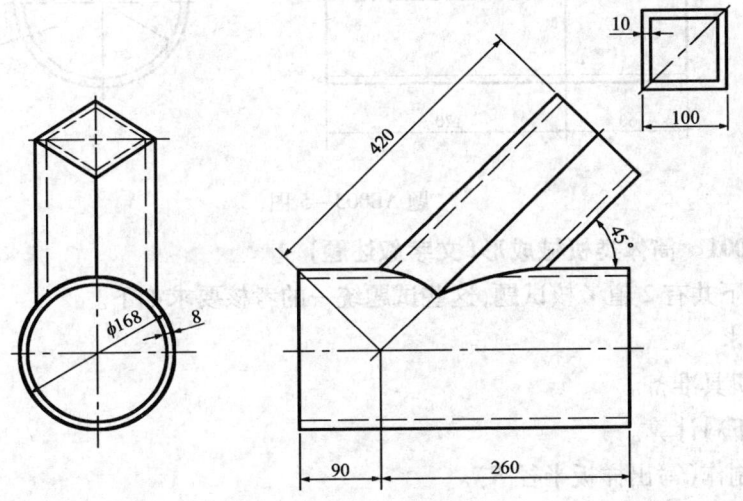

题 AB003-4 图

试题 5. AB003-5 φ76mm×6mm 等径斜交三通管制作(点焊)

(1)准备要求(鉴定机构准备):

序 号	名 称	规 格	数 量	备 注
1	钢制平台	不小于4m²	若干	每位考生1个,安全设施齐全,整洁规范无干扰
2	油毡纸	1m×1m	若干	每位考生1块
3	钢管	φ76mm×6mm	若干	每位考生1根
4	焊条	J422 φ3.2mm	若干	
5	棉纱		若干	
6	电源插座		若干套	
7	电焊机		若干	专人负责
8	气焊工具		若干	专人负责

(2)工件图:见题 AB003-5 图。

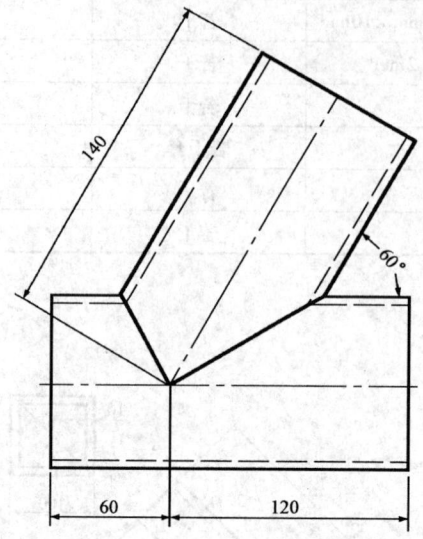
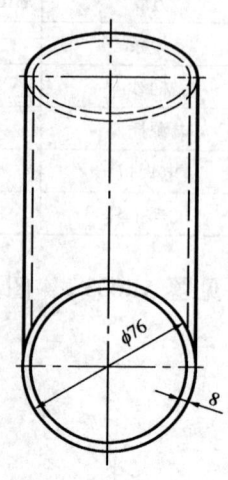

题 AB003-5 图

十一、AC001 筒体类机械成形(文字叙述题)

本鉴定点下共有 2 道考核试题,这些试题统一的考核要求如下。

1. 考核要求

(1)施工机具准备。

(2)周长下料计算。

(3)样板制作(写出样板半径 R)。

(4)操作要领、步骤及注意事项。

(5)对口间隙、错边量、椭圆度、棱角度等技术要求。

(6)安全文明生产。

2. 考核评分

(1)本题分值采用百分制,100 分满分,60 分单科及格,然后乘以鉴定比重。

(2)评分方法:按单项记分、扣分。

3. 准备要求

(1)鉴定机构准备:教室 1 间,能容纳 30~50 人,通风、光线良好,整洁规范无干扰;白纸(A4 或 B4)若干(每位考生 2 张)。

(2)考生准备:钢笔 1 支,计算器 1 个。

4. 考核时限

准备时间 10min,正式操作时间 60min,记时从正式操作开始,至操作完毕结束。规定时间内全部完成,每超时 1min,从总分中扣 2 分;总超时 10min,停止考核。

5. 否定项说明

主要工艺过程及技术标准回答不正确的。

第四部分　中级工技能操作试题

试题 1. AC001 -1　圆形筒体滚制成形($\phi 2000mm \times 10mm \times 1600mm$)

(1)工件图:由鉴定机构准备。
(2)配分与评分标准:

序号	考核项目	评分要素	配分	评分标准	检测结果	扣分原因	得分	备注
1	筒体类机械成形	工具劳保准备	10	少答一件扣2分				
2		筒体下料计算	15	写出公式得10分,计算正确得5分				
3		下料注意事项	5	找方及排板下料等,错一项扣2分				
4		样板制作	5	写出样板半径R,否则不得分				
5		滚圆压头注意事项	15	曲率过大过小、椭圆鼓肚大小口扭曲等缺陷答出一种得2分				
6		对口间隙	10	手工焊3.0±0.5mm,自动焊0~1mm,对一种得5分				
7		错边量	10	A类焊缝、B类焊缝不大于1/4板厚,对一种得5分				
8		焊缝要求及外观检查	10	焊缝两侧打磨20mm以上,焊缝表面不得有裂纹、夹渣、气孔等缺陷,答对一条得2分				
9		筒体最大最小直径差	10	内径的1%且不大于25mm,答错不得分				
10		筒体棱角度允差	10	E =(皮厚/10 + 2)mm且不大于5mm,答错不得分				
11		安全文明生产		不安全操作不得分,不文明行为一次从总分扣2分				
12		时间定额		每超时1min从总分中扣2分,超时10min停止操作				
合计			100					

考评员:_____　　　记分员:_____　　　____年____月____日

试题 2. AC001 -2　椭圆形筒体滚制成形(长轴半径 R =1000mm,短轴半径 r =750mm, δ =10mm)

(1)工件图:由鉴定机构准备。

（2）配分与评分标准：

序号	考核项目	评分要素	配分	评分标准	检测结果	扣分原因	得分	备注
1	筒体类机械成形	施工机具及劳保准备	10	少答一件扣2分				
2		筒体下料计算	15	写出公式得10分，计算正确得5分				
3		样板制作	10	写出样板半径 R 的确定方法，否则不得分				
4		下料过程及注意事项	5	找方及排板下料，答错不得分				
5		滚圆压头注意事项	10	曲率过大过小、椭圆鼓肚大小口扭曲等缺陷答出一种得2分				
6		确定2个小圆弧中心	10	计算准确得满分				
7		对口间隙	10	手工焊 3.0±0.5mm，自动焊 0~1mm，对一种得5分				
8		错边量	10	A类焊缝、B类焊缝不大于1/4板厚，对一种得5分				
9		焊缝要求	10	焊缝两侧打磨 20mm 以上，焊缝表面不得有裂纹、夹渣、气孔等缺陷，答对一条得2分				
10		筒体棱角度允差	10	E =（皮厚/10 + 2）mm 且不大于5mm，答错不得分				
11		安全文明生产		不安全操作不得分，不文明行为一次从总分扣2分				
12		时间定额		每超时 1min 从总分中扣2分，超时10min 停止操作				
合　　计			100					

考评员：_____　　　记分员：_____　　　　　___年___月___日

十二、AC002　构件类机械成形（文字叙述题）

本鉴定点下有1道考核试题。

1. 考核要求

（1）写出设备机具的名称、规格。

（2）计算大小口的展开半径与弧长，写出公式并计算。

（3）答出2个滚弧样板的半径。

（4）答出分瓣划线及滚轧注意事项。

（5）答出有关技术要求，对口间隙、错边量、焊缝要求、筒体最大最小直径差、焊缝棱角度等。

（6）安全文明生产。

2.配分与评分标准

序号	考核项目	评分要素	配分	评 分 标 准	检测结果	扣分原因	得分	备注
1	构件类机械成形	施工机具及劳保准备	10	少答一件扣2分				
2		筒体下料计算	15	写出公式得10分,计算正确得5分				
3		下料注意事项	5	合理排板下料,答错不得分				
4		样板制作	10	写出样板半径 R,错一个扣5分				
5		滚圆压头注意事项	10	曲率过大过小、椭圆鼓肚大小口扭曲等缺陷答出一种得2分				
6		对口间隙	10	手工焊 2.0 ± 0.5mm,自动焊 $0 \sim 1$mm,对一种得5分				
7		错边量	10	A类焊缝、B类焊缝不大于1/4板厚,对一种得5分				
8		焊缝要求及外观检查	10	焊缝两侧20mm以内打磨,焊缝表面不得有裂纹、夹渣、气孔等缺陷,答对一条得5分				
9		两端面最大最小直径差	10	内径的1%且不大于25mm,答错不得分				
10		两端面棱角度允差	10	$E=$(皮厚/10+2)mm 且不大于5mm,答错不得分				
11		安全文明生产		不安全操作不得分,不文明行为一次从总分扣2分				
12		时间定额		每超时1min从总分中扣2分,超时10min停止操作				
合 计			100					

考评员:_____   记分员:_____   ___年___月___日

3.考核评分

(1)本题分值采用百分制,100分满分,60分单科及格,然后乘以鉴定比重。

(2)评分方法:按单项记分、扣分。

4.准备要求

(1)鉴定机构准备:教室1间,能容纳30~50人,通风、光线良好,整洁规范无干扰;白纸(A4或B4)若干(每位考生2张)。

(2)考生准备:钢笔1支,计算器1个。

5.考核时限

准备时间10min,正式操作时间60min,记时从正式操作开始,至操作完毕结束。规定时间内全部完成,每超时1min,从总分中扣2分;总超时10min,停止考核。

6.否定项说明

主要工艺过程及技术标准回答不正确的。

试题.AC002   大小口的滚制方法(大口直径1500mm,小口直径1000mm,高度800mm,板厚16mm)

工件图:由鉴定机构准备。

十三、AD001   支座类装配(文字叙述题)

本鉴定点下共有2道考核试题,这些试题统一的考核要求配分与评分标准如下。

1. 考核要求

(1)做好施工前的准备工作。
(2)根据图纸型号查图集。
(3)答出腹板、垫板、底板、筋板的板厚及下料尺寸、材质要求。
(4)答出鞍座的包角角度。
(5)答出标准图集中 A、B、S、F 字母的含义。
(6)安全文明生产。

2. 配分与评分标准

序号	考核项目	评分要素	配分	评分标准	检测结果	扣分原因	得分	备注
1	支座类装配	施工准备	10	卷尺、弯尺、大锤、手锤、划规等,答对一件得1分				
2		根据图纸型号查图集	12	分别查出底板、筋板、垫板和腹板厚度,答错一种扣3分				
3		腹板的半径	5	算出下料半径,答错不得分				
4		垫板的弧长及半径	10	答对一种得5分				
5		垫板的材质要求	5	答错不得分				
6		底板的宽度及螺栓孔直径	8	答对一种得4分				
7		鞍座的包角角度	5	答错不得分				
8		标准图集中 A、B、S、F 的含义	20	答错一个扣5分				
9		装配方法及步骤	25	装配顺序颠倒一个工序扣5分				
10		安全文明生产		不安全操作不得分,不文明行为一次从总分扣2分				
11		时间定额		每超时1min 从总分中扣2分,超时10min 停止操作				
合计			100					

考评员:_____   记分员:_____   ____年____月____日

3. 考核评分

(1)本题分值采用百分制,100分满分,60分单科及格,然后乘以鉴定比重。
(2)评分方法:按单项记分、扣分。

4. 准备要求

(1)鉴定机构准备:教室1间,能容纳30~50人,通风、光线良好,整洁规范无干扰;白纸(A4或B4)若干(每位考生2张)。
(2)考生准备:钢笔1支,计算器1个。

5. 考核时限

准备时间 10min,正式操作时间 60min,记时从正式操作开始,至操作完毕结束。规定时间内全部完成,每超时 1min,从总分中扣 2 分;总超时 10min,停止考核。

6. 否定项说明

主要工艺过程回答不正确的。

试题 1. AD001 – 1   鞍式支座类的装配(A 1200 – S Q235AF/16MnR)

工件图:由鉴定机构准备。

试题 2. AD001 – 2   鞍式支座类的装配(A 2000 – F Q235AF/Q235B)

工件图:由鉴定机构准备。

十四、AD002   箱梁类装配(文字叙述题)

本鉴定点下有 1 道考核试题。

1. 考核要求

(1)做好施工前的准备工作。

(2)根据图纸要求进行钢板矫平、合理下料、切割放样。

(3)接板注意事项。

(4)组对方法及先后顺序。

(5)防变形措施。

(6)有关的技术要求。

(7)安全文明生产。

2. 配分与评分标准

序号	考核项目	评分要素	配分	评分标准	检测结果	扣分原因	得分	备注
1	箱梁类装配	施工工具准备	10	盘尺、卷尺、手锤、粉线、刀把、楔子等少一种扣1分				
2		矫正、划线、下料、切割	10	答对一项得 2.5 分				
3		翼板的接口形式	10	采用45°坡口拼接,答错不得分				
4		腹板的接口形式	10	采用垂直接口,答错不得分				
5		腹板和翼板接口焊缝位置要求	10	焊缝位置应错开 500mm 以上,答错不得分				
6		装配过程及放样要求	10	一般采用地样法,放样要求按1:1,答对一种得5分				
7		装配过程中焊接容易出现的几种变形	15	扭曲、角变形、旁弯,答对一种得5分				
8		防变形措施	15	反变形法、刚性固定、采用合理的焊接工艺和焊接顺序,答对一种得5分				
9		翼板与腹板的垂直度	10	不大于翼板宽度的百分之一,答错不得分				
10		安全文明生产		不安全操作不得分,不文明行为一次从总分扣2分				
11		时间定额		每超时1min 从总分中扣 2 分,超时10min 停止操作				
合计			100					

考评员:_____   记分员:_____   ____年____月____日

3. 考核评分

(1)本题分值采用百分制,100分满分,60分单科及格,然后乘以鉴定比重。

(2)评分方法:按单项记分、扣分。

4. 准备要求

(1)鉴定机构准备:教室1间,能容纳30~50人,通风、光线良好,整洁规范无干扰;白纸(A4或B4)若干(每位考生2张)。

(2)考生准备:钢笔1支,计算器1个。

5. 考核时限

准备时间10min,正式操作时间60min,记时从正式操作开始,至操作完毕结束。规定时间内全部完成,每超时1min,从总分中扣2分;总超时10min,停止考核。

6. 否定项说明

主要工艺过程回答不正确的。

试题. AD002　工型梁的装配

工件图:由鉴定机构准备。

十五、AD003　圆筒形工件类装配(文字叙述题)

本鉴定点下有1道考核试题。

1. 考核要求

(1)做好施工前的工具准备工作。

(2)对单节筒体的几何尺寸检验。

(3)矫圆释放内应力。

(4)根据单节筒体周长尺寸和排板图要求,确定组对顺序编号。

(5)根据排板图要求,在筒体圆周上确定0°到360°。

(6)组对间隙及组对方法。

(7)有关的技术要求。

2. 配分与评分标准

序号	考核项目	评分要素	配分	评分标准	检测结果	扣分原因	得分	备注
1	圆筒形工件类装配	劳保工具齐全	10	大锤、盘尺等少答一样扣1分				
2		对单节筒体的验收编号	15	最大最小直径差、焊缝棱角度、端面平面度,对一种得5分				
3		矫圆释放应力	5	答错不得分				
4		焊口清理	5	焊口两边打磨除锈20mm以上,答错不得分				
5		组对方法	10	卧式、立式,答对一种得5分				
6		组对过程注意事项	15	筒体圆周分成360°,按排板图组对,避免开孔位置及压力容器标准对焊缝要求的特殊规定,对一项得3分				
7		组对间隙	10	手工焊3.0±0.5mm,自动焊0~1mm,对一种得5分				

续表

序号	考核项目	评分要素	配分	评分标准	检测结果	扣分原因	得分	备注
8	圆筒形工件类装配	错边量	10	板厚小于12mm时错边量为1/4板厚				
9		整体直线度	10	筒体总长度的千分之一且不大于20mm,答错不得分				
10		筒体最大最小直径差	10	内径的百分之一且不大于25mm,答错不得分				
11		安全文明生产		不安全操作不得分,不文明行为一次从总分扣2分				
12		时间定额		每超时1min从总分中扣2分,超时10min停止操作				
合计			100					

考评员:_____   记分员:_____   ___年___月___日

3. 考核评分

(1)本题分值采用百分制,100分满分,60分单科及格,然后乘以鉴定比重。

(2)评分方法:按单项记分、扣分。

4. 准备要求

(1)鉴定机构准备:教室1间,能容纳30~50人,通风、光线良好,整洁规范无干扰;白纸(A4或B4)若干(每位考生2张)。

(2)考生准备:钢笔1支,计算器1个。

5. 考核时限

准备时间10min,正式操作时间60min,记时从正式操作开始,至操作完毕结束。规定时间内全部完成,每超时1min,从总分中扣2分;总超时10min,停止考核。

6. 否定项说明

主要工艺过程或技术要求回答不正确的。

试题. AD003   三节筒体的装配(ϕ1600mm×1800mm×10mm×3节)

工件图:由鉴定机构准备。

第五部分 高级工理论知识试题

鉴定要素细目表

行为领域	代码	鉴定范围（重要程度比例）	鉴定比重	代码	鉴定点	重要程度	备注
基础知识 A 20%	A	复杂结构件的展开与放样（08:06:03）	10%	001	截交线的性质	Y	
				002	截面实形和截交线的求法	X	
				003	平面与曲面立体相交情况	Z	
				004	偏斜交相贯构件	X	
				005	圆锥渐缩弯头相贯线的求法	Y	
				006	方圆渐缩弯头相贯线的求法	X	
				007	裤形三通管相贯线的求法	X	
				008	多通接管平行于投影面时相贯线的求法	X	
				009	异径渐缩五通圆管相贯线在主视图的位置	Y	
				010	相贯线与相贯体的概念	X	
				011	锥、柱形体的相交构件	X	
				012	立体弯管	Z	
				013	螺旋线的概念和性质	Y	
				014	正圆柱螺旋面的展开方法	X	
				015	螺旋面与螺旋体的概念和性质	Y	
				016	不可展曲面的近似展开	Z	
				017	不可展曲面的素线形状	Y	
	B	设计计算的基本知识（05:02:01）	10%	001	柱的一般设计知识	X	
				002	梁的一般设计知识	X	
				003	容器设计的概述	Z	
				004	容器的设计计算	X	
				005	标准椭圆封头的设计计算	X	
				006	压力容器强度校核计算	Y	
				007	螺栓法兰接头设计	X	
				008	焊接结构的焊缝强度计算方法	Y	

续表

行为领域	代码	鉴定范围（重要程度比例）	鉴定比重	代码	鉴定点	重要程度	备注
专业知识 B 70%	A	胎具设计（12:10:05）	15%	001	胎具和模具的概念及区别	Y	JD
				002	压制胎模的设计要求	X	
				003	封头冲压胎模典型结构特点	Y	JD
				004	上模设计要求	X	
				005	下胎的设计要求	X	
				006	胎模拉环座和压边圈设计要求	X	
				007	胎模材料的选择	X	
				008	瓦片压胎的设计要求	Z	
				009	瓜瓣封头压胎的设计要点	Y	
				010	单角压弯模的工艺参数	X	
				011	单角压弯模凸模圆角半径的确定	X	
				012	单角压弯模凹模圆角半径的确定	X	
				013	双角压弯模的工艺参数	Z	
				014	双角压弯模的单边间隙计算	Y	
				015	材料压弯过程中的偏移现象	Y	
				016	衡量压延变形量的重要参数	X	
				017	压延系数	X	
				018	凸凹模间隙对冲裁件的影响	X	
				019	碳素钢椭圆封头压延后的减薄量	Y	
				020	封头压延成形后减薄量的位置	Y	
				021	冲裁零件断面质量的区域划分	Z	
				022	冲裁中材料的性质与弹性变形量的关系	Y	
				023	冲裁件的相对厚度与弹性变形量的关系	Y	
				024	冲裁间隙与模具刃口处裂纹	Z	
				025	一般胎具的设计原则	Z	
				026	一般胎具的设计要求	Y	
				027	一般胎具的设计步骤	X	JD
	B	大型设备（构件）吊装设计（04:03:01）	9%	001	吊装方案的制定	X	JD
				002	吊点的确定	Y	
				003	钢丝绳的特点	X	
				004	起重机具的选择原则	Y	
				005	起重机具的选择要点	Y	
				006	活地锚的作用和特点	X	
				007	滑轮组与塔体连接原则	X	JD
				008	施工场地的平面布置要求	Z	

续表

行为领域	代码	鉴定范围（重要程度比例）	鉴定比重	代码	鉴 定 点	重要程度	备注
专 业 知 识 B 70%	C	不锈钢复合钢板与有色金属设备制造（07:05:01）	10%	001	不锈钢复合材料的特点	Y	JD
				002	有色金属的焊接材料	X	
				003	不锈钢复合材料容器的制造工艺	X	
				004	不锈钢焊接的主要参数	X	
				005	铝及铝合金材料的特点	Y	JD
				006	铝合金的主要合金元素	Y	
				007	铜及铜合金材料的特点	X	JD
				008	铜及铜合金元素	Y	
				009	钛及钛合金材料的特点	Y	
				010	铝及铝合金容器组装工艺	X	
				011	铝及铝合金容器焊接特点	X	
				012	铜及铜合金容器焊接特点	X	
				013	钛及钛合金容器制造工艺	Z	
	D	球罐（13:13:04）	18%	001	球瓣的构造和展开放样	X	
				002	球形容器的材料要求	Z	
				003	球瓣下料样板制造	Y	
				004	球瓣的下料和成形	X	
				005	气割切口表面的质量要求	X	
				006	切割面质量评定的参数	Y	
				007	造成气割缺陷的主要原因	Y	
				008	气割时上缘融化的产生原因	Y	
				009	气割时倾斜的预防工艺措施	Z	
				010	等离子切割的定义	Y	
				011	等离子切割材料的范围	X	
				012	等离子切割的特点	Y	
				013	光电跟踪切割	Y	
				014	数控切割	X	
				015	激光切割	X	
				016	球瓣的检查	Y	
				017	球罐支柱制造工艺	X	
				018	基础检查与验收	X	
				019	平台组装工艺和工装	Y	
				020	球罐的总装	X	JD
				021	球罐的焊前准备	Z	
				022	焊接内部质量的主要缺陷	X	JD
				023	焊接裂纹产生的原因	X	

续表

行为领域	代码	鉴定范围（重要程度比例）	鉴定比重	代码	鉴定点	重要程度	备注
专业知识 B 70%	D	球罐 (13:13:04)	18%	024	焊接中气孔产生的原因	X	
				025	焊接中夹渣产生的原因	X	
				026	球罐焊接方法及顺序	Y	
				027	球体预热	Y	
				028	球体结构要求	Y	
				029	焊缝收缩量	Y	
				030	球罐的焊接工艺	Z	
	E	浮顶罐 (07:05:02)	11%	001	钢制油罐的基本要求	Z	
				002	浮顶油罐罐底的铺设	Y	JD
				003	罐底铺设要点	X	
				004	罐底的焊接	Z	
				005	罐底质量检查	Y	
				006	罐壁板预制	X	JD
				007	浮顶罐加强圈的预制	X	
				008	抗风圈的预制和安装	Y	
				009	浮顶罐壁包边角钢的预制和安装	Y	
				010	浮顶罐壁板的组装和焊接步骤	Y	
				011	罐壁组装注意事项	X	
				012	浮顶罐组装中的单盘组装	X	
				013	浮船的组装	X	JD
				014	浮顶罐的主要附件安装	Y	JD
	F	高强钢 (04:03:02)	7%	001	高强钢的概念及性质	Y	
				002	高强钢应力的形成原因	Z	
				003	高强钢的焊接性评定	Y	JD
				004	高强钢进行热处理的目的	X	
				005	热处理消除高强钢应力的方法	X	
				006	合金结构钢的工艺性能	Y	
				007	合金工具钢的工艺特点	X	
				008	低合金结构钢矫正时采用的方法	Z	
				009	薄板矫正时失稳现象产生的原因	X	
相关知识 C 10%	A	金属结构、压力容器的缺陷检查、补强与修理 (10:07:04)	10%	001	杆件补强	Z	
				002	缺陷检验与修理	X	
				003	在用压力容器检验和缺陷处理	Y	
				004	材质的检查与处理	X	
				005	结构的检查与处理	X	
				006	腐蚀的检查与处理	X	

续表

行为领域	代码	鉴定范围（重要程度比例）	鉴定比重	代码	鉴定点	重要程度	备注
相关知识 C 10%	A	金属结构、压力容器的缺陷检查、补强与修理（10:07:04）	10%	007	表面缺陷的检验与修理	Z	
				008	无损检测方法的特点	X	
				009	渗透检测的工作原理	Y	
				010	渗透检测的特点	X	
				011	射线检测原理	X	
				012	射线检测呈现缺陷的衰减过程	Y	
				013	射线探伤	X	
				014	射线探伤仪器	Y	
				015	超声波探伤的工作原理	X	
				016	内部缺陷检查与处理、强度校核	Y	
				017	压力容器的检验	X	
				018	基准的定义	Z	
				019	测量基准转换的要点	Y	
				020	划线基准	Z	
				021	压力容器的评定	Y	

注：X—核心要素；Y——般要素；Z—辅助要素；JD—简答题。

第五部分　高级工理论知识试题

理论知识试题

一、选择题（每题4个选项、只有1个是正确的，将正确的选项号填入括号内）

1. AA001　由于形体在空间有一定的范围，所以截交线一定是由（　　）围成的封闭平面图形。
　　　　(A) 直线或曲线　　　(B) 平面　　　(C) 立体　　　(D) 平面或立体
2. AA001　研究平面与立体表面相交的主要目的是求（　　）。
　　　　(A) 实长　　　(B) 投影　　　(C) 截面　　　(D) 截交线
3. AA001　平面与立体表面相交，可以看作是立体表面被（　　）切割。
　　　　(A) 直线　　　(B) 曲线　　　(C) 折线　　　(D) 平面
4. AA002　若截平面为水平面时，截交线的（　　）反映实形，不必另求。
　　　　(A) 水平投影　　　(B) 正投影　　　(C) 封闭图形　　　(D) 积聚
5. AA002　如果截平面为正垂面或侧垂面（需画出左视图）时，用（　　）法求实形。
　　　　(A) 求实长　　　(B) 变换投影面　　　(C) 直角三角形　　　(D) 旋转
6. AA002　如果截平面为垂直面时，用（　　）法求截面实形。
　　　　(A) 求实长　　　　　　　　　　　(B) 二次变换投影
　　　　(C) 旋转　　　　　　　　　　　　(D) 直角三角形
7. AA003　截平面与圆柱轴线垂直，其截交线为（　　）。
　　　　(A) 圆　　　(B) 椭圆　　　(C) 平行二直线　　　(D) 相交二直线
8. AA003　截平面与圆柱轴线倾斜，截交线为（　　）。
　　　　(A) 圆　　　(B) 椭圆　　　(C) 平行二直线　　　(D) 相交二直线
9. AA003　截平面与圆锥轴线相交且平行一母线，截交线为（　　）。
　　　　(A) 双曲线　　　(B) 抛物线　　　(C) 平行二直线　　　(D) 相交二直线
10. AA003　截平面与圆锥轴线平行，截交线为（　　）。
　　　　(A) 双曲线　　　(B) 抛物线　　　(C) 平行二直线　　　(D) 相交二直线
11. AA004　偏斜交相贯构件是指组成（　　）的基本几何轴线斜交或偏离的构件。
　　　　(A) 几何体　　　(B) 相交体　　　(C) 相贯体　　　(D) 三通管
12. AA004　偏斜交相惯构件展开时必须先做出相贯线，以确定基本形体的（　　），然后再分别做基本几何体的展开图。
　　　　(A) 分界线　　　(B) 相交线　　　(C) 中心线　　　(D) 相贯线
13. AA004　正圆锥斜交管两圆锥管的轴线成一定的角度斜交，两锥管均为旋转体，采用（　　）求出相贯线。
　　　　(A) 平行面法　　　(B) 素线法　　　(C) 球面法　　　(D) 解析法
14. AA005　圆锥五节90°渐缩弯管其相贯线可以通过（　　）求得。
　　　　(A) 切线法　　　(B) 角度等分线　　　(C) 等分圆周　　　(D) 直径差
15. AA005　圆锥五节90°渐缩弯管展开用（　　）。
　　　　(A) 三角形法　　　(B) 放射线法　　　(C) 平行线法　　　(D) 近似展开法
16. AA005　圆锥五节渐缩弯管的相贯线与各圆心（　　）。

(A) 重合　　　　(B) 不相交　　　(C) 平行　　　　(D) 相交
17. AA006　方圆三节 90°渐缩弯管相贯线的位置由 90°角（　）而得。
(A) 三等分　　　(B) 四等分　　　(C) 二等分　　　(D) 五等分
18. AA006　方圆三节 90°渐缩弯管在展开时,先画（　）,然后作弯管图,最后才能展开。
(A) 等分圆周　　(B) 剖面图　　　(C) 等分图　　　(D) 重合断面图
19. AA006　方圆三节 90°渐缩弯管展开一般用（　）。
(A) 三角形法　　(B) 放射线法　　(C) 平行线法　　(D) 近似展开法
20. AA007　裤形三通管的相贯线一般采用（　）法求得。
(A) 辅助圆　　　(B) 切线法　　　(C) 等分圆周　　(D) 放射线
21. AA007　裤形三通管的相贯线与各相交管圆心（　）。
(A) 重合　　　　(B) 相交　　　　(C) 平行　　　　(D) 不相交
22. AA007　由于裤形三通管是正圆锥与圆管相交,因此圆锥管展开时需用（　）做出各素线实长线。
(A) 三角形法　　(B) 旋转法　　　(C) 切线法　　　(D) 辅助圆
23. AA008　多通接管平行于投影面时可（　）求做其相贯线。
(A) 直接
(C) 连接投影面
(B) 用辅助切面法
(D) 用辅助圆
24. AA008　多通接管投影为一般位置时,可（　）求做其相贯线,然后变换其投影面,再分别展开。
(A) 连接投影面
(C) 用辅助圆
(B) 用辅助切面法
(D) 直接
25. AA008　多通接管是指（　）以上管子的连接。
(A) 两个　　　　(B) 三个　　　　(C) 四个　　　　(D) 五个
26. AA009　异径渐缩五通管的相贯线在主、俯视图上都集中于（　）上。
(A) 大管中心线　(B) 小管中心线　(C) 中心线　　　(D) 五个圆
27. AA009　异径渐缩五通管的锥管的投影均为（　）。
(A) 水平位置　　(B) 垂直位置　　(C) 一般位置　　(D) 中心位置
28. AA009　异径渐缩五通管展开时先将锥管用（　）变换求锥管的投影。用素线法做出相贯线。
(A) 旋转法　　　(B) 三角法　　　(C) 支线　　　　(D) 解析法
29. AA010　两相交几何体称为（　）。
(A) 截面　　　　(B) 相贯体　　　(C) 导面　　　　(D) 断面
30. AA010　适当的选择辅助面来求两相贯体的相贯线,常采用平面和（　）作为辅助平面。
(A) 截面　　　　(B) 曲面　　　　(C) 球面　　　　(D) 投影面
31. AA010　在求相贯体的相贯线时,选择的辅助面以截切两立体表面都能获得最（　）画出的交线的原则。
(A) 精确　　　　(B) 直接　　　　(C) 复杂　　　　(D) 简易
32. AA010　球面法求相贯线适用于（　）相贯,且轴线相交的构件。
(A) 任何相贯体
(C) 回转体
(B) 直线面
(D) 投影面、平行面

第五部分 高级工理论知识试题

33. AA011　锥管与圆管相贯,其相贯线为(　)。
　　(A) 封闭的空间曲线　(B) 平面曲线　(C) 直线　(D) 空间曲线
34. AA011　圆柱与圆锥直交轴线垂直于水平投影面,相贯线在圆柱的表面上,并在水平投影面上为(　)。
　　(A) 矩形　(B) 圆　(C) 椭圆　(D) 三角形
35. AA011　由相交形成体组成的构件称为(　)构件。
　　(A) 三通　(B) 螺旋　(C) 相交　(D) 回转体
36. AA012　如果管子的弯头在空间方向弯曲不在一个(　)内,则弯管称为立体弯管。
　　(A) 平面　(B) 空间　(C) 立面　(D) 轴线
37. AA012　第二类立体弯管在投影图上的特点是:组成管子夹角的两边有一边在投影图中有实长,另一边为(　)。
　　(A) 实长　(B) 投影长度　(C) 实角　(D) 实长线
38. AA012　根据立体弯管在图样上的投影特征可归纳成(　)种类型。
　　(A) 一　(B) 两　(C) 三　(D) 四
39. AA013　圆柱螺旋的正面投影是(　)曲线。
　　(A) 正弦　(B) 余弦　(C) 正切　(D) 余切
40. AA013　点顺着圆柱面的母线做(　)运动,同时,该母线绕着柱轴匀速转动,点的这种复合运动的轨迹,称为圆柱螺旋线。
　　(A) 匀速旋转　(B) 匀速直线　(C) 变速旋转　(D) 直线
41. AA013　圆柱螺旋线的展开为一(　)。
　　(A) 螺旋线　(B) 折线　(C) 直线　(D) 封闭曲线
42. AA014　正圆柱螺旋面一般用三角形法或(　)作展开图。
　　(A) 简便展开法　(B) 旋转法　(C) 放射线法　(D) 直角梯形法
43. AA014　正圆柱螺旋面是(　)的运动轨迹。
　　(A) 一个点　(B) 一条直线　(C) 一条曲线　(D) 一个面
44. AA014　当一个直线垂直沿着圆柱面的一条素线做匀速直线运动,同时素线绕着柱轴做匀速转动时,直线的这种(　)在空间的轨迹便形成了圆柱螺旋面。
　　(A) 匀速直线运动　(B) 匀速转动　(C) 复合运动　(D) 曲线运动
45. AA015　母线一端沿着圆柱做螺旋线运动并且母线始终保持垂直于轴线而形成的曲面是(　)曲面。
　　(A) 直螺旋面　(B) 斜螺旋面　(C) 螺旋面　(D) 螺旋体
46. AA015　母线的一端沿着圆柱螺旋线运动,并且母线始终保持与轴线斜交成一定角度而形成的曲面是(　)曲面。
　　(A) 直螺旋面　(B) 斜螺旋面　(C) 螺旋面　(D) 螺旋体
47. AA015　一平面图形绕一圆柱做螺旋运动时,则得到一(　)。
　　(A) 正螺旋面　(B) 斜螺旋面　(C) 螺旋面　(D) 螺旋体
48. AA016　圆锥螺旋输送机叶片采用(　)展开法简便方便,尺寸准确无误。
　　(A) 计算　(B) 三角形　(C) 放射线　(D) 平行线
49. AA016　采用分瓣展开球体时,只要展开(　)个分瓣即可。
　　(A) 1　(B) 2　(C) 3　(D) 4

50. AA016 球体的展开,一般常采用（　　）展开。
（A）素线法　　　　（B）计算法　　　　（C）图解法　　　　（D）分瓣法

51. AA017 不属于不可展曲面的是（　　）。
（A）螺旋面　　　　（B）圆锥体　　　　（C）球壳板　　　　（D）封头

52. AA017 螺旋面是不可展曲面,形成螺旋面的素线是（　　）。
（A）曲面　　　　　　　　　　　　（B）单向弯曲曲线
（C）双向弯曲曲线　　　　　　　　（D）直线

53. AA017 球面、螺旋面是典型的不可展曲面。对它们进行的展开属于（　　）展开。
（A）近似　　　　　（B）比例　　　　　（C）精确　　　　　（D）相似

54. AB001 柱主要是承受垂直载荷或（　　）载荷。
（A）偏心　　　　　（B）弯矩　　　　　（C）动　　　　　　（D）垂直和偏心

55. AB001 假设 L_0 为柱的计算长度,L 为柱的实际长度,μ 为计算系数,那么 $L_0 = $（　　）。
（A）μL　　　　（B）$L/\delta\mu$　　（C）μ/L　　　　（D）$\mu + L$

56. AB001 柱是一受压件,在受力状态下欲使柱处于平衡状态,则它必须既要满足（　　）要求,又要保持稳定。
（A）力学　　　　　（B）刚度　　　　　（C）强度　　　　　（D）平衡

57. AB002 梁在工作中主要是承受（　　）载荷。
（A）偏心　　　　　（B）弯矩　　　　　（C）动　　　　　　（D）垂直

58. AB002 梁的设计,首先是进行静力计算,求出（　　）,从而计算弯矩,再用强度和稳定条件公式进行校核计算即可。
（A）静压力　　　　（B）支持力　　　　（C）支座反力　　　（D）弯曲力

59. AB002 梁可分为悬臂梁及（　　）两大类。
（A）简支梁　　　　（B）外伸梁　　　　（C）刚性梁　　　　（D）超静定梁

60. AB003 容器包括压力容器、常压容器及钢制立式储罐等,它们在设计上有着相同之处,设计压力有一个（　　）。
（A）规定　　　　　（B）极限　　　　　（C）区段　　　　　（D）相同值

61. AB003 容器的设计温度按材料的允许使用（　　）温度确定。
（A）最高　　　　　（B）最低　　　　　（C）常压　　　　　（D）工作

62. AB003 容器的设计,在材料使用上都有一个（　　）范围的限制。
（A）使用　　　　　（B）强度　　　　　（C）刚性　　　　　（D）许用应用

63. AB004 设计压力系指在相应设计温度下用以确定容器壳体（　　）的压力。
（A）厚度　　　　　（B）强度　　　　　（C）刚性　　　　　（D）承载

64. AB004 容器壁上单位面积上所承受操作介质的作用力称为（　　）。
（A）许用应力　　　（B）压强　　　　　（C）内力　　　　　（D）应力

65. AB004 容器设计压力其值不得小于（　　）工作压力。
（A）正常压力　　　（B）最小　　　　　（C）最大　　　　　（D）高温

66. AB004 容器壁的钢板厚度称为（　　）厚度。
（A）有效　　　　　（B）名义　　　　　（C）计算　　　　　（D）设计

67. AB005 工程上所称标准椭圆封头是长短轴比值为（　　）的椭圆封头。
（A）1.5　　　　　　（B）2　　　　　　　（C）2.5　　　　　　（D）3

68. AB005　标准椭圆封头的有效厚度应不小于封头内直径的（　）。
(A) 0.15%　　　(B) 0.2%　　　(C) 1.5%　　　(D) 2%

69. AB005　标准椭圆封头直边部分的面积计算公式为（　）。
(A) $A=\pi(D+1)h$
(B) $A=\pi(D+2)h$
(C) $A=\pi(D_i+1)h$
(D) $A=\pi(D_i+2)h$

70. AB006　压力容器制造完毕后,应对容器壳体在耐压试验状态下进行（　）计算。
(A) 强度　　　(B) 应力　　　(C) 应力校核　　　(D) 强度校核

71. AB006　压力容器制造完毕后,应对其进行（　）试验。
(A) 强度　　　(B) 耐压　　　(C) 密封　　　(D) 耐压强度

72. AB006　耐压试验采用液压试验时,如果立式设备采用卧置试压时,其试验压力应计算试验介质的静压力,且对壳体的最低点进行（　）校核。
(A) 应力　　　(B) 强度　　　(C) 压力　　　(D) 许用应力

73. AB007　法兰必须和螺栓、垫片配合使用才能完成工作介质的（　）功能。
(A) 密封　　　(B) 耐压　　　(C) 输送　　　(D) 载压

74. AB007　螺栓法兰接头是一种（　）管路连接或容器同管路连接的接头。
(A) 可拆卸　　　(B) 不可拆卸　　　(C) 间隙配合　　　(D) 过盈配合

75. AB007　螺栓法兰连接接头的工作原理是:两片连接法兰靠螺栓的（　）使其垫片产生变形,从而达到使接头密封连接的目的。
(A) 扭矩　　　(B) 预紧力　　　(C) 变形　　　(D) 压力

76. AB008　搭接及T字接头的焊缝截面呈三角形,这种焊缝称为（　）焊缝。
(A) 平　　　(B) 角　　　(C) 直　　　(D) 环

77. AB008　角焊缝在受力时由于（　）的存在,同时这种焊缝还存在局部应力集中,从而使焊缝工作条件变坏。
(A) 偏心矩　　　(B) 弯矩　　　(C) 扭矩　　　(D) 缺陷

78. AB008　正面焊缝在承受抗(或压)力时,它的破坏通常是沿着直角平分线的（　）开始。
(A) 尾部　　　(B) 端部　　　(C) 最小截面　　　(D) 最大截面

79. BA001　胎具工作时,工件（　）大,具有较大的灵活性。
(A) 自由度　　　(B) 变形量　　　(C) 收缩量　　　(D) 回弹量

80. BA001　由于冲压封头只有上模,因而把冲封头的工装也称为（　）。
(A) 胎具　　　(B) 胎模　　　(C) 装配模　　　(D) 单模

81. BA001　在锻压加工零件时,称自由锻及模锻相结合的锻造方法为（　）。
(A) 联合锻　　　(B) 配合锻　　　(C) 胎模锻　　　(D) 自由锻

82. BA002　冷压胎模应考虑工件的（　）。
(A) 收缩量　　　(B) 回弹量　　　(C) 变形量　　　(D) 热胀量

83. BA002　热压胎模的上模应有脱膜（　）,脱胎方法应简单、方便、可靠。
(A) 间隙　　　(B) 余量　　　(C) 斜度　　　(D) 角度

84. BA002　回弹量通常根据（　）估算后,采用试压制后再进行修正胎模。
(A) 公式　　　(B) 经验　　　(C) 标准　　　(D) 试压

85. BA003　整体模的模具制造简单,采用硬性卸料,对于板厚小于（　）mm的大直径封头脱模相当困难。

(A) 20   (B) 15   (C) 10   (D) 5

86. BA003   滑套式模具是靠滑套（ ）而脱模。
  (A) 脱离封头   (B) 自重   (C) 热收缩   (D) 冷回弹

87. BA003   三瓣式压模的上模靠（ ）沿圆锥形芯子下滑而缩小其直径，实现封头自动脱模。
  (A) 热收缩   (B) 冷回弹   (C) 顶压力   (D) 自重

88. BA004   当压力机吨位不大于400t时，上模壁厚为（ ）mm。
  (A) 10~20   (B) 30~40   (C) 40~50   (D) 50~60

89. BA004   在实际生产中以内径为基准的封头，上模设计应考虑同一直径几种相邻壁厚封头的（ ）。
  (A) 实用性   (B) 差异性   (C) 通用性   (D) 特殊性

90. BA004   上模曲面部分高度计算公式 $H_{sm}=H(1\pm\delta)$ 中的 H 表示（ ）。
  (A) 保险余量   (B) 卸料板厚度
  (C) 封头产品直边高度   (D) 封头曲面部分高度

91. BA005   封头冲压胎模的下胎设计成拉环结构，当无压边装置时，下胎圆角半径取（ ）mm。(s 为封头壁厚)
  (A) $(3~6)s$ (B) $(3~4)s$ (C) $(2~3)s$ (D) $(1~2)s$

92. BA005   封头冲压胎模的下胎设计成拉环结构，当采用压边装置时，下胎圆角半径为（ ）mm。（其中 s 为封头壁厚）
  (A) $(3~6)s$ (B) $(3~4)s$ (C) $(2~3)s$ (D) $(1~2)s$

93. BA005   封头胎模的下胎拉环总高度取值为（ ）mm。
  (A) 50~100   (B) 100~150
  (C) 100~200   (D) 100~250

94. BA006   封头胎模拉环座下口内径应比与之配套的最大壁厚封头的下胎拉环内径大（ ）mm。
  (A) 2~5   (B) 5~10   (C) 10~15   (D) 15~20

95. BA006   封头胎模拉环座外径 D 应（ ）坯料直径。
  (A) 小于   (B) 等于   (C) 大于或等于   (D) 大于

96. BA006   封头胎模拉环座高度 $H=h+$（ ）mm，其中 h 为下胎拉环总高度。
  (A) 60~100   (B) 100~150
  (C) 150~200   (D) 200~400

97. BA007   胎模的上模材料采用（ ）。
  (A) 低碳钢   (B) 中碳钢   (C) 合金钢   (D) 铸铁

98. BA007   胎模下胎拉环采用的材料是（ ）。
  (A) 低碳钢   (B) 中碳钢   (C) 铸铁或铸钢   (D) 调质钢

99. BA007   胎模的压边圈采用的材料是（ ）。
  (A) 铸铁   (B) 铸钢   (C) 低碳钢   (D) 调质钢

100. BA008   瓦片压胎下胎圆角半径 $R_m=$（ ）mm。
  (A) $0.5~1s$ (B) $1~1.5s$ (C) $1.5~2.5s$ (D) $2~2.5s$

101. BA008   瓦片压胎胎腔直边高度 $h_1=$（ ）mm。

(A) 0.5~1s (B) 1~2s (C) 2~2.5s (D) 2.5~3s

102. BA008 瓦片压胎的上模、下胎、插架采用（　）。
(A) 铸铁或铸钢 (B) 调质钢 (C) 中碳钢 (D) 锻件

103. BA009 瓜瓣封头压胎设计时,压胎倾斜度α应根据胎具各部分（　）和坯料尽量放平两个原则来确定。
(A) 对称 (B) 相等 (C) 合适 (D) 比例关系

104. BA009 瓜瓣封头胎具中心必须与工件压力中心（　）。
(A) 错开 (B) 倾斜 (C) 重合 (D) 有间隙

105. BA009 瓜瓣封头压胎的胎具型部分若需切削加工,应考虑胎具的加工（　）。
(A) 基面 (B) 平面 (C) 角度 (D) 中心线

106. BA010 单角压弯模工作部分的参数有:凸凹模的（　）。
(A) 几何尺寸 (B) 结构 (C) 圆角半径 (D) 形状

107. BA010 单角压弯模工作部分的参数包括凹模的（　）。
(A) 深度 (B) 形状 (C) 结构 (D) 几何尺寸

108. BA010 单角压弯模工作部分的主要技术参数包括模具的（　）。
(A) 结构 (B) 宽度 (C) 形状 (D) 几何尺寸

109. BA011 单角压弯模凸模的圆角半径不能小于材料的最小弯曲半径,否则压弯件易出现（　）现象。
(A) 弯裂 (B) 褶皱 (C) 起皮 (D) 不成形

110. BA011 弯曲零件内壁的圆角半径（　）单角压弯模凸模的圆角半径。
(A) 近似于 (B) 大于 (C) 小于 (D) 等于

111. BA011 单角压弯模凸模的圆角半径不能（　）材料的最小弯曲半径。
(A) 小于 (B) 大于 (C) 等于 (D) 高于

112. BA012 单角压弯模凹模的圆角半径取决于（　）。
(A) 板材厚度 (B) 凸模尺寸 (C) 零件要求 (D) 板材宽度

113. BA012 单角压弯模凹模的圆角半径不能小于（　）mm。
(A) 3 (B) 2 (C) 4 (D) 5

114. BA012 单角压弯模的底部为防止氧化皮等杂质的影响,弯件质量一般在模具底部（　）或制成较小半径圆角。
(A) 开槽 (B) 封闭 (C) 弯曲 (D) 延展

115. BA013 双角压弯模的主要技术参数包括凸凹模的（　）、凹模深度、凸凹模之间的间隙及模具宽度等。
(A) 几何尺寸 (B) 圆角半径 (C) 形状 (D) 结构

116. BA013 双角压弯模一般用于压制（　）工件。
(A) 工字形 (B) 槽形 (C) 人字形 (D) 三角形

117. BA013 双角压弯模凹模的深度一般取弯边长度的（　）。
(A) 1/4~1/3 (B) 1/4~1/5 (C) 1/5~1/6 (D) 1/3~1/2

118. BA014 压弯凸凹模的单边间隙计算公式是材料厚度+材料（　）+间隙系数×板厚。
(A) 厚度的上偏差 (B) 厚度的下偏差
(C) 抗弯强度 (D) 抗剪强度

119. BA014 压弯凸凹模的单边间隙是压弯模的重要（　　）参数。
(A) 焊接　　　　(B) 组装　　　　(C) 成形　　　　(D) 工艺
120. BA014 压弯模的单边间隙计算公式中单边间隙系数一般取（　　）。
(A) 0.02~0.004　(B) 0.003~0.08　(C) 0.04~0.15　(D) 0.05~0.20
121. BA015 材料在压弯过程中,沿凹模圆角滑动时会产生摩擦阻力,当两边产生的（　　）不相等时,材料就会沿凹模左右滑动产生偏移。
(A) 压力　　　　(B) 摩擦力　　　(C) 回弹力　　　(D) 弯曲力
122. BA015 防止材料在压弯过程中产生偏移的方法是采用（　　）或用孔定位。
(A) 压料装置　　(B) 压边装置　　(C) 加边装置　　(D) 加边固定
123. BA015 压料装置应比凹模平面稍高一些,通常为（　　）mm。
(A) 1~2　　　　(B) 4~5　　　　(C) 3~4　　　　(D) 2~3
124. BA016 衡量压延变形程度的一个重要参数是（　　）。
(A) 压延系数　　(B) 压延次数　　(C) 材料塑性　　(D) 材料强度
125. BA016 材料的塑性对压延系数的影响为：材料的塑性越好,压延系数 m 可取的（　　）。
(A) 越小　　　　(B) 越大　　　　(C) 不变　　　　(D) 先小后大
126. BA016 材料的塑性对压延系数的影响为：压延模工作部分的结构尺寸,（　　）凹凸模圆角半径,压延系数 m 就可小些。
(A) 减少　　　　(B) 增大　　　　(C) 不变　　　　(D) 先大后小
127. BA017 压延件的（　　）除以坯料直径即为压延系数。
(A) 内径　　　　(B) 外径　　　　(C) 中性层直径　(D) 板厚
128. BA017 压延系数值越小,压延时板料变形程度（　　）。
(A) 不变　　　　(B) 越大　　　　(C) 越小　　　　(D) 越差
129. BA017 在压延过程中,当坯料直径加大、压延系数减小到一定数值时,出现了筒壁（　　）。
(A) 拉裂　　　　(B) 弯曲　　　　(C) 扭曲　　　　(D) 椭圆
130. BA018 材料厚度与冲裁件直径之比称为（　　）。
(A) 绝对厚度　　(B) 相对厚度　　(C) 名义厚度　　(D) 实际厚度
131. BA018 凸凹模间隙对冲裁件的（　　）影响很大。
(A) 截面形状　　(B) 尺寸精度　　(C) 断面质量　　(D) 表面质量
132. BA018 在冲裁过程中,材料会产生一定的（　　）。
(A) 弹性变形　　(B) 塑性变形　　(C) 硬度变形　　(D) 韧性变形
133. BA019 碳素钢椭圆封头压延后的减薄量最大处约为原厚度的（　　）。
(A) 6%~8%　　　(B) 7%~9%　　　(C) 9%~11%　　(D) 8%~10%
134. BA019 压延可加工圆筒形、锥形、球形、方盒形和其他不规则形状的（　　）工件。
(A) 实心薄壁　　(B) 实心厚壁　　(C) 空心薄壁　　(D) 空心厚壁
135. BA019 压延工艺一般分为（　　）种。
(A) 5　　　　　(B) 4　　　　　(C) 3　　　　　(D) 2
136. BA020 球形封头压延后最大变薄量的位置在（　　）。
(A) 边缘　　　　(B) 中上部　　　(C) 中下部　　　(D) 底部
137. BA020 压延时板料的四周部分受（　　）压应力。

(A) 横向　　　　(B) 纵向　　　　(C) 垂直　　　　(D) 切向

138. BA020　防止压延起皱的有效方法是采用（　　）。
(A) 压边圈　　　(B) 增加板厚　　(C) 减少板厚　　(D) 增大压力

139. BA021　用冲裁所得零件的断面有（　　）个明显的区域。
(A) 一　　　　　(B) 两　　　　　(C) 三　　　　　(D) 四

140. BA021　冲裁零件的断面中光亮带是金属在剪切（　　）变形时形成的。
(A) 韧性　　　　(B) 塑性　　　　(C) 弹性　　　　(D) 蠕变

141. BA021　不属于冲裁零件的断面是（　　）。
(A) 光亮带　　　(B) 断裂带　　　(C) 圆角带　　　(D) 挤压带

142. BA022　采用加热冲裁降低冲裁力的方法是将（　　）进行加热。
(A) 被冲裁材料　(B) 凹模　　　　(C) 凸模　　　　(D) 压力机

143. BA022　在弯曲V形件时，凹凸模之间的间隙是靠调整（　　）来控制的。
(A) 凹模　　　　　　　　　　　　(B) 凸模
(C) 压力机闭合高度　　　　　　　(D) 压力机压力

144. BA022　在降低冲裁力的方法中，斜刃冲裁是使（　　）相对呈现一定夹角，来实现冲裁时刃口逐渐作用在材料上以降低冲裁力的作用。
(A) 凹模和材料　(B) 凸模和材料　(C) 凸凹刃口　　(D) 压力机

145. BA023　材料的相对厚度越大，冲裁时弹性变形量（　　）。
(A) 越大　　　　(B) 越小　　　　(C) 速度快　　　(D) 速度慢

146. BA023　材料的相对厚度越小，冲裁时弹性变形量（　　）。
(A) 速度快　　　(B) 速度慢　　　(C) 越小　　　　(D) 越大

147. BA023　冲裁主要是利用安装在压力机上的冲模对板料实现（　　）加工。
(A) 弹性变形　　(B) 塑性变形　　(C) 韧性变形　　(D) 蠕变

148. BA024　冲裁间隙过小，模具刃口处裂纹（　　）扩展。
(A) 向间隙外　　(B) 在间隙内　　(C) 向里　　　　(D) 向外

149. BA024　不属于冲裁中的简单模的是（　　）。
(A) 敞开模　　　(B) 连续模　　　(C) 导板模　　　(D) 导柱模

150. BA024　板料在同个位置上，可以同时实现内孔及外形的冲裁为（　　）。
(A) 简单模　　　　　　　　　　　(B) 复合模
(C) 连续模　　　　　　　　　　　(D) 非平板件冲孔、冲槽模

151. BA025　胎具设计时，合理选择胎具制造方法，尽量减少（　　），同时应便于维修。
(A) 手工操作　　(B) 机加工　　　(C) 热处理　　　(D) 材料

152. BA025　胎具设计要符合（　　）规定的形状和技术要求，以保证工件制造质量。
(A) 国标　　　　(B) 资料　　　　(C) 图样　　　　(D) 图纸

153. BA025　胎具设计应采用新工艺、新技术、设计性能可靠、使用安全的（　　），提高金属结构制造水平。
(A) 工装　　　　(B) 工步　　　　(C) 工序　　　　(D) 程序

154. BA026　为了保证胎具操作方便，最主要的是保证零件（　　）准确和夹紧有力。
(A) 制造　　　　(B) 定位　　　　(C) 找正　　　　(D) 装配

155. BA026　当工件成形完毕，为了顺利地从胎型中卸下工件，应设置（　　）和压紧机构。

(A) 工装　　　　(B) 下胎　　　　(C) 上模　　　　(D) 定位器

156. BA026　设计胎具时,应当利用( ),不但能加快设计和制造步伐,而且在使用维修时,便于互换。
(A) 标准件和通用件　(B) 专用件　　(C) 非标准件　　(D) 非通用件

157. BA027　胎具设计的第一步工作是( )。
(A) 可行性调研　　　　　　　　(B) 拟定设计方案
(C) 搜集原始资料　　　　　　　(D) 原始资料分析

158. BA027　决定胎具制作精度的根据是( )。
(A) 产品图样　　　　　　　　　(B) 技术要求
(C) 产品生产计划　　　　　　　(D) 原始资料

159. BA027　胎具制作精度主要指胎具的水平、定位基准面的( )程度。
(A) 精确　　　　(B) 好坏　　　　(C) 加工难易　　(D) 装配难易

160. BB001　适当选择( )是吊装方案考虑的主要问题。
(A) 设备重心　　(B) 吊装对象　　(C) 吊装机具　　(D) 吊装重量

161. BB001　制定吊装方案,要根据具体情况和要求,经综合技术经济分析,多个吊装方案( ),确定出最佳方案。
(A) 对比　　　　(B) 反复论证　　(C) 试用　　　　(D) 综合

162. BB001　正确选择组焊场地及其运输和( ),合理布置起吊机具是吊装设计并安排吊装顺序的又一主要考虑的问题。
(A) 起吊位置　　(B) 设备重心　　(C) 吊装对象　　(D) 吊装重量

163. BB002　立式设备的吊点一般情况下应选择在设备重心位置偏上( )m即可。
(A) 0.1~0.5　　(B) 0.5~1　　　(C) 1~1.5　　　(D) 2

164. BB002　用力矩平衡法计算立式设备重心时,可将相对均质的筒体简化为( )杆件,且令其该段重量集中于该段形心,按公式可确定设备形心。
(A) 一均质　　　(B) 非均质　　　(C) 平衡　　　　(D) 等直

165. BB002　立式设备的吊点选择偏离重心位置,其目的是使设备吊装过程中处于( )状态。
(A) 倾斜　　　　(B) 摆动　　　　(C) 稳定　　　　(D) 安全

166. BB003　单股钢丝绳( )较大。
(A) 弹性　　　　(B) 挠曲性　　　(C) 刚性　　　　(D) 弯曲性

167. BB003　多股钢丝绳( )较好。
(A) 弹性　　　　(B) 挠曲性　　　(C) 刚性　　　　(D) 弯曲性

168. BB003　起吊时,随着绳与绳的( ),起吊的重量将减小。
(A) 夹角增大　　(B) 夹角变小　　(C) 垂直　　　　(D) 平行

169. BB004　起重机具选择应在确定起吊方法后经( )校核确认安全再行实施。
(A) 受力分析计算　(B) 研究　　　(C) 评估　　　　(D) 重审

170. BB004　从目前我国安装技术条件和起重机具的特点来看,选用( )起重机械是比较合适的。
(A) 桥式吊车　　(B) 固定桅杆式　(C) 塔式吊车　　(D) 龙门吊车

171. BB004　选择汽车式大型吊车,起重力为 1.96×10^2 kN 两台协同吊装大型设备时,应采用

（　　）进行方案对比,而后确定吊装方法。
(A) 计算法　　　　　　　　　(B) 反复论证
(C) 成本核算　　　　　　　　(D) 技术经济法则

172. BB005　以吊装质量为215t的减压塔为例,为了减少阻力可根据双联滑轮组的原理,采用双抽头的方法,可避免滑轮组在起升过程中产生（　　）现象。
(A) 阻力　　　(B) 歪扭　　　(C) 滑脱　　　(D) 失效

173. BB005　以吊装减压塔为例,当选用一对金属格构式桅杆吊装时,桅杆高度（　　）$h_K + h + (h_c + h_b)\cos\alpha + 0.5\text{m}$。
(A) 大于　　　(B) 小于　　　(C) 大于或等于　(D) 小于或等于

174. BB005　吊装减压塔体时,其位置在吊装过程中是变化的,所以吊装用（　　）吊装法。
(A) 滑移　　　(B) 双桅杆　　(C) 双桅杆滑移　(D) 双桅杆固定

175. BB006　活地锚的垂直方向的稳定条件易满足,若水平方向稳定条件满足要求,则该地锚在工作中（　　）。
(A) 不一定安全　(B) 必然安全　(C) 摩擦力小　(D) 摩擦力大

176. BB006　为了使活地锚满足水平方向的稳定条件,应尽量增大地锚与地面间的（　　）。
(A) 压力　　　(B) 粘附力　　(C) 摩擦力　　(D) 滑动摩擦力

177. BB006　活地锚是在地面上只挖浅坑,在钢制的底板上,压上足够重量的钢锭,利用其（　　）或土壤的粘附力及被动土压力作锚用。
(A) 摩擦力　　(B) 压力　　　(C) 拉力　　　(D) 平衡力

178. BB007　为了保持塔体在起升过程中处于稳定状态,则滑轮组连接位置应在塔体形心上部（　　）m以上。
(A) 0.5　　　(B) 1　　　　(C) 1.5　　　(D) 2

179. BB007　滑轮组与塔体的连接,要保证机械索具在起重过程中受力最小,同时要考虑到起重机械的最大（　　）。
(A) 负载　　　(B) 起升高度　(C) 倾斜度　　(D) 稳定程度

180. BB007　滑轮组与塔体连接,要保证两个连接点处于塔体（　　）上,否则在起吊后会产生倾斜,从而使塔体就位找正产生困难。
(A) 重心　　　(B) 中线　　　(C) 对称中线　(D) 两侧

181. BB008　合理地布置起重机具应考虑桅杆的最佳竖立位置及其运入现场的路线,要尽量减少（　　）的移动次数。
(A) 桅杆　　　(B) 施工场地　(C) 电动卷扬机　(D) 滑轮组

182. BB008　要划定地锚与桅索的位置,使缆风绳与地面既保持（　　）的夹角,又不妨碍塔的吊装。
(A) 5°～10°　(B) 10°～15°　(C) 15°～25°　(D) 25°～45°

183. BB008　吊装时起重绳与桅杆的夹角最小,是为了保证起重机具（　　）。
(A) 不损坏　　(B) 稳定　　　(C) 受力较小　(D) 起吊快

184. BB008　电动卷扬机安装时,应尽量减少（　　）的数目。
(A) 地锚　　　(B) 缆风绳　　(C) 桅索　　　(D) 导向滑轮

185. BC001　两种同处于热合状态的钢板借助轧钢机的压力使其压合而成的方法是（　　）法。

(A) 热轧　　　　(B) 热轧压合　　(C) 冷轧　　　　(D) 冷轧压合

186. BC001　复合钢板的复层用（　）钢号。
(A) 复合　　　　(B) 基层　　　　(C) 钢板　　　　(D) 特殊

187. BC001　借用炸药的爆炸能量使两种金属分子达到结合的方法是（　）法。
(A) 热轧　　　　　　　　　　　(B) 冷轧
(C) 爆炸焊接　　　　　　　　　(D) 爆炸焊接→热轧

188. BC002　有色金属的焊接主要有铝与铝合金焊接、镁与镁合金焊接、（　）焊接等。
(A) 硅　　　　　(B) 锰　　　　　(C) 锌　　　　　(D) 铍

189. BC002　焊接黄铜最大的问题是（　）的蒸发。
(A) 锌　　　　　(B) 镁　　　　　(C) 铍　　　　　(D) 锡

190. BC002　有色金属钛及钛合金的焊接通常应用最多的焊接方法是（　）。
(A) 气焊　　　　　　　　　　　(B) 钨极氩弧焊
(C) 熔化极氩弧焊　　　　　　　(D) 压焊

191. BC003　不锈钢复合钢卷板总厚度不小于 $0.03D_i$（D_i 为圆筒内径）时，应在卷板后，对工件进行整体消除应力（　）热处理。
(A) 低温退火　　(B) 低温回火　　(C) 正火　　　　(D) 淬火

192. BC003　不锈钢复合钢板工件上严禁两工件的（　）相接触，以防复层产生铁腐蚀。
(A) 基层　　　　(B) 异层　　　　(C) 复合层　　　(D) 紧密

193. BC003　组装对口错边量应不大于钢板复层厚度的（　），且不大于2mm。
(A) 20%　　　　(B) 30%　　　　(C) 50%　　　　(D) 60%

194. BC004　不锈钢焊接时一般用（　），尽量采用较小的线性能量进行焊接。
(A) 长弧　　　　(B) 中弧　　　　(C) 短弧　　　　(D) 灭弧

195. BC004　为了防止奥氏体不锈钢焊接接头的脆化应避免在（　）℃温度区域进行焊后热处理。
(A) 450~500　　(B) 500~550　　(C) 600~800　　(D) 600~850

196. BC004　不锈钢在焊接过程中为了避免熔池过热，影响接头的耐腐蚀性及使晶粒长大，在焊透的基础上（　）。
(A) 加快焊速　　(B) 减慢焊速　　(C) 电流略大　　(D) 电压略大

197. BC005　铝材料之所以能抵抗大气及化学介质腐蚀，原因是其表面有一层（　）薄膜。
(A) 氧化铝　　　(B) 氧化铁　　　(C) 氧化铜　　　(D) 合金

198. BC005　铝还具有耐（　）的性能，在 -195~0℃ 范围内其冲击韧性仍不下降，故可制造低温设备。
(A) 高温　　　　(B) 低温　　　　(C) 腐蚀　　　　(D) 冲击

199. BC005　铝材料有一个突出的优点，就是不会产生（　），因而用它制造容器储存易燃物料相当安全。
(A) 腐蚀　　　　(B) 脆裂　　　　(C) 电火花　　　(D) 静电

200. BC006　铝合金的主要合金元素是铜、镁、锰、硅和（　）等。
(A) 铬　　　　　(B) 钛　　　　　(C) 镍　　　　　(D) 锌

201. BC006　铝合金按合金系列可分为（　）。
(A) 5大类　　　(B) 6大类　　　(C) 10大类　　　(D) 8大类

202. BC006 铸造铝合金可分（ ）。
(A) 2大类　　(B) 3大类　　(C) 4大类　　(D) 5大类

203. BC007 在铜中加入锌构成（ ）。
(A) 白铜　　(B) 黄铜　　(C) 青铜　　(D) 紫铜

204. BC007 铜在电动势系列上接近（ ）。
(A) 金和银　　(B) 铁和锌　　(C) 镁和铝　　(D) 钾和钙

205. BC007 金属在高温下 N_2、H_2 都能使其（ ）。
(A) 腐蚀　　(B) 脆化　　(C) 软化　　(D) 裂化

206. BC008 铜的密度为（ ）g/cm^3。
(A) 7.8　　(B) 8.5　　(C) 8.9　　(D) 9.8

207. BC008 根据铜及铜合金的成分和颜色不同,可将铜分为（ ）大类。
(A) 两　　(B) 三　　(C) 四　　(D) 五

208. BC008 普通黄铜是铜和（ ）的合金。
(A) 锡　　(B) 锌　　(C) 铝　　(D) 硅

209. BC009 钛在海水中的（ ）比铝合金、不锈钢和镍基合金还高。
(A) 耐蚀性　　(B) 耐冲击　　(C) 耐压　　(D) 抗变形

210. BC009 钛材料在（ ）状态下供货。
(A) 回火　　(B) 正火　　(C) 退火　　(D) 淬火

211. BC009 工业纯钛的密度为（ ）g/cm^3。
(A) 4.1　　(B) 7.85　　(C) 4.507　　(D) 9.8

212. BC010 铝及铝合金锻造温度为（ ）℃。
(A) 150~200　　(B) 200~250　　(C) 300~350　　(D) 450

213. BC010 铝及铝合金容器,机械损伤深度限制为:接触腐蚀介质面应不大于（ ）壳体名义厚度。
(A) 1%　　(B) 3%　　(C) 5%　　(D) 7%

214. BC010 铝及铝合金容器时效工艺为室温（ ）h。
(A) 86　　(B) 96　　(C) 106　　(D) 116

215. BC011 纯铝和变形后的铝合金,当杂质含量超过规定范围,或在刚性很大的条件下,有可能产生（ ）。
(A) 夹渣　　(B) 热裂纹　　(C) 冷裂纹　　(D) 氢致裂纹

216. BC011 铝及铝合金氩弧焊使用直流反接或附加高频振荡器的交流电源,是利用（ ）现象来破碎熔池表面的氧化膜。
(A) 阴极破碎　　(B) 阳极破碎　　(C) 阴极放电　　(D) 电离

217. BC011 铝合金焊接时,氧化铝薄膜会阻碍金属之间的结合,并造成（ ）。
(A) 焊瘤　　(B) 裂纹　　(C) 夹渣　　(D) 氧化

218. BC012 铜及铜合金容器采用熔焊时,最短筒节长度应不小于（ ）mm。
(A) 100　　(B) 150　　(C) 200　　(D) 250

219. BC012 若采用氢氧焰或氧乙炔焰焊接铜质容器时,材料必须是（ ）状态的,否则应采用氩弧焊。
(A) 退火　　(B) 正火　　(C) 回火　　(D) 淬火

220. BC012　铜质容器焊接时,焊接环境温度一般不应低于（　）℃,否则应进行预热。
　　　　　（A）5　　　　　（B）0　　　　　（C）–5　　　　　（D）–10
221. BC013　钛及钛合金容器焊接组对间隙为（　）mm,否则因钛在熔化时的强流动性而使接头形状难以保证。
　　　　　（A）0　　　　　（B）0.5　　　　（C）1　　　　　（D）1.5
222. BC013　钛不仅有强烈的吸气性,而且在高温下与（　）有特别的亲和力。
　　　　　（A）氧　　　　　（B）氮　　　　　（C）碳　　　　　（D）二氧化碳
223. BC013　焊缝表面颜色是衡量钛焊接时,惰性气体保护情况和焊缝质量好坏的指标之一。若保护得好,焊缝不被氧化等污染,焊缝表面呈现（　）。
　　　　　（A）蓝色　　　　　　　　　　　　（B）白色或金黄色
　　　　　（C）紫色　　　　　　　　　　　　（D）黑色
224. BD001　球罐由球体和（　）组成。
　　　　　（A）浮顶　　　　（B）封头　　　　（C）支柱　　　　（D）基础
225. BD001　球体一般由上、下极板,上、下温带板和赤道板等（　）组成。
　　　　　（A）球瓣　　　　（B）拼板　　　　（C）壳板　　　　（D）样板
226. BD001　展开图法是按（　）的原则,采用多级锥体展开原理进行的。
　　　　　（A）等长　　　　（B）等弧长　　　（C）等圆心角　　　（D）等球心角
227. BD002　凡符合下列条件的钢板,应在正火状态下使用:厚度大于（　）mm 的 20R 和 16MnR,厚度大于 16mm 的 15MnVR,任意厚度的 15MnVNR。
　　　　　（A）15　　　　　（B）20　　　　　（C）30　　　　　（D）40
228. BD002　球形容器球壳用钢板,当采用厚度大于（　）mm 的 20R 和 16MnR 钢板时,应逐张进行超声波检测。
　　　　　（A）16　　　　　（B）20　　　　　（C）30　　　　　（D）40
229. BD002　球形容器中 15MnV、09Mn2VD 和 09MnD 钢管应在（　）状态下使用。
　　　　　（A）回火　　　　（B）退火　　　　（C）正火　　　　（D）淬火
230. BD003　由于球瓣展开应用了球心角弧长计算法,所以球瓣下料可用（　）下料样板法。
　　　　　（A）一次　　　　（B）两次　　　　（C）三次　　　　（D）四次
231. BD003　下料样板修正时,先根据（　）所得的各处弧长值,下两块相同的料,周边放余量 20～30mm,然后标出各节点标记。
　　　　　（A）经验　　　　（B）测量　　　　（C）球心角计算　　（D）展开图法
232. BD003　球壳板净料样板由小规格的（　）等组成。
　　　　　（A）角钢　　　　（B）扁钢或薄钢板（C）槽钢　　　　（D）工字钢
233. BD004　制造球瓣的钢板,除了应符合有关材料标准规定外,应对钢板逐张进行（　）探伤检查。
　　　　　（A）X 射线　　　（B）超声波　　　（C）磁粉　　　　（D）渗透
234. BD004　冷压球瓣采用（　）成形法。
　　　　　（A）局部　　　　（B）整体　　　　（C）一次　　　　（D）多次
235. BD004　球瓣下料采用（　）切割。
　　　　　（A）气刨　　　　（B）剪板机　　　（C）切割机　　　（D）氧—乙炔
236. BD005　气割切口表面应光洁,切割纹（　）以及氧化熔渣容易脱落是气割的质量要求。

(A) 粗细一致　　　　(B) 小于0.5mm　　(C) 小于0.3mm　　(D) 小于0.4mm

237. BD005　气割面平面度是指被测部位切割面上（　）和最低点，按切割面方向所做两条平行线的间距。
(A) 1/3　　　　　　(B) 1/2　　　　　　(C) 2/3　　　　　　(D) 最高点

238. BD005　一般将气割切割面质量共分（　）评定内容，每项评定内容中，又分为四个等级。
(A) 5项　　　　　　(B) 6项　　　　　　(C) 7项　　　　　　(D) 8项

239. BD006　切割面等级中平面度是指切割方向（　）切割面上的凹凸程度。
(A) 平行　　　　　　(B) 倾斜　　　　　　(C) 垂直　　　　　　(D) 相交

240. BD006　缺陷的极限间距是指沿（　）方向的切割面上，由于振动和间断等原因，出现沟痕，使表面粗糙度突然下降，其沟痕深度为0.32~1.2mm，沟痕宽度不超过5mm者称为缺陷。
(A) 垂直　　　　　　(B) 切线　　　　　　(C) 倾斜　　　　　　(D) 平行

241. BD006　气割平面平面度、切口纹深度和缺口（　）三项参数指标是评定切割质量的标准。
(A) 熔化度　　　　　　　　　　　　(B) 熔渣脱落程度
(C) 最小间隙　　　　　　　　　　　(D) 宽度

242. BD007　造成气割缺陷的原因是工艺参数选择错误或（　）。
(A) 操作不当　　　　　　　　　　　(B) 火焰不对
(C) 割嘴选择错误　　　　　　　　　(D) 材质不对

243. BD007　进行气割的必要条件中，燃点要（　）熔点。
(A) 高于　　　　　　(B) 等于　　　　　　(C) 低于　　　　　　(D) 高于或等于

244. BD007　进行气割的必要条件中，燃烧是放热反应，在气割低碳钢时所需要的热量，其中金属燃烧所产生的热量约占（　）。
(A) 80%　　　　　　(B) 75%　　　　　　(C) 60%　　　　　　(D) 70%

245. BD008　气割时上缘熔化的原因是（　）、切割速度太慢、割嘴离割件太近。
(A) 预热火焰太强　　　　　　　　　(B) 预热火焰太弱
(C) 切割压力太高　　　　　　　　　(D) 切割压力太低

246. BD008　气割时产生上缘呈珠链状的主要原因是（　）、割件表面有氧化皮铁锈、割嘴离割件太近。
(A) 切割氧的压力太低　　　　　　　(B) 预热火焰太弱
(C) 火焰能量太强　　　　　　　　　(D) 切割压力太高

247. BD008　气割时后拖量大的主要原因是（　）切割速度太快。
(A) 切割压力太高　　　　　　　　　(B) 预热火焰太强
(C) 预热火焰太弱　　　　　　　　　(D) 切割氧气压力不足

248. BD009　气割时为了防止上缘熔化采取的工艺措施有：控制好火焰、选用较快的切割速度、割嘴与割件的距离控制在（　）mm。
(A) 2~4　　　　　　(B) 2~3　　　　　　(C) 1~2　　　　　　(D) 3~5

249. BD009　气割时使用的氧气的纯度一般不低于（　）。
(A) 98%　　　　　　(B) 97%　　　　　　(C) 98.5%　　　　　(D) 99%

250. BD009 氧—乙炔焰燃烧的温度高达（ ）℃。
(A) 3000~3100　　　　　　　　(B) 2900~3100
(C) 3200~3300　　　　　　　　(D) 3100~3200

251. BD010 等离子切割是利用（ ）等离子焰流将切口金属及氧化物熔化并将其吹走而完成的过程。
(A) 高压高速　　(B) 高温高速　　(C) 高压高温　　(D) 高压弧柱

252. BD010 等离子切割所用氮气纯度一般不低于（ ），否则易烧坏喷嘴和钨极。
(A) 99.4%　　(B) 99.3%　　(C) 99.5%　　(D) 99.8%

253. BD010 等离子弧温度高达（ ）℃。
(A) 15000　　(B) 20000　　(C) 30000　　(D) 40000

254. BD011 等离子弧切割用的喷嘴一般用（ ）制造。
(A) 陶瓷　　(B) 铝　　(C) 紫铜　　(D) 不锈钢

255. BD011 等离子弧可以切割任何高熔点金属、有色金属和（ ）。
(A) 塑料　　(B) 陶瓷　　(C) 非金属材料　　(D) 橡胶

256. BD011 等离子弧切割时在不致产生"双弧"及影响电弧稳定的前提下电极内缩量一般取（ ）mm。
(A) 6~7　　(B) 7~10　　(C) 8~10　　(D) 8~11

257. BD012 等离子弧切割的特点是切口（ ）、切割质量好、切速高、热影响小、工件变形小。
(A) 较宽　　(B) 较窄　　(C) 无氧化　　(D) 熔化快

258. BD012 离子弧焊炬的基本结构中，可用非转移型切割的是（ ）。
(A) 耐热钢　　(B) 钛合金　　(C) 花岗石　　(D) 铸铁

259. BD012 等离子弧切割是利用高温的等离子弧为热源,将被切割的材料局部迅速熔化,利用压缩的（ ）吹走熔化的材料形成切口的。
(A) 电弧　　(B) 等离子弧　　(C) 高速气流　　(D) 高压氧

260. BD013 光电跟踪自动切割机由光电跟踪台、光电式传感器和（ ）组成。
(A) 自动切割机　　　　　　　　(B) 自动气割装置
(C) 纵横向传动机构　　　　　　(D) 架体

261. BD013 光电跟踪自动气割的特点是省去了在钢板上（ ）的工序。
(A) 划线　　(B) 放样　　(C) 划线放样　　(D) 移动设备

262. BD013 一般光电跟踪自动气割适用于切割尺寸小于（ ）m的零件。
(A) 0.5　　(B) 1　　(C) 1.5　　(D) 2

263. BD014 将激光束和气体束,同时（ ）在工件表面上对材料进行切割的称为激光切割。
(A) 分散　　(B) 聚焦　　(C) 投影　　(D) 照射

264. BD014 激光切割后的切缝有一定的（ ），且表面会留下很浅的热影响层。
(A) 宽度　　(B) 锥度　　(C) 凸度　　(D) 凹度

265. BD014 在所有切割方法中,切割同等厚度、同种材料,速度最快的是（ ）。
(A) 激光切割　　　　　　　　　(B) 等离子切割
(C) 光电跟踪切割　　　　　　　(D) 数控切割

266. BD015 数控切割机由数控装置（专用计算机）和（ ）组成。
(A) 执行机构　　　　　　　　　(B) 气割装置

(C) 架体　　　　　　　　　　　　(D) 自动旋转割矩

267. BD015　数控切割中割炬的运动轨迹,实际是一条逼近零件轮廓图形的（　　）。
(A) 曲线　　　　(B) 直线　　　　(C) 折线　　　　(D) 圆弧

268. BD015　普通数控气割机一般简称（　　）。
(A) WC　　　　(B) MC　　　　(C) NC　　　　(D) PC

269. BD016　对冷压并经过矫正后的所有球瓣进行检查时,将球瓣放到（　　）上,以免因球瓣自重变形而影响测量的准确性。
(A) 水平板　　(B) 软土　　　　(C) 侧位置　　　(D) 专用胎具

270. BD016　用样板检查球壳板任何部位,且随任意方向检查,其样板与球壳板的间隙（　　）。
(A) $E \geqslant 3mm$　　(B) $E \leqslant 3mm$　　(C) $E \geqslant 1mm$　　(D) $E < 1mm$

271. BD016　检查球壳板各位置几何尺寸的允差:长度方向弦长允差（　　）。
(A) $\Delta L \leqslant \pm 3mm$　　　　　　　(B) $\Delta L \geqslant \pm 3mm$
(C) $\Delta L \geqslant \pm 2.5mm$　　　　　　(D) $\Delta L \leqslant \pm 2.5mm$

272. BD017　球瓣上、下支柱的连接,是借助一个（　　）,使安装时便于对中找正。
(A) 定位孔　　(B) 定位芯板　　(C) 中心线　　　(D) 样板

273. BD017　切割支柱与球体连接时,应将支柱管端部进行（　　）处理,以防冷加工时的回弹。
(A) 退火　　　(B) 正火　　　　(C) 回火　　　　(D) 淬火

274. BD017　球罐支柱的不直度不得大于支柱高度的（　　）。
(A) 1%　　　　(B) 2%　　　　(C) 1‰　　　　(D) 2‰

275. BD018　球罐安装前应对（　　）各部位进行检查和验收。
(A) 球瓣　　　(B) 支柱　　　　(C) 基础　　　　(D) 附件

276. BD018　基础施工质量的好坏,直接会影响球罐的（　　）值。
(A) 抗压　　　(B) 抗震　　　　(C) 抗风　　　　(D) 沉降

277. BD018　基础地脚螺栓预留孔间距超差,则直接影响（　　）的受力状况。
(A) 支柱　　　(B) 球瓣　　　　(C) 基础　　　　(D) 附件

278. BD019　组装平台的地基应平整、坚实,平台应找水平,其误差应小于（　　）mm。
(A) 5　　　　　(B) 10　　　　　(C) 12　　　　　(D) 15

279. BD019　为了使平台具有足够的刚度,球罐组装平台用钢板其板厚应不小于（　　）mm。
(A) 10　　　　(B) 12　　　　　(C) 16　　　　　(D) 20

280. BD019　球罐组装用工装包括支承杆、专用夹具和（　　）等。
(A) 定位挡板　(B) 定位销　　　(C) 球瓣　　　　(D) 支柱

281. BD020　为了减少高空作业量,名义容积在等于或小于400m³以下球罐采用（　　）安装较好。
(A) 分带　　　(B) 半球法　　　(C) 分瓣　　　　(D) 整体

282. BD020　分瓣装配法目前以（　　）为基准的安装方法运用最广泛。
(A) 下极板　　(B) 上极板　　　(C) 上、下温带　(D) 赤道带

283. BD020　将瓣片一片片按球带装配成球的安装方法是（　　）安装法。
(A) 半球　　　(B) 分瓣　　　　(C) 分带　　　　(D) 整体

284. BD021　球瓣使用的材料多为低合金高强度钢,可焊性差,焊缝接头中容易产生（　　）

裂纹。
(A) 应力腐蚀　　(B) 热裂纹　　(C) 再热裂纹　　(D) 冷裂纹

285. BD021　一般来讲,被焊材料的强度等级越高,对氢的敏感性越大,对焊接材料（　　）的要求也越严格。
(A) 检验　　(B) 烘干　　(C) 入库　　(D) 出库

286. BD021　每位焊工领出的焊条要求在3~4h内用完,否则必须回收再烘干,再烘干次数不得超过（　　）次。
(A) 两　　(B) 三　　(C) 四　　(D) 五

287. BD022　焊接内部质量的主要形状缺陷有裂纹、气孔、夹渣、未熔合与（　　）等。
(A) 未焊透　　(B) 咬边　　(C) 渗漏　　(D) 未熔透

288. BD022　金属熔焊缝中的裂纹缺陷可分为（　　）。
(A) 2类　　(B) 3类　　(C) 5类　　(D) 6类

289. BD022　在焊接接头中的不连续、不均匀性以及其他不健全性等的欠缺,统称为焊接（　　）。
(A) 欠缺　　(B) 缺欠　　(C) 缺陷　　(D) 缺点

290. BD023　焊接时,（　　）不会产生横向裂纹。
(A) 焊缝金属中　　(B) 热影响区中　　(C) 熔合线上　　(D) 母材金属中

291. BD023　焊接应力及（　　）共同作用下产生了裂纹。
(A) 淬硬倾向　　(B) 工件刚性大
(C) 焊条受潮　　(D) 其他致脆因素

292. BD023　焊接时,（　　）不会产生枝状裂纹。
(A) 焊缝金属中　　(B) 热影响区中　　(C) 熔合线上　　(D) 母材金属中

293. BD024　焊接中气孔是由于焊条受潮、（　　）、工件有污物而造成的。
(A) 电弧过长　　(B) 电弧过短　　(C) 电流过大　　(D) 电流过小

294. BD024　防止气孔的措施不正确的是（　　）。
(A) 采用直流反接并用短弧施焊　　(B) 焊前预热,减缓冷却速度
(C) 用偏弱的规范施焊　　(D) 采用碱性焊条、焊剂,并彻底烘干

295. BD024　暴露在焊缝表面的气孔是（　　）。
(A) 均布气孔　　(B) 条形气孔　　(C) 缩孔　　(D) 表面气孔

296. BD025　夹渣产生的原因是焊接过程中溶渣清理不干净、焊接（　　）、焊速过大等造成。
(A) 电流过小　　(B) 电流过大　　(C) 坡口太小　　(D) 坡口太大

297. BD025　防止夹渣产生不正确的措施是（　　）。
(A) 选择脱渣性能好的焊条　　(B) 认真清除层间熔渣
(C) 合理选择焊接工艺参数　　(D) 采用小的焊接电流

298. BD025　固体夹渣分为（　　）。
(A) 4类　　(B) 6类　　(C) 5类　　(D) 3类

299. BD026　球罐对接焊缝,从第二层以后用（　　）焊接,目的是适当控制变形。
(A) 连续焊　　(B) 分段前进焊　　(C) 分段退步焊　　(D) 退步焊

300. BD026　球罐对接每一条焊道宽度不宜超过（　　）mm,若超过应采用多道焊进行。
(A) 10　　(B) 15　　(C) 20　　(D) 25

301. BD026　球罐的环缝、纵缝焊接顺序为（　）。
　　　　　　（A）先纵后环　　　（B）先环后纵　　　（C）同时焊接　　　（D）随意焊接
302. BD027　为了防止焊缝冷却过快而产生（　），所以球罐焊接前必须预热。
　　　　　　（A）夹渣　　　　　（B）微裂纹　　　　（C）气孔　　　　　（D）咬边
303. BD027　球罐板焊接加热在施焊侧的反面进行，在焊缝两侧（　）mm 范围内用测温笔或点式测温仪测量。
　　　　　　（A）30　　　　　　（B）60　　　　　　（C）80　　　　　　（D）100
304. BD027　球罐焊接后，立即进行后热处理，后热处理需要保温（　）min。
　　　　　　（A）10~20　　　　（B）25~45　　　　（C）20~40　　　　（D）15~30
305. BD028　球罐球壳板最小宽度不小于（　）mm。
　　　　　　（A）300　　　　　（B）400　　　　　（C）500　　　　　（D）550
306. BD028　球罐接管法兰应采用（　）。
　　　　　　（A）平焊法兰　　　（B）对焊法兰　　　（C）凹凸面法兰　　（D）以上都可以
307. BD028　球壳上任何相邻对接焊缝中心外圆弧长应大于3倍的板厚，且不小于（　）mm。
　　　　　　（A）50　　　　　　（B）100　　　　　（C）150　　　　　（D）200
308. BD029　间断焊缝每米的纵向收缩量近似值为（　）mm。
　　　　　　（A）0~0.5　　　　（B）0~0.7　　　　（C）0~0.1　　　　（D）0~0.9
309. BD029　连续焊缝焊接后每米的纵向收缩量近似值为（　）mm。
　　　　　　（A）0.2~0.5　　　（B）0.3~0.5　　　（C）0.2~0.4　　　（D）0.3~0.4
310. BD029　对接焊缝焊接后每米的纵向收缩量近似值为（　）mm。
　　　　　　（A）0.15~0.3　　 （B）0.1~0.2　　　（C）0.15~0.2　　　（D）0.2~0.4
311. BD030　球瓣对接焊缝，第一层以（　）焊接，从第二层以后用分段前进法焊接，目的是适当控制变形。
　　　　　　（A）分段退步　　　（B）多道　　　　　（C）连续　　　　　（D）交替
312. BD030　对于高强钢，要避免在（　）进行引弧，这样很容易在引弧处发生细微裂纹。
　　　　　　（A）焊缝上　　　　（B）引弧板　　　　（C）焊接坡口内　　（D）焊接坡口外
313. BD030　球体焊前预热温度由焊接试验确定，一般控制在（　）℃。
　　　　　　（A）50~100　　　 （B）100~150　　　（C）150~200　　　（D）200~250
314. BE001　无论在水压试验或操作状况下，油罐均不得产生（　）破坏。
　　　　　　（A）刚性　　　　　（B）断裂　　　　　（C）压缩　　　　　（D）拉伸
315. BE001　保证油罐在最大风荷作用下罐体不会被吹瘪或破坏，油罐必须具有（　）的能力。
　　　　　　（A）抗断裂　　　　（B）抗震　　　　　（C）抵抗风荷　　　（D）抗疲劳
316. BE001　要有合乎质量要求的油罐基础，以保证油罐的（　），避免引起罐底被破坏。
　　　　　　（A）强度　　　　　　　　　　　　　　　（B）刚度
　　　　　　（C）抗腐蚀　　　　　　　　　　　　　　（D）安全和完整性
317. BE002　对罐底板进行平整、除锈，除锈以后在罐底板的下表面涂刷（　）两遍。
　　　　　　（A）701-6沥青漆　（B）油漆　　　　　（C）涂料　　　　　（D）煤油
318. BE002　实践证明罐底板采用（　）排法具有便于错缝、容易控制焊接变形和外形美观等优点。

(A) 人字形　　　(B) 十字形　　　(C) 丁字形　　　(D) 工字形

319. BE002　在罐基的沥青砂层上划出相互垂直的两条中心线,其中一条指示( )。
(A) 东　　　　　(B) 南　　　　　(C) 西　　　　　(D) 北

320. BE002　罐底板相互搭接,在三层底板重叠处应将上层底板切角,这可减少焊缝高度和( )。
(A) 应力集中　　(B) 焊接工作量　(C) 焊接裂纹　　(D) 未焊透

321. BE003　罐底板的焊缝应互相错开,中幅板上各条焊缝之间的距离应大于或等于500mm,个别实在错不开时可略小些,但不得小于( )mm。
(A) 300　　　　(B) 200　　　　(C) 100　　　　(D) 50

322. BE003　罐底中幅板的焊缝与边板对接焊缝之间的距离应大于300mm,个别实在错不开可略小些,但不得小于( )mm。
(A) 300　　　　(B) 200　　　　(C) 100　　　　(D) 50

323. BE003　罐底铺设时,中幅板与边板之间搭接宽度为( )mm,铺板时划好线,要确保这一宽度。
(A) 10　　　　 (B) 20　　　　 (C) 40　　　　 (D) 60

324. BE004　罐底的焊接顺序很重要,安排焊接顺序的原则是每条焊缝尽量可( )收缩,减少钢板和焊缝中的内应力。
(A) 自由　　　　(B) 横向　　　　(C) 纵向　　　　(D) 约束

325. BE004　整个罐底中间留一个( )封闭焊缝。
(A) 人字形　　　(B) 丁字形　　　(C) 十字形　　　(D) 工字形

326. BE004　整个罐底收缩量沿不同方向有所不同,圆心角α为( )时,收缩最小。
(A) 0°　　　　　(B) 30°　　　　(C) 45°　　　　(D) 90°

327. BE004　罐底板焊接时,长焊缝宜采用( )焊法,可减少焊接应力集中。
(A) 连续　　　　(B) 交替　　　　(C) 分段退焊　　(D) 多道

328. BE005　罐底焊后,焊缝表面不得有砂眼、裂纹等缺陷,对于缺陷中的气泡、气孔等可用( )的方法加以修补。
(A) 气刨　　　　(B) 补焊　　　　(C) 抛磨　　　　(D) 加热

329. BE005　罐底焊缝如有( )缺陷应予彻底铲掉,重新施焊和检查。
(A) 余高　　　　(B) 气泡　　　　(C) 裂纹　　　　(D) 气孔

330. BE005　罐底局部凸凹度检查,设计要求局部凸凹度不大于50mm,实测为( )mm。
(A) 10　　　　 (B) 20　　　　 (C) 30　　　　 (D) 40

331. BE006　罐壁板的号料误差要求对长度、宽度和对角线均控制在( )mm范围内。
(A) ±1　　　　 (B) ±2　　　　 (C) ±3　　　　 (D) ±4

332. BE006　罐壁的每块壁板两端的立缝对接处应开出坡口,壁厚超过12mm时,应开( )坡口。
(A) V形　　　　(B) X形　　　　(C) U形　　　　(D) 单边V形

333. BE006　罐壁板经滚板机滚圆后,应存放在特制的( )上。
(A) 平板　　　　(B) 钢架　　　　(C) 弧形胎架　　(D) 地面

334. BE007　罐壁加强圈的环板用( )号料。
(A) 样板　　　　(B) 钢板　　　　(C) 图样　　　　(D) 计算

335. BE007　罐壁加强圈的立板在（　）上号料。
　　　（A）样板　　　　（B）钢板　　　　（C）图样　　　　（D）地面
336. BE007　浮顶罐加强圈的制造精度直接影响罐壁的（　）。
　　　（A）变形　　　　（B）弧度　　　　（C）几何尺寸　　（D）自由度
337. BE008　浮顶罐的抗风圈预制时先按图样（　）。
　　　（A）放大　　　　（B）号料　　　　（C）下料　　　　（D）展开
338. BE008　抗风圈组对后，再用与罐壁部位接触弧度的1.5m样板测量，其间隙不得（　）mm。
　　　（A）小于3　　　（B）大于3　　　（C）小于0.3　　（D）大于0.3
339. BE008　抗风圈装在罐壁上之前，首先用盘尺量取抗风圈所在位置的实际周长，分成（　），划出三角架的位置并进行焊接。
　　　（A）六等分　　　（B）四等分　　　（C）两等分　　　（D）等分
340. BE009　浮顶罐壁上部的包边角钢是在（　）上冷滚成的。
　　　（A）滚床　　　　（B）压力机　　　（C）钢平台　　　（D）地面
341. BE009　罐壁上的包边角钢冷滚前，先把两根角钢点焊拼成（　），然后滚成要求的弧长。
　　　（A）人字形　　　（B）T形　　　　（C）并排　　　　（D）十字形
342. BE009　罐壁包边角钢冷滚后如间隙过大或有扭曲现象可用（　）进行调整。
　　　（A）滚床　　　　（B）千斤顶　　　（C）丝杆压力机　（D）胎具
343. BE010　罐壁板间依次进行（　）定位。
　　　（A）点焊　　　　（B）加减丝　　　（C）样板　　　　（D）楔铁
344. BE010　罐壁板组装时，先在罐底板上划好线，打上样冲，罐内壁以此线为壁板（　）基准。
　　　（A）焊接　　　　（B）组对　　　　（C）划线　　　　（D）测量
345. BE010　罐壁板组对时的垂直、水平、立缝错口等均应符合（　）要求。
　　　（A）实际　　　　（B）焊接　　　　（C）规范　　　　（D）组对
346. BE011　由于罐壁在焊接过程中会引起收缩，所以在划线、组对时要估计到周长的（　），预先把它放出来。
　　　（A）收缩量　　　（B）拉伸量　　　（C）变形量　　　（D）尺寸
347. BE011　罐壁板组对线划好后，沿线每隔0.8~1.0m焊一块（　）。
　　　（A）垫板　　　　（B）加强板　　　（C）限位挡板　　（D）支撑板
348. BE011　罐的第二节壁板开始吊装点应从第一节壁板开始吊装点起旋转大约（　）。
　　　（A）30°　　　　（B）45°　　　　（C）60°　　　　（D）90°
349. BE012　焊接用电焊条事先必须经过认真烘干，碱性焊条干燥温度必须在（　）℃左右，恒温1~2h。
　　　（A）600　　　　（B）400　　　　（C）200　　　　（D）100
350. BE012　罐壁焊接时，环境温度在（　）℃以上时才可施焊。
　　　（A）-5　　　　　（B）0　　　　　（C）5　　　　　（D）10
351. BE012　罐壁角焊缝焊完后应立即做（　）检查。
　　　（A）强度　　　　（B）严密性　　　（C）压力　　　　（D）应力腐蚀
352. BE012　浮顶罐的单盘排板采用（　）排板法及条形排板法两种。

(A) 人字形 　　　　(B) 十字形 　　　　(C) 丁字形 　　　　(D) 工字形

353. BE012　在罐中心点与单盘浮船边接角钢处（　），以此为基准搭设组装单盘支架胎具。
(A) 焊一组挡板 　　(B) 拉一条钢丝 　　(C) 划一条线 　　(D) 点焊定位

354. BE012　浮顶罐单盘的下面焊接为（　）。
(A) 连续焊 　　　　(B) 分段退焊 　　　(C) 间断焊 　　　　(D) 交替焊

355. BE013　浮船底扇形板铺成（　），即为船舱底板。
(A) 矩形 　　　　　(B) 圆环 　　　　　(C) 三角形 　　　　(D) 菱形

356. BE013　船舱内焊接全部完成后，立即进行除锈及刷油工作，待油漆干燥后再安装浮船（　）。
(A) 隔板 　　　　　(B) 肋板 　　　　　(C) 盖板 　　　　　(D) 桁架

357. BE013　船舱底板由多块扇形板组成，每块扇形板若用几块钢板拼接时，拼焊后予以（　）。
(A) 校平 　　　　　(B) 后热 　　　　　(C) 反变形 　　　　(D) 内弯

358. BE013　随着浮船的下降，除打磨罐壁外，还要组焊（　）。
(A) 立柱 　　　　　(B) 垂直导向杆 　　(C) 单盘支架 　　　(D) 盘梯

359. BE014　当浮顶罐密封导向装置及浮顶上的全部配件均安装完毕后，可开始做（　）试验。
(A) 液压 　　　　　(B) 气密 　　　　　(C) 升降 　　　　　(D) 密封

360. BE014　在浮船外边缘板的上沿大约每隔2m划一点，然后用（　）把这些点反到罐壁上，这样罐壁上就得到许多与浮船外边缘板上沿杆高相同的点，依据这些点的基准，可划出密封装置安装基准线。
(A) 盘尺 　　　　　(B) 钢丝 　　　　　(C) 样板 　　　　　(D) 水平仪

361. BE014　浮顶油罐罐底的组装形式有搭接和对接两种，其中搭接形式的缺点是（　）。
(A) 罐顶焊接受力均匀性差，底板外观不平整
(B) 罐底焊接受力均匀性差，底板外观不平整
(C) 罐顶焊接受力均匀性差，顶板外观不均匀
(D) 罐壁焊接受力均匀性差，底板外观不平整

362. BF001　在碳素钢的基础上，为了提高材料强度又不至于影响它的工艺性而加入一定量的合金元素所形成的低合金钢称之为（　）。
(A) 高强钢 　　　　(B) 低碳钢 　　　　(C) 中碳钢 　　　　(D) 高碳钢

363. BF001　高强钢的合金成分不大于（　），但强度却大幅度提高了。
(A) 10% 　　　　　(B) 5% 　　　　　　(C) 0.45% 　　　　(D) 0.25%

364. BF001　为了提高钢的综合性能，不少钢种加入了稀土元素，大部分钢的金相组织都属于（　）组织。
(A) M 　　　　　　(B) F＋P 　　　　　(C) M＋B 　　　　(D) B

365. BF002　高强钢由于Mn元素的合金化作用，使得碳—锰钢发生同素异形转变，结果是（　）增强了。
(A) 强度 　　　　　(B) 可焊性 　　　　(C) 塑性 　　　　　(D) 裂纹敏感性

366. BF002　高强钢由于碳—锰钢发生的同素异形转变，使钢材有着相当大的（　）应力，如果再对其采取不当的加工手段，容易使材料碎裂。

(A) 温度　　　　　(B) 组织　　　　　(C) 残余　　　　　(D) 瞬时

367. BF002　由焊接产生的内应力称为（　）应力。
(A) 温度　　　　　(B) 组织　　　　　(C) 焊接　　　　　(D) 瞬时

368. BF003　从焊接接头的硬度分布可看出，焊缝的（　）硬度最高，故一般用该区的硬度值作为焊缝硬化程度衡量基准。
(A) 热影响区　　　(B) 熔合区　　　　(C) 焊缝金属　　　(D) 母材

369. BF003　裂纹敏感性主要指高强钢对产生焊接裂纹的（　）程度。
(A) 敏感　　　　　(B) 反应　　　　　(C) 活跃　　　　　(D) 复杂

370. BF003　冷裂纹敏感性的试验方法，对高强钢来说采用（　）试验方法。
(A) 弯曲　　　　　(B) 拉伸　　　　　(C) 冲击　　　　　(D) 小铁研式

371. BF004　高强钢弯曲时，变形每发生一次后，为了消除其内应力，应进行一次（　）处理。
(A) 低温退火　　　(B) 高温退火　　　(C) 正火　　　　　(D) 淬火

372. BF004　当通过热处理来改变高强钢机械性能时，则在成形前应进行一次（　）处理，以增强塑性。
(A) 回火　　　　　(B) 退火　　　　　(C) 正火　　　　　(D) 淬火

373. BF004　经软化硬度热处理的高强钢，冷作成形后还应进行（　）处理，以满足使用要求。
(A) 增塑　　　　　(B) 回火　　　　　(C) 正火　　　　　(D) 增强热

374. BF005　液压消除残余应力法是将设备静止充水加压到（　）的工作压力，使不均匀的内应力在内压作用下趋于均衡。
(A) 1.25 倍　　　　(B) 2 倍　　　　　(C) 2.5 倍　　　　(D) 3 倍

375. BF005　爆炸消除残余应力应用范围大多是（　）mm 的板焊接结构件。
(A) 1～5　　　　　(B) 6～8　　　　　(C) 10～15　　　　(D) 16～30

376. BF005　焊后热处理是将设备加热至临界温度（AC_1）以下，一般比 AC_1 低（　）℃保温至所需时间后缓冷，这就是低温退火热处理。
(A) 20　　　　　　(B) 30　　　　　　(C) 50　　　　　　(D) 100

377. BF005　对含 Ni、Cr、V 等高强钢可能在热处理时发生（　），因此含 V 高强钢消除应力热处理温度应低于 600℃。
(A) 脆断　　　　　(B) 回火脆性　　　(C) 塑化　　　　　(D) 退火脆火

378. BF006　合金结构钢是在碳素结构钢的基础上加入（　）合金元素的钢种。
(A) 特定　　　　　(B) 适量　　　　　(C) 少量　　　　　(D) 大量

379. BF006　低合金结构钢是在普通碳素结构钢的基础上加入（　）合金元素制成的。
(A) 特定　　　　　(B) 适量　　　　　(C) 少量　　　　　(D) 大量

380. BF006　低合金结构钢焊接性能（　）。
(A) 较好　　　　　(B) 较差　　　　　(C) 一般　　　　　(D) 不好

381. BF007　合金工具钢与碳素工具钢相比，具有（　）好、热硬性高、热处理变形小的优点。
(A) 淬硬性　　　　(B) 淬透性　　　　(C) 耐磨性　　　　(D) 韧性

382. BF007　钢中加入铬、锰、硅、钨、钒等元素，主要是为了提高低合金刃具钢的强度和（　）。
(A) 红硬性　　　　(B) 淬透性　　　　(C) 韧性　　　　　(D) 耐磨性

383. BF007　高速钢中含有（　）的碳和大量的钨、铬、钒、钼等元素。
　　　　　　(A) 0.7%～1.5%　　　　　　　　(B) 0.7%～26%
　　　　　　(C) 0.7%～1.8%　　　　　　　　(D) 0.7%～1.4%
384. BF008　低合金结构钢一般在（　）状态下采用手工或机械矫正。
　　　　　　(A) 常温　　　(B) 加热　　　(C) 焊缝纵向　　(D) 焊缝横向
385. BF008　低合金结构钢在矫正时应尽可能减少其变形次数，防止钢材的（　）。
　　　　　　(A) 脆化　　　(B) 硬化　　　(C) 裂纹　　　(D) 氧化
386. BF008　加热矫正低合金结构钢后应根据钢材的性能特点进行相应（　），以提高其特殊的性能。
　　　　　　(A) 锤击　　　(B) 热处理　　(C) 探伤　　　(D) 延展
387. BF009　薄板矫正时，让其受（　），则极易产生"失稳"现象。
　　　　　　(A) 拉应力　　(B) 压应力　　(C) 瞬时应力　(D) 弯曲应力
388. BF009　薄板矫正时，尽量选用在（　）下矫正。
　　　　　　(A) 常温　　　(B) 加热　　　(C) 低温　　　(D) 超低温
389. BF009　在矫正薄板时出现硬化情况，应停止矫正，进行消除硬化（　）处理。
　　　　　　(A) 正火　　　(B) 淬火　　　(C) 回火　　　(D) 退火
390. CA001　角钢杆件补强，可采用（　）修复。
　　　　　　(A) 堆焊法　　(B) 补强加固法　(C) 贴板补强法　(D) 局部点固
391. CA001　圆形钢管杆件采用角钢补强时，应采用（　）。
　　　　　　(A) 连续焊接　(B) 分段焊接　(C) 断续焊接　(D) 点焊
392. CA001　容器修理后即令不再从事原工况工作，但从（　）的原则出发，修复使用仍是一件有益的事情。
　　　　　　(A) 实用　　　(B) 使用　　　(C) 节约　　　(D) 安全
393. CA002　对产生变形的部位如果经确认为（　）不足，则可采取加固补强的修理方法。
　　　　　　(A) 强度　　　(B) 刚度　　　(C) 韧性　　　(D) 塑性
394. CA002　容器缺陷的外部检验必要时可进行测厚、（　）检测和腐蚀介质含量测定等。
　　　　　　(A) 温差　　　(B) 低温　　　(C) 壁温　　　(D) 内温
395. CA002　焊补工作困难的部位可采用（　）方法进行局部更新修复。
　　　　　　(A) 修补　　　(B) 加固　　　(C) 更换　　　(D) 挖补
396. CA003　在用压力容器的检验和缺陷处理，是通过检验判断其能否（　）地使用到下一个检验周期。
　　　　　　(A) 安全可靠　(B) 满负荷　　(C) 超极限　　(D) 正常
397. CA003　对新制造的容器，必须严格按照（　）的制造标准验收。
　　　　　　(A) 设计　　　(B) 规定　　　(C) 安全　　　(D) 可靠
398. CA003　对在用压力容器的检验和缺陷处理不能完全套用（　）标准。
　　　　　　(A) 设计　　　(B) 检验　　　(C) 使用　　　(D) 制造
399. CA004　材料材质检查主要解决的问题之一是（　）检查。
　　　　　　(A) 材料　　　(B) 材料牌号　(C) 材料成分　(D) 材料长度
400. CA004　材料材质检查主要解决的问题之一是检查（　）是否适应所使用的条件。
　　　　　　(A) 材料成分　(B) 材质性能　(C) 材料种类　(D) 材料牌号

401. CA004 材料牌号确属难于查清,则可按该类材料的（　）性能进行强度校核。
(A) 机械　　　　(B) 化学　　　　(C) 最高　　　　(D) 最低

402. CA005 筒体与封头或端盖的焊接连接,一般不能采用（　）连接结构。
(A) 角焊　　　　(B) 搭接焊　　　(C) 对接焊　　　(D) 立焊

403. CA005 接管、法兰的角焊连接,应采用全焊透或（　）结构。
(A) 点焊　　　　(B) 半焊透　　　(C) 分段焊　　　(D) 局部焊透

404. CA005 凡不合理的结合都应做必要的处理,对于不能保证安全的应予（　）。
(A) 补强　　　　(B) 修理　　　　(C) 判废　　　　(D) 降级使用

405. CA006 分散的点腐蚀深度不超过壁厚(不含腐蚀裕量)的（　）,一般不做处理。
(A) 1/5　　　　(B) 2/5　　　　(C) 3/5　　　　(D) 4/5

406. CA006 分散的点腐蚀在直径为 200mm 范围内,点腐蚀总面积不超过（　）cm²,一般不做处理。
(A) 100　　　　(B) 80　　　　(C) 60　　　　(D) 40

407. CA006 在直径为 200mm 范围内,沿任一直径的点腐蚀长度之和不超过（　）mm,可不做处理。
(A) 100　　　　(B) 200　　　　(C) 40　　　　(D) 80

408. CA007 必须严格检查表面裂纹,必要时应进行表面（　）。
(A) 无损探伤　　(B) 力学检验　　(C) 疲劳试验　　(D) 金相检验

409. CA007 对于表面裂纹,应认真分析发生原因,采取适当（　）措施。
(A) 焊补　　　　(B) 彻底清除　　(C) 补强　　　　(D) 压紧

410. CA007 一般容器外表面焊缝咬边深度不超过（　）mm,连续长度不超过 100mm,且焊缝两侧咬边总长不超过该焊缝长度的 10% 者,可不做处理。
(A) 4　　　　　(B) 3　　　　　(C) 2　　　　　(D) 1

411. CA008 无损检测是在不损坏检验对象的情况下,对零部件进行（　）检查的检验。
(A) 内部缺陷　　(B) 表面缺陷　　(C) 缺陷　　　　(D) 内部质量

412. CA008 不属于无损检测的是（　）。
(A) 无损探伤　　(B) 压力试验　　(C) 化学分析　　(D) 致密性试验

413. CA008 无损探伤技术主要用来对钢材或结构的（　）部位进行检查缺陷的检验。
(A) 铆接　　　　(B) 焊接　　　　(C) 螺栓连接　　(D) 胀接

414. CA009 渗透检测其工作原理是基于（　）。
(A) 毛细管现象　(B) 分子结构　　(C) 原子间隙　　(D) 晶间间隙

415. CA009 利用水银石英灯所发出的紫外线激发光材料,使其发出可见光,显示缺陷部位和大小的一种表面探伤方法称为（　）。
(A) 荧光探伤　　(B) 着色探伤　　(C) 磁粉探伤　　(D) 超声波探伤

416. CA009 将一种有色油液涂于工件表面,经一定时间后,让有色油液渗入缺陷中,然后擦干表面的油液,再在表面涂显示液,这时浸入缺陷的油液就显示出来的探伤方法称为（　）。
(A) 荧光探伤　　(B) 着色探伤　　(C) 磁粉探伤　　(D) 超声波探伤

417. CA010 渗透检测的特点是显示缺陷直观和可以同时显示不同（　）的各类缺陷。
(A) 形状　　　　(B) 方向　　　　(C) 位置　　　　(D) 结构

418. CA010　荧光探伤常采用（　）和碳酸镁加易挥发的溶剂调配而成。
　　　　　（A）氧化钠　　　　（B）氧化镁　　　　（C）氧化铝　　　　（D）氧化铜
419. CA010　不适合用渗透探伤的材料是（　）。
　　　　　（A）钢　　　　　　（B）铝　　　　　　（C）铜　　　　　　（D）多孔性材料
420. CA011　射线检测所采用的 X 射线有（　）种。
　　　　　（A）3　　　　　　（B）4　　　　　　（C）5　　　　　　（D）6
421. CA011　用特殊射线能穿透物质的特性并在穿透中表现出有一定规律的（　）进行检测的过程是射线检测原理。
　　　　　（A）增强性　　　　（B）衰减性　　　　（C）透照性　　　　（D）感光性
422. CA011　射线探伤中焊缝质量根据缺陷数量的规定分成（　）级。
　　　　　（A）2　　　　　　（B）3　　　　　　（C）4　　　　　　（D）5
423. CA012　射线检测时产品内部如有缺陷,其部位吸收射线、（　）较少,底片上感光量增大。
　　　　　（A）分子　　　　　（B）原子　　　　　（C）强度　　　　　（D）粒子
424. CA012　X 射线属于（　）。
　　　　　（A）直接电离辐射　　　　　　　　　　（B）非电离辐射
　　　　　（C）间接电离辐射　　　　　　　　　　（D）以上都不正确
425. CA012　能使底片上未经感光的溴化银溶解的液体是（　）。
　　　　　（A）显影液　　　　（B）停影液　　　　（C）定影液　　　　（D）水
426. CA013　射线检测Ⅰ级焊缝内不准有裂纹、未熔合、未焊透及（　）。
　　　　　（A）条状夹渣　　　　　　　　　　　　（B）圆形夹渣
　　　　　（C）2mm 以下气孔　　　　　　　　　（D）1mm 以下气孔
427. CA013　一般携带式 X 光机采用的冷却方式是（　）。
　　　　　（A）强制油循环　　（B）油浸自冷　　　（C）水冷　　　　　（D）散热片
428. CA013　未曝光 X 射线胶片盒保存时应（　）。
　　　　　（A）平放　　　　　（B）直立　　　　　（C）堆放　　　　　（D）未任意放置
429. CA014　胶片与铅箔增感屏一起放在暗盒中的时间过长,又曾处在高温或高湿环境中,胶片可能（　）。
　　　　　（A）产生白色斑点　　　　　　　　　　（B）出现树枝的轻微条痕
　　　　　（C）发生灰雾　　　　　　　　　　　　（D）药膜脱落
430. CA014　射线检测Ⅱ、Ⅲ级片焊缝内不准有裂纹、未熔合、双面焊和加垫板的单面焊中的（　）。
　　　　　（A）未焊透　　　　（B）未熔合　　　　（C）夹渣　　　　　（D）气孔
431. CA014　不影响射线照片细节影像不清晰的是（　）。
　　　　　（A）射线源尺寸　　　　　　　　　　　（B）射线源到胶片的距离
　　　　　（C）X 射线能量　　　　　　　　　　　（D）X 射线强度
432. CA015　利用超声波对介质两界面发生（　）的特性进行检测的是超声波探伤。
　　　　　（A）照射和折射　　（B）照射和反射　　（C）映射和折射　　（D）反射和折射
433. CA015　用横槽作为参考反射线体,探测（　）最适宜。
　　　　　（A）滚轧板材中的疏松　　　　　　　　（B）焊缝根部的未焊透
　　　　　（C）焊缝中的气孔　　　　　　　　　　（D）内部夹杂物

434. CA015　共振式超声波仪器主要采用（　）。
(A) 高频脉冲纵波　　　　　　　(B) 连续纵波
(C) 低频脉冲纵波　　　　　　　(D) 连续横波

435. CA016　体积性缺陷如气孔、圆形夹渣等，一般可按现行规范放宽（　）级进行处理。
(A) 1~2　　　(B) 3　　　(C) 4　　　(D) 5

436. CA016　在用压力容器如果存在严重变形、错边或棱角者，在检验和缺陷处理后一般应进行（　），并校定最高压力和温度。
(A) 矫正　　　(B) 补焊　　　(C) 强度校核　　　(D) 压力试验

437. CA016　进口的压力容器或按国外技术设计制造的压力容器，按（　）的规范进行强度校核。
(A) 部颁标准　　　(B) 行业标准　　　(C) 国家标准　　　(D) 原来采用

438. CA016　压力容器腐蚀裕量至少应满足到下一次检验期的（　）腐蚀量。
(A) 最少　　　(B) 平均　　　(C) 最多　　　(D) 实测

439. CA017　安全阀的检验报告应得到（　）的确认。
(A) 使用单位　　　(B) 检验员　　　(C) 领导　　　(D) 使用者

440. CA017　不得再重新作压力容器使用的是（　）容器。
(A) 焊补　　　(B) 修理　　　(C) 复检　　　(D) 判废

441. CA017　对于缺陷严重，难于修复或确无修复价值或修后仍难于保证安全运行的压力容器，应予以（　）。
(A) 修理　　　　　　　　　　　(B) 强度校核
(C) 补强　　　　　　　　　　　(D) 判废或限期判废

442. CA018　基准是零件上用于确定其点、线、面（　）的依据。
(A) 尺寸　　　(B) 结构　　　(C) 位置　　　(D) 形体

443. CA018　当工件有两个以上不加工表面时，应选择其中面积（　），较重要或外观质量要求较高的面作为主要划线依据。
(A) 较小　　　(B) 较大　　　(C) 粗糙　　　(D) 平整

444. CA018　划线时选用未经切削加工过的毛坯面作基准，使用次数只能为（　）次。
(A) 1　　　(B) 2　　　(C) 3　　　(D) 4

445. CA019　测量基准转换的要点是（　），确保测量的准确度，误差要小。
(A) 便于测量　　　　　　　　　(B) 选择基准面
(C) 变换基准位置　　　　　　　(D) 变换点、线、面

446. CA019　划线时当发现毛坯误差不大的情况下，可在依靠划线时用的（　）方法来予以补救，使加工零件仍能符合要求。
(A) 找正　　　(B) 借料　　　(C) 交换基准　　　(D) 改图样尺寸

447. CA019　一次安装在方箱上的工件，通过方箱翻转，可划出（　）个方向的尺寸线。
(A) 1　　　(B) 2　　　(C) 3　　　(D) 4

448. CA020　测量基准一般与（　）相重合。
(A) 设计基准　　　(B) 划线基准　　　(C) 装配基准　　　(D) 定位基准

449. CA020　毛坯工件通过找正后划线，可使加工表面与不加工表面之间保持（　）。
(A) 尺寸均匀　　　(B) 形状正确　　　(C) 位置正确　　　(D) 尺寸不均匀

450. CA020 箱体工件第一次划线位置应选择待加工孔和面（　）的一个位置。
(A) 最多　　　　(B) 最少　　　　(C) 适中　　　　(D) 不用加工

451. CA021 承担在用压力容器检验工作的单位和检验员，应具备必要条件，并取得（　）劳动部门批准或认可。
(A) 省级　　　　(B) 地区　　　　(C) 市、县级　　(D) 本单位

452. CA021 检验单位应保证检验工作质量，检验要有详细记录，检验后应及时出具检验报告，并对（　）负责。
(A) 安全结果　　(B) 检验结果　　(C) 使用过程　　(D) 人身安全

453. CA021 负责安全评定的单位需对缺陷的检验结果、安全评定结论和压力容器的（　）负责。
(A) 使用性　　　(B) 经济性　　　(C) 安全性　　　(D) 可靠性

二、判断题（对的画"√"，错的画"×"）

(　) 1. AA001 截交线是被截切体与切面的公有线，同时也是相交两物体的分界线。
(　) 2. AA002 如果截平面为一般位置平面时，截交线的水平投影反映实形，不必另求。
(　) 3. AA003 截平面与圆锥轴线倾斜，并与所求素线相交，截交线为三角形。
(　) 4. AA004 偏斜交相贯构件是指轴线斜交及偏离的构件。
(　) 5. AA005 圆锥五节90°渐缩弯管其相贯线可以通过角度等分线法求得。
(　) 6. AA006 方圆三节90°渐缩弯管相贯线的位置由90°角三等分而得，它的长度则要通过重合断面图求得。
(　) 7. AA007 裤形三通管的相贯线一般采用辅助圆求得。
(　) 8. AA008 多通接管平行于投影面时，可用辅助切面法求出相贯线。
(　) 9. AA009 异径渐缩五通圆管的相贯线在主、左视图上都集中于大管中心线上。
(　) 10. AA010 两相贯体的相贯线一般为空间曲线，特殊情况下为平面曲线。
(　) 11. AA010 相贯线实质上就是截交线，两者没有本质的区别，只是称呼不同而已。
(　) 12. AA011 圆管与圆锥管水平相交，其相贯线为封闭的空间曲线。
(　) 13. AA012 根据立体弯管在图样上的投影特征可归纳成两种类型。
(　) 14. AA013 圆柱螺旋线是属于圆柱表面不在同一素线上的两点之间距离的连线。
(　) 15. AA014 对于球体曲面、椭圆体曲面组成的组合形体的成形，只能对其不可展部分先进行近似展开，再利用金属材料的强度进行成形来达到最后的尺寸。
(　) 16. AA015 圆柱上正螺旋面的母线运动时，母线上所有各点分别做半径不等的螺旋运动，它们的导程是不相等的。
(　) 17. AA016 球面、抛物面、双曲线都属于可展旋转面。
(　) 18. AA017 不可展表面的素线是平行状或双向为曲线。
(　) 19. AB001 偏心受压柱的设计也是从柱的承载强度及稳定性两方面来考虑的，只不过计算较复杂而已。
(　) 20. AB002 起重吊车梁可简化为简支梁。
(　) 21. AB003 在设计容器壁厚时不必考虑封头加工减薄量，因为它在实际中影响较小。
(　) 22. AB004 各种钢材在一定工作条件下，其许用应力是相同的。
(　) 23. AB005 理论椭圆壳面积可按下式确定：$A = 2\pi \int x ds$。
(　) 24. AB006 压力容器制造完毕后，应对其进行强度试验。
(　) 25. AB007 如果需用法兰，可根据设计压力、设计温度直接按名义直径就可在法兰标准

上选到所需要的型号及规格,无需做大量繁杂计算。

( ) 26. AB008　构件焊接接头强度设计是根据等强度原理考虑的。
( ) 27. BA001　胎具是从模具分离出来的专用工装,模具包含着胎具。
( ) 28. BA002　热压后的收缩量与工件的材料、形状、尺寸、板厚、脱模温度及冷却条件无关。
( ) 29. BA003　滑套式模具制造简单,上模行程也比较短。
( ) 30. BA004　当压力机吨位大于1500t时,上模壁厚 s_{sm} 为 70~90mm。
( ) 31. BA005　在计算下胎拉环直径时,胎具直径间隙在热压和冷压时有一定取值范围,薄壁封头取较大值,厚壁封头取较小值。
( ) 32. BA006　封头胎模压边圈外径与下胎拉环座外径是相同的。
( ) 33. BA007　胎模拉环座选用的材料是铸铁。
( ) 34. BA008　瓦片压胎胎腔直边高度的取值范围,对厚壁瓦取上限,对薄壁瓦取下限。
( ) 35. BA009　瓜瓣封头压胎设计时,胎具中心必须与工作压力中心重合。
( ) 36. BA010　单角压弯模工作部分的主要技术参数是凸凹模形状、凹模的深度及模具的宽度等。
( ) 37. BA011　单角压弯模凸模的圆角半径大于弯曲零件内壁的圆角半径。
( ) 38. BA012　单角压弯模凹模圆角半径取决于凸模尺寸。
( ) 39. BA013　双角压弯模的主要技术参数包括凸凹模的几何尺寸、凸凹模之间的间隙及模具宽度等。
( ) 40. BA014　双角压弯模弯曲半径不能小于材料的最小弯曲半径,否则工件的外侧容易出现拉裂现象。
( ) 41. BA015　材料在压弯过程中,沿凹模圆角两边产生的压力不相等时,材料就会沿凹模左右滑动产生偏移。
( ) 42. BA016　材料塑性是衡量压延变形程度的一个重要参数。
( ) 43. BA017　压延件的内径除以坯料直径即为压延系数。
( ) 44. BA018　冲裁过程中,凸模与被冲孔之间和凹模与被裁件之间,间隙越小,摩擦越严重。
( ) 45. BA019　碳素钢椭圆封头压延后的减薄量最大处约为原厚度的7%~9%。
( ) 46. BA020　球形封头压延后最大变薄量的位置在边缘。
( ) 47. BA021　冲裁工艺包括坯料的变形工序和约束坯料变形的冲裁模具结构及参数等。
( ) 48. BA022　设计落料模时,应先按落料件确定凹模刃口尺寸,取凹模作设计基准。
( ) 49. BA023　冲裁工艺力是指冲裁过程中凸模对板料的冲裁力、从凸模脱下的卸料力、从凹模顺向推出的推件力或反向顶件力三种力的总和。它是选用压力机吨位和设计模具结构的重要依据。
( ) 50. BA024　冲裁模最主要的工作元件是凸模和凹模,按其工序性质可分为落料模、冲孔模、切断模、切边模等多种形式。
( ) 51. BA025　胎具设计在保证胎具具有足够的强度前提下,尽量减轻其重量,降低胎具成本,提高胎具使用寿命。
( ) 52. BA026　为了节约成本,胎具设计时只考虑零件简单、方便制作,不必考虑胎具的加工精度和表面粗糙度。
( ) 53. BA027　产品数量是由生产计划来决定的,而制造什么样的胎型与产品数量有关。

( ) 54. BB001　一项吊装工程任务承接后,制定一个吊装方案时,需经试用后才可确定最后方案。

( ) 55. BB002　设备重心的确定,是通过力矩平衡法计算出来的。

( ) 56. BB003　钢丝绳又名"钢索"。

( ) 57. BB004　吊装机具的选择只包括起吊机械选择。

( ) 58. BB005　在吊装减压塔时,塔起升至最高位置时,滑轮组与桅杆间的夹角一般不超过20°为宜。

( ) 59. BB006　活地锚具有重复利用方便、少用材料、减少土方量等优点。

( ) 60. BB007　用绑绳捆绑塔体时,其绳应支持在塔的人孔及进出口管线上。

( ) 61. BB008　科学地组织布置施工场地,其目的是为施工创造最有利的空间条件,以便各工种快速施工作业,保证施工安全和各项工程互不影响。

( ) 62. BB008　重型设备的吊装,是整个装置的次要施工项目。

( ) 63. BC001　每批复合钢板由同一炉、同一规格、同一轧制制度及同一热处理制度组成。

( ) 64. BC002　铝合金按合金系列可分六大类。

( ) 65. BC003　用不锈复合钢板组装时,工夹具应在复合面使用,点焊也在复合面进行。

( ) 66. BC004　不锈钢焊接时一般用长弧,尽量采用较小的线性能量进行焊接。

( ) 67. BC005　铝材料耐磨性差,强度低,抗高温性能也差,故一般只能在 $-200\sim150℃$,且不大于 1.5MPa 的场合下使用。

( ) 68. BC006　焊接某些铝合金时,往往由于过大的收缩内应力而在脆性温度区间内产生冷裂纹。

( ) 69. BC007　铜的耐蚀性比铝要差。

( ) 70. BC008　纯铜的密度为 $9.8g/cm^3$。

( ) 71. BC009　钛金属及其合金在抗腐蚀方面,它几乎不可能发生应力腐蚀、点蚀和晶间腐蚀。

( ) 72. BC010　铝及铝合金制容器组装时,通过淬火、自然时效及冷作挤压等方法来提高强度。

( ) 73. BC011　铝及铝合金气焊时,火焰宜选用中性焰或微碳化焰为佳。

( ) 74. BC012　纯铜不应采用氢氧焰或氧乙炔焰焊接,宜采用气体保护焊。

( ) 75. BC013　钛常在正火状态下使用。

( ) 76. BD001　球瓣上任意两点间球面中心层弧长值用于检验。

( ) 77. BD002　球形容器的受力特点是受力均匀。

( ) 78. BD003　钢板下料是在水平状态下一次切准确(即不留余量),样板的准确性要求高。

( ) 79. BD004　球瓣片曲率的矫正次序是先矫其长度方向,后矫其宽度方向。

( ) 80. BD005　切割的平面度是指沿切割方向垂直切割面上的凸凹程度。

( ) 81. BD006　不锈钢气割时的主要困难是切口表面易生成高熔点氧化铁,它阻止了金属的燃烧过程,因而不能连续切割。

( ) 82. BD007　气割质量检验主要检验切口表面质量以及切割件的外形尺寸。

( ) 83. BD008　气割时上缘熔化的原因是预热火焰太强、切割速度太慢、割嘴离割件太近。

( ) 84. BD009　多层钢板一次气割时的主要问题是起割处的切透比较困难。

( ) 85. BD010　一般等离子切割时都采用直流反接。
( ) 86. BD011　等离子弧切割时,适当提高切割速度,能使切口变窄,热影响区缩小,生产率提高。
( ) 87. BD012　等离子弧切割时,适当增大气体流量,能加强对电弧的压缩作用,使电弧能量集中。
( ) 88. BD013　采用脉冲相位法控制跟踪的光电气割机,光点每转动一周与仿型图零件线条相交一次。
( ) 89. BD014　6500型数控气割机可以切割厚度为650mm的钢板。
( ) 90. BD015　激光切割法的切割速度一般超过机械切割。
( ) 91. BD016　检查球壳两条对角线时,应在同一平面上,若不在同一平面内,则其间距$\Delta h \leqslant 5mm$。
( ) 92. BD017　球罐支柱形式以赤道正切式应用最普遍。
( ) 93. BD018　地脚螺栓预留孔位置和基础中心圆直径的超差,将直接影响支柱的安装垂直度。
( ) 94. BD019　球罐组装平台板间因为有足够的刚度,不用相互连接,就可保证局部不下沉。
( ) 95. BD020　半球法总装与分带总装基本相似,其不同点是先分别吊装下半球与上半球,然后再安装球罐圆周的主柱。
( ) 96. BD021　为了保证焊接质量,对于焊根必须使用碳弧气刨或机械方法来清除未焊透、夹渣等缺陷。
( ) 97. BD022　金属熔焊缝缺陷可分为两大类。
( ) 98. BD023　焊接时焊缝金属中不会产生枝状裂纹。
( ) 99. BD024　暴露在焊缝表面的气孔是均布气孔。
( ) 100. BD025　固体夹渣可分为四类。
( ) 101. BD026　球罐对接焊缝,第一层以间断焊接。
( ) 102. BD027　球罐焊接后,立即进行后热处理,后热处理需要保温10~20min。
( ) 103. BD028　球罐下段支柱可分段,分段的长度不宜小于支柱总长的1/3。
( ) 104. BD029　焊缝收缩量随材料的膨胀系数的增大而增大。
( ) 105. BD030　考虑到整个球体有一个均匀的收缩变形,应采取先焊环焊缝,后焊纵焊缝的焊接顺序。
( ) 106. BD030　如果发现球瓣表面凹陷过低,则需补焊平,并用砂轮机磨平。
( ) 107. BE001　因为油罐的大型化和高强钢的采用,使得油罐刚性提高,抗风稳定性好。
( ) 108. BE002　罐底板铺设后应进行检查,局部凸凹度不应大于15mm,经检查合格后可进行焊接。
( ) 109. BE002　罐底中幅板的两端要搭在弓形边板的下面。
( ) 110. BE003　罐底板在最后封闭焊缝处一般不需余留间隙,避免由于焊后焊缝收缩产生过大的焊接应力。
( ) 111. BE004　焊接罐底中幅板时,先焊长焊缝,再焊短焊缝。

( ) 112. BE004　整个罐底的收缩量,沿不同方向有所不同,圆心角为0°时,收缩量最大。

( ) 113. BE005　罐底搭接焊缝的腰高检查是在罐底焊好后进行,可避免造成局部凸凹变形。

( ) 114. BE006　罐壁板下料时,每一圈板的最后一块钢板,要比设计短200mm左右,避免造成浪费。

( ) 115. BE007　罐的加强圈组焊后,其弧度应小于壁板圆弧度,这样可以保证较小的间隙。

( ) 116. BE008　抗风圈装在罐壁上之前,应先划好三角架位置并进行组焊,此后,应同时组装所有的抗风圈。

( ) 117. BE009　包边角钢只能焊在罐的内壁上,而不能焊在外壁上。

( ) 118. BE010　罐壁板组对时,壁板间依次进行点焊定位,直到最后一张板。

( ) 119. BE011　第一节壁板由于边板与中幅板没有焊上,所以必须焊上短支撑,短支撑可起到防止因焊接角缝时边板向上翘曲的作用。

( ) 120. BE012　每个参加罐壁施焊的焊工要经技术考核,试焊试件两块,一块试件为立缝,一块为横缝,其坡口形式、材质均与壁板相同。

( ) 121. BE012　罐的单盘下面焊接是在整个罐壁全部完成之前就要进行。

( ) 122. BE013　组焊船舱内边缘板的方法与外边缘板方法不同,先焊同底板隔板、桁架及肋间的连接焊缝,再焊立缝。

( ) 123. BE014　在浮船浮升试验过程中应设置专人值班观察,并予记录。

( ) 124. BF001　屈强比的提高使高强钢的可焊性以及变形能力有所提高,而裂纹敏感性则有一定程度的降低。

( ) 125. BF002　高强钢在焊接时不容易产生焊接应力。

( ) 126. BF003　钢材随着碳元素含量的增加,则焊接性能逐渐变好。

( ) 127. BF003　为了避免冷裂纹的产生,其措施之一是通过预热、焊后热处理、采用低氢焊条等方法予以改善。

( ) 128. BF004　高强钢的屈服强度比低碳钢低,故弯曲时所需的能量也较小。

( ) 129. BF005　消除应力热处理的目的就是消除冷作硬化,消除焊接残余应力。

( ) 130. BF006　合金钢按主要用途分为合金结构钢、合金调质钢。

( ) 131. BF007　普通低合钢的强度比普通碳钢高50%~60%,结构重量可减轻15%~25%。

( ) 132. BF008　合金工具钢与碳素工具钢相比,具有淬硬性好、热硬性高、热处理变形小的优点。

( ) 133. BF009　在矫正薄板时出现硬化情况,应停止矫正,进行消除硬化正火处理。

( ) 134. CA001　圆形钢管杆件采用角钢补强时,焊接后,焊缝高度应与连接件中较薄壁厚相等。

( ) 135. CA002　容器缺陷的检验分宏观检验和微观检验两部分。

( ) 136. CA003　在用压力容器的检验和缺陷处理,是为了使其"恢复"到现行设计、制造标准。

( ) 137. CA004　对某些特殊要求的压力容器,其材质性能不符合设计规范、材质不明或使用情况不良,应限期停止使用或改作它用。

( ) 138. CA005　不合理的结构当承受交变载荷时较危险,但处于低温条件下相对较安全。

( ) 139. CA006　非均匀腐蚀,如按最小剩余壁厚(应扣除至下一次检验期的腐蚀裕量)校核强度合格,可不做处理。

( ) 140. CA007 表面缺陷有的是使用中产生的,有的是制造时遗留下来的,处理的重点,应是制造时遗留的缺陷。

( ) 141. CA008 无损检测是在不损坏检验对象的情况下,对零部件进行缺陷检查的检测。

( ) 142. CA009 X射线与可见光的主要区别仅仅是振动频率不同。

( ) 143. CA010 连续X射线穿透物质时,随厚度的增加,射线的总强度增强,平均波长变短,最短波长不变。

( ) 144. CA011 X射线机的冷却方法采用传导散热冷却。

( ) 145. CA012 底片清晰度差的可能原因是焦距太短。

( ) 146. CA013 射线探伤中用得最多的方法是工业电视射线法。

( ) 147. CA014 渗透检验时,零件温度如果过低,则渗透剂会变得过稀。

( ) 148. CA015 超声波测厚仪是利用超声波的波形转换原理设计的。

( ) 149. CA016 压力容器设计温度可取实际最高或最低金属温度。

( ) 150. CA016 安装投用后常发生焊缝开裂、泄漏者,对焊缝不做探伤检查,只需补焊修理即可。

( ) 151. CA017 逾期未检查校验安全阀,只要安全阀没有出现问题,还可继续使用。

( ) 152. CA018 立体划线的基准一般取六个。

( ) 153. CA019 工件有已加工平面时,由于它保证了相关联面的位置、形状等要求,应选择其作为基准。

( ) 154. CA020 测量基准一般与设计基准相重合。

( ) 155. CA021 容器的使用单位确需采用安全评定处理压力容器的缺陷时,可不经过主管部门和省级劳动部门同意,可自行进行安全评定。

三、简答题

1. BA001 胎具和模具有何联系和区别?
2. BA001 模具的定义是什么?
3. BA003 封头压制胎模的上模可分为哪几种结构?
4. BA003 三瓣式压模结构的优缺点是什么?
5. BA027 胎具设计一般有哪些步骤?
6. BA027 胎具有哪几种类型?
7. BB001 大型设备(构件)的吊装设计目的是什么?
8. BB001 制定吊装方案应考虑哪些问题?
9. BB007 如何选择合适的大型塔体拼装和安装场地?
10. BB007 如何划定地锚与桅索的位置?
11. BC001 复合钢板交验要求有哪些?
12. BC001 不锈钢复合材料两侧材料有何不同?
13. BC005 铝及铝合金制容器组装特点是什么?
14. BC005 铝焊接时,氢气孔是怎样产生的?如何预防氢气孔的产生?
15. BC007 采用氢氧焰或氧乙炔焰对铜制容器施焊,应满足哪些要求?
16. BC007 铜制容器探伤有什么特点?
17. BD020 简述以赤道带为基准的安装顺序。
18. BD020 以赤道带为基准的分瓣安装法的特点是什么?
19. BD022 球罐的焊接有什么特点?

20. BD022　球罐焊接如何清除焊根未焊透、夹渣等缺陷？如何检验？
21. BE002　铺罐底板前有哪些准备工作？
22. BE002　简述罐底板的铺设方法。
23. BE006　浮顶罐的罐壁焊接有哪两条基本要求？
24. BE006　为防止罐壁焊缝因冷却速度快，造成裂纹，应采取哪些施焊？
25. BE013　浮船在浮升试验时，应做哪些检查？
26. BE014　浮顶罐停水检查包括哪些项目？
27. BF003　为防止高强钢焊接裂纹产生，需进行焊前预热，其作用是什么？
28. BF003　为防止高强钢应力产生，从焊接工艺角度应采取哪些措施？

理论知识试题答案

一、选择题

1. A	2. D	3. D	4. A	5. B	6. C	7. A	8. B	9. B	10. A
11. C	12. A	13. C	14. A	15. B	16. B	17. A	18. D	19. A	20. B
21. D	22. B	23. A	24. B	25. D	26. C	27. C	28. A	29. B	30. C
31. D	32. C	33. A	34. B	35. C	36. A	37. B	38. C	39. A	40. B
41. C	42. A	43. B	44. C	45. A	46. B	47. D	48. A	49. A	50. D
51. B	52. D	53. A	54. D	55. B	56. C	57. B	58. C	59. A	60. C
61. D	62. A	63. A	64. B	65. D	66. B	67. C	68. A	69. C	70. C
71. D	72. A	73. C	74. A	75. B	76. D	77. A	78. C	79. A	80. B
81. C	82. B	83. C	84. B	85. D	86. A	87. D	88. B	89. C	90. D
91. A	92. C	93. D	94. B	95. D	96. A	97. D	98. C	99. A	100. D
101. B	102. A	103. B	104. C	105. A	106. C	107. A	108. B	109. A	110. D
111. A	112. A	113. A	114. A	115. B	116. B	117. D	118. A	119. D	120. D
121. B	122. A	123. D	124. C	125. D	126. B	127. B	128. B	129. A	130. B
131. C	132. A	133. D	134. C	135. D	136. D	137. D	138. A	139. C	140. B
141. D	142. A	143. C	144. C	145. D	146. D	147. B	148. A	149. C	150. C
151. B	152. C	153. A	154. B	155. D	156. A	157. C	158. B	159. A	160. C
161. B	162. A	163. B	164. A	165. C	166. C	167. B	168. D	169. A	170. B
171. D	172. B	173. C	174. D	175. D	176. D	177. A	178. C	179. B	180. C
181. A	182. D	183. D	184. C	185. D	186. D	187. C	188. D	189. A	190. B
191. A	192. B	193. C	194. C	195. D	196. C	197. A	198. B	199. B	200. D
201. D	202. C	203. B	204. A	205. B	206. C	207. C	208. B	209. A	210. C
211. C	212. D	213. C	214. C	215. B	216. A	217. C	218. C	219. C	220. B
221. A	222. C	223. C	224. C	225. A	226. B	227. C	228. C	229. C	230. A
231. C	232. B	233. B	234. A	235. D	236. A	237. D	238. C	239. C	240. B
241. C	242. A	243. C	244. D	245. A	246. C	247. D	248. D	249. C	250. D
251. B	252. C	253. C	254. C	255. C	256. D	257. B	258. C	259. C	260. A
261. C	262. B	263. C	264. B	265. A	266. A	267. C	268. C	269. D	270. B
271. D	272. B	273. A	274. C	275. C	276. D	277. A	278. B	279. C	280. A
281. A	282. D	283. B	284. D	285. B	286. A	287. D	288. D	289. B	290. C
291. D	292. C	293. A	294. C	295. B	296. D	297. C	298. D	299. C	300. C
301. A	302. B	303. D	304. D	305. C	306. C	307. B	308. D	309. C	310. D
311. A	312. D	313. B	314. B	315. C	316. D	317. A	318. C	319. D	320. A

321. A	322. B	323. D	324. A	325. C	326. D	327. C	328. B	329. C	330. D
331. A	332. B	333. C	334. B	335. B	336. C	337. A	338. B	339. D	340. A
341. B	342. C	343. A	344. B	345. C	346. A	347. C	348. B	349. B	350. C
351. B	352. A	353. B	354. C	355. B	356. C	357. A	358. B	359. C	360.
361. B	362.	363. B	364. B	365. A	366. B	367. B	368. A	369. B	370. D
371. A	372. B	373. D	374. A	375. B	376. C	377. B	378. B	379. B	380.
381. B	382. B	383. A	384. B	385. B	386. B	387. B	388. B	389. B	390. B
391. A	392. C	393. B	394. B	395. B	396. A	397. B	398. B	399. B	400. B
401. D	402. A	403. B	404. C	405. B	406. D	407. C	408. A	409. B	410. D
411. C	412. B	413. B	414. B	415. A	416. B	417. B	418. B	419. D	420. C
421. B	422. C	423. D	424. B	425. C	426. C	427. C	428. B	429. C	430. A
431. B	432. D	433. B	434. B	435. B	436. B	437. B	438. B	439. B	440. D
441. D	442. C	443. B	444. B	445. B	446. B	447. B	448. B	449. A	450. A
451. A	452. B	453. C							

二、判断题

1. √　2. ×　如果截平面为水平面时,截交线的水平投影反映实形,不必另求。　3. ×　截平面与圆锥轴线倾斜,并与所求素线相交,截交线为椭圆。　4. ×　偏斜交相贯构件是指组成相贯体的基本几何轴线斜交或偏离的构件。　5. ×　圆锥五节 90°渐缩弯管其相贯线可以通过切线法求得。　6. √　7. ×　裤形三通管的相贯线一般采用切线法求得。　8. ×多通接管平行于投影面时可直接求作其相贯线。　9. ×　异径渐缩五通管的相贯线在主、俯视图上都集中于中心线上。　10. √

11. ×　相贯线和截交线是两个不同的概念。　12. √　13. ×　根据立体弯管在图样上的投影特征可归纳成三种类型。　14. ×　圆柱螺旋线是属于圆柱表面不在同一素线上的两点之间最短距离的连线。　15. ×　对于球体曲面、椭圆体曲面组成的组合形体的成形,只能对其不可展部分先进行近似展开,再利用金属材料的延展性进行成形来达到最后的尺寸。　16. ×　圆柱上正螺旋面的母线运动时,母线上所有各点分别做半径不等的螺旋运动,但它们的导程是相等的。　17. ×　球面、抛物面、双曲线都属于不可展旋转面。　18. ×　不可展表面的素线是交叉状或双向为曲线。　19. √　20. √

21. ×　在设计容器壁厚时要考虑封头加工减薄量,即使它在实际中影响较小。　22. ×　各种钢材在一定工作条件下,其许用应力是不同的。　23. √　24. ×　压力容器制造完毕后,应对其进行耐压强度试验。　25. √　26. √　27. ×　模具是从胎具分离出来的专用工装,胎具包含着模具。　28. ×　热压后的收缩量与工件的材料、形状、尺寸、板厚、脱模温度及冷却条件有关。　29. ×　滑套式模具制造较复杂,上模行程也比较长。　30. √

31. ×　在计算下胎拉环直径时,胎具直径间隙在热压和冷压时有一定取值范围,薄壁封头取较小值,厚壁封头取较大值。　32. √　33. ×　胎模拉环座选用的材料是铸钢。　34. ×　瓦片压胎胎腔直边高度的取值范围,对厚壁瓦取下限,对薄壁瓦取上限。　35. √　36. ×　单角压弯模工作部分的主要技术参数是凸凹模圆角半径、凹模的深度及模具的宽度等。　37. ×　单角压弯模凸模的圆角半径等于弯曲零件内壁的圆角半径。　38. ×　单角压弯模凹模的圆角半径取决于板材厚度。　39. ×　双角压弯模的主要技术参数包括凸凹模的圆角半径、凹模深度、凸凹模之间的间隙及模具宽度等。　40. √

41. ×　材料在压弯过程中,沿凹模圆角两边产生的摩擦力不相等时,材料就会沿凹模左右滑动产生偏移。　42. ×　压延系数是衡量压延变形程度的一个重要参数。　43. ×　压延件的外径除以坯料直径即为压延系数。　44. √　45. ×　碳素钢椭圆封头压延后的减薄量最大处约为原厚度的8%~10%。　46. ×　球形封头压延后最大变薄量的位置在底部。　47. √　48. √　49. √　50. √

51. √　52. ×　为了节约成本,胎具设计时不但要考虑其形状尽量简单、方便制作,对于机加工的零件,要合理选择加工精度和表面粗糙度。　53. √　54. ×　一项吊装工程任务承接后,要根据施工、设备、协作、工期要求等情况,经综合技术经济分析,多个吊装方案反复论证,确定出最佳方案。　55. √　56. √　57. ×　吊装机具选择包括起吊机械选择、滑轮组和卷扬机的选择、索具选择及地锚选择等。　58. ×　在吊装减压塔时,塔起升至最高位置时,滑轮组与桅杆间的夹角一般不超过15°为宜。　59. √　60. ×　用绑绳捆绑塔体时,其绳不能支持在塔的人孔及进出口管线上。

61. √　62. ×　重型设备的吊装,是整个装置的主要施工项目。　63. √　64. ×　铝合金按合金系列可分八大类。　65. ×　用不锈复合钢板组装时,工夹具应在基层面使用,点焊也在基层面进行。　66. ×　不锈钢焊接时一般用短弧,尽量采用较小的线性能量进行焊接。　67. √　68. ×　焊接某些铝合金时,往往由于过大的收缩内应力而在脆性温度区间内产生热裂纹。　69. ×　铜的耐蚀性比铝要好。　70. ×　纯铜的密度为 $8.94g/cm^3$。

71. √　72. √　73. √　74. √　75. ×　钛常在退火状态下使用。　76. ×　球瓣上任意两点间球面中心层弧长值用于下料。　77. √　78. √　79. ×　球瓣片曲率的矫正次序是先矫其宽度方向,后矫其长度方向。　80. √

81. ×　不锈钢气割时的主要困难是切口表面易生成高熔点氧化铬,它阻止了金属的燃烧过程,因而不能连续切割。　82. √　83. √　84. √　85. ×　一般等离子切割时都采用直流正接。　86. √　87. √　88. ×　采用脉冲相位法控制跟踪的光电气割机,光点每转动一周与仿型图零件线条相交两次。　89. ×　6500型数控气割机可以切割厚度为5~100mm的钢板。　90. √

91. √　92. √　93. √　94. ×　为了使平台具有足够的刚度,球罐的组装平台板间应采用点焊连接,可防止局部下沉。　95. ×　半球法总装与分带总装基本相似,其不同点是先安装球罐圆周的主柱,然后分别吊装下半球与上半球。　96. √　97. ×　金属熔焊缝缺陷可分为六大类。　98. ×　焊接时,在焊缝熔合线上不会产生枝状裂纹。　99. ×　暴露在焊缝表面的气孔是表面气孔。　100. ×　固体夹渣可分为五类。

101. ×　球罐对接焊缝,第一层以分段退步焊接。　102. ×　球罐焊接后,立即进行后热处理,后热处理需要保温15~30min。　103. √　104. √　105. ×　考虑到整个球体有一个均匀的收缩变形,应采取对称均匀的焊接方法和先焊接纵焊缝,后焊接环焊缝的焊接顺序。　106. √　107. ×　因为油罐的大型化和高强钢的采用,使得油罐刚性降低,抗风稳定性差。　108. √　109. ×　罐底中幅板的两端要搭在弓形边板的上面。　110. ×　罐底板在最后封闭焊缝处要适当留些余量,避免由于焊后焊缝收缩产生过大的焊接应力。

111. ×　焊接罐底中幅板时,先焊短焊缝,再焊长焊缝。　112. ×　整个罐底的收缩量,沿不同方向有所不同,圆心角为45°时,收缩量最大。　113. ×　罐底搭接焊缝的腰高检查应随时进行,如果全部罐底焊好后再检查、补焊,会造成较大局部凸凹变形。　114. ×　罐壁板下料时,每一圈板的最后一块钢板,要比设计长200mm左右,避免按净料周长不够造成返工浪费。　115. ×　罐的加强圈组焊后,其弧度应大于壁板圆弧度,这样可以保证较小的间隙。　116. ×　抗风圈装在罐壁上之前,应先划好三角架位置并进行组焊,此后拆一块吊兰上一段抗风圈。　117. ×　包边角钢可根据结构需要焊在罐内壁上,也可焊在罐壁外部。　118. ×　罐壁板组对时,壁板间依次进行点焊定位,但最后一张板应留一道"活口"。　119. √　120. √

121. ×　罐的单盘下面焊接是在整个罐壁全部完成之后,放净罐内水,浮顶支柱落在罐底板上时,再进行焊接。　122. ×　组焊船舱内边缘板的方法与外边缘板方法相同,且边组对边焊立缝,全部立缝焊完后,再焊同底板隔板、桁架及肋间的连接焊缝。　123. √　124. ×　屈强比的提高使高强钢的可焊性以及变形能力有一定程度的降低,而裂纹敏感性却增强了。　125. ×　钢在焊接时容易产生焊接应力。　126. ×　钢材随着碳元素含量的增加,则焊接性能逐渐变差。　127. √　128. ×　高强钢的屈服强度比低碳钢高,故弯曲时所需的能量也较大。　129. √　130. ×　合金钢按主要用途分为合金结构钢、合金工具钢、特殊钢。

131. ×　普通低合钢的强度比普通碳钢高20%~30%,结构重量可减轻15%~25%。　132. ×　合金工具钢与碳素工具钢相比,具有淬透性好、热硬性高、热处理变形小的优点。　133. ×　在矫正薄板时出现硬化情况,应停止矫正,进行消除硬化退火处理。　134. √　135. ×　容器缺陷的检验分外部检验和内部检验两部分。　136. ×　在用压力容器的检验和缺陷处理,不是为了使其"恢复"到现行设计、制造标准。　137. √　138. ×　不合理的结构当承受交变载荷或处于低温条件下更为危险。　139. √　140. ×　表面缺陷有的是使用中产生的,有的是制造时遗留下来的,处理的重点,应是使用中产生的缺陷。

141. √　142. √　143. ×　连续X射线穿透物质时,随厚度的增加,射线的总强度减小,平均波长变短,最短波长不变。　144. ×　X射线机的冷却方法采用液体强迫冷却。　145. √　146. ×　射线探伤中用得最多的方法是射线照相法。　147. ×　渗透检验时,零件温度如果过低,则渗透剂会变得过稠。　148. ×　共振式超声波测厚仪是利用超声波的共振原理设计的。　149. √　150. ×　安装投用后常发生焊缝开裂、泄漏者,对焊缝必须进行射线探伤抽查。

151. ×　逾期未检查校验安全阀,安全阀不得安装使用。　152. ×　立体划线的基准一般取三个。　153. √　154. ×　测量基准一般与定位基准相重合。　155. ×　容器的使用单位确需采用安全评定处理压力容器的缺陷时,应提出书面申请,说明原因,并征得主管部门和企业所在省级劳动部门的同意。

三、简答题

1. (1)模具是从胎具分离出来的专用工装;(2)胎具包含着模具;(3)模具工作时,必须严格约束工件,且限制其自由度;(4)胎具工作时,工件自由度大,有灵活性;(5)模具必须有上、下模,而胎具则不然。

   评分标准:每点20%。

2. (1)模具是从胎具分离出来的专用工装;(2)它是借助机械力约束材料按模腔形态而分离

或成形的工装。
   评分标准:每点50%。
3. (1)整体模;(2)滑套模;(3)三瓣式模。
   评分标准:点(1)、(2)各30%,点(3)40%。
4. (1)其上模靠自重沿圆锥形芯子下滑而缩小直径;(2)实现封头自动脱模;(3)质量好;(4)模具制造复杂。
   评分标准:每点25%。
5. (1)搜集原始资料;(2)根据原始资料分析研究设计什么样的胎具;(3)拟定具体的设计方案;(4)按照设计草图绘制正式图样;(5)审查、复核图样。
   评分标准:每点20%。
6. (1)按胎型功能分,有组装、焊接两用胎具;(2)按胎型的复杂程度分,有简单胎具和复杂胎具。
   评分标准:每点50%。
7. (1)深入分析工程对象的特点;(2)分析施工技术条件;(3)确定最佳施工方案;(4)达到多快好省的施工目的。
   评分标准:每点25%。
8. (1)要根据装置平面布置图结合施工现场具体情况;(2)吊装设备的几何特征及重量;(3)施工单位的吊装机具能力,友邻单位机具协作情况;(4)施工工期要求;(5)经过综合经济分析,多个吊装方案反复论证,确定最佳方案。
   评分标准:每点20%。
9. (1)拼装场地应有宽阔的工作面;(2)适当的零部件和材料的堆放场地;(3)尽量使塔体距安装位置的运输路线较短;(4)塔体拼装时的放置方向应尽量符合其吊装要求;(5)吊装时起重绳与桅杆的夹角最小,以保证起重机具受力较小。
   评分标准:每点20%。
10. (1)使地锚尽量能适用于各个塔的吊装以减少地锚的设置数目;(2)使缆风绳与地面既保持一定的夹角(25°~45°)又不妨碍塔的吊装;(3)不妨碍其他设备的施工和整个场地的运输路线。
    评分标准:点(1)、(2)各30%,点(3)40%。
11. (1)交验标准要求的项目试验报告;(2)保证复层表面不得有气泡、裂纹结疤,夹杂物及折叠缺陷;(3)若磨削清除缺陷,其厚度应不小于复层最小厚度;(4)对复层表面进行抛光处理;(5)对复层表面进行酸洗钝化处理。
    评分标准:每点20%。
12. (1)与介质接触的一侧采用价格昂贵的抗腐蚀性材料;(2)另一侧是相对价格低廉的非抗腐蚀性材料。
    评分标准:每点50%。
13. (1)严禁用铁锤,敲打使用木锤,敲打部位应垫上橡皮板;(2)排板下料时应使焊缝尽量减少;(3)容器的壳体或接管翻边时,应严格控制翻边工艺,保证翻边质量;(4)可通过淬火,自然时效及冷作挤压等方法来提高强度;(5)最短筒节长度应不大于200mm。
    评分标准:每点20%。
14. (1)焊接熔池快速冷却凝固时氢很容易在焊缝中聚集形成气孔;(2)铝焊接时要注意坡口清洁;(3)控制焊接规范;(4)通常加强规范对防止气孔有利。
    评分标准:每点25%。
15. (1)材料必须是退火状态的,否则用氩弧焊;(2)焊条或被焊接头上,应涂有适当的焊剂;(3)焊前应预热到规定的温度范围;(4)纯铜宜采用气体保护焊;(5)铜基材料气焊时宜采用微氧化焰。

评分标准:每点20%。

16. (1)选用射线探伤;(2)象质计选用钢质;(3)探伤具体规定按图样要求执行。
    评分标准:点(1)、(2)各30%,点(3)40%。

17. (1)支柱与赤道板组焊→(2)拉杆安装→(3)中心柱安装→(4)赤道板安装→(5)南温带安装→(6)南极板安装→(7)北温带安装→(8)北极板安装。
    评分标准:少一点扣15%。

18. (1)先安装赤道带,并以此向两边发展;(2)罐体板的重量直接由支柱承受;(3)球体利于定位;(4)稳定性好;(5)所需辅助工装少。
    评分标准:每点20%。

19. (1)全位置焊接;(2)需要在预热条件下长时间连续焊接;(3)劳动条件差;(4)强度大;(5)质量要求高。
    评分标准:每点20%。

20. (1)用碳弧气刨方法;(2)用机械方法;(3)用砂轮机修磨,去除碳刨时硬化层;(4)使焊缝坡口修磨光滑;(5)用着色检验表面有无微裂纹,合格后才允许焊接。
    评分标准:每点20%。

21. (1)查明罐底钢板规格,分类堆放于罐基础四周;(2)对罐底板进行平整、除锈,在罐底板的下表面涂刷706-6沥青漆两遍;(3)如下料与图样所要求的规格不符,则事先绘出排板图;(4)在罐基的沥青砂层上划出相互垂直的两条中心线,其中一条指示北方。
    评分标准:每点25%。

22. (1)铺板时先铺处于罐中心的那块板;(2)在这块钢板上划出互相垂直的两条中心线;(3)中心板铺好后再铺中间的一条带;(4)再由中间对称地向两边铺;(5)把中幅板的整张板铺好后再铺边角。
    评分标准:每点20%。

23. (1)确保焊缝质量;(2)保证焊接变形小,局部凸凹度在设计要求范围内。
    评分标准:每点50%。

24. (1)环境温度在5℃以上施焊;(2)环境温度很低,工件较厚时,应预热,且温度应不低于100℃;(3)电焊条要进行烘干;(4)六级以上风天不宜施焊;(5)雷雨天气不宜施焊。
    评分标准:每点20%。

25. (1)密封和导向装置有无卡住现象,并测定密封间隙;(2)检查中央排水管是否漏水;(3)转动浮梯是否运转正常。
    评分标准:点(1)40%,点(2)(3)各30%。

26. (1)检查单盘、浮船连接角钢等有无异常现象;(2)测量单盘挠度;(3)测定浮船吃水深度;(4)打开中央排水管阀门,记录放完单盘上的全部水所需时间;(5)测定排水能力。
    评分标准:每点20%。

27. (1)减少焊缝金属与母材之间的温差,从而减少残余应力;(2)控制钢材组织转变,避免在热影响区形成脆性马氏体;(3)加速氢的扩散,消除热影响区高含量氢的集中;(4)降低冷却速度,便于造渣;(5)降低焊接所需热量,从而改善焊接工艺性。
    评分标准:每点20%。

28. (1)选用合理的焊接顺序方向;(2)采用反变形的方法进行焊接。
    评分标准:每点50%。

第六部分 高级工技能操作试题

考核内容层次结构表

级别	识图	手工成形	机械成形	装配	连接	矫正	制造	展开放样	安装	安全	合计
初级工	60分 30~90 min	40分 120~180 min									100分 150~270 min
中级工	40分 60~120 min	30分 120~180 min	30分 60min 选一项								100分 240~360 min
高级工	40分 60~180 min	30分 60~180min 选一项			30分 60~180min 选一项						100分 180~540 min
技师和高级技师							20分 150min	30分 60min	20分 60min	30分 60min	100分 330min

鉴定要素细目表

行为领域	鉴定范围			鉴定点		
	代码	名称	鉴定比重	代码	名　称	重要程度
技能操作 A 100%	A	识图	40%	AA001	画出容器施工排板图	X
				AA002	识大型复杂压力容器施工图	X
				AA003	识大型复杂桁架结构图	X
				AA004	弯头类展开	X
				AA005	三通管类展开	X
				AA006	变形接头类展开	X
				AA007	螺旋类构件展开	X
				AA008	球体的展开	X
				AA009	求构件的断面实形	X
	B	手工成形	30%	AB001	构件的手工成形	X
	C	机械成形		AC001	利用机械设备的成形（文字叙述题）	X
	D	装配		AD001	支座类的装配	X
				AD002	大型浮盘储罐的装配	X
	E	连接	30%	AE001	咬接	X
				AE002	铆接	X
	F	矫正		AF001	手工矫正	X
				AF002	加热矫正（文字叙述题）	X

注：X—核心要素。

技能操作试题

一、AA001 画出容器施工排板图

本鉴定点下共有3道考核试题,这些试题统一的考核要求如下。

1. 准备要求

(1)鉴定机构准备:教室1间,能容纳30~50人,通风、光线良好,整洁规范无干扰;容器施工图若干(每位考生1份);白纸若干。

(2)考生准备:

序 号	名 称	规 格	数 量	备 注
1	钢笔或圆珠笔、铅笔		1支	
2	直尺	200mm	1把	
3	计算器		1个	
4	圆规		1个	
5	三角板		1副	

2. 考核要求

(1)认真审阅图纸。

(2)排板合理、节约。

(3)图面整洁、有序、合理。

3. 考核评分

(1)本题分值采用百分制,100分满分,60分单科及格,然后乘以鉴定比重。

(2)评分方法:按单项记分、扣分。

试题1. AA001-1 画一般压力容器排板图(分离器、换热器、路由器)

(1)考核时限:准备时间15min,正式操作时间60min,每超时1min从总分中扣2分,超时10min停止操作。

(2)工件图:由鉴定机构准备。

(3)配分与评分标准:

序号	考核项目	评分要素	配分	评分标准	检测结果	扣分	得分	备注
1	准备工作	工具劳保准备	5	少一件扣2分				
2	绘制排板图	壳体长度	5	超差1mm扣5分				
		展开长度	5	超差1mm扣5分				
		开孔应避开焊缝	30	每错一处扣5分				
		单段筒节最小长度	20	每错一处扣10分				
		相邻焊缝中心线间距	15	每错一处扣5分				

续表

序号	考核项目	评 分 要 素	配分	评 分 标 准	检测结果	扣分	得分	备注
2	绘制排板图	标注尺寸,图面清洁	20	未标注尺寸扣15分,错一处扣5分;卷面脏乱差扣5分				
3	安全文明	安全生产,文明施工		违规操作,一次从总分中扣除5分;严重违规停止操作				
4	考核时限	超时		每超时1min从总分中扣2分,超时10min停止操作				
		合　计	100					

考评员:_____　　　　　记分员:_____　　　　　____年____月____日

试题2. AA001-2　画出5000m³罐底排板图

(1)考核时限:准备时间15min,正式操作时间120min,每超时1min从总分中扣2分,超时10min停止操作。

(2)工件图:由鉴定机构准备。

(3)配分与评分标准:

序号	考核项目	评 分 要 素	配分	评 分 标 准	检测结果	扣分	得分	备注
1	准备工作	工具劳保准备用	5	少一件扣2分				
2	绘制排板图	罐底的排板直径	15	应按设计直径放大0.1%~0.2%,错误扣15分				
		边缘板沿罐底半径方向的最小尺寸	15	不得小于700mm,每错一处扣5分				
		中幅板的宽度、长度	20	宽度不得小于1000mm,长度不得小于2000mm,每错一处扣5分				
		底板任意相邻焊缝之间的距离	20	不得小于200mm,每错一处扣10分				
		弓形边缘板的尺寸偏差	15	每错一处扣5分				
		标注尺寸	5	标注尺寸不对扣5分				
		图面清洁、工序合理	5	不符合扣5分				
3	安全文明	安全生产,文明施工		违规操作,一次从总分中扣除5分;严重违规停止操作				
4	考核时限	超时		每超时1min从总分中扣2分,超时10min停止操作				
		合　计	100					

考评员:_____　　　　　记分员:_____　　　　　____年____月____日

试题 3. AA001 - 3　画出 10000m³ 罐底排板图

(1)考核时限:准备时间 15min,正式操作时间 120min,每超时 1min 从总分中扣 2 分,超时 10min 停止操作。

(2)工件图:由鉴定机构准备。

(3)配分与评分标准:同题 AA001 - 2。

二、AA002　识大型复杂压力容器施工图

本鉴定点下共有 6 道考核试题,这些试题统一的考核要求如下。

1. 准备要求

(1)鉴定机构准备:教室 1 间,能容纳 30~50 人,通风、光线良好,整洁规范无干扰;容器施工图若干(每位考生 1 份);白纸若干。

(2)考生准备:

序 号	名 称	规 格	数 量	备 注
1	钢笔或圆珠笔、铅笔		1 支	
2	计算器		1 个	

2. 考核要求

(1)认真审阅图纸。

(2)写出图中主要元件的材料名称、规格、型号、数量。

(3)写出主要质量控制项目。

3. 考核评分

(1)本题分值采用百分制,100 分满分,60 分单科及格,然后乘以鉴定比重。

(2)评分方法:按单项记分、扣分。

4. 考核时限

准备时间 15min,正式操作时间 90min,每超时 1min 从总分中扣 2 分,超时 10min 停止操作。

试题 1. AA002 - 1　三相分离器施工图

(1)工件图:由鉴定机构准备。

(2)配分与评分标准:

序号	考核项目	评分要素	配分	评分标准	检测结果	扣分	得分	备注
1	准备工作	工具劳保准备	5	少一件扣 2 分				
2	主要受压元件	筒底规格材质,封头规格材质,人孔盖规格材质,人孔法兰规格材质,人孔接管规格材质,开孔补强圈规格材质,M36 以上的规格设备主螺栓,直径大于 250mm 的接管和接管法兰	45	每错一项扣 5 分				

续表

序号	考核项目	评分要素	配分	评分标准	检测结果	扣分	得分	备注
3	主要质量控制项目	筒体长度,筒体直线度,接管法兰面至壳体外壁距离,与外部管线连接法兰的法兰面垂直度与平行度,内部元件的位置尺寸,开孔方位,试压方法及压力	50	每错一项扣5分				
4	安全文明	安全生产,文明施工		违规操作,一次从总分中扣除5分;严重违规停止操作				
5	考核时限	超时		每超时1min从总分中扣2分,超时10min停止操作				
	合计		100					

考评员:_____　　　　记分员:_____　　　　____年____月____日

试题2. AA002-2　5000m³球罐施工图

(1)工件图:由鉴定机构准备。

(2)配分与评分标准:

序号	考核项目	评分要素	配分	评分标准	检测结果	扣分	得分	备注
1	准备工作	工具劳保准备	5	少一件扣2分				
2	识图	每带球壳板的规格、尺寸,上支柱的规格、尺寸,下支柱的规格、尺寸	35	每错一项扣5分				
3	主要质量控制项目	球壳板尺寸、曲率、翘曲度,上支柱位置尺寸,下支柱直线度,分带预组装尺寸,与外部管线连接法兰的法兰面垂直度或平行度,底板及支撑板垂直度	60	每错一项扣5分				
4	安全文明	安全生产,文明施工		违规操作,一次从总分中扣除5分;严重违规停止操作				
5	考核时限	超时		每超时1min从总分中扣2分,超时10min停止操作				
	合计		100					

考评员:_____　　　　记分员:_____　　　　____年____月____日

试题 3. AA002-3　10000m³ 球罐施工图
(1)工件图:由鉴定机构准备。
(2)配分与评分标准:同题 AA002-2。

试题 4. AA002-4　识反应塔施工图
(1)工件图:由鉴定机构准备。
(2)配分与评分标准:同题 AA002-1。

试题 5. AA002-5　识汽提塔施工图
(1)工件图:由鉴定机构准备。
(2)配分与评分标准:同题 AA002-1。

试题 6. AA002-6　识蒸汽塔施工图
(1)工件图:由鉴定机构准备。
(2)配分与评分标准:同题 AA002-1。

三、AA003　识大型复杂桁架结构图

本鉴定点下共有 2 道考核试题,这些试题统一的考核要求如下。

1. 准备要求

(1)鉴定机构准备:教室 1 间,能容纳 30~50 人,通风、光线良好,整洁规范无干扰;大型桁架图若干(每位考生 1 份);白纸若干。

(2)考生准备:

序号	名称	规格	数量	备注
1	钢笔或圆珠笔、铅笔		1 支	
2	计算器		1 个	

2. 考核要求

(1)认真审阅图纸。
(2)写出图中所有的材料名称、规格、型号、数量及下料尺寸。
(3)写出施工注意事项及主要质量控制项目。

3. 考核评分

(1)本题分值采用百分制,100 分满分,60 分单科及格,然后乘以鉴定比重。
(2)评分方法:按单项记分、扣分。

4. 考核时限

准备时间 15min,正式操作时间 60min,每超时 1min 从总分中扣 2 分,超时 10min 停止操作。

5. 配分与评分标准

序号	考核项目	评分要素	配分	评分标准	检测结果	扣分	得分	备注
1	准备工作	工具劳保准备	5	少一件扣 2 分				
2	识图及施工注意事项	材料名称、规格、数量	30	每错一项扣 5 分				
		组对方法、焊接顺序、刚性固定方式	30	每错一项扣 5 分				

续表

序号	考核项目	评分要素	配分	评分标准	检测结果	扣分	得分	备注
3	主要质量控制项目	长度尺寸,宽度尺寸,对角线尺寸,翘曲度,平整度,主要结构尺寸,特殊技术要求及工艺要求	35	每错一项扣5分				
4	安全文明	安全生产,文明施工		违规操作,一次从总分中扣除5分;严重违规停止操作				
5	考核时限	超时		每超时1min从总分中扣2分,超时10min停止操作				
	合计		100					

考评员：_____　　　　　　　记分员：_____　　　　　_____年____月____日

试题1. AA003－1　大型桁架图

工件图:由鉴定机构准备。

试题2. AA003－2　大型复杂结构件图

工件图:由鉴定机构准备。

四、AA004　弯头类展开

本鉴定点下共有4道考核试题,这些试题统一的考核要求如下。

1. 准备要求

(1)鉴定机构准备:教室1间,能容纳30~50人,通风、光线良好,整洁规范无干扰;油毡纸若干。

(2)考生准备:

序　号	名　称	规　格	数　量	备　注
1	划规	400mm	1把	
2	直板尺	1000mm	1把	
3	直角尺	250mm×500mm	1把	
4	划针		1根	
5	手剪刀		1把	
6	钢卷尺	3m	1个	

2. 考核评分

(1)本题分值采用百分制,100分满分,60分单科及格,然后乘以鉴定比重。

(2)评分方法:按单项记分、扣分。

3. 否定项说明

尺寸误差大于3mm以上的。

试题1. AA004－1　90°变向等径圆管五节弯头

(1)考核要求:

① 必须做板厚处理。

② 展开圆周以中径为基准并12等分。

(2)操作程序：

① 准备工作。

② 求作展开图所需尺寸。

③ 作外端、次外端圆管展开图。

④ 展开中段圆管。

⑤ 样板。

(3)考核时限：准备时间15min，正式操作时间120min，每超时1min从总分中扣2分，超时10min停止操作。

(4)工件图：见题AA004-1图。

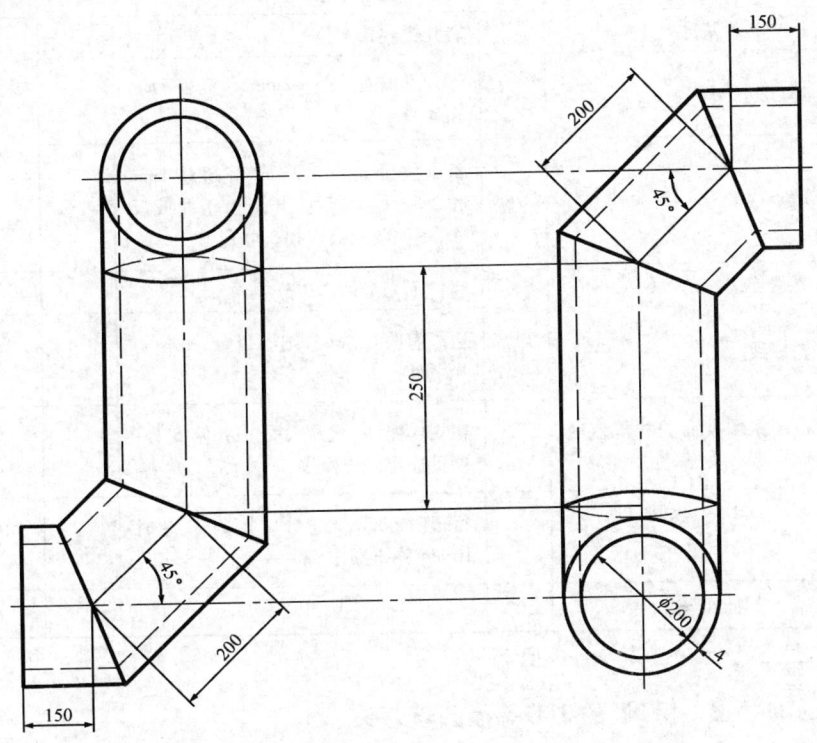

题 AA004-1 图

(5)配分与评分标准：

序号	考核项目	评分要素	配分	评分标准	检测结果	扣分	得分	备注
1	准备工作	工具劳保准备	6	少一件扣2分				
2	求作展开图所需尺寸	主、俯视图	10	允差±1mm，每超差1mm扣2分				
		求实长线 r_1	10	必须以外径为基准求作，错误扣10分				
		求实长线 r_2	10	必须以内径为基准求作，错误扣10分				

续表

序号	考核项目	评分要素	配分	评分标准	检测结果	扣分	得分	备注
3	作外端、次外端展开图	以中径为基准展开圆周	4	展开错误扣4分				
		12等分圆周	4	等分点位置允差±1mm，每超差1mm扣2分				
		取点	10	每点位置允差±1mm，每超差1mm扣2分				
		光滑连接各点	6	每一不光滑处扣1分				
4	展开中段圆管	以中径为基准展开圆周	4	展开错误扣4分				
		12等分圆周	4	等分点偏差允差±2mm，每超差1mm扣2分				
		取点	16	每点位置允差±2mm，每超差1mm扣2分（应注明展开图为正曲或反曲，不注明或错误扣5分）				
		光滑连接各点	6	每一不光滑处扣2分				
5	样板	轮廓线	10	边缘有明显缺陷，则不得分；每一不光滑处扣1分				
6	安全生产	按国家颁发有关法规或企业自定有关规定		违规操作，一次从总分中扣除5分；严重违规停止操作				
7	考核时限	超时		每超时1min从总分中扣2分，超时10min停止操作				
	合 计		100					

考评员：_____　　　　　记分员：_____　　　　　____年____月____日

试题2. AA004-2　拐90°的3节等径圆管弯头

(1)考核要求：

① 必须做板厚处理，并做卡样板。

② 展开圆周时以中径为基准，并12等分。

(2)操作程序：

① 准备工作。

② 求作展开图所需尺寸。

③ 展开中间圆管。

④ 展开两端圆管。

⑤ 作卡样板。

⑥ 样板。

(3)考核时限：准备时间：15min，正式操作时间：120min，每超时1min从总分中扣2分，超时10min停止操作。

(4)工件图：见题AA004-2图。

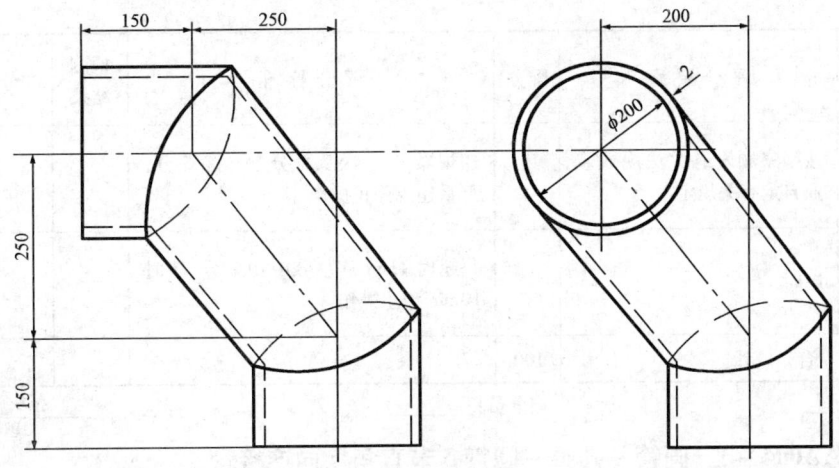

题 AA004-2 图

(5) 配分与评分标准：

序号	考核项目	评分要素	配分	评分标准	检测结果	扣分	得分	备注
1	准备工作	工具劳保准备	6	少一件扣2分				
2	求作展开图所需尺寸	主、俯视图	10	允差±1mm，每超差1mm扣2分				
		求实长线 r、r'、C	12	每错一处扣4分				
3	展开中间圆管	12等分展开圆周	10	以中径为基准展开，否则扣5分；长度允差±1mm，每超差1mm扣2分；等分点位置允差±1mm，每超差1mm扣2分				
		取点	10	每点位置允差±1mm，每超差1mm扣2分				
		光滑连接各点	6	每一不光滑处扣2分				
4	展开两侧圆管	12等分展开圆周	10	以中径为基准展开，否则扣5分；长度允差±1mm，每超差1mm扣2分；等分点位置允差±1mm，每超差1mm扣2分				
		取点	10	每点位置允差±2mm，每超差1mm扣2分				
		光滑连接各点	6	每一不光滑处扣2分				
5	作卡样板	角度	10	角度允差±0.5°，超差1°扣5分				
6	样板	轮廓线	10	边缘有明显缺陷，则不得分；每一不光滑处扣1分				

续表

序号	考核项目	评分要素	配分	评分标准	检测结果	扣分	得分	备注
7	安全生产	按国家颁发有关法规或企业自定有关规定		违规操作,一次从总分中扣除5分;严重违规停止操作				
8	考核时限	超时		每超时1min从总分中扣2分,超时10min停止操作				
	合　　计		100					

考评员:_____　　　　　记分员:_____　　　　　____年___月___日

试题3. AA004-3　圆管-圆锥-圆管3节直角换向连接管

(1)考核要求:

① 因直径较大,壁较薄、可不做板厚处理。

② 展开圆周以中径为基准并8等分。

(2)操作程序:

① 准备工作。

② 求作接合线。

③ 大小圆管展开。

④ 圆锥管展开。

⑤ 样板。

(3)考核时限:准备时间15min,正式操作时间120min,每超时1min从总分中扣2分,超时10min停止操作。

(4)工件图:见题AA004-3图。

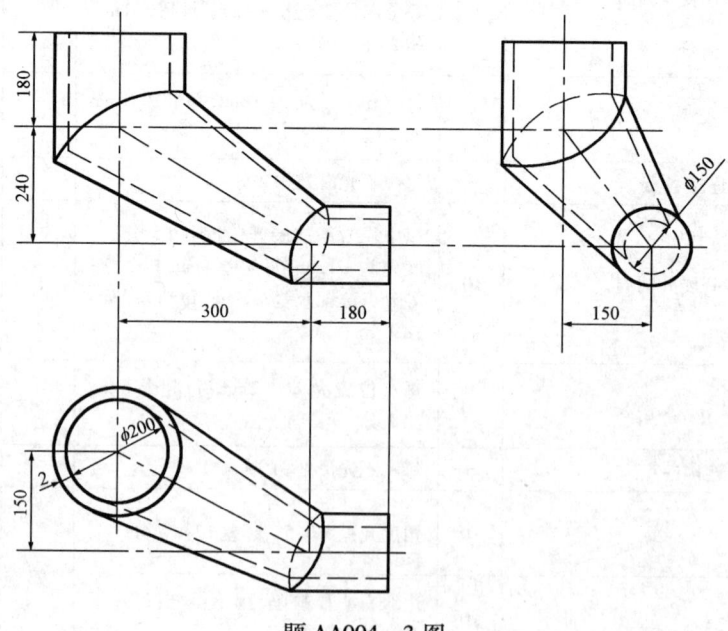

题AA004-3图

(5)配分与评分标准：

序号	考核项目	评分要素	配分	评分标准	检测结果	扣分	得分	备注
1	准备工作	工具劳保准备	6	少一件扣2分				
2	求作接合线	主、俯视图	10	允差±1mm,每超差1mm扣2分				
		作大管与圆锥管中心线的夹角	2	做法不正确扣2分				
		作圆锥管中心线实长线	2	做法不正确扣2分				
		画两个断面圆	2	圆心、半径每选择错一处扣1分				
		连公切线	2	切点位置错扣2分				
		连点得接合线	2	连点不正确扣2分				
		作小管与圆锥管中心线的夹角	2	做法不正确扣2分				
		画两个断面圆	2	圆心、半径错扣2分				
		连公切线	2	切点位置错扣2分				
		连点得接合线	2	连点不正确扣2分				
3	大小圆管展开	8等分展开圆周	8	不以中径为基准展开圆锥扣8分；等分点位置允差±1mm,每超差1mm扣2分				
		取点	12	每点位置允差±1mm,每超差1mm扣2分				
		光滑连接各点	6	每一不光滑处扣2分				
4	圆锥管展开	8等分展开圆锥	8	不以中径为基准展开圆锥扣8分；等分点位置允差±1mm,每超差1mm扣2分				
		取点	16	每点位置允差±1mm,每超差1mm扣2分				
		光滑连接各点	6	每一不光滑处扣2分				
5	样板	轮廓线	10	边缘有明显缺陷,则不得分；每一不光滑处扣2分				
6	安全生产	按国家颁发有关法规或企业自定有关规定		违规操作,一次从总分中扣除5分；严重违规停止操作				
7	考核时限	超时		每超时1min从总分中扣2分,超时10min停止操作				
	合计		100					

考评员：_____　　　　记分员：_____　　　　____年____月____日

试题 4. AA004 – 4 五节圆锥 90°弯头

(1) 考核要求：

① 因直径较大,壁较薄、可不作板厚处理。

② 展开圆周时,以中径为基准,并 12 等分圆周。

(2) 操作程序：

① 准备工作。

② 求作接合线。

③ 作展开图。

④ 样板。

(3) 考核时限：准备时间 15min,正式操作时间 150min,每超时 1min 从总分中扣 2 分,超时 10min 停止操作。

(4) 工件图：见题 AA004 – 4 图。

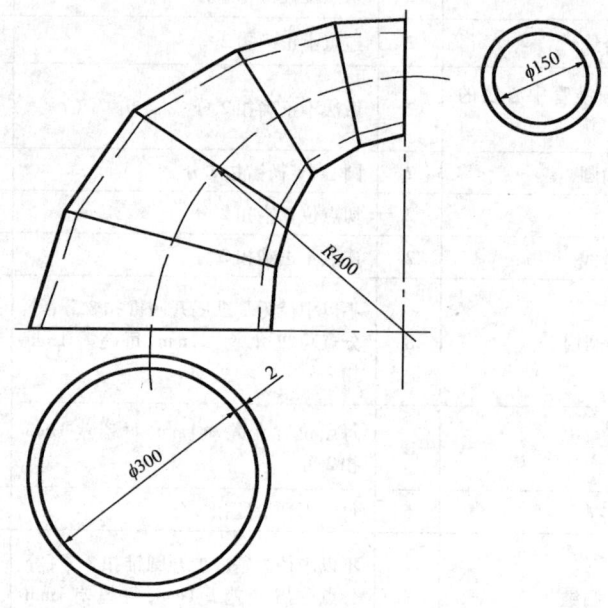

题 AA004 – 4 图

(5) 配分与评分标准：

序号	考核项目	评分要素	配分	评分标准	检测结果	扣分	得分	备注
1	准备工作	工具劳保准备	6	少一件扣 2 分				
2	求作接合线	主、俯视图	10	允差 ±1mm,每超差 1mm 扣 2 分				
		弯头外形线	10	中心线半径尺寸允差 ±1mm,每超差 1mm 扣 1 分;大小口端面垂直度允差 ±1mm,每超差 1mm 扣 1 分;大小口直径尺寸允差 ±1mm,每超差 1mm 扣 1 分				

续表

序号	考核项目	评分要素	配分	评分标准	检测结果	扣分	得分	备注
2	求作接合线	5 分 90°圆心角	5	角度分别为 11.25°,22.5°,22.5°,22.5°,11.25°,如有错误扣 5 分;角度允差 ±2°,每超差 1°扣 1 分				
		切线与角分线交点	6	切点位置每错一处扣 1 分;两线一一对应得交点,位置错误每点扣 1 分				
		圆锥管	6	上下口直径分别为弯头小口、大口直径,每错一处扣 3 分				
		锥管侧线垂足	5	垂直高度应为 5 条线段之和,错误扣 4 分;垂直位置允差 ±1mm,每超差 1mm 扣 1 分				
		画圆弧	5	圆心、半径选取不正确,每条弧扣 1 分				
		公切线交点	5	切线选取不正确,每条公切线扣 0.5 分				
		圆锥管斜截线	6	移取长度不正确,每条线扣 1 分				
3	作展开图	12 等分展开圆锥	10	不以中径为基准展开扣 8 分;等分点位置允差 ±2mm,每超差 1mm 扣 2 分				
		取点	10	每点位置允差 ±2mm,每超差 1mm 扣 2 分				
		光滑连接各点	6	每一不光滑处扣 2 分				
4	样板	轮廓线	10	边缘有明显缺陷,则不得分;每一不光滑处扣 2 分				
5	安全生产	按国家颁发有关法规或企业自定有关规定		违规操作,一次从总分中扣除 5 分;严重违规停止操作				
6	考核时限	超时		每超时 1min 从总分中扣 2 分,超时 10min 停止操作				
		合　计	100					

考评员:_____　　　　　记分员:_____　　　　　____年____月____日

五、AA005　三通管类展开

本鉴定点下共有 4 道考核试题,这些试题统一的考核要求如下。

1. 准备要求

(1)鉴定机构准备:教室 1 间,能容纳 30~50 人,通风、光线良好,整洁规范无干扰;油毡纸若干。

(2)考生准备:

序　号	名　称	规　格	数　量	备　注
1	划规	400mm	1把	
2	直板尺	1000mm	1把	
3	直角尺	250mm×500mm	1把	
4	划针		1根	
5	手剪刀		1把	
6	钢卷尺	3m	1个	

2．考核评分

(1)本题分值采用百分制,100分满分,60分单科及格,然后乘以鉴定比重。

(2)评分方法:按单项记分、扣分。

3．否定项说明

尺寸误差大于3mm以上的。

试题 1. AA005-1　三通补料管

(1)考核要求:

① 因直径较大,壁较薄,可不作板厚处理。

② 展开圆周时,以中径为基准,并6等分圆周。

(2)操作程序:

① 准备工作。

② 画立管展开图。

③ 画直管展开图。

④ 作实长线。

⑤ 作补料板展开图。

⑥ 样板。

(3)考核时限:准备时间15min,正式操作时间90min,每超时1min从总分中扣2分,超时10min停止操作。

(4)工件图:见题 AA005-1 图。

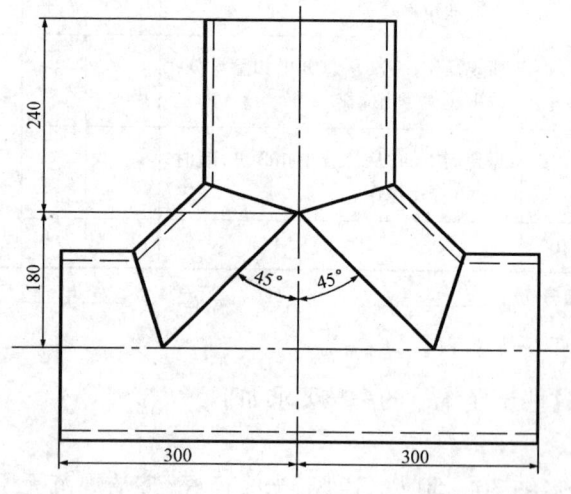
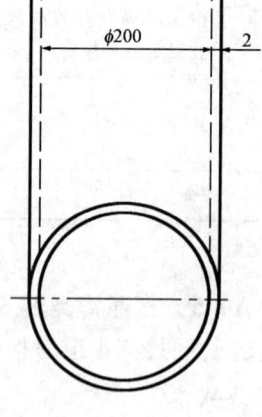

题 AA005-1 图

(5)配分与评分标准:

序号	考核项目	评分要素	配分	评分标准	检测结果	扣分	得分	备注
1	准备工作	工具劳保准备	6	少一件扣2分				
2	画立管展开图	主、俯视图	10	允差±1mm,每超差1mm扣2分				
		以中径为基准展开圆周	4	不以中径为基准扣4分				
		6等分圆周	4	等分点偏差允差±1mm,每超差1mm扣2分				
		取点	8	每点位置允差±1mm,每超差1mm扣2分				
		光滑连接各点	6	不光滑每处扣2分				
3	画直管展开图	以中径为基准展开圆周	4	不以中径为基准扣4分				
		6等分圆周	4	等分点偏差允差±1mm,每超差1mm扣2分				
		取点	8	每点位置允差±1mm,每超差1mm扣2分				
		光滑连接各点	6	不光滑每处扣2分				
4	作补料板展开图	作实长线	10	每条线允差±1mm,每超差1mm扣2分				
		取交点	14	交点位置允差±1mm,每超差1mm扣2分				
		光滑连接各点	6	不光滑每处扣2分				
5	样板	轮廓线	10	边缘有明显缺陷,不得分;每一不光滑处扣1分				
6	安全生产	按国家颁发有关法规或企业自定有关规定		违规操作,一次扣除5分;严重违规停止操作				
7	考核时限	超时		每超时1min从总分中扣2分,超时10min停止操作				
	合　　计		100					

考评员:_____　　　　　记分员:_____　　　　　____年____月____日

试题2. AA005-2　圆锥管与圆管斜交

(1)考核要求:

① 可不做板厚处理。

② 展开圆周时以中径为基准展开,并8等分。

(2)操作程序:

① 准备工作。

② 求作接合线。

③ 展开圆锥管。

④ 样板。

(3)考核时限:准备时间 15min,正式操作时间:90min,每超时 1min 从总分中扣 2 分,超时 10min 停止操作。

(4)工件图:见题 AA005－2 图。

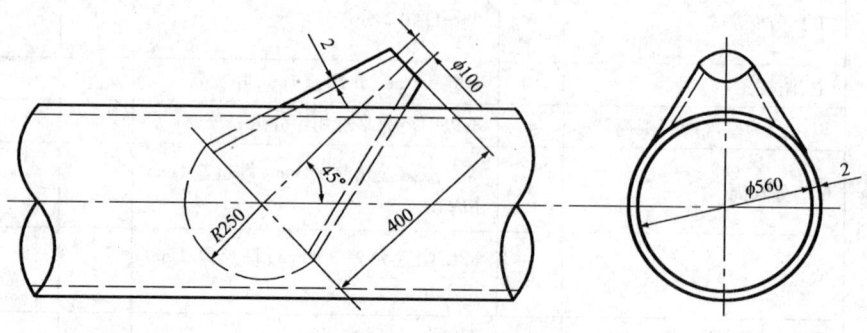

题 AA005－2 图

(5)配分与评分标准:

序号	考核项目	评分要素	配分	评分标准	检测结果	扣分	得分	备注
1	准备工作	工具、用具准备	6	少一件扣 2 分				
2	求作接合线	主、俯视图	10	允差±1mm,每超差 1mm 扣 2 分				
		画断面圆	4	圆心、半径每错一处扣 2 分				
		连接切线得交点	6	切点位置不正确每点扣 1 分				
		连点得接合线	4	连接不正确,每条线扣 2 分				
3	展开圆管	展开圆管周长	6	不以中径为基准展开扣 6 分				
		求作交点	10	每错一处扣 2 分				
		光滑连接各点	6	每一不光滑处扣 1 分				
4	展开圆锥管	8 等分圆周	10	不以中径为基准展开不得分;等分点位置允差±1mm,每超差 1mm 扣 2 分;等分点允差±1mm,每超差 1mm 扣 1 分				
		取点	22	每点位置允差±1mm,每超差 1mm 扣 2 分				
		光滑连接各点	6	每一不光滑处扣 2 分				
5	样板	轮廓线	10	边缘有明显缺陷,不得分;每一不光滑处扣 1 分				
6	安全生产	按国家颁发有关法规或企业自定有关规定		违规操作,一次从总分中扣除 5 分;严重违规停止操作				
7	考核时限	超时		每超时 1min 从总分中扣 2 分,超时 10min 停止操作				
	合 计		100					

考评员:_____   记分员:_____   ____年____月____日

试题 3. AA005－3　异径裤形管

(1)考核要求：

① 因直径较大，壁较薄，可不作板厚处理。

② 展开圆时，以中径为基准 8 等分圆周。

(2)操作程序：

① 准备工作。

② 求作接合线。

③ 作大圆展开图。

④ 作圆锥展开图。

⑤ 作小圆展开图。

⑥ 样板。

(3)考核时限：准备时间 15min，正式操作时间 120min，每超时 1min 从总分中扣 2 分，超时 10min 停止操作。

(4)工件图：见题 AA005－3 图。

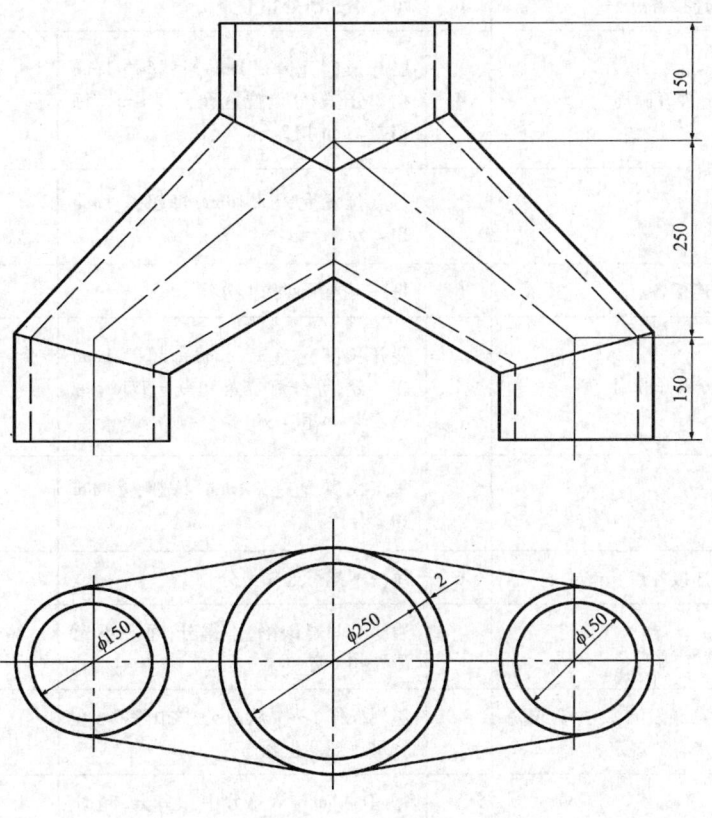

题 AA005－3 图

(5)配分与评分标准：

序号	考核项目	评分要素	配分	评分标准	检测结果	扣分	得分	备注
1	准备工作	工具、用具准备	6	少一件扣2分				
2	求作接合线	主、俯视图	10	允差±1mm，每超差1mm扣2分				
		大、小圆管断面	4	圆心、半径选取不正确每处扣2分				
		公切线	6	切点位置选取不正确，每处扣2分				
		连交点得接合线	10	连线不正确，每条线扣2分				
3	大圆管展开图	8等分展开圆周	4	展开长度允差±1mm，每超差1mm扣2分；等分点位置允差±1mm，每超差1mm扣2分				
		取点	8	每点位置允差±1mm，每超差1mm扣2分				
		光滑连接各点	6	每一不光滑处扣1分				
4	圆锥管展开图	8等分展开圆周	4	展开长度允差±1mm，每超差1mm扣2分；等分点位置允差±1mm，每超差1mm扣2分				
		取点	8	每点位置允差±1mm，每超差1mm扣2分				
		光滑连接各点	6	每一不光滑处扣1分				
5	小圆管展开图	8等分展开圆周	4	展开长度允差±1mm，每超差1mm扣2分；等分点位置允差±1mm，每超差1mm扣2分				
		取点	8	每点位置允差±1mm，每超差1mm扣2分				
		光滑连接各点	6	每一不光滑处扣1分				
6	样板	轮廓线	10	边缘有明显缺陷，不得分；每一不光滑处扣1分				
7	安全生产	按国家颁发有关法规或企业自定有关规定		违规操作，一次从总分中扣除5分；严重违规停止操作				
8	考核时限	超时		每超时1min从总分中扣2分，超时10min停止操作				
		合　　计	100					

考评员：_____　　　　记分员：_____　　　　____年____月____日

试题 4. AA005-4　主管为大圆支管为渐缩五通管

(1)考核要求

① 展开圆周以中径为基准,并8等分。

② 因直径较大,壁较薄,可不作板厚处理。

(2)操作程序:

① 准备工作。

② 求作接合线。

③ 大圆管展开。

④ 侧支管展开。

⑤ 中间支管展开。

⑥ 样板。

(3)考核时限:准备时间15min,正式操作时间180min,每超时1min从总分中扣2分,超时10min停止操作。

(4)工件图:见题 AA005-4 图。

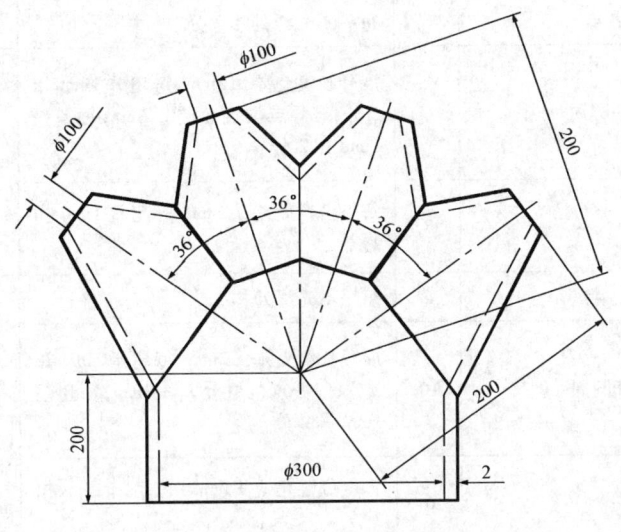

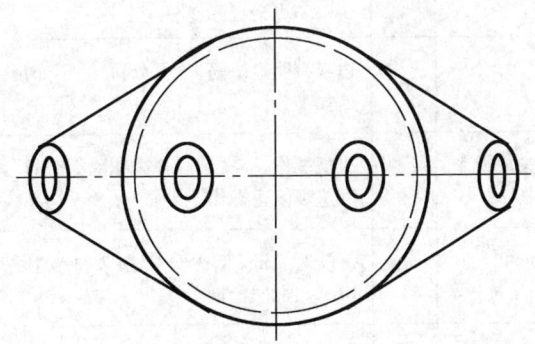

题 AA005-4 图

(5)配分与评分标准：

序号	考核项目	评分要素	配分	评分标准	检测结果	扣分	得分	备注
1	准备工作	工具劳保准备	6	少一件扣2分				
2	求作接合线	主、俯视图	10	允差±1mm，每超差1mm扣2分				
		画断面圆	4	圆心、半径选取不正确，每错一处扣2分				
		连切线	6	切点每错一处扣2分				
		得接合线	10	每错一条线扣2分				
3	求作大圆管展开	8等分展开圆周	4	展开长度允差±2mm，每超差1mm扣2分；等分点位置允差±2mm，每超差1mm扣2分				
		取点	8	每点位置允差±2mm，每超差1mm扣2分				
		光滑连接各点	6	每一不光滑处扣2分				
4	两侧支管展开图	8等分展开圆周	6	展开长度允差±2mm，每超差1mm扣2分；等分点位置允差±2mm，每超差1mm扣2分				
		取点	8	每点位置允差±2mm，每超差1mm扣2分				
		光滑连接各点	6	每一不光滑处扣2分				
5	中间两支管展开图	8等分展开圆周	10	展开长度允差±2mm，每超差1mm扣2分；等分点位置允差±2mm，每超差1mm扣2分				
		取点	6	每点位置允差±2mm，每超差1mm扣2分				
		光滑连接各点	4	每一不光滑处扣2分				
6	样板	轮廓线	6	边缘有明显缺陷，不得分；每一不光滑处扣1分				
7	安全生产	按国家颁发有关法规或企业自定有关规定		违规操作，一次从总分中扣除5分；严重违规停止操作				
8	考核时限	超时		每超时1min从总分中扣2分，超时10min停止操作				
		合计	100					

考评员：_____　　　　记分员：_____　　　　____年____月____日

六、AA006 变形接头类展开

本鉴定点下共有3道考核试题,这些试题统一的考核要求如下。

1. 准备要求

(1)鉴定机构准备:教室1间,能容纳30~50人,通风、光线良好,整洁规范无干扰;油毡纸若干。

(2)考生准备:

序 号	名 称	规 格	数 量	备 注
1	划规	400mm	1把	
2	直板尺	1000mm	1把	
3	直角尺	250mm×500mm	1把	
4	划针		1根	
5	手剪刀		1把	
6	钢卷尺	3m	1把	

2. 考核评分

(1)本题分值采用百分制,100分满分,60分单科及格,然后乘以鉴定比重。

(2)评分方法:按单项记分、扣分。

3. 否定项说明

(1)尺寸误差大于3mm以上的。

(2)超时10min以上的。

试题1. AA006-1 圆顶椭圆底马鞍形连接管

(1)考核要求:

6等分半圆周,展开时以中径为基准。

(2)操作程序:

① 准备工作。

② 求作实长线。

③ 作展开图。

④ 样板。

(3)考核时限:准备时间15min,正式操作时间90min,每超时1min从总分中扣2分,超时10min停止操作。

(4)工件图:见题AA006-1图。

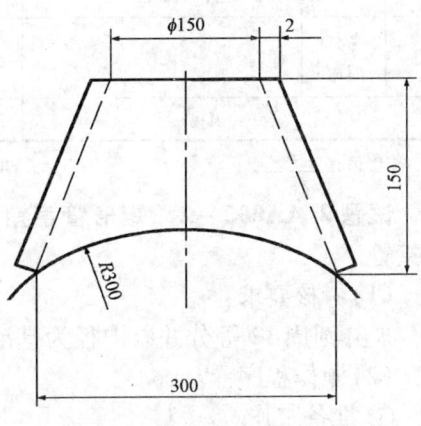

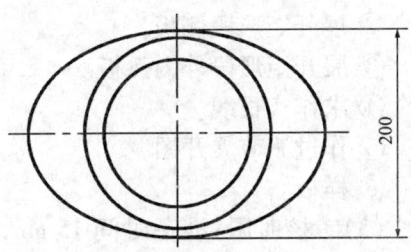

题 AA006-1图

(5)配分与评分标准：

序号	考核项目	评分要素	配分	评分标准	检测结果	扣分	得分	备注
1	准备工作	工具、用具准备	6	少一件扣2分				
2	求作实长线	主、俯视图	10	允差±1mm，每超差1mm扣2分				
		6等分半圆周	10	分点要选择合理，一点为过渡处，一点为长半径圆弧的中心，每错一点扣5分				
		取点得实长线	20	每点位置允差±2mm，每超差1mm扣2分				
3	作展开图	取主视图实长线	14	直线应竖直，偏斜允差±1mm，每超差1mm扣2分；长度允差±1mm，每超差1mm扣2分				
		依次画弧得交点	20	圆心位置、半径选取不正确，每错一处扣4分				
		光滑连接各点	10	不光滑每处扣2分				
4	样板	轮廓线	10	边缘有明显缺陷不得分，每一不光滑处扣1分				
5	安全生产	按国家颁发有关法规或企业自定有关规定		违规操作，一次从总分中扣除5分；严重违规停止操作				
6	考核时限	超时		每超时1min从总分中扣2分，超时10min停止操作				
	合　计		100					

考评员：_____　　　记分员：_____　　　___年___月___日

试题2. AA006-2　矩形管直角换向圆管的连接管

（1）考核要求：

展开圆周12等分并以中径为基准。

（2）操作程序：

① 准备工作。

② 展开矩形段侧板。

③ 展开矩形段外内弧板。

④ 求作实长线。

⑤ 作过渡节展开图。

⑥ 样板。

（3）考核时限：准备时间15min，正式操作时间120min，每超时1min从总分中扣2分，超时10min停止操作。

（4）工件图：见题 AA006-2 图。

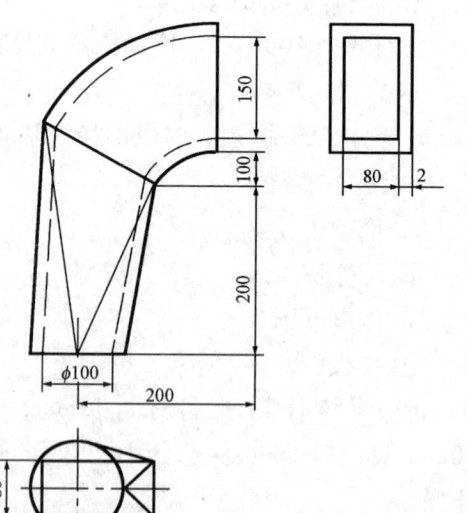

题 AA006-2 图

(5)配分与评分标准:

序号	考核项目	评分要素	配分	评分标准	检测结果	扣分	得分	备注
1	准备工作	工具、用具准备	6	少一件扣2分				
2	展开矩形段侧板	主、俯视图	10	允差±1mm,每超差1mm扣2分				
		扇形内半径	6	应为圆心至矩形管近端管内口尺寸,否则不得分;尺寸允差±1mm,每超差1mm扣1分				
		扇形外半径	6	应为圆心至矩形管外端管内口尺寸,否则不得分;尺寸允差±1mm,每超差1mm扣2分				
		扇面角	6	应为主视图已给定圆心角,错误不得分				
3	展开矩形段外内弧板	展开长度	6	以中径为基准展开所得尺寸,错误不得分				
		展开宽度	4	应为主视图已给定尺寸,错误不得分				
4	求作实长线	6等分半圆周	8	等分点允差±1mm,每超差1mm扣2分				
		取点得实长线	12	每点位置允差±1mm,每超差1mm扣2分				
5	作过渡节展开图	12等分展开圆周	6	等分点位置允差±1mm,每超差1mm扣2分				
		取点	14	每点位置允差±1mm,每超差1mm扣2分				
		光滑连接各点	6	每一不光滑处扣2分				
6	样板	轮廓线	10	边缘有明显缺陷,不得分;每一不光滑处扣1分				
7	安全生产	按国家颁发有关法规或企业自定有关规定		违规操作,一次从总分中扣除5分;严重违规停止操作				
8	考核时限	超时		每超时1min从总分中扣2分,超时10min停止操作				
	合 计		100					

考评员:_____   记分员:_____   ___年___月___日

试题 3. AA006－3　细长圆顶矩形台底的连接管

(1) 考核要求：

① 6 等分半圆周，展开时以中径为基准。

② 因直径较大，壁较薄，可不做板厚处理。

(2) 操作程序：

① 准备工作。

② 求作实长线。

③ 作展开图。

④ 样板。

(3) 考核时限：准备时间 15min，正式操作时间：90min，每超时 1min 从总分中扣 2 分，超时 10min 停止操作。

(4) 工件图：见题 AA006－3 图。

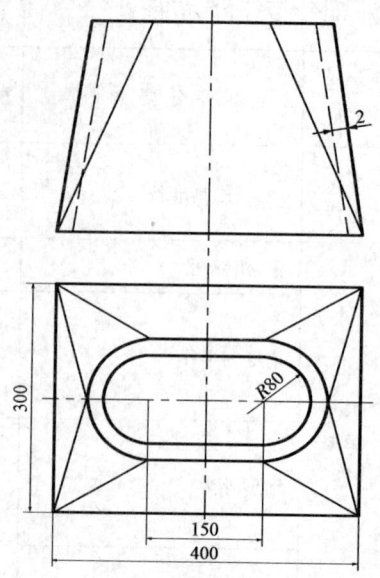

题 AA006－3 图

(5) 配分与评分标准：

序号	考核项目	评分要素	配分	评分标准	检测结果	扣分	得分	备注
1	准备工作	工具劳保准备	6	少一件扣 2 分				
2	求作实长线	主、俯视图	10	允差 ±1mm，每超差 1mm 扣 2 分				
		6 等分半圆周	15	以中径为基准展开，否则扣 5 分；展开长度允差 ±1mm，每超差 1mm 扣 2 分；等分点位置允差 ±1mm，每超差 1mm 扣 2 分				
		取点得实长线	20	每条线尺寸允差 ±1mm，每超差 1mm 扣 2 分				
3	作展开图	取线	5	选取错误不得分				
		取点	28	每点位置允差 ±1mm，每超差 1mm 扣 2 分				
		用直线或曲线连接各点	6	每一不光滑处扣 2 分				
4	样板	轮廓线	10	边缘有明显缺陷不得分，每一不光滑处扣 1 分				
5	安全生产	按国家颁发有关法规或企业自定有关规定		违规操作，一次从总分中扣除 5 分；严重违规停止操作				
6	考核时限	超时		每超时 1min 从总分中扣 2 分，超时 10min 停止操作				
		合　计	100					

考评员：＿＿＿＿＿　　　　　　记分员：＿＿＿＿＿　　　　　　＿＿＿年＿＿＿月＿＿＿日

七、AA007 螺旋类构件展开

本鉴定点下共有3道考核试题,这些试题统一的考核要求如下。

1. 准备要求

(1)鉴定机构准备:教室1间,能容纳30~50人,通风、光线良好,整洁规范无干扰;油毡纸若干。

(2)考生准备:

序 号	名 称	规 格	数 量	备 注
1	划规	400mm	1把	
2	直板尺	1000mm	1把	
3	直角尺	250mm×500mm	1把	
4	划针		1根	
5	手剪刀		1把	
6	钢卷尺	3m	1把	

2. 考核评分

(1)本题分值采用百分制,100分满分,60分单科及格,然后乘以鉴定比重。

(2)评分方法:按单项记分、扣分。

3. 否定项说明

尺寸误差大于3mm以上的。

试题1. AA007-1 斜螺旋叶片

(1)考核要求:

展开圆周8等分。

(2)操作程序:

① 准备工作。

② 画内外螺旋线主视图。

③ 求作实长线。

④ 展开图。

⑤ 样板。

(3)考核时限:准备时间15min,正式操作时间120min,每超时1min从总分中扣2分,超时10min停止操作。

(4)工件图:见题AA007-1图。

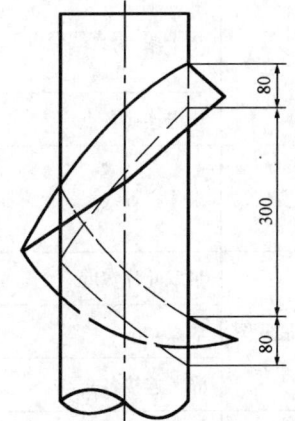

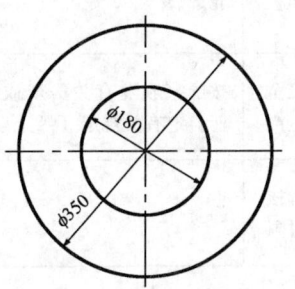

题 AA007-1 图

(5)配分与评分标准：

序号	考核项目	评分要素	配分	评分标准	检测结果	扣分	得分	备注
1	准备工作	工具、用具准备	6	少一件扣2分				
2	主俯视图	两个同心圆	15	同心圆半径为已知尺寸，错误扣5分；允差±1mm，每超差1mm扣2分				
3	画内外螺旋线主视图	8等分内外圆周	4	等分点位置允差±1mm，每超差1mm扣1分				
		过等分点引上垂线	4	垂直度允差±1mm，每超差1mm扣1分				
		8等分螺距	10	螺距长度截取错误扣10分；等分点位置允差±1mm，每超差1mm扣1分				
		等分点引水平线	6	水平度允差±1mm，每超差1mm扣1分				
		水平线、垂直线交点	6	应一一对应得交点，位置错误每点扣1分				
		光滑连接各点	3	每一不光滑处扣1分				
4	实长线	求作实长线	12	每条线长度允差±1mm，每超差1mm扣2分				
5	展开图	量取叶片宽度	4	尺寸不正确不得分				
		取点	14	每点允差±1mm，每超差1mm扣2分				
		光滑连接各交点	6	每一不光滑处扣2分				
6	样板	轮廓线	10	边缘有明显缺陷不得分，每一不光滑处扣1分				
7	安全生产	按国家颁发有关法规或企业自定有关规定		违规操作，一次从总分中扣除5分；严重违规停止操作				
8	考核时限	超时		每超时1min从总分中扣2分，超时10min停止操作				
	合计		100					

考评员：_____   记分员：_____   ____年____月____日

试题 2. AA007-2 方管迂回 180°的螺旋管

(1) 考核要求：

① 展开时可不考虑板厚。
② 展开时 6 等分半圆周。
③ 需作主视图。

(2) 操作程序：

① 准备工作。
② 作主视图。
③ 作实长线。
④ 展开图。
⑤ 样板。

(3) 考核时限：准备时间 15min，正式操作时间 120min，每超时 1min 从总分中扣 2 分，超时 10min 停止操作。

(4) 工件图：见题 AA007-2 图。

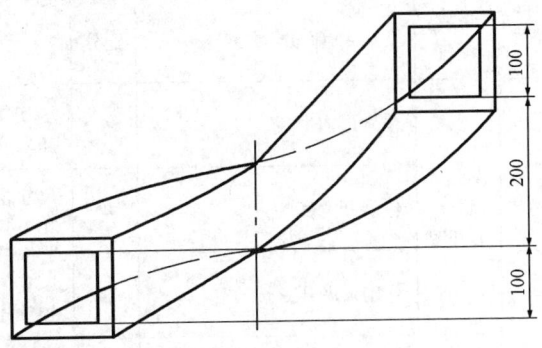

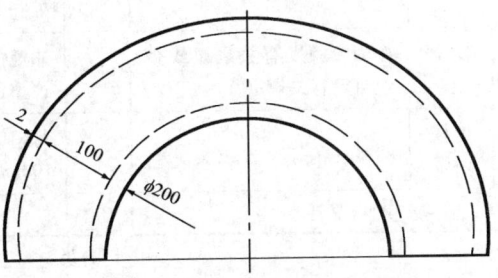

题 AA007-2 图

(5) 配分与评分标准：

序号	考核项目	评分要素	配分	评分标准	检测结果	扣分	得分	备注
1	准备工作	工具、用具准备	6	少一件扣 2 分				
2	作主视图	画俯视图外形和主视图两个断面	10	画法错误不得分				
		6 等分半圆周，引上垂线	6	等分点位置允差 ±2mm，每超差 1mm 扣 1 分；垂直度允差 ±2mm，每超差 1mm 扣 1 分				
		6 等分主视图高，引水平线	6	等分点位置允差 ±2mm，每超差 1mm 扣 1 分；水平度允差 ±1mm，每超差 1mm 扣 1 分				
		交点	10	应一一对应得交点，每错一处扣 1 分				
		光滑连接各点	6	每一不光滑处扣 1 分				
3	内外侧板展开图	求作展开板长度	6	尺寸偏差允差 ±2mm，每超差 1mm 扣 2 分				
		求作展开板宽度	6	尺寸偏差允差 ±2mm，每超差 1mm 扣 2 分				
		作上下边偏移量	10	尺寸偏差允差 ±2mm，每超差 1mm 扣 2 分				

序号	考核项目	评分要素	配分	评分标准	检测结果	扣分	得分	备注
4	作上下侧板展开图	作扇形内半径	6	尺寸偏差允差±2mm,每超差1mm扣2分				
		作展开宽度	4	尺寸偏差允差±2mm,每超差1mm扣2分				
		作扇形展开弦长	12	尺寸偏差允差±2mm,每超差1mm扣2分				
5	样板	轮廓线	10	边缘有明显缺陷不得分,每一不光滑处扣1分				
6	安全生产	按国家颁发有关法规或企业自定有关规定		违规操作,一次从总分中扣除5分;严重违规停止操作				
7	考核时限	超时		每超时1min从总分中扣2分,超时10min停止操作				
	合　　计		100					

考评员：_____　　　　记分员：_____　　　　___年___月___日

试题 3. AA007-3　大小方管迂回 90°的螺旋管

（1）考核要求：
展开时 6 等分并以中径为基准。
（2）操作程序：
① 准备工作。
② 作内外侧板展开图。
③ 求作上下侧板实长线。
④ 作上下侧板展开图。
⑤ 样板。
（3）考核时限：准备时间 15min,正式操作时间 150min,每超时 1min 从总分中扣 2 分,超时 10min 停止操作。
（4）工件图：见题 AA007-3 图。
（5）配分与评分标准：

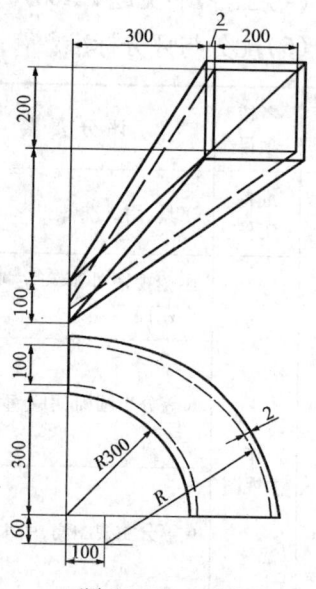

题 AA007-3 图

序号	考核项目	评分要素	配分	评分标准	检测结果	扣分	得分	备注
1	准备工作	工具、用具准备	6	少一件扣2分,选错每件扣2分				
2	作内外侧板展开图	主、俯视图	10	允差±1mm,每超差1mm扣2分				
		6等分俯视图内外圆弧	10	等分点允差±2mm,每超差1mm扣2分				

续表

序号	考核项目	评分要素	配分	评分标准	检测结果	扣分	得分	备注
2	作内外侧板展开图	录点	14	每点位置允差±2mm,每超差1mm扣2分				
		光滑连接曲线	10	每一不光滑处扣2分				
3	求作上下侧板展开图	求作实长线	12	每条线长度允差±2mm,每超差1mm扣2分				
		取点	16	每点位置允差±2mm,每超差1mm扣2分				
		光滑连接曲线	10	每一不光滑处扣2分				
4	样板	轮廓线	12	边缘有明显缺陷不得分,每一不光滑处扣2分				
5	安全生产	按国家颁发有关法规或企业自定有关规定		违规操作,一次从总分中扣除5分;严重违规停止操作				
6	考核时限	超时		每超时1min从总分中扣2分,超时10min停止操作				
	合　　计		100					

考评员：_____　　　　记分员：_____　　　　____年____月____日

八、AA008　球体的展开

本鉴定点下共有2道考核试题,这些试题统一的考核要求如下。

1. 准备要求

(1)鉴定机构准备：教室1间,能容纳30～50人,通风、光线良好,整洁规范无干扰；油毡纸若干。

(2)考生准备：

序号	名称	规格	数量	备注
1	划规	400mm	1把	
2	直角尺	250mm×500mm	1把	
3	直板尺	1000mm	1把	
4	手剪刀		1把	
5	划针		1根	
6	卷尺	3m	1把	

2. 考核评分

(1)本题分值采用百分制,100分满分,60分单科及格,然后乘以鉴定比重。

(2)评分方法：按单项记分、扣分。

3. 否定项说明

尺寸误差大于3mm以上的。

试题1. AA008-1 球体分瓣展开

(1) 考核要求：

① 需画出主视图曲线。

② 把球体分12瓣展开。

(2) 操作程序：

① 准备工作。

② 求作主视图曲线。

③ 作展开图。

④ 样板。

(3) 考核时限：准备时间15min，正式操作时间90min，每超时1min从总分中扣2分，超时10min停止操作。

(4) 工件图：见题AA008-1图。

(5) 配分与评分标准：

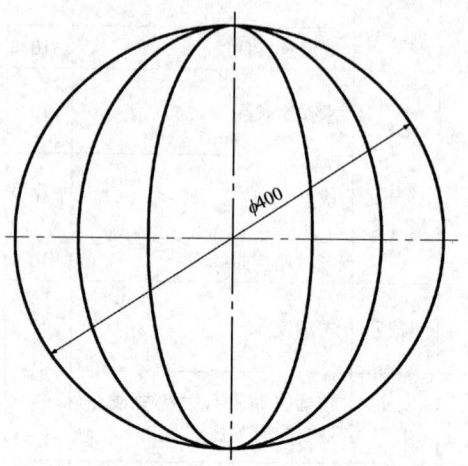

题 AA008-1 图

序号	考核项目	评分要素	配分	评分标准	检测结果	扣分	得分	备注
1	准备工作	工具劳保准备	6	少一件扣2分				
2	求作主视图曲线	12等分圆周	10	等分点位置允差±1mm，每超差1mm扣2分				
		连点	5	连点每错一处扣2分				
		引下垂线	5	垂直度允差±1mm，每超差1mm扣1分				
		画同心圆	8	圆心半径应选取正确，每错一处扣4分				
		交点引上垂线	5	交点每错一处扣2分；垂直度允差±1mm，每超差1mm扣1分				
		交点	6	应一一对应得交点，每错一处扣2分				
		光滑连接各点	5	每一不光滑处扣1分				
3	作展开图	6等分半圆周长	10	等分点位置允差±1mm，每超差1mm扣2分				
		截取长度	20	每条线段长度允差±1mm，每超差1mm扣2分				
		光滑连接各点	10	每一不光滑处扣2分				
4	样板	轮廓线	10	边缘有明显缺陷不得分，每一不光滑处扣1分				

续表

序号	考核项目	评分要素	配分	评分标准	检测结果	扣分	得分	备注
5	安全生产	按国家颁发有关法规或企业自定有关规定		违规操作,一次从总分中扣除5分;严重违规停止操作				
6	考核时限	超时		每超时1min从总分中扣2分,超时10min停止操作				
		合 计	100					

考评员：_____　　　　记分员：_____　　　　　　　___年___月___日

试题 2. AA008-2　球体分带展开

(1) 考核要求：
① 把球体分为9带。
② 展开时以内径为基准。

(2) 操作程序：
① 准备工作。
② 上下极带展开。
③ 赤道带展开。
④ 其余带板展开图。
⑤ 样板。

(3) 考核时限：准备时间 15min，正式操作时间 120min，每超时 1min 从总分中扣 2 分，超时 10min 停止操作。

(4) 工件图：见题 AA008-2 图。

(5) 配分与评分标准：

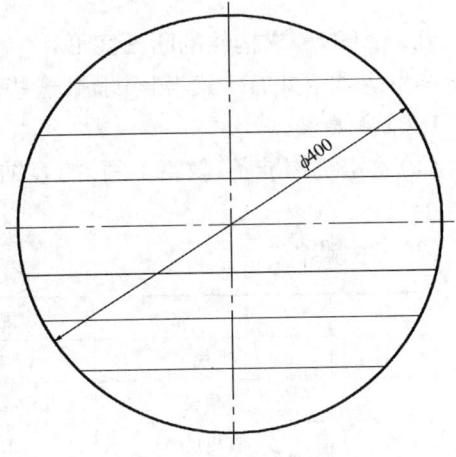

题 AA008-2 图

序号	考核项目	评分要素	配分	评分标准	检测结果	扣分	得分	备注
1	准备工作	工具、用具准备	6	少一件扣2分				
2	上下极带展开	主、俯视图	10	允差±1mm,每超差1mm扣2分				
		16等分圆周	14	等分点位置允差±1mm,每超差1mm扣2分				
		作圆	10	半径选择错误不得分				
3	赤道板展开	作矩形	10	长宽选取错误不得分				
4	其余带板展开图	作展开图半径	20	长度允差±1mm,每超差1mm扣2分				
		截取内段弧长	10	长度允差±1mm,每超差1mm扣2分				
		截取外段弧长	10	长度允差±1mm,每超差1mm扣2分				

续表

序号	考核项目	评分要素	配分	评分标准	检测结果	扣分	得分	备注
5	样板	轮廓线	10	边缘有明显缺陷不得分;每一不光滑处扣1分				
6	安全生产	按国家颁发有关法规或企业自定有关规定		违规操作,一次从总分中扣除5分;严重违规,停止操作				
7	考核时限	超时		每超时1min从总分中扣2分,超时10min停止操作				
		合　　计	100					

考评员:_____　　　记分员:_____　　　____年____月____日

九、AA009　求构件的断面实形

本鉴定点下共有3道考核试题,这些试题统一的考核要求如下。

1. 准备要求

(1)鉴定机构准备:教室1间,能容纳30~50人,通风、光线良好,整洁规范无干扰;油毡纸若干。

(2)考生准备:

序　号	名　　称	规　　格	数　量	备　　注
1	划规	400mm	1把	
2	直角尺	250mm×500mm	1把	
3	直板尺	1000mm	1把	
4	手剪刀		1把	
5	划针		1根	

2. 考核评分

(1)本题分值采用百分制,100分满分,60分单科及格,然后乘以鉴定比重。

(2)评分方法:按单项记分、扣分。

3. 否定项说明

尺寸误差大于3mm以上的。

试题1. AA009-1　平面斜截四棱锥的断面实形

(1)考核要求:

需作截交线。

(2)操作程序:

① 准备工作。

② 求断面实线形。

③ 样板。

(3)考核时限:准备时间15min,正式操作时间90min,每超时1min从总分中扣2分,超时10min停止操作。

(4)工件图:见题AA009-1图。

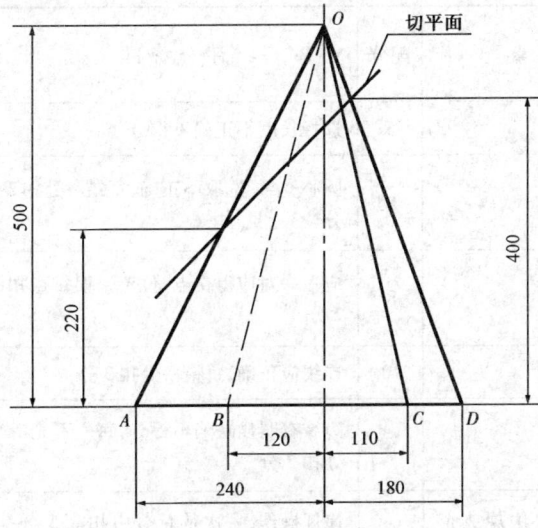

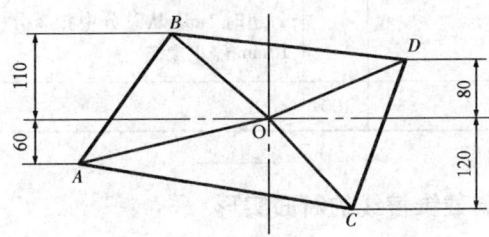

题 AA009-1 图

(5)配分与评分标准:

序号	考核项目	评分要素	配分	评分标准	检测结果	扣分	得分	备注
1	准备工作	工具劳保准备	6	少一件扣2分				
2	求作截交线	主、俯视图	10	允差±1mm,每超差1mm扣2分				
		由主视图交点作垂线	4	垂直度允差±1mm,每超差1mm扣1分				
		交点	4	交点不正确,每错一处扣2分				
		连线得俯视图投影	6	连线应正确,每错一处扣2分				
		由主、俯视图得左视图	9	做法应正确,每错一点扣1分				
3	求作实长线	作垂线	8	垂直度允差±1mm,每超差1mm扣2分				
		截取长度	8	截取长度及方法应正确,每错一处扣2分				
		连点得实长线	8	连接位置要正确,每错一处扣2分				

续表

序号	考核项目	评分要素	配分	评分标准	检测结果	扣分	得分	备注
4	作断面实形	截取定长	5	选择长度不正确不得分				
		画圆弧	8	圆心、半径选取不正确,每错一处扣2分				
		交点	8	应一一对应得交点,位置错误每点扣2分				
		连点得实形	10	连线应正确,每错一处扣3分				
5	样板	轮廓线	6	边缘有明显缺陷不得分,每一不光滑处扣2分				
6	安全生产	按国家颁发有关法规或企业自定有关规定		违规操作,一次从总分中扣除5分;严重违规停止操作				
7	考核时限	超时		每超时1min从总分中扣2分,超时10min停止操作				
	合计		100					

考评员:_____　　　记分员:_____　　　____年___月___日

试题 2. AA009-2　斜截锥棱线的断面实形
(1)考核要求:
需画出截交线。
(2)操作程序:
① 准备工作。
② 求作截交线。
③ 求作实长线。
④ 求作断面实形。
⑤ 样板。
(3)工件图:见题 AA009-2 图。
(4)配分与评分标准:同题 AA009-1。

试题 3. AA009-3　平面斜截圆锥的断面实形
(1)考核要求:
需作截交线。
(2)操作程序:
① 准备工作。
② 求作截交线。
③ 作截断面实形。
④ 样板。
(3)工件图:见题 AA009-3 图。

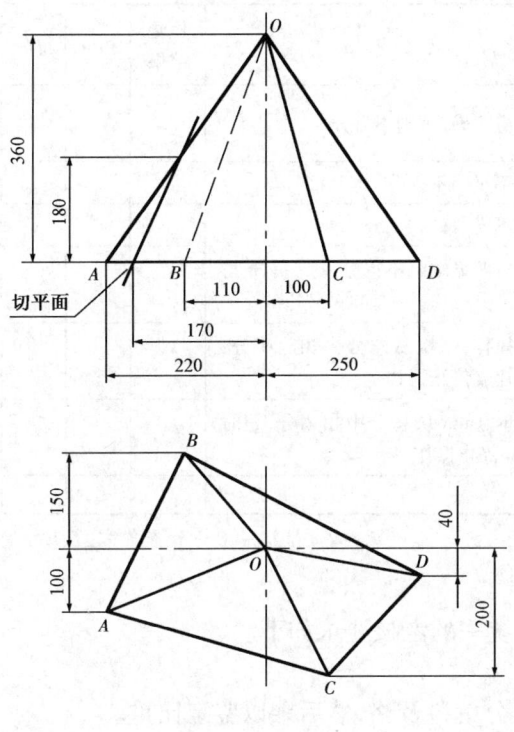
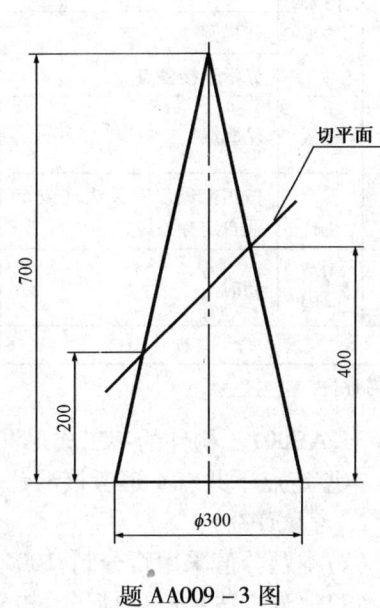

题 AA009-2 图   题 AA009-3 图

(4) 配分与评分标准:

序号	考核项目	评分要素	配分	评分标准	检测结果	扣分	得分	备注
1	准备工作	工具、用具准备	6	少一件扣2分				
2	求作截交线	主、俯视图	10	允差±1mm,每超差±1mm扣2分				
		选作直素线	12	选取应具一般性及特殊性,其中,中间及两侧共三条线必选、缺一条扣2分				
		作辅助纬圆	6	圆心、半径选取不正确,每一处扣2分				
		作下垂线	3	垂直度允差±1mm,每超差±1mm扣1分				
		交点	4	应一一对应得交点,每错一处扣1分				
		光滑连接各点	6	每一不光滑处扣1分				
		作水平线	4	水平度允差±1mm,每超差±1mm扣1分				
		截取长度	4	应对应截取长度,每错一处扣1分				
		光滑连接各点	6	每一不光滑处扣1分				

续表

序号	考核项目	评分要素	配分	评分标准	检测结果	扣分	得分	备注
3	作截面实形	取已作长度分别为椭圆长短轴	10	选取应正确,否则不得分				
		作椭圆	18	做法不正确不得分				
		光滑连接各点	5	每一不光滑处扣1分				
4	样板	轮廓线	6	边缘有明显缺陷不得分,每一不光滑处扣1分				
5	安全生产	按国家颁发有关法规或企业自定有关规定		违规操作,一次从总分中扣除5分;严重违规停止操作				
6	考核时限	超时		每超时1min从总分中扣2分,超时10min停止操作				
	合 计		100					

考评员:＿＿＿＿＿　　　记分员:＿＿＿＿＿　　　　　　　　　＿＿年＿＿月＿＿日

十、AB001　构件的手工成形

本鉴定点下共有4道考核试题,这些试题统一的考核要求如下。

1. 考核评分

(1)本题分值采用百分制,100分满分,60分单科及格,然后乘以鉴定比重。

(2)评分方法:按单项记分、扣分。

2. 否定项说明

尺寸误差大于5mm以上的。

试题1. AB001-1　偏心上圆下方连接管手工制作

(1)准备要求:

① 鉴定机构准备:

序号	名称	规格	数量	备注
1	考核场地			通风、光线良好,整洁规范无干扰
2	钢板	厚1mm,1m×2m	1张	
3	焊条	J422 φ3.2mm	5根	
4	手锤	1kg	1把	
5	滑石笔		1根	
6	电焊机		1台	

② 考生准备:

序号	名称	规格	数量	备注
1	铁皮剪子		1把	
2	直板尺	1000mm	1件	
3	直角尺	250mm×500mm	1件	
4	划规		1把	
5	板锉	300mm	1把	

（2）考核时限：准备时间 15min，正式操作时间 180min，每超时 1min 从总分中扣 2 分，超时 10min 停止操作。

（3）工件图：见题 AB001-1 图。

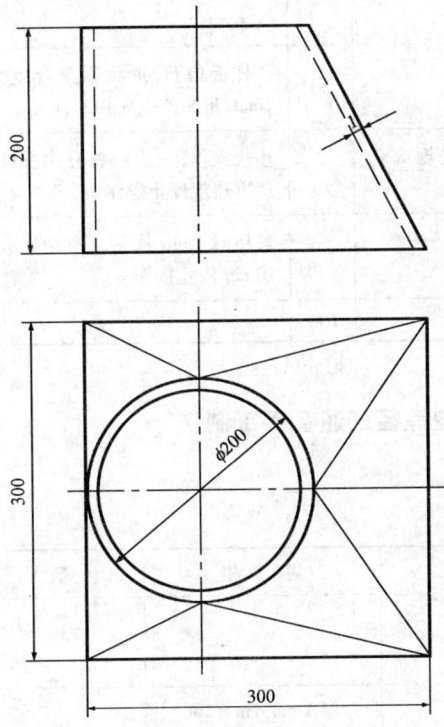

题 AB001-1 图

（4）配分与评分标准：

序号	考核项目	评分要素	配分	评分标准	检测结果	扣分	得分	备注
1	准备工作	工具劳保准备	6	少一件扣 2 分				
2	号料	将展开图的尺寸平移到下料钢板上	10	尺寸允差 ±2mm，每超差 1mm 扣 2 分				
3	下料	用铁皮剪刀及锉刀下料	20	各部位的几何尺寸允差 ±2mm，每超差 1mm，扣 2 分；圆边上一处毛刺扣 2 分				
4	手工成形	画素线	14	各条素线位置要正确，允差 ±2mm，每超差 1mm 扣 2 分				
		手工锤打	10	未沿画好的素线锤打扣 10 分				

续表

序号	考核项目	评分要素	配分	评分标准	检测结果	扣分	得分	备注
4	手工成形	组对点焊固定	20	对口间隙大于2mm扣5分,扭曲错口扣5分、焊点不牢固、不均匀扣5分				
		整形	20	用样板检验,形状不重合度允差±2mm,每超差一处扣5分				
5	安全生产	按国家颁发有关法规或企业自定有关规定		违规操作,一次从总分中扣除5分;严重违规停止操作				
6	考核时限	超时		每超时1min从总分中扣2分,超时10min停止操作				
		合 计	100					

考评员：_____　　　记分员：_____　　　____年____月____日

试题2. AB001-2　裤型等径三通管手工制作

（1）准备要求：

① 鉴定机构准备：

序号	名称	规格	数量	备注
1	考核场地			通风、光线良好,整洁规范无干扰
2	钢板	厚1mm,1m×2m	2张	
3	焊条	J422 φ2.5mm	4根	
4	槽钢	⌐10, L=300	1根	
5	油毡纸	500mm×500mm	1张	
6	电焊机		1台	

② 考生准备：

序号	名称	规格	数量	备注
1	铁皮剪子		1把	
2	直板尺	1000mm	1件	
3	直角尺	250mm×500mm	1件	
4	画规		1把	
5	滑石笔		3根	
6	手锤		1把	
7	板锉	300mm	1把	

(2)考核时限:准备时间 15min,正式操作时间 180min,每超时 1min 从总分中扣 2 分,超时 10min 停止操作。

(3)工件图:见题 AB001-2 图。

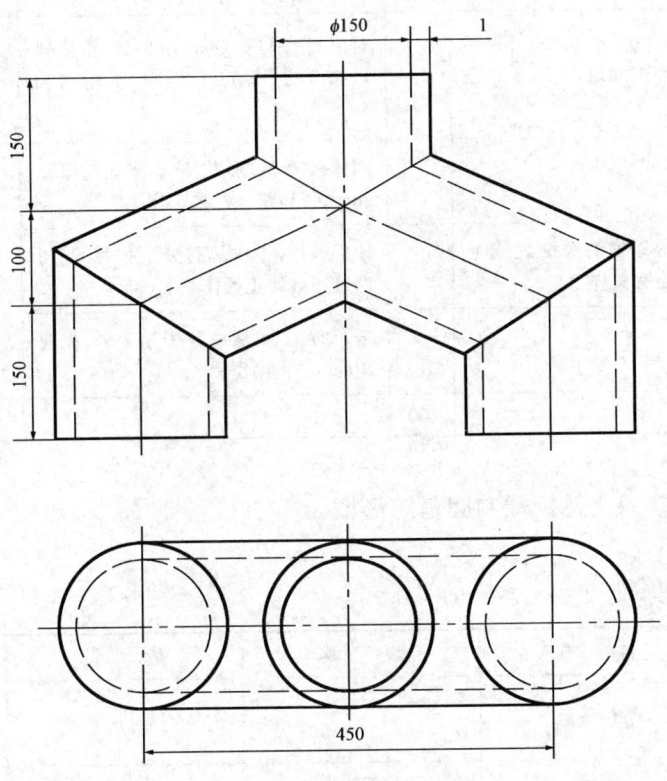

题 AB001-2 图

(4)配分与评分标准:

序号	考核项目	评分要素	配分	评分标准	检测结果	扣分	得分	备注
1	准备工作	工具、劳保准备	10	少一件扣2分,错一件扣2分				
2	号料	安排焊缝位置	5	三条焊缝应错开,否则不得分				
		样板制作	10	外形尺寸允差±2mm,每超差1mm扣2分				
		排料	10	排料应合理,造成材料浪费扣5分				
3	下料	用铁皮剪刀、锉刀下料	15	各关键尺寸、形状允差±2mm,每超差1mm扣2分;周边每一处毛刺扣2分				
4	手工锤圆成形	画素线及加工区域	10	在操作平台上放置两根 $\phi 40mm \times 300mm$ 的圆钢(平行放置)与底平台焊牢作为底架,未焊牢不得分				

续表

序号	考核项目	评分要素	配分	评分标准	检测结果	扣分	得分	备注
4	手工锤圆成形	手工锤打	10	未按画好的素线锤打扣10分				
		组对点焊固定	15	对口间隙大于2mm扣5分,扭曲错口扣5分,焊点不牢固、不均匀扣5分				
		整形	15	用样板检验,形状不重合度允差±2mm,每超差一处扣5分				
5	安全生产	按国家颁发有关法规或企业自定有关规定		违规操作,一次从总分中扣除5分;严重违规停止操作				
6	考核时限	超时		每超时1min从总分中扣2分,超时10min停止操作				
		合　计	100					

考评员：_____　　　记分员：_____　　　____年____月____日

试题 3. AB001-3　槽钢煨制圆角矩形框

(1) 准备要求：

① 鉴定机构准备：

序　号	名　称	规　格	数　量	备　注
1	考核场地			通风、光线良好,整洁规范无干扰
2	槽钢	大于⌶6,厚度大于3mm	7m	
3	焊条	J422 φ3.2mm	3根	
4	砂轮片	φ100mm	1片	
5	电源插座		1个	
6	油毡纸	300mm×600mm	1张	
7	电焊机及工具		1套	
8	角向磨光机		1台	
9	气焊工具		1套	

② 考生准备：

序　号	名　称	规　格	数　量	备　注
1	剪刀		1把	
2	直板尺	1000mm	1把	
3	直角尺	250mm×500mm	1件	
4	画规		1把	
5	滑石笔		3根	

(2)考核时限:准备时间15min,正式操作时间90min,每超时1min从总分中扣2分,超时10min停止操作。

(3)工件图:见题AB001-3图。

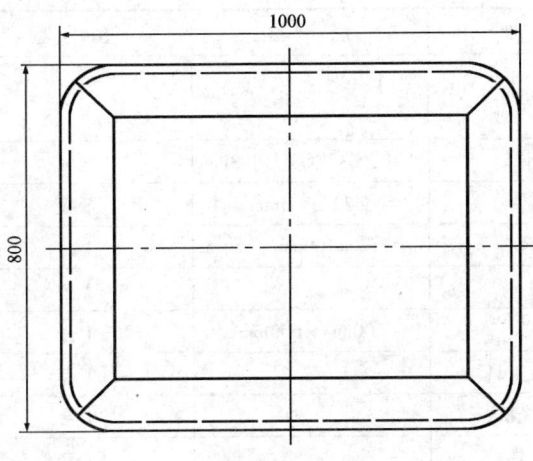

题AB001-3图

(4)配分与评分标准:

序号	考核项目	评分要素	配分	评分标准	检测结果	扣分	得分	备注
1	准备工作	工具劳保准备	6	少一件扣2分				
2	号料	画下料线	15	尺寸允差超差±2mm,每超差一处扣2分				
3	下料	切割下料	15	如不能一次成形返工扣5分,每有一处毛刺或氧化铁扣5分				
4	煨制成形	温度控制	10	不能有过烧现象,否则不得分				
		对口间隙	14	每有一处超过3mm扣2分				
		错边量	10	错边量允差±1mm,每超过1mm扣5分				
		外形尺寸	20	边长、对角线允差为±2mm,每超差一处扣5分;角度允差为±0.5°,有一处超差扣5分				
		平整度	10	平整度允差±3mm,每超差一处扣5分				
5	安全生产	按国家颁发有关法规或企业自定有关规定		违规操作,一次从总分中扣除5分;严重违规停止操作				
6	考核时限	超时		每超时1min从总分中扣2分,超时10min停止操作				
	合计		100					

考评员:_____ 记分员:_____ ____年____月____日

试题 4. AB001-4　角钢内煨梯形框

(1) 准备要求：

① 鉴定机构准备：

序　号	名　称	规　格	数　量	备　注
1	考核场地			通风、光线良好，整洁规范无干扰
2	角钢	大于∠63,厚度大于3mm	4m	
3	焊条	J422 ϕ3.2mm	3根	
4	砂轮片	ϕ100mm	1片	
5	电源		1个	
6	油毡纸	200mm×600mm	1张	
7	电焊机及工具		1套	
8	角向磨光机		1台	
9	气焊工具		1套	

② 考生准备：

序　号	名　称	规　格	数　量	备　注
1	剪刀		1把	
2	直板尺	1000mm	1把	
3	直角尺	250mm×500mm	1件	
4	画规		1把	
5	滑石笔		3根	

(2) 考核时限：准备时间15min,正式操作时间90min,每超时1min从总分中扣2分,超时10min停止操作。

(3) 工件图：见题AB001-4图。

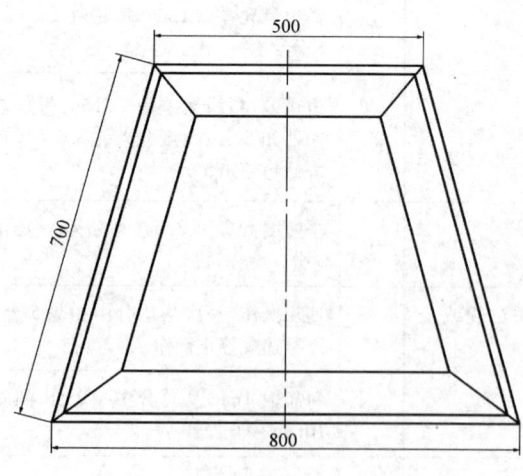

题 AB001-4 图

(4)配分与评分标准:同题 AB001-3。

十一、AC001 利用机械设备的成形

本鉴定点下共有2道考核试题,这些试题统一的考核要求如下。

1. 准备要求

(1)鉴定机构准备:教室1间,能容纳30~50人,通风、光线良好,整洁规范无干扰;白纸若干。

(2)考生准备:钢笔或圆珠笔1支。

2. 操作程序

(1)准备工作。

(2)号料。

(3)下料。

(4)卷制成形。

(5)组对成形。

3. 考核评分

(1)本题分值采用百分制,100分满分,60分单科及格,然后乘以鉴定比重。

(2)评分方法:按单项记分、扣分。

4. 考核时限

准备时间:15min,正式操作时间:60min,每超时1min 从总分中扣2分,超时10min停止操作。

试题1. AC001-1 偏心大小口的滚压成形

(1)工件图:见题 AC001-1 图。

(2)配分与评分标准:

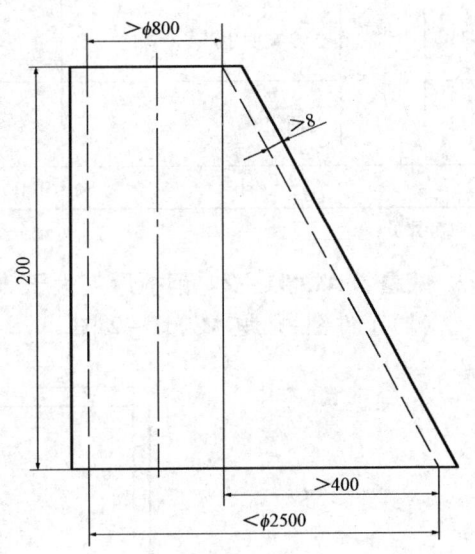

题 AC001-1 图

序号	考核项目	评分要素	配分	评分标准	检测结果	扣分	得分	备注
1	机械成形	工具及劳保准备	10	少答一件扣2分				
2		筒体下料计算公式	15	写出公式得10分,计算正确得5分				
3		下料注意事项	5	合理排板下料,答错不得分				
4		样板制作	10	写出样板半径R,错一个扣5分				
5		滚圆压头	10	曲率过大过小、椭圆鼓肚、大小口扭曲等缺陷答出一种得2分				
6		对口间隙	10	手工焊2±0.5mm,自动焊0~1mm,答对一种得5分				
7		错边量	10	A类焊缝、B类焊缝≤1/4板厚,答对一种得5分				
8		焊缝要求及外观检查	10	焊缝两侧20mm以内打磨,焊缝表面不得有裂纹、夹渣、气孔等缺陷,答对一条得5分				

续表

序号	考核项目	评分要素	配分	评分标准	检测结果	扣分	得分	备注
9	机械成形	两端面最大最小直径差	10	内径的1%且不大于25mm,答错不得分				
10		两端面棱角度允差	10	$E=(皮厚/10+2)$ mm,且不大于5mm,答错不得分				
11		安全文明生产		违规操作,一次从总分中扣除5分;严重违规停止操作				
12		时间定额		每超时1min从总分中扣2分,超时10min停止操作				
	合　　计		100					

考评员:_____　　　　记分员:_____　　　　____年____月____日

试题2. AC001-2　钢板厚度大于35mm以上的圆筒滚制

(1)工件图:见题AC001-2图。

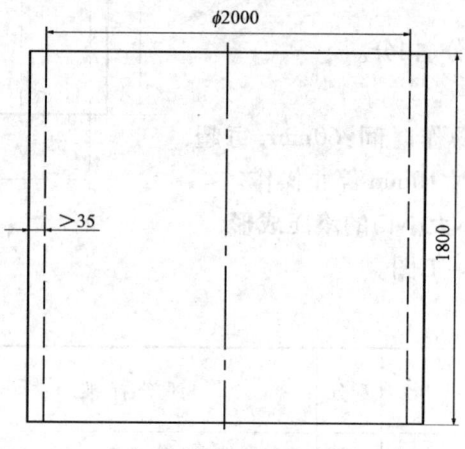

题AC001-2图

(2)配分与评分标准:

序号	考核项目	评分要素	配分	评分标准	检测结果	扣分	得分	备注
1	机械成形	工具及劳保准备	10	少答一件扣2分				
2		筒体下料计算公式	15	写出公式得10分,计算正确得5分				
3		下料注意事项	5	排板下料找方等,错一项扣2分				
4		样板制作	5	写出样板半径R,否则不得分				
5		滚圆压头	15	曲率过大过小、椭圆鼓肚、大小口扭曲等缺陷答出一种得2分				
6		对口间隙	10	手工焊$3±0.5$mm,自动焊$0\sim1$mm,答对一种得5分				

续表

序号	考核项目	评分要素	配分	评分标准	检测结果	扣分	得分	备注
7	机械成形	错边量	10	A类焊缝、B类焊缝≤1/4板厚,答对一种得5分				
8		焊缝要求及外观检查	10	焊缝两侧打磨20mm以上,焊缝表面不得有裂纹、夹渣、气孔等缺陷,答对一条5分				
9		筒体最大最小直径差	10	内径的1%且不大于25mm,答错不得分				
10		筒体棱角度允差	10	$E=($皮厚$/10+2)$ mm,且不大于5mm,答错不得分				
11		安全文明生产		违规操作,一次从总分中扣除5分;严重违规停止操作				
12		时间定额		每超时1min从总分中扣2分,超时10min停止操作				
	合计		100					

考评员:_____ 记分员:_____ ____年____月____日

十二、AD001 支座类的装配

本鉴定点下有1道考核试题。

1. 准备要求

(1)鉴定机构准备:教室1间,能容纳30~50人,通风、光线良好,整洁规范无干扰;白纸若干。

(2)考生准备:钢笔或圆珠笔1支。

2. 操作程序

(1)准备工具、用具。

(2)准备板件。

(3)装配。

(4)焊接。

(5)检查质量。

3. 考核评分

(1)本题分值采用百分制,100分满分,60分单科及格,然后乘以鉴定比重。

(2)评分方法:按单项记分、扣分。

4. 考核时限

准备时间15min,正式操作时间60min,每超时1min从总分中扣2分,超时10min停止操作。

试题. AD001 减速箱底的装配

(1)工件图:见题AD001图。

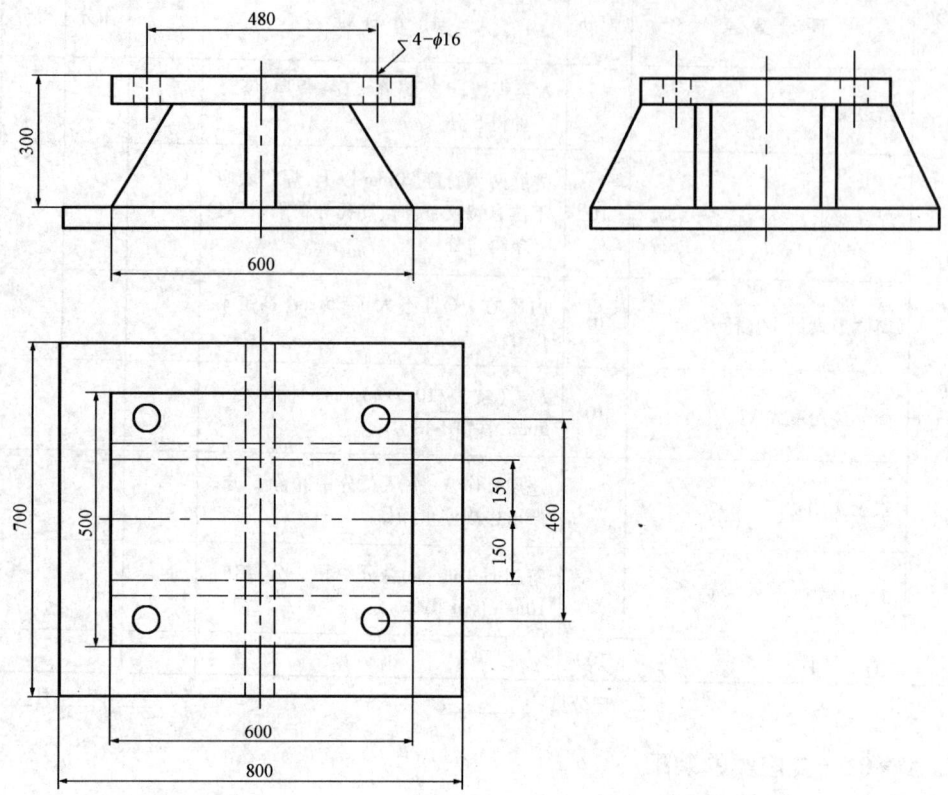

题 AD001 图

(2)配分与评分标准：

序号	考核项目	评分要素	配分	评分标准	检测结果	扣分	得分	备注
1	准备工作	工具劳保准备	10	少一件扣2分				
2	准备板件	板件的准备及检验	20	各种板件的划线、剪切(气割)、矫平操作、不叙述扣5分；各边长、对角线、边垂直度的检查，叙述不正确扣5分				
3	装配	划线	10	在底板上划出立板及肋板的位置线，每一处超差扣2分				
		装立板	10	以底板上的位置线为基准，装配立板并施定位焊，立板的位置应正确，立板应与底板垂直，每一处不合格扣2分				

续表

序号	考核项目	评分要素	配分	评分标准	检测结果	扣分	得分	备注
3	装配	装配肋板	10	在底板上肋板位置线上装配肋板,并施定位焊,肋板的位置不正确一处扣2分,肋板与底板一处不垂直扣2分				
		装面板	10	在立板和肋板上装配面板,并用90°角尺校对,保证面板与立板和肋板垂直,每一处尺寸超差扣5分				
4	焊接	防变形措施,成品自检	30	防变形措施答对一条得10分;焊接后对各种尺寸重新检验,重点在立板、肋板的垂直度及面板的平面度,每一处不合格扣5分				
5	安全生产	按国家颁发有关法规或企业自定有关规定		违规操作,一次从总分中扣除5分;严重违规停止操作				
6	考核时限	超时		每超时1min从总分中扣2分,超时10min停止操作				
	合　　计		100					

考评员:_____　　　　　记分员:_____　　　　　____年____月____日

十三、AD002　大型浮盘储罐的装配

本鉴定点下有1道考核试题。

1. 准备要求

(1)鉴定机构准备:教室1间,能容纳30~50人,通风、光线良好,整洁规范无干扰;容器施工图若干(每位考生1份);白纸若干。

(2)考生准备:钢笔或圆珠笔、铅笔1支。

2. 考核要求

(1)认真审阅图纸。

(2)写出主要施工操作步骤。

3. 考核评分

(1)本题分值采用百分制,100分满分,60分单科及格,然后乘以鉴定比重。

(2)评分方法:按单项记分、扣分。

4. 考核时限

准备时间15min,正式操作时间60min,每超时1min从总分中扣2分,超时10min停止操作。

试题. AD002　单盘式浮顶

(1)工件图:由鉴定机构准备。

(2)配分与评分标准：

序号	考核项目	评分要素	配分	评分标准	检测结果	扣分	得分	备注
1	准备工作	工具、用具准备	10	少一件扣2分				
2	操作步骤	熟悉图纸及标准,铺罐底、第一节壁板、胀圈、其余壁板,罐底真空试漏、船舱及单盘的组对及试漏、滑梯密封装置、浮盘升降试验、浮盘浸没试验、基础沉降试验,安装中央排水管及剩余附件	90	每错一处扣5分				
3	安全生产	按国家颁发有关法规或企业自定有关规定		违规操作,一次从总分中扣除5分;严重违规停止操作				
4	考核时限	超时		每超时1min从总分中扣2分,超时10min停止操作				
		合　　计	100					

考评员:_____　　　记分员:_____　　　____年____月____日

十四、AE001　咬接

本鉴定点下共有3道考核试题,这些试题统一的考核要求如下。

1. 操作程序
(1)准备工作。
(2)下料。
(3)手工成形。

2. 考核评分
(1)本题分值采用百分制,100分满分,60分单科及格,然后乘以鉴定比重。
(2)评分方法:按单项记分、扣分。

3. 否定项说明
尺寸误差大于3mm以上的。

试题1. AE001-1　圆管90°弯头的咬接

(1)准备要求:
① 鉴定机构准备:

序　号	名　称	规　格	数　量	备　注
1	考核场地			通风、光线良好,整洁规范无干扰
2	铁皮	厚1mm,1m×1m	1张	
3	油毡纸	1m×1m	1张	
4	砧铁		1块	

② 考生准备:

序 号	名 称	规 格	数 量	备 注
1	手锤	0.3kg	1把	
2	钢板尺	1000mm	1把	
3	铁剪刀		1把	

(2)考核时限:准备时间 15min,正式操作时间 180min,每超时 1min 从总分中扣 2 分,超时 10min 停止操作。

(3)工件图:见题 AE001-1 图。

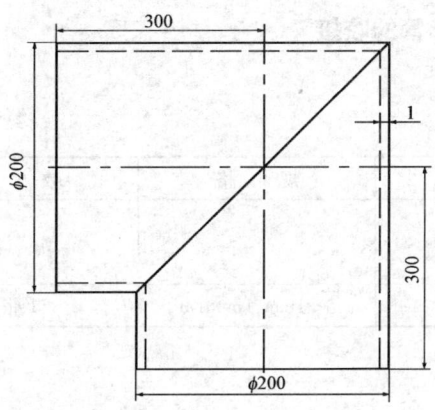

题 AE001-1 图

(4)配分与评分标准:

序号	考核项目	评分要素	配分	评分标准	检测结果	扣分	得分	备注
1	准备工作	工具劳保准备	6	少一件扣2分				
2	下料	画展开图	15	尺寸允差±1mm,每超差1mm扣5分				
		画线	8	允差±1mm,每超差1mm扣4分				
		下料	15	允差±1mm,每超差1mm扣5分				
3	手工成形	成形尺寸	12	尺寸允差±1mm,每超差1mm扣4分				
		上下口水平度及扭曲度	12	放置在平台上,间隙允差±1mm,每超差1mm扣4分				
		咬合质量	32	有一处不严密扣4分;局部凹凸不平有褶皱扣4分;咬合后的外轮廓线为椭圆,有一处超标扣4分;咬合宽度有一处大于6mm扣4分;如有一次返工现象扣4分				

续表

序号	考核项目	评分要素	配分	评分标准	检测结果	扣分	得分	备注
4	安全生产	按国家颁发有关法规或企业自定有关规定		违规操作,一次从总分中扣除5分;严重违规停止操作				
5	考核时限	超时		每超时1min从总分中扣2分,超时10min停止操作				
	合　计		100					

考评员：_____　　　　　记分员：_____　　　　　____年____月____日

试题2. AE001-2　矩形管的咬接

(1)准备要求：

① 鉴定机构准备：

序　号	名　称	规　格	数　量	备　注
1	考核场地			通风、光线良好,整洁规范无干扰
2	铁皮	$\delta=1mm,1m\times 1m$	1张	

②考生准备：

序　号	名　称	规　格	数　量	备　注
1	手锤	0.3kg	1把	
2	钳子		1把	
3	钢板尺	500mm	1把	
4	直角尺	200mm×250mm	1把	
5	铁剪刀		1把	

(2)考核时限:准备时间15min,正式操作时间90min,每超时1min从总分中扣2分,超时10min停止操作。

(3)工件图:见题AE001-2图。

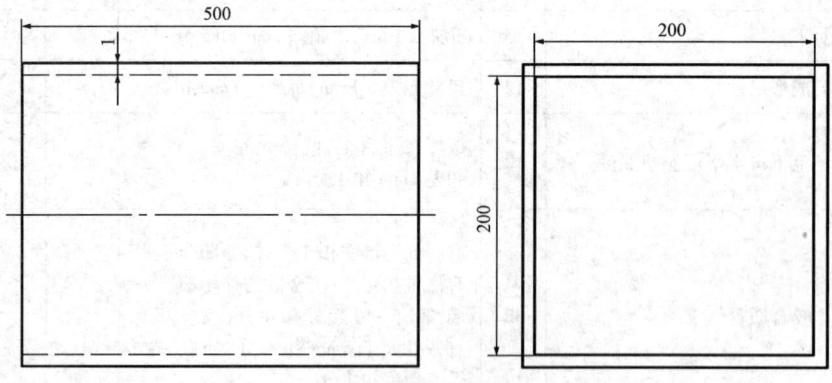

题 AE001-2 图

(4) 配分与评分标准：

序号	考核项目	评分要素	配分	评分标准	检测结果	扣分	得分	备注
1	准备工作	工具劳保准备	6	少一件扣2分				
2	下料	画展开图	15	尺寸允差±2mm，每超差1mm扣4分				
		画线	8	允差±2mm，每超差1mm扣4分				
		下料	9	允差±2mm，每超差1mm扣4分				
3	手工成形	成形尺寸	18	尺寸允差±2mm，每超差1mm扣4分				
		上下口水平度及扭曲度	12	放置在平台上，间隙允差±2mm，每超差1mm扣4分				
		咬合质量	32	有一处不严密扣4分；局部凹凸不平有褶皱扣4分；咬合后的外轮廓线为椭圆，有一处超标扣4分；咬合宽度有一处大于6mm扣4分；如有一次返工现象扣4分				
4	安全生产	按国家颁发有关法规或企业自定有关规定		违规操作，一次从总分中扣除5分；严重违规停止操作				
5	考核时限	超时		每超时1min从总分中扣2分，超时10min停止操作				
	合　　计		100					

考评员：_____　　　　　　　　记分员：_____　　　　　　___年___月___日

试题3. AE001-3　椭圆形带底小容器的咬接

(1) 准备要求：

① 鉴定机构准备：

序号	名称	规格	数量	备注
1	考核场地			通风、光线良好，整洁规范无干扰
2	铁皮	δ=1mm,1m×1m	1张	
3	油毡纸	1m×1m	1张	
4	砧铁		1块	

②考生准备:

序 号	名 称	规 格	数 量	备 注
1	手锤	0.3kg	1把	
2	钢板尺	500mm	1把	

(2)考核时限:准备时间15min,正式操作时间180min,每超时1min从总分中扣2分,超时10min停止操作。

(3)工件图:见题AE001-3图。

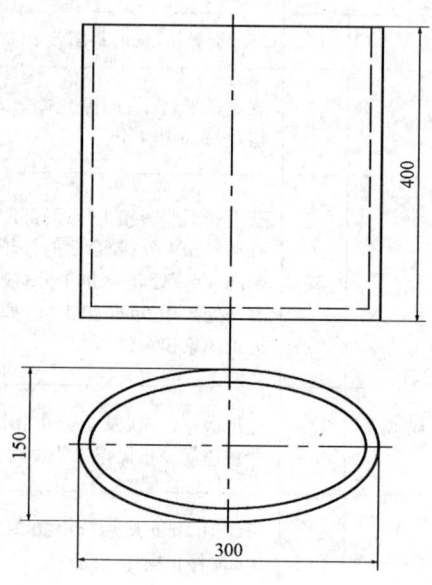

题AE001-3图

(4)配分与评分标准:

序号	考核项目	评分要素	配分	评分标准	检测结果	扣分	得分	备注
1	准备工作	工具劳保准备	6	少一件扣2分				
2	下料	画展开图	10	尺寸允差±1mm,每超差1mm扣2分				
		画线	8	尺寸允差±1mm,每超差1mm扣2分				
		下料	12	尺寸允差±1mm,每超差1mm扣2分				
3	手工成形	成形尺寸	20	尺寸允差±1mm,每超差1mm扣2分;桶身的椭圆弧曲面超差1mm扣2分;桶底的椭圆弧线超差1mm扣2分				

续表

序号	考核项目	评分要素	配分	评分标准	检测结果	扣分	得分	备注
3	手工成形	扭曲度	12	端口朝下放置在平台上,间隙允差±2mm,每超差1mm扣4分				
		咬合质量	32	有一处不严密扣4分;局部凹凸不平有褶皱扣4分;咬合后的外轮廓线为椭圆,有一处超标扣4分;咬合宽度有一处大于6mm扣4分;如有一次返工现象扣4分				
4	安全生产	按国家颁发有关法规或企业自定有关规定		违规操作,一次从总分中扣除5分;严重违规停止操作				
5	考核时限	超时		每超时1min从总分中扣2分,超时10min停止操作				
	合 计		100					

考评员:_____   记分员:_____   ____年___月___日

十五、AE002 铆接

本鉴定点下有1道考核试题。

1. 准备要求

(1)鉴定机构准备:

序 号	名 称	规 格	数 量	备 注
1	考核场地			通风、光线良好,整洁规范无干扰
2	铆钉		若干	
3	钻头		若干	
4	钢板	厚2mm	若干	
5	手电钻		1把	

(2)考生准备:

序 号	名 称	规 格	数 量	备 注
1	样冲		1个	
2	窝子		1个	
3	手锤	0.3kg	1把	
4	板尺	1000mm	1把	

2. 操作程序

(1)准备工作。

(2)铆钉直径和铆钉长度的确定。

(3)铆钉的布置。

(4)手工铆接。

(5)检验。

3. 考核评分

(1)本题分值采用百分制,100 分满分,60 分单科及格,然后乘以鉴定比重。

(2)评分方法:按单项记分、扣分。

4. 考核时限

准备时间:15min,正式操作时间:120min,每超时 1min 从总分中扣 2 分,超时 10min 停止操作。

5. 否定项说明

尺寸误差大于 3mm 以上的。

试题. AE002 搭接多排(交错)铆接

(1)工件图:见题 AE002 图。

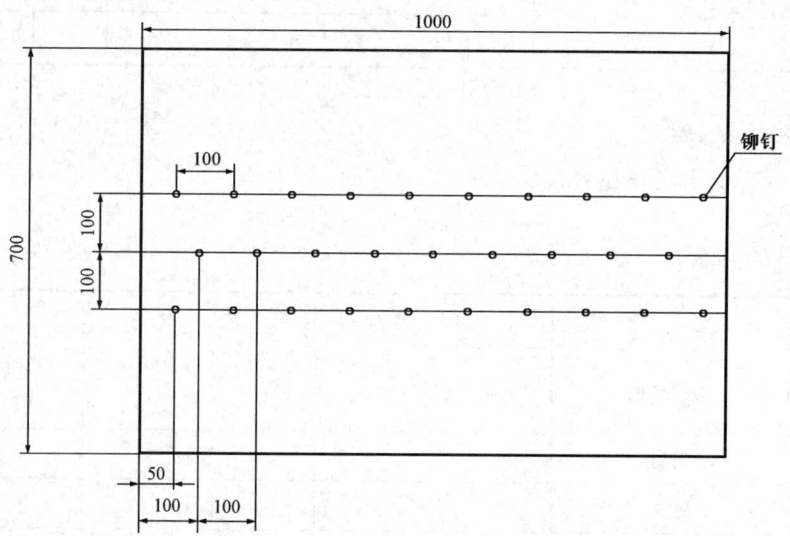

题 AE002 图

(2)配分与评分标准:

序号	考核项目	评分要素	配分	评分标准	检测结果	扣分	得分	备注
1	准备工作	工具劳保准备	6	少一件扣2分				
2	铆钉直径和铆钉长度的确定	铆钉的直径	5	公式应用错误不得分				
		铆钉的长度	5	铆钉的长度选择错误不得分				

续表

序号	考核项目	评分要素	配分	评分标准	检测结果	扣分	得分	备注
3	铆钉的布置	铆钉的排列方式	4	未选择多排交叉排列不得分				
		铆距、排距和边距的选取	12	铆距选取不正确扣4分,排距选取不正确扣4分,边距选取不正确扣4分				
4	手工铆接	钻孔	10	钻孔直径小于铆钉直径扣5分;未将两搭接板固定好,孔歪斜或钻孔错位扣5分				
		冲漏	16	不能确定板下方的铆钉位置是否正确扣8分,铆钉未穿透板料扣8分				
5	检验	铆合	14	用漏冲将铆钉顶严,顶紧、然后用手锤打伸出孔外的铆钉,操作错误扣4分;将其打成粗帽状或打平操作错误扣5分;对制件的外观质量有要求时,应将铆钉的钉头用窝子窝成半圆头,操作错误扣5分				
		钉头缺陷	12	钉头偏移扣3分,钉头四周未与板料表面结合扣3分,钉头局部未与板料表面结合扣3分,钉头过长扣3分,钉头过小扣3分				
		钉杆缺陷	10	钉头表面带伤或裂纹,钉杆歪斜,钉杆在钉孔内弯曲,一处扣3分				
		板件结合面间有裂隙	6	一处扣2分				
6	安全生产	按国家颁发有关法规或企业自定有关规定		违规操作,一次从总分中扣除5分;严重违规停止操作				
7	考核时限	超时		每超时1min从总分中扣2分,超时10min停止操作				
	合 计		100					

考评员:_____   记分员:_____   ___年___月___日

十六、AF001 手工矫正

本鉴定点下共有3道考核试题,这些试题统一的考核要求和配分与评分标准如下。

1. 考核评分

(1)本题分值采用百分制,100分满分,60分单科及格,然后乘以鉴定比重。

(2)评分方法:按单项记分、扣分。

2. 否定项说明

尺寸误差大于3mm以上的。

3. 配分与评分标准

序号	考核项目	评分要素	配分	评分标准	检测结果	扣分	得分	备注
1	准备工作	工具劳保准备	6	少一件扣2分				
2	固定	将工件固定在平台上	24	工件即要固定牢固又要便于移动或拆装,否则酌情扣10~24分				
3	手工矫正	锤打矫正	30	矫正过程要简洁,目的要明确,否则酌情扣10~30分				
4	检验	矫正后各尺寸检验	40	不直度≤$L/1000$(L为长度),每超差1mm扣5分;翘曲度≤1mm,每超差1mm扣5分				
5	安全生产	按国家颁发有关法规或企业自定有关规定		违规操作,一次扣除5分;严重违规停止操作				
6	考核时限	超时		每超时1min从总分中扣2分,超时10min停止操作				
	合 计		100					

考评员：_____　　　　记分员：_____　　　　____年____月____日

试题1. AF001-1　槽钢扭曲的手工矫正

(1)准备要求：

① 鉴定机构准备：

序　号	名　称	规　格	数　量	备　注
1	考核场地			通风、光线良好,整洁规范无干扰
2	槽钢	大于匚8,厚度大于5mm	1根	
3	板条	80mm×200mm	12条	
4	电焊机		1套	
5	平台		1个	
6	大锤	4kg	1把	

② 考生准备：

序　号	名　称	规　格	数　量	备　注
1	尼龙线	$\phi 0.5$mm	20m	
2	直角尺	250mm×250mm	1把	

(2)操作程序：

① 准备工作。

② 固定。

③ 手工矫正。

④ 检验。

(3)考核时限:准备时间15min,正式操作时间90min,每超时1min从总分中扣2分,超时10min停止操作。

试题2. AF001-2　角钢翘曲的矫正

(1)准备要求:

① 鉴定机构准备:

序　号	名　称	规　格	数　量	备　注
1	考核场地			通风、光线良好,整洁规范无干扰
2	角钢	大于∠70,厚度大于5mm	1根	
3	电焊机		1套	
4	平台		1个	
5	大锤		1把	

② 考生准备:

序　号	名　称	规　格	数　量	备　注
1	尼龙线	$\phi 0.5mm$	20m	

(2)操作程序:

① 准备工作。

② 扭曲的矫正。

③ 弯曲矫正。

④ 检验。

(3)考核时限:准备时间15min,正式操作时间120min,每超时1min从总分中扣2分,超时10min停止操作。

试题3. AF001-3　角钢大于或小于90°的手工矫正

(1)准备要求:

① 鉴定机构准备:

序　号	名　称	规　格	数　量	备　注
1	考核场地			通风、光线良好,整洁规范无干扰
2	角钢	角钢大于∠63,厚度大于3mm	1根	
3	电焊机		1套	
4	平台		1个	
5	大锤		1把	

② 考生准备：

序　号	名　称	规　格	数　量	备　注
1	手锤		1把	
2	角度尺		1把	

(2) 操作程序：

① 准备工作。

② 手工矫正。

③ 检验。

(3) 考核时限：准备时间 15min，正式操作时间 90min，每超时 1min 从总分中扣 2 分，超时 10min 停止操作。

十七、AF002　加热矫正

本鉴定点下共有 3 道考核试题，这些试题统一的考核要求和配分与评分标准如下。

1. 准备要求

(1) 鉴定机构准备：教室 1 间，能容纳 30～50 人，通风、光线良好，整洁规范无干扰；白纸若干。

(2) 考生准备：钢笔或圆珠笔 1 支。

2. 操作程序

(1) 准备工作。

(2) 加热矫形。

(3) 矫正后检验。

3. 考核评分

(1) 本题分值采用百分制，100 分满分，60 分单科及格，然后乘以鉴定比重。

(2) 评分方法：按单项记分、扣分。

4. 考核时限

准备时间 15min，正式操作时间 60min，每超时 1min 从总分中扣 2 分，超时 10min 停止操作。

试题 1. AF002-1　箱形梁变形的矫正

配分与评分标准：

序号	考核项目	评分要素	配分	评分标准	检测结果	扣分	得分	备注
1	准备工作	工具劳保准备	10	少一件扣 2 分				
2	加热矫正	加热部位	20	加热部位选择要正确，答错不得分				
		加热温度	20	温度选择要恰当，答出一般加热温度，答错不得分				
		加热速度	10	速度要均匀、快速，答错不得分				

续表

序号	考核项目	评分要素	配分	评分标准	检测结果	扣分	得分	备注
3	矫正后尺寸检验	直线度	20	不直度≤$L/1000$（L为长度），每超差1mm扣10分				
		翘曲角度	20	翘曲度≤1mm，每超差1mm扣5分				
4	安全生产	按国家颁发有关法规或企业自定有关规定		违规操作，一次从总分中扣除5分；严重违规停止操作				
5	考核时限	超时		每超时1min从总分中扣2分，超时10min停止操作				
	合　　计		100					

考评员：_____　　　　　　记分员：_____　　　　　　___年___月___日

试题 2. AF002-2　H形钢上挠度火焰加热矫正

配分与评分标准：同题 AF002-1。

试题 3. AF002-3　锅炉钢管的火焰矫正

配分与评分标准：

序号	考核项目	评分要素	配分	评分标准	检测结果	扣分	得分	备注
1	准备工作	工具劳保准备	10	少一件扣2分				
2	加热矫正	加热部位	20	加热部位选择要正确，答错不得分				
		加热温度	20	温度选择要恰当，答出一般加热温度，答错不得分				
		加热速度	10	速度要均匀、快速，答错不得分				
3	矫正后尺寸检验	直线度	40	4个方向的不直度应≤$L/1000$（L为长度），且小于5mm，每超差1mm扣10分				
4	安全生产	按国家颁发有关法规或企业自定有关规定		违规操作，一次从总分中扣除5分；严重违规停止操作				
5	考核时限	超时		每超时1min从总分中扣2分，超时10min停止操作				
	合　　计		100					

考评员：_____　　　　　　记分员：_____　　　　　　___年___月___日

第七部分 技师和高级技师理论知识试题

鉴定要素细目表

行为领域	代码	鉴定范围（重要程度比例）	鉴定比重	代码	鉴 定 点	重要程度	备注
基础知识 A 31%	A	金属材料和非金属材料的基本知识（11:08:04）	12%	001	金属性能、晶体结构与结晶	Z	JD
				002	金属的塑性变形与再结晶	Y	JD
				003	金属材料的力学性能	Y	JD
				004	金属材料的工艺性能	X	
				005	普通碳素结构钢的质量分析	X	
				006	优质碳素结构钢的化学成分	X	
				007	碳钢及工具钢牌号、性能及用途	X	
				008	合金钢牌号、性能及用途	X	
				009	铸铁牌号、性能及用途	Y	
				010	铝及铝合金牌号、性能及用途	Y	
				011	铜及铜合金牌号、性能及用途	Y	
				012	钛及钛合金牌号、性能及用途	Y	
				013	其他合金牌号、性能及用途	Z	
				014	塑料的特性	X	
				015	塑料的分类	Y	
				016	复合材料的特性	X	
				017	天然橡胶的概念	Z	
				018	合成橡胶的应用	X	
				019	陶瓷的特点	X	
				020	工程材料的选用	Y	
				021	构件备料估算的要求	X	
				022	钢材的密度	X	
				023	钢材质量的简易计算公式	Z	
	B	金属结构、压力容器的强度计算（04:03:02）	3%	001	金属结构的强度计算	Y	JS
				002	压力容器中压力的相关知识	Y	
				003	压力容器中材料的厚度相关知识	X	JD
				004	压力容器的相关强度计算	X	
				005	焊接接头分类	Y	

续表

行为领域	代码	鉴定范围（重要程度比例）	鉴定比重	代码	鉴定点	重要程度	备注
基础知识 A 31%	B	金属结构、压力容器的强度计算（04:03:02）	3%	006	焊缝系数的规定	X	
				007	单角自由压弯相关知识	Z	
				008	双角自由压弯相关知识	X	
				009	各种形体的表面积计算	Z	
	C	复杂形体的展开放样与计算（04:02:00）	10%	001	不可展曲面的近似展开	X	JD,JS
				002	相贯构件的放样与展开	Y	JD,JS
				003	画展开图时应考虑的问题	X	
				004	立体弯管在图样上的投影特征	Y	
				005	典型构件的展开与放样	X	JS
				006	典型构件的计算	X	JS
	D	施工机具的使用与维护（03:04:01）	2%	001	常用施工机具的使用与维护	Y	
				002	开式、闭式卷板机的分类	Y	
				003	立式、卧式卷板机的分类	X	
				004	对称式卷板机的主要特点	X	
				005	不对称式卷板机的主要特点	Y	
				006	四辊卷板机的主要特点	Y	
				007	闭式卷板机的主要特点	Z	
				008	典型施工机具的使用与维护	X	
	E	编制施工组织设计的程序与内容（00:01:01）	2%	001	施工组织设计的编制程序及主要内容	Z	
				002	典型组织设计的编制	Y	
	F	自动化办公的应用（00:01:01）	2%	001	计算机的基础知识	Y	
				002	Office 和 Auto CAD 等相关软件的使用	Z	
专业知识 B 46%	A	施工设备及辅助机具的设计（01:01:00）	4%	001	设计基础理论及概念	Y	JD
				002	典型施工设备和辅助机具的设计	X	
	B	大型钢结构件的装配制造（02:00:00）	4%	001	大型钢结构件的装配制造工艺及要点	X	JD
				002	典型石油化工钢结构件的装配制造	X	
	C	大型设备的制造与安装（07:04:00）	10%	001	球形储罐类设备的制造与安装	X	JD
				002	圆筒形储罐、储槽类设备的制造与安装	X	JD
				003	圆柱形容器的受力特点	Y	
				004	封头拼缝的规定	Y	
				005	筒体组对时的焊缝要求	Y	
				006	筒体开孔与焊缝的关系	Y	
				007	塔、容器类的制造与安装	X	JD
				008	反应器的制造与安装	X	JD

续表

行为领域	代码	鉴定范围（重要程度比例）	鉴定比重	代码	鉴定点	重要程度	备注
专业知识 B 46%	C	大型设备的制造与安装（07:04:00）	10%	009	工业炉设备的制造与安装	X	JD
				010	火炬、烟囱类设备的制造与安装	X	
				011	锅炉类设备的制造与安装	X	JD
	D	设备焊接工艺的制定（02:01:00）	6%	001	焊接设备、方法、材料、防护措施的确定	X	
				002	焊接工艺要求	Y	JD
				003	典型设备焊接顺序	X	JD
	E	焊接变形的预防与矫正（03:03:01）	6%	001	焊接变形的原因	Y	
				002	焊接变形的分类	X	
				003	焊接变形中焊接应力分析	Y	
				004	防止和减少焊接应力的方法	Z	
				005	焊接残余应力的消除和残余变形的矫正	Y	
				006	防止和减少焊接变形的措施	X	
				007	典型焊接变形的矫正	X	
	F	设备的质量检验（05:04:02）	4%	001	质量检验的分类及特点	Y	
				002	解尺寸链的意义	X	
				003	常用质量检验的方法	Y	
				004	渗透检测	X	
				005	超声波探伤	Y	
				006	射线探伤	X	
				007	未焊透在探伤底片上的显现状况	Z	
				008	裂纹在探伤底片上的显现状况	X	
				009	气孔在探伤底片上的显现状况	Z	
				010	夹渣在探伤底片上的显现状况	Y	
				011	咬边和未融合在探伤底片上的显现状况	X	
	G	设备热处理工艺知识（00:02:00）	4%	001	热处理的目的、种类及方法	Y	
				002	典型设备热处理工艺的确定	Y	
	H	吊装索具的设计及机具的选择（00:02:00）	4%	001	常用吊装索具、机具的设计与选择	Y	
				002	典型设备的吊装工艺	Y	
	I	新工艺、新技术的掌握（01:04:01）	4%	001	新切割技术的种类、特点及用途	Y	
				002	橡皮成形的基本原理	Y	
				003	橡皮成形的适用范围	Y	
				004	封头旋压的种类	Z	
				005	鼓形空心旋转体零件成形适用的方法	X	
				006	新成形工艺的种类、特点及用途	Y	

续表

行为领域	代码	鉴定范围（重要程度比例）	鉴定比重	代码	鉴 定 点	重要程度	备注
相关知识 C 23%	A	其余相关工种的知识（15:15:06）	7%	001	电焊工、火焊工的相关知识	Y	
				002	交流弧焊机的下降特性	X	
				003	焊条药皮的作用	Z	
				004	酸性焊条的烘焙	X	
				005	碱性焊条的烘焙	Y	
				006	立焊时焊条的选择	X	
				007	气割工艺参数	X	
				008	气割速度与金属熔化速度的关系	Y	
				009	预热火焰能率的选择	Z	
				010	高速气割	Y	
				011	起重工的相关知识	Y	
				012	管工的相关知识	Z	JD,JS
				013	管子弯曲时的受力	X	
				014	管子弯曲时的壁厚变化	Y	
				015	管子弯曲时的椭圆度计算	Y	
				016	弯曲半径、弧长的计算	X	
				017	有芯弯管技术	Y	
				018	中频加热弯管技术	Z	
				019	电工的相关知识	X	
				020	转换开关的用途	Y	
				021	低压断路器的应用	Y	
				022	低压熔断器的用途	X	
				023	电动机的工作原理	Y	
				024	行程开关的用途	X	
				025	钳工等的相关知识	Z	
				026	立体划线的定义	X	
				027	立体划线基准	Y	
				028	工件有若干个不加工表面时立体划线基准选择	X	
				029	工件有较多加工平面时划线基准选择	X	
				030	立体划线的基本原则	Y	
				031	划线基准的选择	X	
				032	划线的找正	Y	
				033	借料的概念	Z	
				034	錾削	X	
				035	锯削	Y	
				036	攻螺纹时底孔直径的确定	X	

续表

行为领域	代码	鉴定范围（重要程度比例）	鉴定比重	代码	鉴定点	重要程度	备注
相关知识 C 23%	B	建设工程项目管理知识（00:01:02）	3%	001	建设工程项目管理的基本概念	Z	
				002	建设工程项目施工成本、进度、质量等控制	Y	
				003	石油化工建设工程项目的管理	Z	
	C	工程监督、监理的知识（00:02:01）	4%	001	工程监督的种类和意义	Y	
				002	建设工程监理的概念、工作性质和工作任务	Y	
				003	建设工程监理的工作方法	Z	
	D	HSE 安全管理（00:02:00）	2%	001	HSE 管理的基本理论及方法	Y	JD
				002	HSE 体系的结构、模式和内容	Y	
	E	理论和技能的培训及考评（00:02:00）	2%	001	理论和技能的培训	Y	
				002	理论和技能的考评	Y	
	F	工程项目的招标与投标（00:00:02）	2%	001	工程项目招投标的概念及相关法规	Z	
				002	工程项目招投标文件的内容及编写方法	Z	
	G	工艺文件的编制（00:02:01）	3%	001	工艺文件的基础知识	Y	
				002	工艺规程的编制	Y	
				003	材料定额和劳动定额的编制	Z	

注：X—核心要素；Y——般要素；Z—辅助要素；JD—简答题；JS—计算题。

理论知识试题

一、选择题(每题4个选项,只有1个是正确的,将正确的选项号填入括号内)

1. AA001 金属材料的强度按荷载作用的方式不同,可分为抗拉强度、抗压强度、抗弯强度和抗剪强度,通常多以( )作为基本的强度指标。
   (A) 抗拉强度　　(B) 抗压强度　　(C) 抗弯强度　　(D) 抗剪强度

2. AA001 一切物质都是由原子组成的,根据原子在物质内部排列的特征,固态物质可分为晶体与非晶体两类,下列属于非晶体的是( )。
   (A) 金刚石　　(B) 固体合金　　(C) 石墨　　(D) 玻璃

3. AA001 在生产中,以下方法中不能细化晶粒的是( )。
   (A) 加快液态金属的冷却速度　　(B) 进行变质处理
   (C) 将金属密封　　(D) 机械振动

4. AA002 按照金属在外力作用下的变形过程,属于变形过程的是( )。
   (A) 弯曲变形　　(B) 塑性变形　　(C) 拉伸变形　　(D) 剪切变形

5. AA002 金属在外力作用下产生变形,若去除外力,变形也随即消失的变形称为( )。
   (A) 拉伸变形　　(B) 塑性变形　　(C) 弹性变形　　(D) 剪切变形

6. AA002 随着金属塑性变形程度的增加,金属的强度和硬度升高,而塑性和韧性下降的现象称为( )。
   (A) 加工硬化　　(B) 表面硬化　　(C) 弹性变形　　(D) 塑性变形

7. AA003 金属材料在静载荷作用下,抵抗变形和破坏的能力是指( )。
   (A) 强度　　(B) 硬度　　(C) 塑性　　(D) 韧性

8. AA003 金属材料在载荷作用下,能够产生永久变形而不被破坏的能力称为( )。
   (A) 强度　　(B) 硬度　　(C) 塑性　　(D) 韧性

9. AA003 金属材料抵抗冲击载荷作用而不被破坏的能力称为( )。
   (A) 韧性　　(B) 冲击韧性　　(C) 冲击韧度　　(D) 延伸率

10. AA004 工艺性能是指金属材料对( )加工工艺方法的适应能力。
    (A) 相同　　(B) 不同　　(C) 铸造　　(D) 切削

11. AA004 在规定温度及恒定力作用下,材料塑性变形随时间而增加的现象称为( )。
    (A) 韧性　　(B) 疲劳　　(C) 蠕变　　(D) 强度

12. AA004 金属材料的锻造性包括( )和变形抗力等。
    (A) 韧性　　(B) 强度　　(C) 塑性　　(D) 硬度

13. AA005 普通碳素结构钢牌号中 Q 代表( )。
    (A) 抗拉强度　　(B) 抗压强度　　(C) 延伸率　　(D) 屈服点

14. AA005 钢牌号 Q235B 含碳量为( )。
    (A) 0.12%～0.20%　　(B) 0.14%～0.22%
    (C) ≤0.17%　　(D) ≤0.18%

15. AA005 钢牌号 Q235B,S 含量小于0.045%,P 含量小于( )。

(A) 0.035%　　(B) 0.040%　　(C) 0.045%　　(D) 0.050%

16. AA006　钢牌号中 35 的含碳量为（　）。
(A) 0.27%～0.35%　　　　(B) 0.30%～0.36%
(C) 0.33%～0.41%　　　　(D) 0.32%～0.40%

17. AA006　钢牌号中 15Mn 的锰含量为（　）。
(A) 0.50%～0.80%　　　　(B) 0.90%～1.30%
(C) 0.90%～1.20%　　　　(D) 0.70%～1.00%

18. AA006　钢牌号中 40Mn 的锰含量为（　）。
(A) 0.32%～0.40%　　　　(B) 0.34%～0.42%
(C) 0.36%～0.42%　　　　(D) 0.37%～0.45%

19. AA007　下列属于优质碳素结构钢的是（　）。
(A) Q255-B　　(B) T10　　(C) ZG200-400　　(D) 60Mn

20. AA007　下列可用于制作大锤、手锤的钢种是（　）。
(A) Q235-A·F　　　　(B) T10
(C) 20　　　　　　　(D) 15Mn

21. AA007　锅炉用钢是（　）。
(A) 16Mn　　(B) 20g　　(C) Q235A　　(D) T10

22. AA007　低碳钢的含碳量在（　）以下。
(A) 0.12%　　(B) 0.25%　　(C) 0.6%　　(D) 3%

23. AA007　碳素工具钢属于（　）。
(A) 低碳钢　　(B) 中碳钢　　(C) 高碳钢　　(D) 合金钢

24. AA007　钢号"30"表示钢的含碳量为（　）。
(A) 0.03%　　(B) 0.30%　　(C) 3%　　(D) 30%

25. AA008　适用于制造各种工具、刃具、模具和量具的钢是（　）。
(A) 合金工具钢　　(B) 合金结构钢　　(C) 特殊性能钢　　(D) 耐热钢

26. AA008　高合金钢合金元素总量（　）。
(A) 大于 10%　　　　(B) 在 5%～10% 之间
(C) 小于 5%　　　　(D) 大于 30%

27. AA008　3Cr13Mo 是（　）。
(A) 合金结构钢　　(B) 合金工具钢　　(C) 不锈钢　　(D) 耐热钢

28. AA008　下列属于合金结构钢钢号的是（　）。
(A) 40Cr　　(B) 60Si2Mn　　(C) ZGMn13　　(D) 1Cr18Ni9Ti

29. AA009　灰铸铁、可锻铸铁、球墨铸铁、蠕墨铸铁中的碳主要以（　）形式存在。
(A) 石墨　　(B) 渗碳体　　(C) 铁素体　　(D) 马氏体

30. AA009　可锻铸铁主要用于制作要求有一定强度、塑性和韧性的（　）。
(A) 薄壁、小型铸件　　　　(B) 厚大铸件
(C) 形状简单的厚壁铸件　　(D) 钢轨

31. AA009　灰铸铁的（　）与钢相当。
(A) 塑性　　(B) 抗拉强度　　(C) 抗压强度　　(D) 含碳量

32. AA010　铝的熔点为（　）℃。

(A) 468　　　　(B) 1500　　　　(C) 758　　　　(D) 658

33. AA010　下列铝合金中（　）是防锈铝合金。
(A) LF5　　　　(B) LY11　　　　(C) LD5　　　　(D) LG1

34. AA010　下列铝合金中（　）是硬铝合金。
(A) ZL201　　　(B) LY11　　　　(C) LD5　　　　(D) LG1

35. AA011　下列材料中（　）是特殊黄铜。
(A) HPb59-1　　(B) H62　　　　(C) T3　　　　(D) B10

36. AA011　下列材料中（　）是锡青铜。
(A) HSn62-1　　(B) QSn4-3　　　(C) T3　　　　(D) H62

37. AA011　通常含锡量（　）的锡青铜,具有较好的塑性和适当的强度,适于压力加工。
(A) 小于8%　　(B) 大于10%　　(C) 大于20%　　(D) 小于2%

38. AA012　钛具有同素异构现象,在882℃以下为密排六方晶格,称为（　）。
(A) α-钛　　　(B) β-钛　　　(C) α+β-钛　　(D) 钛合金

39. AA012　α+β型钛合金力学性能范围宽,可适应各种不同的用途,其中（　）应用最广。
(A) TC2　　　　(B) TC1　　　　(C) TC4　　　　(D) TA3

40. AA012　钛TAL和钛TAD可在（　）℃下安全使用。
(A) -168　　　(B) -188　　　(C) -196　　　(D) -210

41. AA013　ZchSnSb8-4常用于（　）轴承。
(A) 高转速大负荷　　　　　　(B) 低转速小负荷
(C) 低转速大负荷　　　　　　(D) 高转速小负荷

42. AA013　YT15硬质合金常用于切削（　）。
(A) 不锈钢　　(B) 耐热钢　　　(C) 一般钢材　　(D) 硬质合金

43. AA013　YG8表示钨钴类硬质合金,其钴含量为（　）。
(A) 0.08%　　(B) 0.8%　　　(C) 8%　　　　(D) 80%

44. AA014　一般塑料的密度在（　）g/cm³之间,是钢铁的1/8~1/4。
(A) 0.65~1.9　(B) 0.75~2.0　(C) 0.95~2.3　(D) 0.85~2.2

45. AA014　塑料的机械强度较低,耐热散热性较差,而热膨胀系数（　）。
(A) 很大　　　(B) 很小　　　(C) 较小　　　(D) 较大

46. AA014　大部分塑料的摩擦系数比较（　）并且耐磨。
(A) 高　　　　(B) 低　　　　(C) 大　　　　(D) 小

47. AA015　热塑性塑料可以反复多次软化、熔触、冷却后固化,其化学结构（　）。
(A) 发生变化　(B) 不发生变化　(C) 基本不变　(D) 变化不大

48. AA015　酚醛塑料俗称"电木",它具有良好的耐热性、电绝缘性、化学稳定性及（　）稳定性。
(A) 形状　　　(B) 尺寸　　　(C) 零件　　　(D) 表面

49. AA015　热固性塑料固化成形后,再加热时不能产生（　）变化。
(A) 可逆　　　(B) 不可逆　　(C) 物理　　　(D) 化学

50. AA016　纤维复合材料大部分是纤维和（　）的复合。
(A) 黏合剂　　(B) 树脂　　　(C) 细粒　　　(D) 层选

51. AA016　玻璃钢具有优良的综合性能,密度在（　）g/cm³之间。

(A) 1.2~2.0　　　(B) 1.3~2.1　　　(C) 1.5~2.3　　　(D) 1.4~2.2

52. AA016　骨架复合材料包括多孔浸材料和（　）结构材料。
(A) 夹层　　　(B) 纤维　　　(C) 化纤　　　(D) 层叠

53. AA017　天然橡胶的主要成分是（　）。
(A) 聚四氟乙烯　　　　　　(B) 聚异戊二烯
(C) 聚乙烯缩丁醛　　　　　(D) 聚四氟丙烯

54. AA017　橡胶是一种高分子（　）。
(A) 聚合物　　　(B) 化合物　　　(C) 合成物　　　(D) 组合物

55. AA017　天然橡胶加硫磺硫化后,当硫的含量较少时,橡胶比较（　）。
(A) 柔软　　　(B) 耐油　　　(C) 容易成形　　　(D) 耐酸碱

56. AA018　丁苯橡胶的耐热性比天然橡胶（　）。
(A) 好　　　(B) 差　　　(C) 高　　　(D) 低

57. AA018　氯丁橡胶的（　）性能与天然橡胶相近。
(A) 化学　　　(B) 物理　　　(C) 力学　　　(D) 抗腐蚀

58. AA018　氟橡胶耐高温和耐腐蚀性好,（　）及高真空性能优良。
(A) 抗老化　　　(B) 抗辐射　　　(C) 力学性能　　　(D) 化学性能

59. AA019　传统陶瓷是用粘土、条石和（　）等天然原料,经粉碎、成形和烧结而成的。
(A) 石英　　　(B) 砾石　　　(C) 氮化物　　　(D) 玻璃

60. AA019　陶瓷一般可分为传统陶瓷和（　）陶瓷两大类。
(A) 耐配　　　(B) 高温　　　(C) 耐腐蚀　　　(D) 特种

61. AA019　一般陶瓷脆性大,受力后不易产生（　）变形。
(A) 弹性　　　(B) 塑性　　　(C) 形状　　　(D) 几何

62. AA020　下列材料中（　）宜制作活塞。
(A) ZL201　　　(B) ZCuSn10Zn2　　　(C) H68　　　(D) 16MnR

63. AA020　普通机床床身和床头箱宜采用（　）制作。
(A) 45　　　(B) Q235　　　(C) HT200　　　(D) 20g

64. AA020　扳手、低压阀门和自来水管接头宜采用（　）制作。
(A) HT150　　　(B) KTH150-10　　　(C) QT800-2　　　(D) ZGMn13

65. AA021　备料的估算与（　）、生产设备等相关。
(A) 职工技能　　　(B) 生产水平　　　(C) 生产条件　　　(D) 生产环境

66. AA021　构件备料估算时一般板料按（　）估算。
(A) 体积　　　(B) 长度　　　(C) 容积　　　(D) 面积

67. AA021　备料的估算时一般型材、管材按（　）估算。
(A) 体积　　　(B) 长度　　　(C) 容积　　　(D) 面积

68. AA022　碳素工具钢含碳量为（　）。
(A) 0.25%~0.75%　　　　(B) 0.70%~1.25%
(C) 0.65%~1.35%　　　　(D) 0.80%~1.30%

69. AA022　下列中不属于普通碳素结构钢分类的是（　）。
(A) 甲类钢　　　(B) 乙类钢　　　(C) 特类钢　　　(D) 丙类钢

70. AA022　不锈钢的密度是（　）g/cm³。

(A) 7.78　　　(B) 7.85　　　(C) 7.95　　　(D) 7.93

71. AA023　钢板的质量计算公式：$m = (\ \ )tBl$。其中t(mm)为钢板厚度，B(mm)为钢板宽度，l(mm)为钢板长度。
(A) 7.85　　　(B) 7.58　　　(C) 0.00167　　(D) 0.00168

72. AA023　钢管的质量计算公式：$m = (\ \ )t(D-t)l$。
(A) 0.2466　　(B) 0.024　　(C) 0.026　　(D) 0.02466

73. AA023　方钢的质量计算公式：$m = (\ \ )a^2 l$。
(A) 0.00785　(B) 0.026　　(C) 0.024　　(D) 0.2466

74. AB001　在钢结构中，(　)的韧性和塑性较好，变形也小，便于检验和维修，常用于承受冲击和振动荷载的构件。
(A) 铆接　　　(B) 焊接　　　(C) 螺栓连接　　(D) 混合连接

75. AB001　对接后的换热管，应逐根做液压试验，试验压力为设计压力的(　)倍。
(A) 1　　　　(B) 1.5　　　(C) 2　　　　(D) 2.5

76. AB001　在高强度螺栓连接中，螺栓的预紧力越大，该连接所能承受的横向荷载(　)。
(A) 越小　　　(B) 越大　　　(C) 不变　　　(D) 与预紧力无关

77. AB002　在正常工作情况下，容器顶部可能达到的最高压力称为(　)。
(A) 工作压力　(B) 设计压力　(C) 计算压力　(D) 试验压力

78. AB002　设定的容器顶部最高压力，与相应的设计温度一起作为设计载荷条件，其值不低于工作压力的称为(　)。
(A) 工作压力　(B) 设计压力　(C) 计算压力　(D) 试验压力

79. AB002　在压力试验时，容器顶部的压力称为(　)。
(A) 工作压力　(B) 设计压力　(C) 计算压力　(D) 试验压力

80. AB003　计算厚度与腐蚀裕量之和为(　)。
(A) 设计厚度　(B) 名义厚度　(C) 有效厚度　(D) 厚度附加量

81. AB003　设计厚度加上钢材厚度负偏差后向上圆整至标准规格的厚度，即标注在图纸上的厚度称为(　)。
(A) 设计厚度　(B) 名义厚度　(C) 有效厚度　(D) 厚度附加量

82. AB003　名义厚度减去腐蚀裕量和钢板厚度负偏差称为(　)。
(A) 设计厚度　(B) 名义厚度　(C) 有效厚度　(D) 厚度附加量

83. AB004　中压容器的压力范围是(　)。
(A) $0.1\text{MPa} \leqslant p < 1.6\text{MPa}$　(B) $0.5\text{MPa} \leqslant p < 1.0\text{MPa}$
(C) $1.0\text{MPa} \leqslant p < 10\text{MPa}$　(D) $1.6\text{MPa} \leqslant p < 10\text{MPa}$

84. AB004　在相同质量材料的前提下，(　)结构的容积最大，承压能力最强。
(A) 正方形　　(B) 椭球形　　(C) 圆柱形　　(D) 球形

85. AB004　压力容器的公称直径是筒体的(　)。
(A) 内径　　　(B) 外径　　　(C) 中径　　　(D) 名义直径

86. AB005　容器主要受压部分的焊接接头按结构位置的原则可分为(　)类，以方便描述和理解。
(A) 一　　　　(B) 两　　　　(C) 三　　　　(D) 四

87. AB005　容器主要受压部分的焊接接头分类中，下列不属于A类接头的是(　)。
(A) 壳体部分的环向接头

　　　　　(B) 圆筒部分的纵向接头
　　　　　(C) 球形封头与圆筒连接的环向接头
　　　　　(D) 各类凸形封头中的所有对接接头
88. AB005　容器主要受压部分的焊接接头分类中,下列不属于 D 类接头的是(　　)。
　　　　　(A) 接管与壳体连接的接头　　　　(B) 人孔与壳体连接的接头
　　　　　(C) 补强圈与壳体连接的接头　　　(D) 法兰与壳体连接的接头
89. AB006　焊缝系数是焊缝强度与母材强度之比(　　)。
　　　　　(A) ≤1.00　　(B) ≤1.25　　(C) ≤0.9　　(D) ≥1.00
90. AB006　单面焊的对接焊缝,焊缝带垫板100%无损探伤,焊缝系数为(　　)。
　　　　　(A) 1.00　　(B) 0.90　　(C) 0.95　　(D) 0.80
91. AB006　无法进行探伤的单面焊环向对接焊缝,当无垫板时,焊缝系数为(　　),条件是板厚小于等于16mm。
　　　　　(A) 1.0　　(B) 0.9　　(C) 0.95　　(D) 0.60
92. AB007　利用弯曲模在压弯机或折弯机上,将板材、型材或管材等弯曲成某一定角度或曲率的加工方法称为(　　)。
　　　　　(A) 压弯　　(B) 拉弯　　(C) 滚弯　　(D) 拉深
93. AB007　单角自由压弯的计算公式为压弯力等于(　　)倍的板厚平方乘以板宽和强度极限除以板厚加凸模半径之和。
　　　　　(A) 0.3　　(B) 0.4　　(C) 0.5　　(D) 0.6
94. AB007　压弯件的坯料尺寸是指平板坯料的长度,即其长度按(　　)展开。
　　　　　(A) 中心层　　(B) 外弧　　(C) 中性层　　(D) 内弧
95. AB008　双角校正压弯的计算公式为压弯力等于单位校正压力乘以校正部分(　　)。
　　　　　(A) 板厚　　(B) 强度极限　　(C) 投影面积　　(D) 截面积
96. AB008　双角 U 形压弯件中 $r<0.5t$ 的坯料展开公式:$L=L_1+L_2+L_3+(　　)t$。
　　　　　(A) 0.5　　(B) 0.6　　(C) 0.7　　(D) 0.8
97. AB008　双角自由压弯的计算公式为压弯力等于(　　)倍的板厚平方乘以板宽和强度极限,除以板厚加凸模半径之和。
　　　　　(A) 0.7　　(B) 0.6　　(C) 0.5　　(D) 0.4
98. AB009　球面带的表面积为(　　)π乘以球面带的圆弧内半径再乘以球面带高度。
　　　　　(A) 3　　(B) 2　　(C) 4　　(D) 5
99. AB009　圆锥台表面积为(　　)π乘以圆锥台斜高再乘以大圆外径加小圆外径之和。
　　　　　(A) $\frac{1}{5}$　　(B) $\frac{1}{4}$　　(C) $\frac{1}{3}$　　(D) $\frac{1}{2}$
100. AB009　圆锥的表面积计算公式为π乘以圆锥外径再乘以圆锥斜高之和除以(　　)。
　　　　　(A) 2　　(B) 3　　(C) 4　　(D) 5
101. AC001　螺旋面是不可展曲面,形成螺旋面的素线是(　　)。
　　　　　(A) 曲线　　　　　　　　　　　　(B) 单向弯曲曲线
　　　　　(C) 双向弯曲曲线　　　　　　　　(D) 直线
102. AC001　在平面截切圆柱时,截切平面平行于圆柱轴线时,截面是(　　)。
　　　　　(A) 圆形　　(B) 矩形　　(C) 椭圆形　　(D) 正方形
103. AC001　螺旋面的展开一般都采用(　　)来进行。
　　　　　(A) 图解法　　(B) 计算法　　(C) 周长法　　(D) 三角形法

104. AC002　无论截切平面处于什么位置,只要和球相交,球的截面只有一种情形:截面为（　）。
　　(A) 椭圆　　　(B) 点　　　(C) 圆　　　(D) 不规则曲线
105. AC002　当旋转体与球体相交,且球心位于旋转体的轴上时,其相贯线为（　）。
　　(A) 椭圆　　　(B) 抛物线　　　(C) 圆　　　(D) 不规则曲线
106. AC002　常用（　）来求取圆锥的素线线段实长。
　　(A) 直角三角形法　　　　(B) 旋转法
　　(C) 三角形法　　　　　　(D) 放射线法
107. AC003　板厚处理的对象,是指板厚大于（　）mm 的各种构件。
　　(A) 1　　　(B) 1.5　　　(C) 2　　　(D) 2.5
108. AC004　根据立体弯管在图样上的投影特征可归纳成（　）种类型。
　　(A) 一　　　(B) 两　　　(C) 三　　　(D) 四
109. AC004　第一类立体弯管在投影的二视图上反映弯管（　）的实际长度,但不反映弯管实际夹角。
　　(A) 各段　　　(B) 一段　　　(C) 一边　　　(D) 两边
110. AC004　第二类立体弯管在投影图上的特点是:组成管子夹角的两边有一边在投影图中有实长,另一边为（　）。
　　(A) 实长　　　(B) 投影长度　　　(C) 实角　　　(D) 实长线
111. AC005　在平行线展开法中,展开方向和各素线是（　）。
　　(A) 平行的　　　(B) 垂直的　　　(C) 相交的　　　(D) 交叉的
112. AC005　对于锥体的展开,多采用（　）。
　　(A) 平行线法　　(B) 放射线法　　(C) 三角形法　　(D) 旋转法
113. AC005　三角形展开法,略去了形体原来两素线间的关系,因而对（　）来说,它是一种近似的展开方法。
　　(A) 平面　　　　　　　　(B) 曲面
　　(C) 简单的组合立体　　　(D) 所有可展立体
114. AC006　当相对弯曲半径 $\frac{R}{t} \leq 5$ 时,中性层就会向（　）偏移。
　　(A) 内　　　(B) 外　　　(C) 上　　　(D) 下
115. AC006　对于90°薄板折角弯曲件（$R_内/t<0.5$）它的展开料长计算可按板厚中心线长度相加,另外,每弯曲一个折角减去（　）。
　　(A) 0.25t　　　(B) 0.5t　　　(C) 1t　　　(D) 2t
116. AC006　槽钢和工字钢的平弯可按（　）来计算展开料长。
　　(A) 内径　　　(B) 中心径　　　(C) 外径　　　(D) 内弧
117. AD001　剪板机的最大加工能力是按（　）材料设计的。
　　(A) Q235-A　　　(B) 45　　　(C) 16MnR　　　(D) 0Cr18Ni9Ti
118. AD001　不管使用何种弯管机,都要用到与管子截面（　）的模具。
　　(A) 相似　　　(B) 吻合　　　(C) 相切　　　(D) 不同
119. AD001　无芯弯管是弯管机上利用（　）来控制管子断面变形的。
　　(A) 减少摩擦力方法　　　　(B) 反变形法
　　(C) 加大弯曲半径的方法　　(D) 加快变形速度
120. AD002　开式、闭式卷板机是按（　）分类的。

(A) 上辊受力形式 (B) 反压装置
(C) 辊筒位置 (D) 辊位调节方式

121. AD002 通过滚板机旋转辊轴的作用,使板材弯曲的方法称为( )。
(A) 压弯 (B) 滚弯 (C) 拉弯 (D) 挤弯

122. AD002 只用两个辊轴滚弯,一个是钢轴,一个是用硬橡胶或聚氨酯合成材料包裹的软辊的滚弯方式为( )。
(A) 加垫板滚弯 (B) 预压端头滚弯
(C) 预调下辊轴滚弯 (D) 软辊滚弯

123. AD003 立式、卧式卷板机是按( )分类的。
(A) 上辊受力形式 (B) 辊位调节方式
(C) 反压装置 (D) 辊筒位置

124. AD003 普通式、水平式下调式和微机控制式卷板机是按( )分类。
(A) 控制方式 (B) 反压装置
(C) 上辊受力形式 (D) 辊位调节方式

125. AD003 对称式、不对称式卷板机是按( )分类。
(A) 上辊受力形式 (B) 辊轴位置
(C) 反压装置 (D) 辊位调节方式

126. AD004 对称式三辊卷板机的主要特点是( )。
(A) 剩余直边较大 (B) 剩余直边较小
(C) 无剩余直边 (D) 辊筒受力较大

127. AD004 ( )不是对称式三辊卷板机的组成结构。
(A) 机架 (B) 上下辊轴 (C) 导向装置 (D) 传动系统

128. AD004 对称三辊卷板机的两下辊轴呈( )分布,安装在固定轴承内。
(A) 垂直 (B) 倾斜 (C) 水平 (D) 交叉

129. AD005 不对称式三辊卷板机的主要特点是( )。
(A) 剩余直边较大 (B) 剩余直边较小
(C) 无剩余直边 (D) 辊筒受力较小

130. AD005 不对称式三辊卷板机的侧轴是( )。
(A) 主动轴 (B) 平衡轴 (C) 被动轴 (D) 调节轴

131. AD005 不对称式三辊卷板机中能上下调节高度的辊轴是( )。
(A) 上辊轴 (B) 下辊轴 (C) 上、下辊轴 (D) 侧辊轴

132. AD006 四辊轴卷板机的主要特点是对中方便,可以矫正( )等缺陷。
(A) 扭斜、错边 (B) 扭斜、卷圆曲率
(C) 卷圆曲率、错边 (D) 束腰、错边

133. AD006 用于重型工件弯曲,可以用于装配定位焊的卷板机是( )。
(A) 对称式三辊轴卷板机 (B) 不对称式三辊轴卷板机
(C) 四辊轴卷板机 (D) 型材卷弯机

134. AD006 四辊轴卷板机的主要缺点是( )点。
(A) 直边较大 (B) 需要预弯 (C) 卷弯力小 (D) 结构复杂、造价高

135. AD007 垂直下调式卷板机适用冷弯( )工件。
(A) 中型 (B) 轻型 (C) 中型或轻型 (D) 中型或重型

136. AD007　按辊位调节方式分,适用于特重型卷板的是(　)。
　　　　　　(A) 垂直下调式　　　　　　(B) 水平下调式
　　　　　　(C) 横竖上调式　　　　　　(D) 立式

137. AD007　适用于表面精度要求高的工件或大直径薄筒、窄而长的板料有自重下塌的工件选用的卷板机类型为(　)。
　　　　　　(A) 卧式对称三辊轴卷板机　　(B) 立式三辊轴卷板机
　　　　　　(C) 卧式不对称三辊轴卷板机　(D) 卧式四辊轴卷板机

138. AD008　楔条夹具是利用楔条(　)将外力转变为夹紧力,从而达到夹紧零件的目的。
　　　　　　(A) 平面　　(B) 端面　　(C) 斜面　　(D) 重心

139. AD008　在设计模具时,模具的精度等级是根据冲压件的(　)来确定的。
　　　　　　(A) 生产批量　　　　　　　(B) 尺寸精度要求
　　　　　　(C) 现有设备能力　　　　　(D) 制模的技术条件

140. AD008　在设计模具时,必须使模具的压力中心与(　)重合。
　　　　　　(A) 零件的重心　　　　　　(B) 零件的中心线
　　　　　　(C) 压力机滑块的中心线　　(D) 压力机的中心

141. AD008　在设计模具时,模具钢应使用在模具的(　)零件。
　　　　　　(A) 工作部位　(B) 结构　　(C) 辅助　　(D) 支撑

142. AE001　在施工组织设计中,不属于其编制说明中的内容是(　)。
　　　　　　(A) 工程性质　　　　　　　(B) 主要编制依据文件
　　　　　　(C) 建设的目的和意义　　　(D) 工程所在地区特征

143. AE001　工程施工条件的内容不包括(　)。
　　　　　　(A) 施工场地平整、道路通畅情况及水电供应情况
　　　　　　(B) 主要工程材料准备情况、工艺设备到货情况及供货期限
　　　　　　(C) 施工图纸交付计划
　　　　　　(D) 地形、地址、气象及水文情况。

144. AE001　单位工程是(　)。
　　　　　　(A) 建设项目的组成部分,具有独立设计文件,建成后能够发挥生产能力或效益的生产设置(车间)或独立工程
　　　　　　(B) 单项工程中具有独立施工条件或独立使用功能的工程
　　　　　　(C) 以整个建设项目或群体工程为对象编制的工程施工统筹规划,是全局性、指导性文件
　　　　　　(D) 按照总体施工规划的总体战略部署,以单项工程为对象编制的指导项目施工的战略部署,是单项(单位)工程施工的指导性文件,是编制专业施工技术措施的依据和基础

145. AE002　编制说明中应包括的主要内容是(　)。
　　　　　　(A) 工程施工条件
　　　　　　(B) 施工总体部署
　　　　　　(C) 施工进度计划
　　　　　　(D) 工程性质、建设的目的和意义及主要编制依据文件

146. AE002　工程概况中不包括的内容是(　)。
　　　　　　(A) 建设规模、工程地点、建筑总面积及占地总面积、工程承包施工合同工期

(B) 工程项目及主要工程量、工程特点
(C) 施工进度计划
(D) 工程所在地区特征、工程施工条件

147. AE002 确定施工组织机构及管理方式所包括的主要内容是（ ）。
(A) 制定劳动力计划
(B) 设置项目经理部组织机构及人员定编定岗、划分职责、权限
(C) 制定施工生产计划
(D) 确定单项或单位工程施工顺序、划分施工阶段、明确阶段施工目标、制定交叉作业计划并明确重点工程项目、保证工程按计划实现施工工期目标

148. AF001 一个完整的计算机系统是由（ ）组成。
(A) 主机及外部设备　　　　　(B) 主机、键盘、显示器和打印机
(C) 系统软件和应用软件　　　(D) 硬件系统和软件系统

149. AF001 在计算机内，信息的表示形式是（ ）。
(A) ASCII 码　(B) 拼音码　(C) 二进制码　(D) 汉字内码

150. AF001 计算机病毒是指（ ）。
(A) 编制有错误的程序
(B) 设计不完善的程序
(C) 已被损坏的程序
(D) 特制的具有自我复制和破坏性的程序

151. AF001 Windows XP 是一种（ ）的操作系统。
(A) 单任务　(B) 多用户　(C) 网络　(D) 多任务

152. AF001 存储器按所处位置的不同，可分为内存储器和（ ）。
(A) 只读存储器　　　　(B) 外存储器
(C) 软盘存储器　　　　(D) 硬盘存储器

153. AF001 计算机内存比外存（ ）。
(A) 便宜但能存储更多的信息　(B) 存储容量大
(C) 存取速度快　　　　　　　(D) 虽贵但能存储更多的信息

154. AF002 在 Word 中，一个文件编辑排版完成后要想知道打印效果，可以使用 Word 的（ ）。
(A) 打印预览　(B) 模拟打印　(C) 提前打印　(D) 屏幕打印

155. AF002 以只读方式打开的 Word 2003 文档，做了某些修改后，要保存时，应使用菜单"文件"下的（ ）。
(A) "保存"　(B) "全部保存"　(C) "另存为"　(D) "关闭"

156. AF002 在 Excel 中，下列为相对地址引用的是（ ）。
(A) F@1　(B) @D2　(C) D5　(D) 3E@7

157. AF002 在 Excel 中，用（ ），使该单元格显示 0.5。
(A) 3/6　(B) "3/6"　(C) ="3/6"　(D) =3/6

158. BA001 在设计模具时，必须使模具的压力中心与（ ）重合。
(A) 零件重心　　　　　　(B) 零件的中心线
(C) 压力机滑块的中心线　(D) 压力机中心线

159. BA001 使用杠杆夹具时，在（ ）情况下省力。

(A) 力臂大于重臂　　　　　　(B) 力臂等于重臂
(C) 力臂小于重臂　　　　　　(D) 以上均可

160. BA001　胎具架的材料一般选用碳钢。运输部件为不锈钢或其他有色金属与其接触部位的材料不能为（　　）。
(A) 不锈钢　　(B) 有色金属　　(C) 碳钢　　(D) 木料

161. BA002　设计专用夹具时，要明确其主要（　　）。
(A) 强度　　(B) 用途　　(C) 特点　　(D) 性能

162. BA002　在设计模具时，模具的精度等级是根据冲压件的（　　）来确定的。
(A) 生产批量　　　　　　　　(B) 尺寸精度要求
(C) 现有设备能力　　　　　　(D) 制模的技术条件

163. BA002　在设计模具时，正确地确定压力中心有利于保护（　　）。
(A) 压力机　　(B) 模具　　(C) 操作人员　　(D) 压力机和模具

164. BB001　下列不属于钢结构装配基本条件的是（　　）。
(A) 支承　　(B) 定位　　(C) 钻孔　　(D) 夹紧

165. BB001　某桥式起重机梁的跨度为10m，按规定其拱度应是（　　）mm。
(A) 上拱50　　(B) 上拱10　　(C) 0　　(D) 下拱10

166. BB001　下列不属于大型复杂钢结构构架的制作安装过程中主要使用的检测仪器及工具的是（　　）。
(A) 焊接检验尺　　　　　　(B) 螺旋测微器
(C) 经纬仪　　　　　　　　(D) 全站仪

167. BB001　一般可按1:1整体在样台上放样，当样较大时可以按分段放出。若按比例缩小放样时，一般比例不应超过（　　），超过其放样精度就会降低。
(A) 1:2　　(B) 1:3　　(C) 1:5　　(D) 1:10

168. BB002　焊接H形钢腹板拼接宽度不应小于300mm，长度不应小于（　　）。
(A) 1000mm　　(B) 600mm　　(C) 2倍腹板宽　　(D) 3倍腹板宽

169. BB002　焊接H形钢的翼缘板拼接长度不应小于（　　）。
(A) 2倍翼缘板宽　　　　　　(B) 1000mm
(C) 3倍翼缘板宽　　　　　　(D) 1倍翼缘板宽

170. BB002　高强度螺栓终拧时一般应由螺栓群（　　）顺序拧紧，并在当天终拧完。
(A) 外向中央　　(B) 中央向外　　(C) 从下向上　　(D) 从右向左

171. BC001　下列不属于支柱式球罐支撑结构形式的是（　　）。
(A) 赤道正切式　　　　　　(B) V形支柱式
(C) 三柱合一式　　　　　　(D) 一柱双基础式

172. BC001　下列不属于球壳板排板形式的是（　　）。
(A) 足球式　　(B) 橘瓣式　　(C) 整体式　　(D) 足球橘瓣式

173. BC001　当球壳板弦长不小于2000mm时，样板的弦长不得小于（　　）mm。
(A) 3000　　(B) 2000　　(C) 1000　　(D) 500

174. BC001　球片曲率的矫正次序是（　　）。
(A) 先矫正高度方向，后矫正宽度方向
(B) 先矫正宽度方向，再矫正高度方向
(C) 先矫正宽度方向，再矫正长度方向

(D) 先矫正内弧,后矫正外弧

175. BC002 罐底中幅板搭接接头三层钢板重叠部分,应将上层底板进行（　）处理。
(A) 钻孔　　(B) 切角　　(C) 打磨　　(D) 铆接

176. BC002 凡涉及材料规格、材质代用时,应办理有关手续,并经（　）签字认可。
(A) 监理单位　(B) 建设单位　(C) 施工单位　(D) 原设计单位

177. BC002 下列不能对低压湿式气柜起防冻作用的是（　）。
(A) 蒸汽加热　(B) 火焰加热　(C) 热水加热　(D) 电加热

178. BC002 某炼油厂一台 50000m³ 的外浮顶罐安装时比较适合的施工方法是（　）。
(A) 水浮法　　　　　　　　(B) 气吹法
(C) 中心柱倒装法　　　　　(D) 整体安装法

179. BC002 油罐铺板时,为了便于罐底排板以及保证几何尺寸,一般采用（　）的铺板方法。
(A) 由外向里　(B) 由里向外　(C) 里外结合　(D) 从人孔方向

180. BC002 铝制料仓采用垫铁安装时,与铝直接接触的垫铁材质应是（　）。
(A) 铸铁　　(B) 碳钢　　(C) 铝　　(D) 以上均可

181. BC003 根据受力分析,圆柱形容器的纵向焊缝所受应力要比环向焊缝所受应力大（　）倍。
(A) 0.5　　(B) 1　　(C) 1.5　　(D) 2

182. BC003 圆柱形容器施工中,包边角钢的对接焊缝与壁板的立缝应错开（　）mm 以上。
(A) 200　　(B) 250　　(C) 300　　(D) 400

183. BC003 立式圆柱形容器罐底边缘板沿罐底半径方向的最小尺寸不得小于（　）mm。
(A) 400　　(B) 300　　(C) 600　　(D) 700

184. BC004 封头坯料的拼缝离封头的中心距离不应超过（　）封头直径。
(A) 1/3　　(B) 1/4　　(C) 1/5　　(D) 1/6

185. BC004 标准椭圆形封头的有效厚度不小于封头内直径的（　）。
(A) 0.12%　(B) 0.14%　(C) 0.15%　(D) 0.18%

186. BC004 封头与圆筒连接的 T 形接头必须采用（　）。
(A) 全焊透结构　　　　(B) 搭接焊结构
(C) 间断焊结构　　　　(D) 半焊透结构

187. BC005 中压压力容器施工中筒节上管孔中心线距纵向环向（横向）焊缝边缘的距离不小于管孔直径的（　）倍。
(A) 0.2　　(B) 0.5　　(C) 0.8　　(D) 1

188. BC005 中压容器施工中筒节组对时两节筒体的纵缝错开距离不小于 100mm,并且应大于（　）倍筒节的厚度。
(A) 3　　(B) 4　　(C) 2　　(D) 5

189. BC005 储罐施工中各圈壁板的纵向焊缝宜向同一方向逐渐错开,其间距为板长的 1/3,且不得小于（　）mm。
(A) 400　　(B) 200　　(C) 300　　(D) 500

190. BC006 圆筒形压力容器当其内径 $D \leqslant 1500$mm 时,开孔最大直径 $d \leqslant D/2$,且 $d \leqslant$（　）mm。
(A) 450　　(B) 480　　(C) 500　　(D) 520

191. BC006　圆筒形压力容器当其内径 $D \geq 1500$mm 时,开孔最大直径 $d \leq D/3$,且 $d \leq$（　　）mm。
　　　　　　(A) 800　　　　(B) 900　　　　(C) 1000　　　　(D) 1200
192. BC006　圆筒形压力容器不另行补强的接管公称外径小于或等于（　　）mm。
　　　　　　(A) 48　　　　(B) 64　　　　(C) 89　　　　(D) 114
193. BC007　某塔设计压力为 9.6MPa,按压力等级划分,应属于（　　）。
　　　　　　(A) 低压容器　　(B) 中压容器　　(C) 高压容器　　(D) 超高压容器
194. BC007　盛装液化天然气的铁路罐车属于（　　）。
　　　　　　(A) 一类压力容器　　　　　　(B) 二类压力容器
　　　　　　(C) 三类压力容器　　　　　　(D) 常压容器
195. BC007　利用适当的液体为吸收剂,用以分离气体混合物中的不同组分,可以在（　　）中实现。
　　　　　　(A) 精馏塔　　(B) 吸收塔　　(C) 解析塔　　(D) 萃取塔
196. BC007　奥氏体不锈钢容器用水进行液压试验后应将水渍清除干净。当无法清除干净时,应控制水的氯离子含量不超过（　　）mg/L。
　　　　　　(A) 100　　　　(B) 50　　　　(C) 25　　　　(D) 10
197. BC008　复合钢板的复层材质一般是（　　）。
　　　　　　(A) 不锈钢　　(B) 低合金钢　　(C) 耐热钢　　(D) 低温钢
198. BC008　下列不属于搅拌式反应器组成的是（　　）。
　　　　　　(A) 搅拌装置　　(B) 传动装置　　(C) 轴封装置　　(D) 通风装置
199. BC008　某反应器整体到货,已经整体热处理完毕,安装时下列说法正确的是（　　）。
　　　　　　(A) 设备到货后,按设计及规范要求检查验收质量证明文件
　　　　　　(B) 检查发现反应器缺少一个接管,经安全主管人员同意后即进行安装焊接
　　　　　　(C) 为保证吊装安全,临时在筒体上焊接加固吊耳
　　　　　　(D) 内件安装完毕后,与管道连接为一个系统进行吹扫清理
200. BC009　下列不属于管壳式换热器类型的是（　　）。
　　　　　　(A) 固定管板式　　　　　　(B) 浮头式
　　　　　　(C) 平板式　　　　　　　　(D) U 形管式
201. BC009　在换热器制造中,除图纸另有规定外,插入式接管、管接头等伸出管箱、壳体和头盖内表面的长度是（　　）。
　　　　　　(A) 100mm　　(B) 20mm　　(C) 10mm　　(D) 不伸出
202. BC009　下列说法不正确的是（　　）。
　　　　　　(A) 重叠式换热器的每台换热器上应各有一块铭牌
　　　　　　(B) 工艺管线试压时,换热器如无旁路,可以不增设临时旁路
　　　　　　(C) 换热器铭牌应标明设备的名称和重量
　　　　　　(D) 换热器不得在超过铭牌规定的条件下运行
203. BC010　按辐射室的外观形状区分,下列不属于管式加热炉的是（　　）。
　　　　　　(A) 箱式炉　　(B) 立式炉　　(C) 圆筒炉　　(D) 裂解炉
204. BC010　在催化重整炉结构中,一般不用来做炉管的材质是（　　）。
　　　　　　(A) 1Cr5Mo　　(B) 16MnR　　(C) 2.25Cr1Mo　　(D) 1Cr9Mo
205. BC010　下列不属于管式加热炉组成部分的是（　　）。

(A) 辐射室　　　　　　　　　　(B) 余热回收系统
(C) 搅拌系统　　　　　　　　　(D) 燃烧器

206. BC010　在清洗钢管式空气预热器管内和管外时,一般不采用的方法是（　）。
(A) 风扫　　　(B) 水扫　　　(C) 机械清扫　　　(D) 水浸

207. BC011　按锅炉出口工质压力分类,出口压力为9.8MPa的锅炉属于（　）。
(A) 中压锅炉　(B) 高压锅炉　(C) 超高压锅炉　(D) 亚临界压力锅炉

208. BC011　炉膛表压力为2000～5000Pa,不需要引风机,宜于低氧燃烧的锅炉属于（　）。
(A) 高压锅炉　　　　　　　　　(B) 负压锅炉
(C) 微正压锅炉　　　　　　　　(D) 增压锅炉

209. BC011　一般来讲,适用于220～670t/h锅炉安装的方法是（　）。
(A) 整体安装法　　　　　　　　(B) 散装法
(C) 自然组件安装法　　　　　　(D) 组合安装法

210. BD001　电弧稳定性最好的焊机是（　）。
(A) 弧焊变压器　　　　　　　　(B) 弧焊整流器
(C) 弧焊发电机　　　　　　　　(D) 交流弧焊电源

211. BD001　铝镁合金钨极氩弧焊时,电源应采用（　）。
(A) 交流　　　　　　　　　　　(B) 直流正接
(C) 直流反接　　　　　　　　　(D) 交流、直流均可

212. BD001　为了防止火灾,施焊处离可燃物品的距离至少为（　）m,并应有防火材料遮挡。
(A) 2　　　　(B) 5　　　　(C) 10　　　　(D) 20

213. BD002　焊接12CR1MoV钢时,焊前预热温度为（　）℃。
(A) 100～200　(B) 200～300　(C) 300～400　(D) 400～500

214. BD002　热裂纹的产生部位通常在（　）。
(A) 焊缝中　　(B) 熔合线附近　(C) 焊趾处　　(D) 热影响区

215. BD002　如果要消除焊接接头的过热组织,应进行（　）热处理。
(A) 回火　　　(B) 调质　　　(C) 正火加回火　(D) 淬火

216. BD003　采用刚性固定法焊接时,焊件能够（　）。
(A) 减少焊接应力　　　　　　　(B) 减少焊接变形
(C) 增大焊接变形　　　　　　　(D) 提高焊接质量

217. BD003　为了减少焊件的焊接残余变形,选择合理的焊接顺序的原则之一是（　）。
(A) 对称焊　　　　　　　　　　(B) 先焊收缩量大的焊缝
(C) 尽可能考虑焊缝能自由收缩　(D) 提高焊接速度

218. BD003　图中焊接顺序应该为（　）。

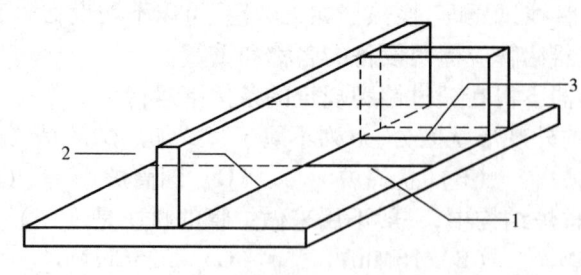

题218图

(A) 3,2,1　　(B) 1,2,3　　(C) 2,1,3　　(D) 2,3,1

219. BE001 焊接梁柱管道等长焊缝时,常会产生( )变形。
(A) 波浪　　(B) 扭曲　　(C) 角　　(D) 弯曲

220. BE001 焊接结构的刚性增大,焊后变形量( )。
(A) 增大　　(B) 减小　　(C) 不变　　(D) 无影响

221. BE001 焊缝离断面中性轴越远,则( )变形越大。
(A) 波浪　　(B) 扭曲　　(C) 角　　(D) 弯曲

222. BE002 角变形主要是由于焊缝( )上下不对称,焊缝横向收缩上下不均匀而产生。
(A) 截面形状　(B) 坡口形式　(C) 厚度　　(D) 焊接过程

223. BE002 扭曲变形的预防措施主要是掌握好焊接顺序和( )。
(A) 焊接电流　(B) 焊缝宽度　(C) 焊缝间隙　(D) 焊接方向

224. BE002 弯曲变形是由于焊缝的( )引起的。
(A) 纵、横向收缩　　　　(B) 焊接速
(C) 坡口角度　　　　　　(D) 焊接电流

225. BE003 按焊接应力形成的原因可分为( )类。
(A) 2　　(B) 3　　(C) 4　　(D) 5

226. BE003 按焊接应力在焊接结构中的作用方向可分为( )类。
(A) 2　　(B) 3　　(C) 4　　(D) 6

227. BE003 在焊件中沿空间三个方向上发生的焊接应力称为( )。
(A) 单向应力　(B) 体积应力　(C) 立体应力　(D) 平面应力

228. BE004 为了减少焊接应力采取预热的方法,预热温度按被焊材料、结构刚度等因素而定,一般在( )℃之间。
(A) 50~150　(B) 100~200　(C) 150~300　(D) 100~350

229. BE004 为了防止和减少焊接应力,选用合理焊接工艺参数,下列不正确的是( )。
(A) 小直径焊条　　　　(B) 较小焊接电流
(C) 较大焊接电流　　　(D) 稳定电压

230. BE004 为了防止和减少焊接应力,焊后冷却过程中可采用各种方式的锤击,使热态焊缝产生( ),以抵消焊缝区的拉应力。
(A) 弹性变形　(B) 塑性变形　(C) 弯曲变形　(D) 扭曲变形

231. BE005 目前常用的焊接残余应力的消除方法是( )。
(A) 散热法　(B) 刚性固定法　(C) 反变形法　(D) 热处理

232. BE005 消除应力热处理是将焊件整体或需局部加热的部位加热到( )℃的温度,然后缓慢冷却。
(A) 300~400　(B) 350~450　(C) 400~600　(D) 550~650

233. BE005 消除应力热处理一般可消除( )的残余应力。
(A) 30%~40%　(B) 50%~70%　(C) 70%~85%　(D) 80%~95%

234. BE006 T形焊接梁主要应防止( )变形。
(A) 弯曲　　(B) 扭曲　　(C) 横向收缩　(D) 失稳

235. BE006 反变形法广泛应用于防止局部的( )变形。
(A) 弯曲　　(B) 扭曲　　(C) 角　　(D) 波浪

236. BE006 为了有效地减少焊接变形,应采用( )坡口形式。

(A) V形　　　(B) U形　　　(C) 双面V形　　　(D) 双面U形

237. BE007　锤击法适用于（　）矫正。
(A) 厚板　　　(B) 薄板　　　(C) 中厚板　　　(D) 所有厚度板

238. BE007　下列矫正方法不能消除焊接变形的是（　）。
(A) 机械矫正法　　　　　(B) 整体热处理
(C) 火焰加热矫正　　　　(D) 强电磁脉冲矫正

239. BE007　用火焰矫正薄板局部凸凹变形宜采用（　）的方法。
(A) 点状　　　(B) 线状　　　(C) 三角形　　　(D) 以上三种都可以

240. BF001　煤油试验属（　）检验。
(A) 外观　　　(B) 致密性　　　(C) 无损探伤　　　(D) 破坏性

241. BF001　外观检验前,应将焊缝附近（　）mm内的飞溅和污物清净。
(A) 0~5　　　(B) 5~10　　　(C) 20~30　　　(D) 10~20

242. BF001　煤油试验的持续时间与焊件厚度、缺陷大小及煤油量有关,一般为（　）min。
(A) 0~5　　　(B) 5~10　　　(C) 10~15　　　(D) 15~20

243. BF002　解尺寸链是保证构件的制造、（　）、合理降低生产成本的重要依据。
(A) 装配尺寸　(B) 装配质量　(C) 装配精度　(D) 装配合格率

244. BF002　对构件有关尺寸所组成的尺寸链进行分析,根据构件的装配精度,合理分配各组成环（　）的过程,称为解尺寸链。
(A) 公差　　　(B) 尺寸　　　(C) 数字　　　(D) 结构

245. BF002　装配精度的优劣将直接影响到构件及产品的工件性能和使用寿命,而装配精度取决于各零件的（　）。
(A) 装配精度　(B) 加工精度　(C) 装配质量　(D) 装配尺寸

246. BF003　射线探伤用符号用（　）表示。
(A) RT　　　(B) UT　　　(C) MT　　　(D) PT

247. BF003　超声波探伤的表示符号是（　）。
(A) RT　　　(B) UT　　　(C) MT　　　(D) PT

248. BF003　大厚度焊缝内部缺陷检测效果最好的方法是（　）。
(A) X射线探伤　　　　　(B) 超声波探伤
(C) 磁粉探伤　　　　　　(D) 渗透探伤

249. BF003　水压试验时的试验最高压力一般是容器设计压力的（　）倍。
(A) 1　　　(B) 1.25　　　(C) 1.5　　　(D) 2

250. BF003　下列试验方法危险性最大的是（　）。
(A) 水压试验　(B) 气压试验　(C) 煤油试验　(D) 沉水试验

251. BF003　检查气孔、夹渣等立体缺陷的最好方法是（　）。
(A) X射线探伤　　　　　(B) 超声波探伤
(C) 磁粉探伤　　　　　　(D) 渗透探伤

252. BF004　下列缺陷不能用渗透检验方法检出的是（　）。
(A) 内部断裂　　　　　　(B) 表面分层
(C) 扩展至工件表面的缺陷　(D) 表面折叠

253. BF004　荧光渗透检测的原理是利用被吸附于（　）中的荧光物质,受紫外线照射发出荧光来发现缺陷的。

(A) 表面　　　(B) 内部　　　(C) 裂纹　　　(D) 缺陷

254. BF004　JB 4730 标准规定：在 15～50℃范围内，渗透时间一般不得少于（　）min。
(A) 10　　　(B) 15　　　(C) 30　　　(D) 45

255. BF005　超声波探伤时缺陷的脉冲和被测件底面反射的脉冲有（　）上的差异。
(A) 时间　　　(B) 曲线高度　　　(C) 曲线宽度　　　(D) 曲线形状

256. BF005　超声波探伤分类方法中不属于按原理分类的是（　）。
(A) 脉冲反射法　　　　　(B) 穿透法
(C) 横波法　　　　　　(D) 共振法

257. BF005　超声波探伤仪是由超声波发生器、（　）、接收机和显示器组成的。
(A) 换能器　　　(B) 扫描发生器　　　(C) 脉冲发生器　　　(D) 电源

258. BF006　射线探伤法所用透照方法一般有（　）种。
(A) 3　　　(B) 4　　　(C) 5　　　(D) 6

259. BF006　γ射线是利用镭、（　）等放射性元素射出的γ射线。
(A) 钴或铀　　　(B) 钴或钚　　　(C) 铀或钚　　　(D) 钨或钴

260. BF006　γ射线是（　）。
(A) 快速运动的电子　　　　　(B) 快速运动的中子
(C) 一种波长甚短的电磁波　　(D) 一种波长的电磁波

261. BF007　焊接接头根部未完全熔透的现象称为（　）。
(A) 焊瘤　　　(B) 未焊透　　　(C) 咬边　　　(D) 未熔合

262. BF007　未焊透缺欠是一种较危险的缺欠，会引起严重的（　）现象。
(A) 变形　　　(B) 裂纹　　　(C) 应力分散　　　(D) 应力集中

263. BF007　产生未焊透的原因是（　）。
(A) 焊接电流过大　　　　　(B) 坡口角度过大
(C) 焊接速度过快　　　　　(D) 间隙过大

264. BF008　裂纹在底片上呈现（　）、波浪状黑色条纹，有时也呈现直线条纹。
(A) 略带曲折　　　(B) 细长　　　(C) 有规律　　　(D) 连续或断续

265. BF008　底片评定时发现有一条状似裂纹的黑线，经判定为增感屏刮伤所致，则该显示为（　）。
(A) 错误显示　　　(B) 不相关显示　　　(C) 相关显示　　　(D) 缺陷显示

266. BF008　在铸件射线照相底片上发现呈现宽度不等、有许多断续分支锯齿形黑线（一个或多个）的显示，这很可能是（　）。
(A) 冷裂纹　　　(B) 冷隔　　　(C) 热撕裂　　　(D) 型芯偏移

267. BF009　在焊缝射线底片上呈圆形或椭圆形边缘的清晰黑点可能是（　）。
(A) 夹钨　　　　　　　　　(B) 气孔
(C) 点状夹渣　　　　　　　(D) 增感屏剥落造成的伪缺陷

268. BF009　底片上很容易看出的外廓光滑的圆形或椭圆形黑点，其射线照相对比度随直径而变化，这种影像很可能是（　）。
(A) 气孔　　　(B) 疏松　　　(C) 偏析　　　(D) 型芯偏移

269. BF009　焊缝中的气孔缺陷常见的主要分布形态是（　）。
(A) 孤立　　　(B) 密集链状　　　(C) 虫状　　　(D) A、B 和 C

270. BF010　焊后残留于焊缝中的焊接熔渣称为（　）。

(A) 夹渣　　　(B) 焊瘤　　　(C) 未焊透　　　(D) 烧穿

271. BF010　在 X 射线底片上,黑度值较均匀呈长条黑色不规则影像的是（　）。
(A) 夹渣　　　(B) 未焊透　　　(C) 气孔　　　(D) 裂纹

272. BF010　焊缝中的夹渣缺陷在射线照片上的影像一般为（　）。
(A) 点状　　　(B) 密集状　　　(C) 条状　　　(D) A、B 和 C

273. BF011　咬边和未熔合在底片上黑度较深且靠近（　）的一侧。
(A) 母材　　　(B) 焊缝　　　(C) 焊缝表面　　　(D) 焊缝内部

274. BF011　在焊接中母材上沿焊趾被电弧熔化而形成的凹陷或沟槽称为（　）。
(A) 凹坑　　　(B) 烧穿　　　(C) 咬边　　　(D) 弧坑

275. BF011　较少出现咬边的焊接方法是（　）。
(A) 立焊　　　(B) 平焊　　　(C) 仰焊　　　(D) 横焊

276. BG001　调质处理是指（　）的热处理。
(A) 淬火 + 低温回火　　　(B) 淬火 + 中温回火
(C) 淬火 + 高温回火　　　(D) 回火

277. BG001　零件渗碳后,一般需经（　）处理,才能达到表面硬度高而且耐磨的目的。
(A) 淬火 + 低温回火　　　(B) 正火
(C) 调质　　　　　　　　(D) 回火

278. BG001　临界冷却速度是表示钢材接受（　）能力大小的标志。
(A) 回火　　　(B) 正火　　　(C) 淬火　　　(D) 退火

279. BG002　铆工需要淬火的工具为（　）。
(A) 锤头、尺和锭子　　　(B) 样冲、线坠和划针
(C) 样冲、划规尺和地规尺　　　(D) 经纬仪

280. BG002　采用 45 号钢制作的连杆,要求具有良好的综合力学性能,应采用（　）。
(A) 退火　　　(B) 正火　　　(C) 调质　　　(D) 淬火

281. BG002　T12 钢制作锉刀,最终热处理应采用（　）。
(A) 淬火 + 低温回火　　　(B) 正火
(C) 球化退火　　　　　　(D) 淬火

282. BH001　钢丝绳的安全系数在数值上等于（　）的比值。
(A) 所容许的最大工作应力与极限应力
(B) 钢丝绳的破断拉力与使用状态的最大受力
(C) 使用状态的最大受力与钢丝绳的破断拉力
(D) 钢丝绳的破断拉力与极限应力

283. BH001　焊接板式吊耳时,塔体板厚度小于 2/3 吊耳板厚度,应考虑增加（　）。
(A) 补强筋板　　　(B) 补强垫板　　　(C) 补强肋板　　　(D) 补强耳板

284. BH001　起重桅杆的危险截面一般在桅杆的（　）。
(A) 上部　　　(B) 中部　　　(C) 下部　　　(D) 底座

285. BH002　选择先进合理的吊装工艺,应重点考虑（　）。
(A) 减少起重机具用量　　　(B) 提高经济效益
(C) 减轻操作者的体力劳动强度　　　(D) 缩短施工工期

286. BH002　吊耳设计的起吊（吊装）角一般不大于（　）。

(A) 10°　　　(B) 15°　　　(C) 25°　　　(D) 30°

287. BH002　格构式桅杆起重机 500t/62m 的含义是（　　）。
(A) 桅杆高度为 62m，能吊起 500t 的重量
(B) 桅杆公称高度为 62m 时，主吊滑轮组受力为 500t
(C) 桅杆公称高度为 62m 时，且在一定主吊偏角时，额定起重量为 500t
(D) 桅杆公称高度为 62m，且在一定主吊偏角时，主吊滑轮组受力为 500t

288. BI001　小车式光电跟踪切割机采用双光点线跟踪，只有（　　）个光点。
(A) 一　　　(B) 两　　　(C) 三　　　(D) 四

289. BI001　转移性等离子弧主要用于切割（　　）。
(A) 陶瓷　　(B) 金属　　(C) 塑料　　(D) 橡胶

290. BI001　联合型等离子弧主要用（　　）等离子焊接。
(A) 宽束　　(B) 微束　　(C) 窄束　　(D) 超束

291. BI002　橡皮成形就是用橡皮代替成形模具中的（　　）进行压料。
(A) 凹模　　(B) 凸模　　(C) 凸模或凹模　　(D) 凸凹模

292. BI002　橡皮成形就是利用橡皮有（　　），在压力作用下，很容易改变形状的特点。
(A) 弹性　　(B) 塑性　　(C) 硬度　　(D) 弯曲性

293. BI002　橡皮成形的缺点是（　　）。
(A) 生产准备周期短　　(B) 效率高
(C) 成本低　　(D) 压力损失大

294. BI003　橡皮成形不适用于（　　）或深度大的零件。
(A) 形状太复杂　(B) 形状简单　(C) 厚度大　(D) 有棱角

295. BI003　橡皮成形过程中对伸长率超过材料伸长率的零件成形时，可采取多次成形，并在每次成形进行（　　），消除冷作硬化现象。
(A) 高温回火　(B) 低温回火　(C) 正火　(D) 低温退火

296. BI003　在橡皮成形过程中，凸曲线弯边边缘要被压缩，因此非常容易产生（　　）。
(A) 弯曲　　(B) 皱纹　　(C) 裂纹　　(D) 气孔

297. BI004　旋压根据板厚变化情况不同分为（　　）。
(A) 普通旋压和变薄旋压　　(B) 旋压收口
(C) 普通旋压和特殊旋压　　(D) 立式旋压和卧式旋压

298. BI004　封头旋压前调节好内滚轮位置，旋压过程中内滚轮位置（　　）。
(A) 固定不动　(B) 旋转　(C) 横向移动　(D) 纵向移动

299. BI004　封头旋压时内滚轮是依靠封头内壁之间的（　　）作用而进行旋转的。
(A) 支撑力　(B) 摩擦力　(C) 平衡力　(D) 惯性

300. BI005　将直径较小的筒形或锥形毛坯，由内向外膨胀的方法，成形为直径较大或有曲线形母线的旋转工件的方法称为（　　）。
(A) 旋压胀形　(B) 压延成形　(C) 旋压成形　(D) 靠模成形

301. BI005　制造高压气瓶、波纹管、自行车三通接头、军用水壶等异形空心件通常采用（　　）。
(A) 旋压收口　(B) 靠模成形　(C) 压延成形　(D) 旋压胀形

302. BI005　旋压收口后一般收口后口部直径会出现（　　）的回弹。

(A) 0.5%～0.8% (B) 0.3%～0.5%
(C) 0.4%～0.7% (D) 0.1%～0.3%

303. BI006 火焰成形,采用正面跟踪水冷的火焰加热法简称为（　）。
(A) 正冷 (B) 背冷 (C) 空冷 (D) 缓冷

304. BI006 光电跟踪切割机仿形图采用线条的粗细为（　）mm。
(A) 0.2～0.3 (B) 0.5～1.0 (C) 2～3 (D) 5～10

305. BI006 将焊件回转或倾斜,使接头处于水平或船形位置的装置称为（　）。
(A) 定位器 (B) 手动螺旋夹紧器
(C) 手动拉紧器 (D) 焊接变位机

306. CA001 手工电弧焊时,板厚（　）mm 必须开坡口以保证焊透。
(A) 不大于6 (B) 小于12
(C) 大于6 (D) 不小于12

307. CA001 同样条件下,采用（　）坡口,焊接变形最大。
(A) V形 (B) X形 (C) U形 (D) I形

308. CA001 碳钢中厚板不开坡口的对接平焊,应留（　）mm 的焊缝间隙。
(A) 小于2.5 (B) 大于3.5
(C) 2.5～3.5 (D) 1

309. CA002 交流电焊机是通过增大主回路（　）来获得下降特性的。
(A) 电感量 (B) 电流量 (C) 电压 (D) 电阻

310. CA002 在稳定的工作状态下,电弧焊电源输出端电压与输出电流之间的关系称为电源的（　）。
(A) 动特性 (B) 外特性 (C) 电感量 (D) 电流量

311. CA002 使用直流电焊机焊接时有（　）种接线方法。
(A) 1 (B) 2 (C) 3 (D) 4

312. CA003 焊条药皮的作用是保证焊接顺利进行并使焊缝具有一定的化学成分和（　）。
(A) 力学性能 (B) 保护焊道 (C) 保温 (D) 阻挡弧光

313. CA003 焊条焊芯起（　）和填充金属作用,其化学成分和杂质含量直接影响缝的质量。
(A) 连接 (B) 保护焊道 (C) 导电 (D) 导热

314. CA003 碱性焊条药皮中的萤石还可以与氢反应生成稳定的（　）气体,从而防止氢进入熔池形成气孔。
(A) SH (B) HF (C) CO_2 (D) CO

315. CA004 酸性焊条未受潮焊前一般（　）。
(A) 也要烘干 (B) 可以不烘干 (C) 烘干1h (D) 烘干2h

316. CA004 受潮的酸性焊条焊前烘干温度在（　）℃左右,时间1～1.5h。
(A) 150 (B) 140 (C) 120 (D) 100

317. CA004 对含有纤维素的焊条的烘焙温度控制在（　）℃。
(A) 120～140 (B) 100～120 (C) 150 (D) 120

318. CA005 碱性焊条焊前需经（　）℃左右烘焙1～2h。
(A) 300 (B) 350 (C) 400～450 (D) 350～400

319. CA005 碱性焊条焊出的焊缝金属中,(　) 等有益元素比用酸性焊条多。

(A) Mn、Si　　(B) S、P　　(C) N、S　　(D) P、N

320. CA005　碱性焊条焊缝的工艺性能为（　）。
(A) 不易产生气孔　　(B) 脱渣性好
(C) 焊接飞溅小　　(D) 抗裂性好

321. CA006　焊缝位置倾角90°、270°的焊接位置，这种焊接称为（　）。
(A) 立焊　　(B) 平焊　　(C) 横焊　　(D) 仰焊

322. CA006　T形、十字形和角接接头处于平焊位置进行的焊接称为（　）。
(A) 平焊　　(B) 横焊　　(C) 立焊　　(D) 船形焊

323. CA006　焊缝倾角90°、180°，转角225°、315°的角焊位置进行的焊接称为（　）。
(A) 平焊　　(B) 横焊　　(C) 仰角焊　　(D) 仰焊

324. CA007　气割工艺参数包括割炬功率、（　）、气割速度、预热火焰的能率等。
(A) 氧气压力　　(B) 乙炔压力　　(C) 混合气　　(D) 割嘴大小

325. CA007　气割时金属氧化物熔点应（　）基本金属的熔点。
(A) 高于　　(B) 低于　　(C) 等于　　(D) 高于或等于

326. CA007　气割时金属材料燃点必须（　）其熔点。
(A) 高于　　(B) 低于　　(C) 等于　　(D) 高于或等于

327. CA008　气割速度应与切口整个厚度的金属（　）速度相一致。
(A) 熔化　　(B) 氧化　　(C) 燃烧　　(D) 被吹走

328. CA008　气割速度过快时，会出现（　）现象。
(A) 薄件变形　　(B) 粘渣不易清除　　(C) 浪费氧气　　(D) 割不透

329. CA008　气割氧压力过小时，（　）。
(A) 切口过宽　　(B) 表面粗糙
(C) 薄件易变形　　(D) 切口的熔渣不易清除

330. CA009　预热火焰能率由割件（　）而定。
(A) 宽度　　(B) 厚度　　(C) 长度　　(D) 密度

331. CA009　采用（　）的预热火焰能率适用于气割薄板。
(A) 较大　　(B) 特殊　　(C) 较小　　(D) 一般

332. CA009　气割厚板时，应采用（　）的预热火焰能率。
(A) 一般　　(B) 特殊　　(C) 较大　　(D) 较弱

333. CA010　高速气割的切割速度比普通气割提高（　）。
(A) 50%~80%　　(B) 60%~100%
(C) 40%~90%　　(D) 40%~100%

334. CA010　高速割嘴切割氧气的孔道为（　）。
(A) 缩放型　　(B) 扩放型　　(C) 封闭型　　(D) 开放型

335. CA010　高速割嘴的预热孔道截面积比普通割嘴大（　）左右。
(A) 15%　　(B) 20%　　(C) 25%　　(D) 40%

336. CA011　液压千斤顶利用了（　）工作原理。
(A) 杠杆　　(B) 摩擦　　(C) 斜面　　(D) 液压

337. CA011　撬棍使设备翘起是利用了（　）。
(A) 杠杆原理　　(B) 摩擦原理　　(C) 斜面原理　　(D) 液压原理

338. CA011　可以省力，不可以改变方向的是（　）。

(A) 定滑车　　　(B) 动滑车　　　(C) 导向滑车　　　(D) 平衡滑车

339. CA011　当输电线路电压为 35～110kV 时,缆风绳、吊臂、起重设备与高压输电线路的最小安全距离为(　)m。
(A) 1.5　　　(B) 2　　　(C) 4　　　(D) 5

340. CA012　公称(　)表示的是管子的名义直径,它不等于内径也不等于外径。
(A) 口径　　　(B) 尺寸　　　(C) 直径　　　(D) 管径

341. CA012　在实际放样中,可根据已知的(　)做出展开图。
(A) 平面图　　　(B) 投影图　　　(C) 侧面图　　　(D) 俯视图

342. CA012　制作焊制多节弯头时,理论上组对时的弯曲角应比实际要求的小(　)左右,以补偿焊接变形。
(A) 0°　　　(B) 2°　　　(C) 5°　　　(D) 10°

343. CA013　弯管时虽然采用的弯曲方法不同,但目的都是设法减小弯管的截面和管壁的(　)。
(A) 减薄量　　　(B) 椭圆度　　　(C) 变形量　　　(D) 回弹量

344. CA013　直径在(　)mm 以下的管件可采用冷弯。
(A) 8　　　(B) 10　　　(C) 12　　　(D) 14

345. CA013　机械弯管方法一般分为(　)种。
(A) 2　　　(B) 4　　　(C) 6　　　(D) 8

346. CA014　管子弯曲时(　)外侧的材料受拉应力作用。
(A) 中性层　　　(B) 中心层　　　(C) 里皮　　　(D) 外皮

347. CA014　管子弯曲时内侧的材料受(　)作用。
(A) 拉应力　　　(B) 压应力　　　(C) 挤应力　　　(D) 剪应力

348. CA014　对有焊缝的管子,弯形时必须将焊缝放在(　)位置上。
(A) 弯曲半径内侧　　　(B) 弯曲半径外侧
(C) 弯曲半径中性层　　　(D) 任意位置

349. CA015　用同一(　)的最大直径减去最小直径之差除以管子的标称外径计算椭圆度。
(A) 截面　　　(B) 横截面　　　(C) 纵截面　　　(D) 断面

350. CA015　加热弯曲时,应将板料加热到(　)℃之间,同时加热要均匀,操作要迅速,终了温度不应低于700℃。
(A) 700～950　　　(B) 800～950　　　(C) 850～1000　　　(D) 950～1100

351. CA015　管材弯曲时,其横截面变形的程度取决于(　)和相对壁厚的值。
(A) 弯管中性层半径　　　(B) 相对弯曲半径
(C) 管子外径　　　(D) 管子内径

352. CA016　管道流体压力 p<10MPa 时,其管子的弯曲半径宜不大于管子外径的(　)倍。
(A) 3.0　　　(B) 3.5　　　(C) 4.0　　　(D) 5

353. CA016　管子弯曲弧长计算时的弧度系数为(　)。
(A) 0.012　　　(B) 0.017　　　(C) 0.0175　　　(D) 0.0176

354. CA016　$0.175R=($ 　$)$ 弧长。
(A) 1°　　　(B) 2°　　　(C) 5°　　　(D) 10°

355. CA017　有芯弯管一般是在弯管机上进行的,芯轴的形式很多,从操作、效果以及制造成本方面考虑,最广泛应用的是（　　）芯轴。
(A) 圆头式　　(B) 尖头式　　(C) 勺式　　(D) 单向、万向关节式

356. CA017　芯轴的直径 d 约为管坯内径的（　　）。
(A) 75%～80%　(B) 80%～90%　(C) 85%～95%　(D) 90%以上

357. CA017　芯轴长度 L 为其直径的（　　）倍,当 d 大时,系数取小值,反之取大值。
(A) 2～3　　(B) ≥6　　(C) 4～5　　(D) 3～5

358. CA018　中频加热弯管的受力形式,可分为（　　）两种。
(A) 拉弯和回弯
(B) 压弯和拉弯
(C) 推弯和回弯
(D) 推弯和拉弯

359. CA018　中频感应电热弯管机可以弯曲（　　）弯头以及大于90°的弯管。
(A) 平面　　(B) 曲线　　(C) 立体　　(D) 大小

360. CA018　中频弯管机弯曲半径为管子公称直径的（　　）倍。
(A) 1　　(B) 1.5　　(C) 2　　(D) 3

361. CA019　交流电的有效值和最大值之间的关系是（　　）。
(A) $I_m=\sqrt{2}I$　(B) $I_m=\frac{\sqrt{2}}{2}I$　(C) $I_m=I$　(D) $I_m=2I$

362. CA019　二极管桥式整流电路,需要（　　）只二极管。
(A) 2　　(B) 4　　(C) 6　　(D) 3

363. CA019　在电动机过载保护的自锁控制线路中,必须接有（　　）。
(A) 熔断器　(B) 热继电器　(C) 时间继电器　(D) 中间继电器

364. CA020　转换开关用左右旋动的（　　）代替闸刀的推合和拉开。
(A) 触点　　(B) 动触点　　(C) 弹簧片　　(D) 银触点

365. CA020　组合开关常用于机床的电气控制线路中,作为电源的（　　）。
(A) 引入开关　(B) 控制开关　(C) 控制器　(D) 终点开关

366. CA020　倒顺开关是通过（　　）方式使电路接通和断开的。
(A) 触点　　(B) 闭合　　(C) 旋转　　(D) 倒顺

367. CA021　操作安全、工作可靠、（　　）可调,是低压断路器的优点。
(A) 电流　　(B) 电压　　(C) 电阻　　(D) 动作值

368. CA021　自动空气开关也称为（　　）。
(A) 断路器　(B) 低压断路器　(C) 高压断路器　(D) 交流接触器

369. CA021　当电路中发生短路、过载和（　　）等故障时,低压断路器能自动切断故障电路。
(A) 超负荷　(B) 失压　　(C) 回路　　(D) 断路

370. CA022　熔断器的选用与它使用的（　　）和负载性质有关。
(A) 环境　　(B) 温度　　(C) 方法　　(D) 过程

371. CA022　熔断器的额定电压必须（　　）线路的额定电压。
(A) 小于或等于
(B) 大于或等于
(C) 大于
(D) 小于

372. CA022　如果线路中有多级熔断器,应做下一级熔体比上一级熔体规格（　　）。
(A) 大　　(B) 小　　(C) 一样　　(D) 相等

373. CA023　电动机定子用于产生（　　）。
(A) 磁场　(B) 旋转磁场　(C) 磁动力　(D) 绕组磁场

374. CA023　当电动机的定子绕组通电时便产生（　　）。
　　　　　　（A）磁场　　　（B）旋转磁场　　（C）磁动力　　　（D）绕组磁场
375. CA023　转子绕组被（　　）切割,于是在转子绕组中就产生感应电流。
　　　　　　（A）磁场　　　（B）绕组磁场　　（C）旋转磁场　　（D）磁动力
376. CA024　行程开关常用于机械（　　）或行程开关电信号的反馈。
　　　　　　（A）运动位置　（B）转动速度　　（C）限位　　　　（D）往复距离
377. CA024　行程开关是将机械信号转变为（　　）的一种装置。
　　　　　　（A）行程反馈　（B）往复距离　　（C）模拟信号　　（D）电信号
378. CA024　按动作方式行程开关可分为瞬动型和（　　）型两种。
　　　　　　（A）接触　　　（B）蠕动　　　　（C）微动　　　　（D）旋转
379. CA025　砂轮机的搁架与砂轮间的距离,一般应保持在（　　）mm。
　　　　　　（A）10　　　　（B）5　　　　　（C）3　　　　　（D）1
380. CA025　攻螺纹前的底孔直径必须（　　）螺纹标准中规定的螺纹小径。
　　　　　　（A）小于　　　（B）大于　　　　（C）等于　　　　（D）不大于
381. CA025　钳工锉的主锉纹斜角为（　　）。
　　　　　　（A）45°～52°（B）0°～530°（C）90°　　　　（D）65°～72°
382. CA026　立体划线是在构件的（　　）上进行相关联的划线。
　　　　　　（A）几何面　　（B）几个平面　　（C）平面　　　　（D）立面
383. CA026　不属于立体划线中的划线工具是（　　）。
　　　　　　（A）高度尺　　（B）划线盘　　　（C）游标高度尺　（D）特殊游标划规
384. CA026　立体划线的量具为（　　）。
　　　　　　（A）定心架　　（B）千斤顶　　　（C）水平尺　　　（D）高度尺
385. CA027　立体划线的基准一般取（　　）个。
　　　　　　（A）2　　　　（B）3　　　　　（C）1　　　　　（D）4
386. CA027　立体划线应尽可能选用（　　）基准作为划线基准。
　　　　　　（A）中心　　　（B）水平　　　　（C）设计　　　　（D）垂直
387. CA027　立体划线时通常取长、宽、高三个互相（　　）的平面,或三个中心面作为基准。
　　　　　　（A）垂直　　　（B）水平　　　　（C）倾斜　　　　（D）重合
388. CA028　立体划线时,工件有若干个不加工表面,应以（　　）的不加工表面作为基准。
　　　　　　（A）较大而平整　　　　　　　　　（B）较窄而长
　　　　　　（C）对称中心线　　　　　　　　　（D）宽而厚
389. CA028　立体划线时,工件有两个平行的不加工平面、圆形工件、圆孔时,应以（　　）为基准。
　　　　　　（A）较大而平整　　　　　　　　　（B）对称中心线
　　　　　　（C）较窄而长　　　　　　　　　　（D）宽而厚
390. CA028　立体划线时首先要做的是（　　）。
　　　　　　（A）识读图样　（B）确定基准　　（C）找正基准　　（D）选定划线工具
391. CA029　工件有较多加工平面时,划线基准应选择加工精度较高或（　　）的平面作为基准。
　　　　　　（A）加工余量较小　　　　　　　　（B）便于加工
　　　　　　（C）加工余量较大　　　　　　　　（D）已加工

392. CA029 要做好划线工作,找正和借料必须（ ）。
(A) 单独进行   (B) 相互兼顾
(C) 先找正后借料   (D) 先借料后找正

393. CA029 畸形工件由于形状奇特,划线时也应（ ）划线。
(A) 不按基准   (B) 按基准
(C) 随意   (D) 按基准或不按基准

394. CA030 划线所用的各种表面都经过精刨或刮削的铸铁件是（ ）。
(A) 划线平板   (B) 方箱   (C) V形铁   (D) I字形平尺

395. CA030 箱体工件第一次划线位置应选择待加工孔和面（ ）的一个位置。
(A) 最多   (B) 最少   (C) 适中   (D) 不用加工

396. CA030 用划针划线时,针尖要靠紧（ ）的边沿。
(A) 工件   (B) 导向工具   (C) 平板   (D) 角映

397. CA031 长方体工件的定位在导向基准面上应分布（ ）个支撑点,且平行主要定位基准面。
(A) 1   (B) 2   (C) 3   (D) 4

398. CA031 在零件图上用来确定其他点、线、面位置的基准称为（ ）基准。
(A) 设计   (B) 划线   (C) 定位   (D) 修理

399. CA031 经过划线确定加工时的最后尺寸,在加工过程中,应通过（ ）来保证尺寸精度。
(A) 测量   (B) 划线   (C) 加工   (D) 画图

400. CA032 毛坯上有不加工表面时,应按（ ）表面找正后再划线。
(A) 不加工   (B) 加工   (C) 垂直   (D) 水平

401. CA032 为使加工表面和不加工表面之间保持尺寸均匀,应按（ ）表面找正后再划线。
(A) 不加工   (B) 加工   (C) 垂直   (D) 水平

402. CA032 为使各加工表面的加工余量均匀,应对各自需要加工的表面（ ）找正后再划线。
(A) 相对位置   (B) 自身位置   (C) 几何尺寸   (D) 零件尺寸

403. CA033 若发现某一加工面的余量不足时,应再次（ ）重新划线。
(A) 借料   (B) 排料   (C) 找正   (D) 重新排料

404. CA033 借料划线时,应首先测量出毛坯的（ ）确定借料的方向和大小。
(A) 尺寸大小   (B) 加工余量   (C) 误差程度   (D) 几何形状

405. CA033 找正划线方法（ ）借料划线方法。
(A) 次于   (B) 优于   (C) 同于   (D) 不同于

406. CA034 錾削较窄平面时錾子的切削刃最好与錾削的前进方向（ ）一个角度。
(A) 形成   (B) 倾斜   (C) 切削   (D) 刃磨

407. CA034 錾削平面用扁錾进行切削,每次的錾削余量约为（ ）mm。
(A) 0.3～1   (B) 0.4～1   (C) 0.5～1.5   (D) 0.5～2

408. CA034 錾削曲面上的油槽时,錾子的倾斜度要随着曲面不断调整始终保持有一个合适的（ ）。
(A) 角度   (B) 倾角   (C) 前角   (D) 后角

409. CA035 锯条的安装应使齿尖的方向朝（ ）。

(A) 前　　　(B) 后　　　(C) 上　　　(D) 下

410. CA035　在锯削作业时,只有通过锯条在(　)时才起切削作用。
(A) 运动　　(B) 后拉　　(C) 前推　　(D) 往复

411. CA035　锯削回程时应略(　)锯条,速度要加快些,以减少锯条磨损。
(A) 抬高　　(B) 压低　　(C) 轻微摩擦　(D) 用力摩擦

412. CA036　攻螺纹时钢和塑性材料底孔直径的经验公式为 $D=d-p$,其中 p 为(　)。
(A) 螺距　　(B) 螺纹高度　(C) 螺纹深度　(D) 螺纹大径

413. CA036　当攻盲孔螺纹时,螺纹底孔深度的计算公式为 $H_{深}=h_{有效}+(\ )D$。
(A) 0.5　　(B) 0.6　　(C) 0.7　　(D) 0.8

414. CA036　钢和塑性材料底孔直径的经验公式为 $D=d-p$,其中 d 为(　)。
(A) 螺纹外径　(B) 螺纹大径　(C) 底孔直径　(D) 螺栓直径

415. CB001　项目管理的核心任务是项目的(　)。
(A) 目标控制　(B) 成本控制　(C) 投资控制　(D) 进度控制

416. CB001　控制项目目标的措施中,最重要的措施是(　)。
(A) 组织措施　(B) 管理措施　(C) 经济措施　(D) 技术措施

417. CB001　以下对施工企业项目经理任务说明,不正确的是(　)。
(A) 施工企业项目经理与建设单位签订工程承包合同
(B) 施工单位项目经理与本企业法定代表人签订项目承包合同
(C) 项目经理的权力需要企业法定代表人授权
(D) 项目经理负责组织项目管理班子

418. CB001　建设工程项目总承包的项目管理工作涉及(　)全过程。
(A) 设计前的准备阶段→保修期
(B) 设计阶段→动用前准备阶段
(C) 设计前准备阶段→动用前准备阶段
(D) 设计阶段→保修期

419. CB001　工程总承包企业按照合同约定,承担工程项目的设计、采购、施工、试运服务等工作,并对承包工程质量、安全、工期、造价全面负责的模式是(　)。
(A) 设计施工总承包　　　(B) EPC 总承包
(C) CM 总承包　　　　(D) 三角承包

420. CB001　指导项目管理工作的纲领性文件是(　)。
(A) 项目组织结构图　　　(B) 项目结构图
(C) WBS　　　　　　　(D) 建设工程项目管理规划

421. CB001　指令源有两个的组织机构是(　)组织机构。
(A) 职能　　(B) 线性　　(C) 矩阵　　(D) 事业部

422. CB001　以下对项目管理说法正确的是(　)。
(A) 项目管理的对象就是建设工程
(B) 建设工程一定要有明确的目标
(C) 没有明确目标的建设工程不是项目管理对象
(D) 无论目标是否明确,建设工程都是项目管理对象

423. CB002　施工成本管理的任务有六项,其中应贯穿施工项目从投标阶段开始直至项目竣工验收全过程的任务是(　)。

(A) 成本预测　　(B) 成本计划　　(C) 成本控制　　(D) 成本考核

424. CB002　下面不属于成本管理措施的是（　　）。
(A) 技术措施　　(B) 经济措施　　(C) 合同措施　　(D) 行政措施

425. CB002　施工成本控制的步骤主要包括：(1)分析；(2)比较；(3)预测；(4)纠偏；(5)检查。其正确的顺序为（　　）。
(A) (1)(2)(3)(4)(5)　　　　　　(B) (2)(1)(3)(4)(5)
(C) (3)(4)(5)(1)(2)　　　　　　(D) (2)(1)(3)(5)(4)

426. CB002　进度控制的目的是通过控制以（　　）。
(A) 控制设计工作进度目标　　　(B) 控制施工进度目标
(C) 控制物资采购进度　　　　　(D) 实现工程的进度目标

427. CB002　GB/T 19000—2000《质量管理体系》是我国按（　　）从 2000 版 ISO 9000 系列标准转化而成的。
(A) 互利原理　　(B) 系统原理　　(C) 等同原则　　(D) 目标原则

428. CB002　我国国家标准 GB/T 19000—2000 对质量的定义是（　　）。
(A) 满足要求能力
(B) 产品的特性
(C) 产品、体系或过程的一组固有特性满足顾客和其他相关方要求的能力
(D) 产品满足全国和其他相关方要求的能力

429. CB002　影响施工质量的要素主要有（　　）个。
(A) 5　　　　　(B) 4　　　　　(C) 6　　　　　(D) 7

430. CB002　项目质量控制系统的运行机制中的核心是（　　）。
(A) 动力机制　　(B) 约束机制　　(C) 反馈机制　　(D) 激励机制

431. CB003　容器最高工作压力（　　）属高压容器。
(A) 不小于 100MPa
(B) 在 $1.6\text{MPa} \leqslant p < 10\text{MPa}$ 范围
(C) 在 $10\text{MPa} \leqslant p < 60\text{MPa}$ 范围
(D) 在 $10\text{MPa} \leqslant p < 100\text{MPa}$ 范围

432. CB003　某液化石油气球形储罐设计参数：球罐体积为 1000m^3，设计压力 1.77MPa、材质为 16MnR、名义厚度为 40mm、工作介质为液化石油气属于（　　）压力容器。
(A) Ⅰ类　　　　(B) Ⅱ类　　　　(C) Ⅲ类　　　　(D) 非压力容器

433. CB003　修补后的环向焊接接头，按管与筒体或封头连接的焊接接头，可采用（　　）。
(A) 炉内整体热处理　　　　　　(B) 炉外整体热处理
(C) 分段热处理　　　　　　　　(D) 局部热处理

434. CB003　根据各控制点对工程质量影响程度，必须由施工承包方（分包方）、监理方和业主方质检人员共同检查确认并签证的属（　　）控制点。
(A) A 级　　　　(B) B 级　　　　(C) C 级　　　　(D) D 级

435. CB003　当工程质量有明显问题，对结构、安全有重大影响，又无法通过修补办法纠正所出现的缺陷时，可以做出（　　）的决定。
(A) 修补处理　　(B) 返工处理　　(C) 限制使用　　(D) 不做处理

436. CB003　工程交接是（　　）完成以后，施工单位按设计文件规定的施工内容全部建成后交由建设单位管理的交接工作。
(A) 工厂全部装置在联运试车　　(B) 工厂全部装置在预试车
(C) 工厂全部装置在单体试车　　(D) 单项工程在试车

437. CC001 业主择优选定监理单位的主要方式是（　　）。
(A) 公开招标　　(B) 邀请招标　　(C) 议标　　(D) 直接委托

438. CC001 在监理工作过程中,工程监理企业一般不具有（　　）。
(A) 工程建设重大问题的决策权　　(B) 工程建设重大问题的建议权
(C) 工程建设有关问题的决策权　　(D) 工程建设有关问题的建议权

439. CC001 按照我国工程建设监理的规定,（　　）实行总监理工程师负责制。
(A) 工程项目建设监理　　(B) 工程项目建设
(C) 监理单位　　(D) 建设项目管理

440. CC001 《建设工程监理规范》规定,总监理工程师应由具有（　　）的人担任。
(A) 3年以上监理工作经验　　(B) 3年以上同类工程监理工作经验
(C) 5年以上监理工作经验　　(D) 5年以上同类工程监理工作经验

441. CC001 我国的监理工程师是指（　　）的一类人。
(A) 具有中级以上专业技术职称的从事监理工作
(B) 取得监理工程师资格证书
(C) 取得监理工程师岗位证书
(D) 监理单位从事工程技术管理工作

442. CC001 遵守（　　）准则,是监理工程师注册的重要条件。
(A) 监理工程师职业道德　　(B) 公正、独立、自主
(C) 诚信、公正、科学　　(D) 热情服务

443. CC001 监理工程师的业务内容具有很强的（　　）特点。
(A) 理论性　　(B) 前瞻性　　(C) 实践性　　(D) 社会性

444. CC001 施工阶段项目监理机构的监理人数不得少于（　　）人。
(A) 4　　(B) 10　　(C) 5　　(D) 3

445. CC002 工程建设监理是指监理单位接受业主的委托和授权,根据国家批准的工程项目建设文件、有关法律、法规和监理合同以及其他工程建设合同,对工程建设实施的（　　）。
(A) 监督管理　　(B) 质量、进度、费用控制
(C) 协调、监控　　(D) 目标控制管理

446. CC002 我国建设工程监理的特点之一是作为（　　）。
(A) 政府管理职能的补充　　(B) 政府管理职能的转变
(C) 国家强制推行的制度　　(D) 国家鼓励发展的制度

447. CC002 根据工程建设监理的（　　）,我国工程建设监理主管部门要求监理单位按照"高智能原则"组建。
(A) 独立性　　(B) 公证性　　(C) 科学性　　(D) 服务性

448. CC002 工程建设监理的性质是（　　）。
(A) 公证性、独立性、公开性　　(B) 服务性、科学性、公证性
(C) 公证性、严格性、服务性　　(D) 服务性、独立性、公证性、科学性

449. CC002 监理单位没有任何合同责任和义务为被监理方提供直接服务,这说明建设工程监理具有（　　）。
(A) 公正性　　(B) 独立性　　(C) 服务性　　(D) 科学性

450. CC002　工程建设监理的中心任务是（　　）。
(A) 对工程建设质量进行监督
(B) 节约工程建设成本
(C) 控制工程项目的投资、进度和质量目标
(D) 帮助业主获得最大利益

451. CC003　《工程建设监理规定》明确指出，监理单位应按照（　　）的准则开展工作，公平地维护项目法人与被监理单位的合法权益。
(A) 严格监理、热情服务　　　(B) 公正、独立、自立
(C) 公开、公正、平等　　　　(D) 守法、诚信、公平、科学

452. CC003　下面不属于工程建设监理的主要内容的是（　　）。
(A) 控制工程建设的投资、工期、质量
(B) 进行工程建设合同管理
(C) 协调有关单位的工作关系
(D) 搞好工程建设项目的信息管理

453. CC003　下面不属于工程建设监理基本方法的是（　　）。
(A) 科学管理、依法监督　　　(B) 合同管理
(C) 组织协调、信息管理　　　(D) 目标规划、动态管理

454. CC003　建设工程的目标控制是一个（　　）。
(A) 循环过程　(B) 有限循环过程(C) 无限循环过程(D) 非循环过程

455. CC003　下面不属于工程建设监理基本依据的是（　　）。
(A) 国家批准的工程项目建设文件
(B) 工程建设的法律、法规、技术范围、标准
(C) 质量监督部门要求
(D) 工程建设监理合同和其他工程建设合同

456. CC003　工程监理企业有权对承建单位（　　）进行监督。
(A) 建设行为　(B) 不当建设行为(C) 经营活动　(D) 不当经营活动

457. CD001　HSE 管理体系的三个字母分别表示（　　）。
(A) 安全、健康、环境　　　(B) 环境、安全、健康
(C) 健康、安全、环境　　　(D) 职业健康和安全

458. CD001　本单位 HSE 体系运行的第一责任人是（　　）。
(A) 主管生产的领导　　　(B) 第一把手
(C) HSE 部门领导　　　　(D) 安全员

459. CD001　HSE 管理体系的运行模式是（　　）。
(A) 经常检查　　　　　　(B) 计划—实施—检查—改进
(C) 实施—检查—处置　　(D) 行动—评审—提高

460. CD002　我国的安全生产方针为（　　）。
(A) 以人为本，安全第一　　(B) 安全第一，预防为主
(C) 领导重视，全员参与　　(D) 安全生产，人人有责

461. CD002　（　　）级风以上吊装现场禁止吊装作业。
(A) 6　　　　(B) 5　　　　(C) 3　　　　(D) 8

462. CD002　起重工、爆破工、电工、（　）等属于特种作业人员,应经安全技术培训、考核,合格持证后方能上岗作业。
　　　　　　（A）车工　　　　（B）钳工　　　　（C）焊工　　　　（D）安全员

463. CE001　在(1)知识;(2)管理;(3)技能;(4)创造四个方面,普通员工的培训一般侧重于（　）水平的提高。
　　　　　　（A）(1)(2)　　（B）(3)(4)　　（C）(1)(3)　　（D）(2)(4)

464. CE001　在(1)知识;(2)技能;(3)态度;(4)行为四个方面培训,即通过教学或实际操作等方法使人的（　）有所改进。
　　　　　　（A）(1)　　（B）(1)(2)　　（C）(1)(2)(3)　　（D）(1)(2)(3)(4)

465. CE001　(1)职业培训;(2)新员工培训;(3)全员培训;(4)企业骨干培训四个等级中,按培训对象不同培训可分为（　）等。
　　　　　　（A）(1)(2)(3)　　　　　　　　（B）(2)(3)(4)
　　　　　　（C）(1)(3)(4)　　　　　　　　（D）(2)(4)(3)

466. CE002　(1)思想品德评价;(2)劳动态度评定;(3)理论知识考试;(4)技能操作考核四个方面,鉴定实施按鉴定内容可分为（　）。
　　　　　　（A）(1)(2)　　（B）(3)(4)　　（C）(1)(3)　　（D）(2)(4)

467. CE002　在(1)针对性;(2)灵活性;(3)可操作性;(4)快速性四个方面,鉴定规范作为鉴定工作的直接依据具有（　）。
　　　　　　（A）(1)(2)(3)　　　　　　　　（B）(2)(3)(4)
　　　　　　（C）(1)(3)(4)　　　　　　　　（D）(1)(2)(4)

468. CE002　技能操作考核实施前应做好如下工作（　）。
　　　　　　(1)场地准备;(2)设备、工具准备;(3)考评员选用与数量配备;(4)原材料准备
　　　　　　（A）(1)　　　　　　　　　　　（B）(1)(2)(3)(4)
　　　　　　（C）(1)(2)(3)　　　　　　　　（D）(1)(2)

469. CF001　建设项目施工规模在（　）万元人民币以上估算价的必须进行招标。
　　　　　　（A）50　　　（B）100　　　（C）200　　　（D）300

470. CF001　根据《工程建设项目招标范围和规模》标准规定,属于工程建设项目招标范围的工程建设项目重要设备、材料等货物采购、单项合同估算价在（　）万元人民币以上的,必须进行招标。
　　　　　　（A）150　　　（B）100　　　（C）200　　　（D）50

471. CF001　不属于招标活动基本原则的是（　）。
　　　　　　（A）公开原则　　（B）公平原则　　（C）平等互利原则（D）诚实信用原则

472. CF001　邀请招标工程,参加招标的单位不得少于（　）家。
　　　　　　（A）3　　　（B）2　　　（C）5　　　（D）没限制

473. CF001　公开招标与邀请招标在招标程序上主要差异表现为（　）。
　　　　　　（A）是否进行资格预审理　　　　（B）是否组织现场考察
　　　　　　（C）是否解答招标单位质疑感　　（D）是否公开开标

474. CF001　《中华人民共和国招标投标法》规定,应由（　）监督活动是否依法进行。
　　　　　　（A）招标人董事会　　　　　　　（B）招标代理机构
　　　　　　（C）仲裁机构改革　　　　　　　（D）建设行政部门

475. CF001　应以（　）为最优投标书。

(A) 投标价最低 　　　　　　(B) 评审标价最低
(C) 评审标价最高 　　　　　(D) 评标得分最低

476. CF001　投标人以行贿手段谋取中标的法律后果不包括（　）。
(A) 中标无效
(B) 有关单位责任人应当承担相应行政责任
(C) 给他人造成损失的有关责任人和单位应承担民事赔偿责任
(D) 吊销营业执照

477. CF002　招标公告的作用让潜在投标人获得（　），以便进行项目筛选,确定是否参与竞争。
(A) 招标信息　(B) 工程概况　(C) 投标要求　(D) 工程资料

478. CF002　资格预审文件分为资格预审须知和（　）两大部分。
(A) 投标人基本要求　　　　　(B) 投标人资质能力
(C) 资格预审表　　　　　　　(D) 投标人实施能力

479. CF002　招标文件,它是投标人编制（　）的依据。
(A) 投标文件　(B) 报价　(C) 合同条件　(D) 投标文件和报价

480. CF002　为了使投标人了解工程项目的现场条件、自然条件、施工条件及周围环境条件,以便编制投标书,投标人应在规定时间（　）。
(A) 参加标前会　　　　　　　(B) 进行现场考察
(C) 自费进行现场考察　　　　(D) 参加标前答疑

481. CF002　根据《中华人民共和国招标投标法》规定,评招标委员会由招标人代表和有关技术、经济等方面专家组成,成员为（　）人以上单数。
(A) 3　　　(B) 5　　　(C) 7　　　(D) 9

482. CF002　评标方法通常采用（　）。
(A) 综合评分法和评标价法　　(B) 综合评分法
(C) 评标价法　　　　　　　　(D) 专家评议法

483. CG001　下列几项不属于产品制造工艺文件一般构成部分的是（　）。
(A) 概述部分　(B) 正文部分　(C) 补充部分　(D) 质量保证体系

484. CG001　对于需要焊后热处理的工作,有关热处理的工艺文件应该（　）。
(A) 提出热处理的类型和热处理工艺曲线
(B) 说明产品零部件冷、热加工成形的工艺过程和要求
(C) 说明产品零部件组装的工艺和组装尺寸公差、工装胎具和要求等
(D) 说明产品的试验方法和检测方法及检测部位、检测比例等

485. CG001　对于（　）的工艺产品必须标明试验、检验状态。
(A) 组装　　(B) 加工　　(C) 完工　　(D) 出厂

486. CG002　对产品制造工艺的文字表达要求不正确的是（　）。
(A) 准确
(B) 简明严谨、逻辑性强
(C) 辞藻要华丽
(D) 图表要清晰,术语、符号、代号要与有关技术标准一致

487. CG002　未经审核、批准的产品制造工艺文件（　）。

(A) 如果情况紧急可以投入使用
(B) 按照经验觉得没有问题的可以投入使用
(C) 有一个领导同意就可以投入使用
(D) 不得投入使用

488. CG002　产品制造过程中如需要更改产品制造工艺,下面不正确的做法是（　　）。
(A) 经现场主管领导批准,以不耽误生产为准
(B) 按规定的程序和要求进行更改和审批
(C) 应有书面审核批准文件
(D) 应经原审核批准人和主管部门批准

489. CG003　法门、法兰压力管道压力不同时,应按哪个压力套用定额（　　）。
(A) 阀门　　　(B) 法兰　　　(C) 主管道　　　(D) 压力较大的管件

490. CG003　成品管件计算主材数量时,不必扣除（　　）所占的长度。
(A) 阀门　　　(B) 管件　　　(C) 主管道　　　(D) 压力较大的管件

491. CG003　一般起重机具有的摊销费中已包括了（　　）,不能另行计算。
(A) 安装费　　　(B) 拆迁费　　　(C) 折旧费　　　(D) 零件费

二、判断题（对的画"√",错的画"×"）

(　) 1. AA001　硬度是指金属材料抵抗比它更硬物体压入其表面的能力,即抵抗局部塑性变形的能力。生产中应用最广泛的方法是布氏硬度试验法、洛氏硬度试验法和维氏硬度试验法。

(　) 2. AA002　所谓再结晶就是在金属塑性变形后,当升高温度时,由于原子活动能力增大,金属的显微组织发生明显的变化,破碎的、被拉长或压扁的晶粒变为均匀细小的等轴晶粒。

(　) 3. AA002　一般情况下,金属晶粒越细小,金属的强度、塑性和韧性越好。

(　) 4. AA003　零件能正常工作,材料的屈服点应低于零件工作时的应力。

(　) 5. AA004　金属材料的使用性能包括物理性能、化学性能、热加工性能。

(　) 6. AA005　普通碳素结构钢主要用于工程结构和普通零件。

(　) 7. AA006　优质碳素结构钢常用于制造重要的机械零件。

(　) 8. AA007　中碳钢通过适当热处理（调质、表面淬火等）也不可制作有良好综合力学性能要求的机件及表面耐磨、心部韧性好的零件,如传动轴、发动机连杆、机床齿轮等。

(　) 9. AA007　铸钢的铸造工艺性差,易出现浇不足、缩孔和晶粒粗大等缺陷。

(　) 10. AA007　碳钢按质量可分为普通碳素钢、合金钢和优质碳素钢。

(　) 11. AA007　压力容器应用最广的低合金钢是16MnR。

(　) 12. AA007　由于碳钢的机械性能较好,所以具有较好的工艺性能。

(　) 13. AA007　碳素工具钢均为优质钢。

(　) 14. AA008　GCr9中铬的质量分数为9%。

(　) 15. AA008　高速工具钢不仅硬度高、耐磨性好,而且温度达到600℃左右时,硬度值仍无明显下降。

(　) 16. AA008　Cr115、GCr15SiMn等是专用的滚动轴承钢,不能挪作他用。

(　) 17. AA009　可锻铸铁具有较高的塑性和韧性,它是一种可以进行锻造的铸铁。

( ) 18. AA009　通过热处理可以改变铸铁的基体组织,故可显著提高其力学性能。

( ) 19. AA009　常用铸铁中,球墨铸铁的力学性能最好,它可以代替钢制作形状复杂、性能要求较高的零件。

( ) 20. AA010　变形铝合金都不能用热处理强化。

( ) 21. AA010　铸造铝合金的铸造性能好,但塑性较差,通常采用铸造成形,一般不进行压力加工。

( ) 22. AA010　强化纯铝和防锈铝合金可采用冷变形强化。

( ) 23. AA011　特殊黄铜是在锡青铜的基础上再加入其他元素的黄铜。

( ) 24. AA011　含锌量为 30% 左右的普通黄铜,塑性最好。

( ) 25. AA011　黄铜是铜锌合金,青铜是铜锡合金。

( ) 26. AA012　α 型钛合金不能热处理强化,而 α+β 型钛合金可以热处理强化。

( ) 27. AA012　钛合金中加入的主要元素,根据其作用的不同可分为 α 相稳态元素和 β 相稳态元素。

( ) 28. AA012　α+β 型钛合金力学性能范围宽,可适应各种不同的用途,其中钛—铝—钒合金应用最广。

( ) 29. AA012　工业纯钛的牌号有 TA1、TA2、TA3 三种,顺序号越大,杂质含量越低。

( ) 30. AA013　常用轴承合金有:锡基轴承合金、铅基轴承合金和铝基轴承合金三大类。

( ) 31. AA013　硬质合金中,碳化物含量越高,钴含量越低,则其硬度和韧性越高。

( ) 32. AA013　YG 类硬质合金适宜加工塑性材料,YT 类硬质合金适宜加工脆性材料。

( ) 33. AA013　高精度量具一般选用滚动轴承钢和低合金工具钢。

( ) 34. AA014　塑料密度大,但质量轻。

( ) 35. AA015　热塑性塑料包括环氧塑料。

( ) 36. AA016　碳纤维、石墨纤维复合材料比强度高,线胀系数大。

( ) 37. AA017　天然橡胶属于天然树脂。

( ) 38. AA018　合成橡胶有丁苯、氯丁、硅、氟橡胶。

( ) 39. AA019　陶瓷是由晶相、玻璃相和气相三部分组成。

( ) 40. AA020　碳素结构钢和低合金高强度结构钢主要用于制作机械零件。

( ) 41. AA021　备料的估算与职工技能、生产设备等相关。

( ) 42. AA022　碳素钢主要用于制造机械零件和各种工程结构的碳钢,含碳量大多在 0.6% 以下。

( ) 43. AA023　圆钢的质量计算公式 $m=0.00167d^2l$。

( ) 44. AB001　在钢结构中,要保证某一构件能处于稳定的平衡状态,则该构件只需符合强度条件即可。

( ) 45. AB002　压力试验时,容器底部的压力称为设计压力。

( ) 46. AB003　名义厚度减去腐蚀裕量和钢板正偏差称为厚度减薄量。

( ) 47. AB004　压力容器上所指的压力均是指实际压力。

( ) 48. AB004　气压试验是压力试验而气密性试验是致密性试验,所以,尽管做法相似但目的不同。

( ) 49. AB005　焊缝系数是焊缝强度与母材强度之比,比值大于 1.2。

( ) 50. AB006　双面焊对接接头进行 100% 无损检测的接头系数为 1.0。

( ) 51. AB007 冲孔时,凸模刃口的名义尺寸取接近或等于孔的最大极限尺寸,以保证凸模磨损在一定的范围内仍可使用。

( ) 52. AB008 在双角自由压弯模中,凸模、凹模的单边间隙应大于板料厚度,间隙过大,弯曲回弹量小;间隙过小,压弯力就减小,并使材料变薄。

( ) 53. AB009 圆环的表面积计算公式为 $\pi/2(d_2^2 - d_1^2)$,式中:d_1 为内圆直径;d_2 为外圆直径。

( ) 54. AC001 所有的不可展开曲面都可用近似的方法进行展开。

( ) 55. AC002 平面体和平面体相交,其相贯线一定是由直线构成的。

( ) 56. AC003 一般位置直线在任一投影面上的投影均小于该线段实长。

( ) 57. AC003 展开图上所有的线都应反映构件的实际尺寸。

( ) 58. AC003 侧面倾斜的构件高度,画放样图或展开图时,以板厚中心层高度为准。

( ) 59. AC004 根据立体弯管在图样上的实际形状可归纳成四种类型。

( ) 60. AC005 用放射线法展开锥面时,等分的圆弧段数越多,所得的扇形展开图的误差就越大。

( ) 61. AC006 槽钢和工字钢的平弯可按中心径来计算展开料长。

( ) 62. AD001 斜刃冲裁就是将冲裁模凸模和凹模刃口制出一定角度,是凸模、凹模刃口相对呈现一定夹角的做法。

( ) 63. AD001 设计弯曲模时,U 形管件弯曲模存在凸模、凹模间隙的取值问题;V 形管件弯曲模则可不考虑间隙取值问题。

( ) 64. AD001 在压制成形中,防止偏移的方法是采用压料装置或用孔定位。

( ) 65. AD002 在压力机机身的结构形式中,立形结构的刚性最好。

( ) 66. AD003 对称式三轴卷板机在操作过程中,一般是调节两个下辊轴的垂直高度来达到工件的弯曲尺寸。

( ) 67. AD004 卷板是用卷板机对板料进行连续三点弯曲的弹性变形过程。

( ) 68. AD005 不对称式三辊卷板机的剩余直边量小于4倍的板厚。

( ) 69. AD006 四辊卷板机的主要特点是对中方便,可以矫正卷圆曲率、错边等缺陷。

( ) 70. AD007 垂直下调式卷板机适用冷弯中型或轻型工件。

( ) 71. AD008 在楔条夹具中,为保证楔能自锁,楔角不能太大,但应大于摩擦角。

( ) 72. AE001 公司承建大型建设项目的总体施工规划由承担该工程的项目总工程师领导组织,由项目技术部门及相关人员进行编制。

( ) 73. AE001 单项(单位)工程施工组织设计由承担该工程的项目总工程师组织该项目相关人员编制。

( ) 74. AE001 编制施工组织设计应符合建设项目的计划要求,但可以不符合施工合同条款。

( ) 75. AE002 施工组织设计主要包括14个方面的内容。

( ) 76. AE002 编制施工机具设备使用计划应满足施工工艺要求。

( ) 77. AE002 施工总平面布置应按照自己施工的需要进行设计,场地越宽绰越好,只要满足临时性施工需要就可以了。

( ) 78. AF001 当菜单项呈浅灰色时,表示该菜单项为当前可执行的。

( ) 79. AF002 AutoCAD 2002 不允许用户创建各种形式的基本曲面模型和基本实体模型。

( ) 80. BA001　模具的标准化既可以简化模具设计,也有利于加工和维修。因此,应尽可能采用标准模具。

( ) 81. BB001　钢结构钻孔时,对不合格的螺栓孔,可用与母材匹配的焊材堆焊堵孔,经磨平后重新钻孔。

( ) 82. BB001　高强度、大六角头螺栓连接副终拧完成1h后,72h内应进行终拧扭矩检查。

( ) 83. BB002　箱型梁焊接前,主梁上拱度较低时,应先焊上盖板左右的两条焊缝。

( ) 84. BB002　多层钢结构安装柱时,每节柱的定位轴线可以从下层柱的轴线引上。

( ) 85. BC001　分瓣组装法是将瓣片或多瓣直接吊装成整球的安装方法,其最大特点是不需要用很大起重能力的设备,大多适用于大型球罐的组装。

( ) 86. BC001　通常,将储存介质低于0℃的球罐称为低温球罐。

( ) 87. BC002　铝制料仓安装焊接时,母材切条不可以作为焊接填充材料。

( ) 88. BC002　储罐底圈壁板接管底层焊后要进行着色检测,全部焊完后进行渗透检测,补强圈与罐壁焊缝做表面渗透检测。

( ) 89. BC003　根据受力分析,圆柱形容器的纵向焊缝所受应力要比环向焊缝所受应力大2倍。

( ) 90. BC004　封头坯料的拼缝离封头的中心距离不应超过1/4封头直径。

( ) 91. BC005　筒节组对时,两节筒体的纵缝错开距离应大于3倍筒节的厚度,且不小于100mm。

( ) 92. BC006　中压压力容器施工中筒节上管孔中心线距纵向环向(横向)焊缝边缘的距离不小于管孔直径的1.5倍。

( ) 93. BC007　一高度为50m的塔采取地面组对成整体,在中午阳光下直线度检查合格后即开始焊接。

( ) 94. BC008　复合板滚圆前,先将滚板机各辊用麻绳或橡皮缠绕包裹,缠绕应均匀无结疤、无硬块,干净而无污染,复合板的校圆垫块应用木制垫块。

( ) 95. BC008　反应器可拆卸内件,安装合格后可以采用干净水进行压力试验。

( ) 96. BC009　重叠换热器制造时,重叠支座间的调整板应在压力试验合格后,点焊于下台换热器的重叠支座上,并在重叠支座和调整板的外侧标有永久性标记,以备现场组装对中。

( ) 97. BC009　在所有胀接结构形式中,开槽胀接加填充式端面焊是连接强度最高的一种。

( ) 98. BC010　加热炉翅片管的翅片与炉管焊接时,一般采用手工电弧焊进行焊接。

( ) 99. BC011　锅炉是利用燃料等燃烧释放的热能或工业生产中的余热,将工质加热成某一温度和压力的蒸汽或热水的设备,产生蒸汽的锅炉也称为蒸汽发生器。

( ) 100. BC011　额定容量为220t/h的锅炉属于大型锅炉。

( ) 101. BD001　推丝式送丝机构适用于长距离输送焊条。

( ) 102. BD001　焊工在焊接过程中经常处于带电作业状态。

( ) 103. BD002　焊接时采用直流正接,能够减少气孔。

( ) 104. BD002　消氢处理的目的是减少焊缝和热影响区的氢含量,防止产生热裂纹。

( ) 105. BD003　为了减少应力,应该先焊结构中收缩量最小的焊缝。

( ) 106. BD003　适当的减少焊缝尺寸,有利于减少焊接残余变形。

( ) 107. BE001　焊接是一个不均匀加热和不均匀冷却的过程。

( ) 108. BE001　焊接长焊缝时,连续焊变形最大。
( ) 109. BE001　焊接变形是由于焊接热源的温度过高引起的。
( ) 110. BE002　为了有效地减少法兰盘的角变形,使法兰盘保持平直,采用反变形法比较有效。
( ) 111. BE003　波浪变形主要表现在焊接薄板时。
( ) 112. BE004　扭曲变形的预防措施主要是掌握好焊接顺序和焊接方向。
( ) 113. BE005　弯曲变形是由于焊缝的纵向收缩引起的。
( ) 114. BE006　采用刚性固定法后,焊件不会产生残余变形。
( ) 115. BE006　分段退焊法可以减小焊件残余变形。
( ) 116. BE006　机械拉伸法是对焊件进行加载,以减少因焊接引起的压缩塑性变形量。
( ) 117. BE007　对于厚度较大、刚性较强的焊件,可以利用三角形加热来矫正其焊接残余变形。
( ) 118. BE007　火焰矫正变形时,火焰应采用氧化焰,因为氧化焰温度高。
( ) 119. BE007　用三角形加热法矫正 T 形焊接梁的弯曲变形,则三角形加热区的顶点朝向与起拱方向一致。
( ) 120. BF001　对焊接质量的检验,就是对成品焊接缺陷的检验。
( ) 121. BF001　样板检验外观是常用的破坏性检验。
( ) 122. BF001　焊前检验的目的是预防和减少焊接时产生缺陷的可能性。
( ) 123. BF002　解尺寸链是保证构件的制造、装配尺寸,合理降低生产成本的重要依据。
( ) 124. BF003　无损探伤检验方法属于成品检验。
( ) 125. BF004　渗透检测常用的着色剂有苏丹红Ⅳ号、124 烛红和刚果红等。
( ) 126. BF005　超声波探伤时缺陷的反射脉冲和被测件底面反射的脉冲有时间上的差异。
( ) 127. BF005　有一拼焊法兰厚 120mm,欲对其对接焊缝进行探伤检查,应选用 X 射线探伤。
( ) 128. BF005　超声波探伤仪是由超声波发生器、换能器、接收机和显示器四大部分组成的。
( ) 129. BF006　γ射线能照透厚度最大为 250mm 的钢板。
( ) 130. BF007　未焊透在底片上呈现一条断续的黑直线状。
( ) 131. BF008　厚工件中的紧闭裂纹,即使透照方向适当,也不能被检出。
( ) 132. BF009　在焊缝射线底片上呈圆形或椭圆形边缘清晰的黑点,可能是增感屏剥落造成的伪缺陷。
( ) 133. BF010　夹渣在射线底片上的特征是常呈两端尖锐略带弯曲的黑色条纹。
( ) 134. BF011　产生咬边的原因是焊接电流过小、电弧过短以及运条角度不当。
( ) 135. BG001　改善 20 号钢的切削加工性能,可以采用完全退火。
( ) 136. BG001　应力退火的目的是消除铸件、焊接件和切削加工件的内应力。
( ) 137. BG001　一般工件淬火冷却时,合金钢通常用水冷,而碳素钢则用油冷。
( ) 138. BG002　制作小尺寸(截面尺寸小于 10~15mm)的螺旋形弹簧,可采用冷拔弹簧钢丝进行冷卷成形,然后进行去应力退火。
( ) 139. BG002　大型螺旋压缩弹簧可以采用热卷成形,热成形后立即淬火冷却。
( ) 140. BG002　选用 45 号钢制作车床主轴,毛坯锻造后进行正火主要是为了消除毛坯的锻造应力。

( ) 141. BH001　按规定,大型设备吊装时某吊装用钢丝绳的计算安全系数为6,则该钢丝绳可用于跑绳、吊绳无弯距、缆风绳和捆绑绳。

( ) 142. BH001　吊耳结构应满足自身强度需要,可忽略设备局部强度要求。

( ) 143. BH001　起重桅杆除了进行强度校核外,还需进行稳定性校核。

( ) 144. BH002　大型塔类设备吊装应成立现场吊装组织,明确起重、安全、设备、焊接、质检等专业负责人及其职责。

( ) 145. BH002　在选择大型桅杆和移动式起重机联合作业吊装方案时,应以移动式起重机为主。

( ) 146. BH002　《大型塔类设备吊装安全规程》规定:大型塔类设备是指质量大于或等于80t,或高度大于或等于60m的立式设备和钢结构。

( ) 147. BI001　GJ-12型混凝土熔割器,可全位置熔割混凝土等非金属材料,也可焊接有色金属及切割铸铁、不锈钢等。

( ) 148. BI001　GJ-12型熔割器,由主钳和副钳组成,副钳起引弧、熔割、吹渣的作用,而主钳仅起与副钳回路引弧的作用。

( ) 149. BI001　光电跟踪切割机一般可分为小车式和坐标式两种。

( ) 150. BI001　数控自动切割机可以用来完成钢板的切割、划线和套料工作,在造船、锅炉压力容器制造等行业中广泛应用。

( ) 151. BI001　联合型等离子弧主要用微束等离子焊接。

( ) 152. BI002　橡皮成形利用了橡皮富有塑性的特点。

( ) 153. BI003　橡皮成形的压力损失较大,零件贴合部分成形比较困难。

( ) 154. BI004　封头有立式和卧式两种旋压。

( ) 155. BI005　旋压收口后的口部直径会出现0.01%~0.02%的回弹。

( ) 156. BI006　CO_2气体激光切割机,由激光器、聚焦系统、电源系统三大部分组成。

( ) 157. BI006　利用火焰局部加热把平直的钢板加热弯曲成各种曲面,这种方法称为火焰成形。

( ) 158. BI006　等离子弧工作电压和电源空载电压都很低,操作时不必注意安全用电。

( ) 159. CA001　气割6~30mm厚钢板时,割嘴应垂直割件。

( ) 160. CA001　连接焊炬或割炬的橡皮管一般在5m左右为宜。

( ) 161. CA001　E4303是典型的碱性焊条。

( ) 162. CA002　由于电焊机的输出电压都比较低,所以不用接地。

( ) 163. CA003　焊条药皮中的稳弧剂使焊条容易引弧,并在焊接过程中保持电压稳定。

( ) 164. CA004　受潮的酸性焊条焊前烘干温度150℃左右,时间1~1.5小时。

( ) 165. CA005　碱性焊条施焊时必须断弧操作,否则易引起气孔。

( ) 166. CA006　立焊时应采用小直径焊条和小的电流。

( ) 167. CA007　气割工艺参数包括割炬功率、氧气压力、气割速度、预热火焰的能率等。

( ) 168. CA008　多层钢板一次气割时的主要问题是起割处的切透比较困难。

( ) 169. CA009　垂直开孔切割比水平开孔切割厚度大。

( ) 170. CA010　多层钢板气割时,应比切割同等厚度钢板所选用的割嘴号小一些。

( ) 171. CA011　起重机抬吊重物时,提升速度快的一侧抬吊力增加,提升速度慢的一侧抬吊力减小。

(　)172. CA011　二力平衡的条件是力的大小相等、方向相反。

(　)173. CA012　测量制作三通时,支管与主管不能有横向位移。

(　)174. CA012　计算弯管弧长时,弧长与π成正比。

(　)175. CA013　弯曲变形时,相对弯曲半径越大,则回弹越小。

(　)176. CA014　管子弯曲后,回弹性、回跳角受弯曲半径的影响很大,弹性回跳随着相对弯曲半径的增加而减小。

(　)177. CA015　管子的相对弯曲半径越小,壁厚变薄、管子截面形状变化就越显著。

(　)178. CA016　管子装砂热弯时,管内砂子起着支撑和蓄热两方面作用。

(　)179. CA017　管子的弯曲半径尺寸从减少弯管的有害变形来看,选的越大越好;从弯管的制作安装来看,选的越小越好。

(　)180. CA018　中频加热弯管机是采用中频电能感应对管子进行局部环状加热,同时用机械旋转喷水冷却,使弯管连续不断地协调进行。

(　)181. CA019　携带型接地线在安装时先装三相端,再装接地端,拆时先拆接地端再拆三相端。

(　)182. CA019　四芯电缆中,中性芯主要是流过不平衡电流。

(　)183. CA019　闸刀开关(开启式负荷开关)可用于功率小于15kW的电动机控制电路。

(　)184. CA020　导体的电阻随导体两端电压的变化而变化。

(　)185. CA021　低压断路器也称为自动空气开关。

(　)186. CA022　测量电流时,电流表必须和负载串联。

(　)187. CA023　测量电压时电压表必须和负载串联。

(　)188. CA024　行程开关是将电信号转变为机械信号的一种装置。

(　)189. CA025　平面划线只需选择一个划线基准,立体划线则要选择两个划线基准。

(　)190. CA025　螺纹精度由螺纹公差带和旋合长度组成。

(　)191. CA025　柴油机工作时进气行程活塞由上止点到达下止点,汽缸内气压低于外界大气压力。活塞由下止点到达上止点,汽缸内气压则高于外界大气压力。

(　)192. CA026　大型工件划线时,如果没有长的钢直尺,可用拉线代替,没有大的直角尺则用线坠代替。

(　)193. CA027　立体划线时一般取两个划线基准。

(　)194. CA028　立体划线时,选择三个支撑点的距离尽可能小些,以保证工件的重心,位于三点构成的三角形三边部位。

(　)195. CA029　划线时一般不要选择设计基准为划线基准。

(　)196. CA030　借料划线,首先要知道待划毛坯误差程度、错料的方向和大小,以提高划线效率。

(　)197. CA031　箱体划线时应在六个面上都划出十字校正线。

(　)198. CA032　划线质量与平台的平整性有关,而与平台安装是否水平无关。

(　)199. CA033　找正和借料不能同时兼顾。

(　)200. CA034　錾子经锻造、初磨后,刃口需经热处理才能获得所需要的硬度和韧性,錾子的热处理包括淬火和正火两个过程。

(　)201. CA035　锯削是通过锯齿的切削运动,对金属材料进行切削加工的方法。

第七部分 技师和高级技师理论知识试题

( ) 202. CA036　为增强连接的紧密性,连接螺纹大多数采用多线三角螺纹。
( ) 203. CB001　基本的组织工具不包括 WBS。
( ) 204. CB002　技术措施属于成本管理措施。
( ) 205. CB003　焊工合格证(合格项目)有效期为 3 年。
( ) 206. CC001　业主择优选定监理单位的主要方式是邀请招标。
( ) 207. CC002　我国建设工程监理的特点之一是作为国家强制推行的制度。
( ) 208. CC003　建设工程的目标控制是一个有限循环过程。
( ) 209. CD001　风险辨识和评价是所有 HSE 要素的基础。
( ) 210. CD001　制定的 HSE 方针应符合国家法规要求,相关的地方法规可参考执行。
( ) 211. CD002　施工时可以用一个电气开关控制两台电动设备。
( ) 212. CD002　6 级风以上禁止在现场进行吊装作业。
( ) 213. CD002　多台电焊机的接地保护应该用串联的方式连接。
( ) 214. CE001　《中华人民共和国劳动合同法》规定,从事技术工种的劳动者,上岗前可以经过培训。
( ) 215. CE001　由于培训是一种特殊的教育,所以从设计到完成不需要有一个基本程序。
( ) 216. CE001　人员理论和技能的培训可以使企业人力资本存量继续增加。
( ) 217. CE002　实行职业技能鉴定、推行职业资格证书制度是我国人力资源开发的一项战略措施。
( ) 218. CE002　在鉴定理论知识要求中,专业知识所占比例要小于基础知识所占比例。
( ) 219. CE002　客观公正原则是贯穿于职业技能鉴定考评全过程的基本原则。
( ) 220. CF001　邀请招标工程,参加招标的单位不得少于三家。
( ) 221. CF002　招标文件是投标人编制报价的依据。
( ) 222. CG001　工艺文件目次包括章节号、章节标题或工艺表格名称及所在页码。
( ) 223. CG001　编制说明内容包括工艺文件名称、产品名称、规格、合同号、产品编号以及编制人、审核人、批准人等。
( ) 224. CG001　产品的试验方法主要包括液压试验、气压试验、致密性试验和单体试车等。
( ) 225. CG001　有关下料的工艺文件应说明材料下料的切割方法、尺寸要求和材料标识。
( ) 226. CG002　产品制造单位的工艺部门或技术科是产品制造工艺编制的主管机构并应按照有关规定明确工艺责任工程师,负责产品制造工艺的编审组织工作。
( ) 227. CG002　经过审核和批准后的产品制造工艺,是产品制造和管理的依据,但在实际执行过程中可以按照需要进行更改。
( ) 228. CG002　产品制造工艺编制人员应向制造车间有关人员进行技术交底,除说明制造工艺外,还要交代设计图纸的技术要求、重点工序、工艺难点、质量标准等。
( ) 229. CG003　在实际施工中,凡是安装材料的品种、规格、数量等与定额不符,可以调整。
( ) 230. CG003　一般起重机具有的摊销费中已包括了折旧费,不能另行计算。
( ) 231. CG003　带法兰的管件已经套用法兰安装定额,可不再套用管件连接定额,带法兰的管件主材也应不再另行计算。
( ) 232. CG003　一般机具摊销费 8.74 元/t,各地区可以根据情况换算。

三、简答题

1. AA001　疲劳断裂产生的原因是什么？
2. AA001　简述金属结晶的一般过程。
3. AA002　金属加工硬化有何利弊？
4. AA002　热变形加工对金属组织和性能有何影响？
5. AA003　钢中常存哪些杂质？对钢的性能有何影响？
6. AB003　什么叫板厚处理？
7. AB003　板厚处理的一般原则是什么？
8. AC001　什么是不可展曲面？如何对不可展曲面进行近似展开？
9. AC002　什么是相贯线？相贯线有哪些基本特点？
10. AC002　平面截切正圆锥可能出现哪些情况？
11. BA001　简述夹具设计的一般要求。
12. BA001　模具交付生产前，为什么要进行模具的试验？模具的试验目的是什么？
13. BA001　弯曲模结构设计的要点是什么？
14. BB001　简述钢结构装配基准选择的原则。
15. BB002　简述有色合金材料的制造特点。
16. BB002　构件"一次装成"和"多次装成"的选取原则是什么？
17. BC001　球罐施焊时，应遵循哪些原则？
18. BC001　以一台 $2000m^3$ 四带（赤道带、上温带、下极带、上极带）球罐为例，简述采用无中心柱组装法的安装程序。
19. BC001　以一台支柱式 $5000m^3$ 五带球罐（赤道带、下温带、上温带、下极带、上极带）为例，简述采用有中心柱组装法的安装施工程序。
20. BC001　简述大型球罐整体热处理工艺主要组成系统。
21. BC002　简述储罐边柱倒装法施工原理。
22. BC002　简述储罐水浮法施工的基本原理。
23. BC002　简述拱顶储罐充水试验检查的内容。
24. BC002　简述储罐气吹顶升的施工原理及要点。
25. BC002　简述低压湿式气柜升降试验的原理。
26. BC002　储罐充气顶升时为什么要设置平衡装置？
27. BC007　如何进行压力容器的耐压试验。
28. BC007　压力容器气压试验时，应注意什么？
29. BC007　压力容器的致密性试验方法有哪几种？
30. BC007　夹套容器的耐压试验有哪些步骤？
31. BC007　简述容器脱脂操作程序。
32. BC007　简述容器脱脂的方法。
33. BC008　简述爆炸成形的特点。
34. BC008　简述层板包扎式高压反应器筒体的制造要点。
35. BC008　在复合板反应器中，对承受较大负荷的附件，如梁的支腿和搅拌器的底座的安装有什么要求？
36. BC009　简述换热器组装的工艺要求。
37. BC009　对换热器滑动支座安装时有何要求？

38. BC009　简述换热器管束组装的工艺要求。
39. BC009　简述管式加热炉系统的一般组成。
40. BC011　锅炉安装时,采用组合安装法的优缺点是什么?
41. BC011　余热锅炉检修时,对于不可拆卸管束的检修应包括哪些内容?
42. BC011　余热锅炉检修时,应包括哪些内容?
43. BC011　大型锅炉安装工艺的基本要求是什么?
44. BC011　汽包在水压试验时为什么要用热蒸馏水?
45. BD002　制定返修焊措施的依据是什么?
46. BD003　制定焊接顺序方案的依据是什么?
47. CA012　简述管汇的特点。
48. CD001　HSE体系判定风险级别主要从哪两个方面考虑?
49. CD001　HSE记录填写的内容有哪些?

四、计算题

1. AB001　在抗剪强度为100MPa,厚度为6mm的铝板上冲一直径为200mm的圆孔,试计算所需要的冲裁力。

2. AB001　在抗剪强度为420MPa,厚度为1.5mm的钢板上冲制如图所示工件,试计算所需要的冲裁力。

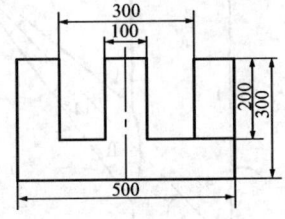

题2图

3. AB001　一铆接接头承受荷载 $F=220kN$,铆钉数量 $n=5$,如图所示。铆钉剪切许用应力 $[\tau]=145MPa$。计算应选用铆钉的最小直径(整数)是多少?

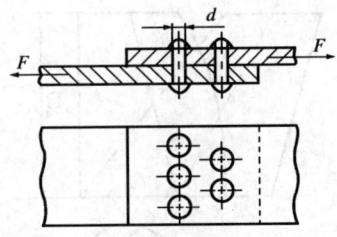

题3图

4. AC001　某压力容器两侧封头采用标准椭圆封头 $DN1000mm$,直边 $h=50mm$,筒体长19900mm,封头、筒体均采用 $t=20mm$ 钢板制成,求在水压试验时,该容器和水的总质量为多少?(不计任何附件质量,椭球体积公式为:$V=\dfrac{3}{4}\pi a^2 b$,式中 a 为椭球长半轴;b 为椭球短半轴。椭圆封头展开直径 $D=1.21DN+2h$。)

5. AC001　设圆柱螺旋面的外圆直径 $D=310mm$,内径 $d=140mm$,导程 $h=300mm$,用计算法求出展开图的主要参数,并作出展开图。

6. AC001　作出如图所示的半球封头圆的展开图。

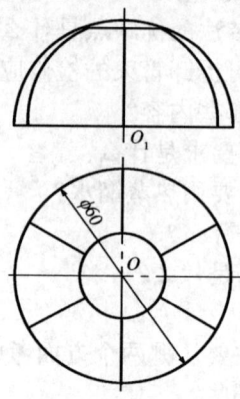

题 6 图

7. AC002　作出如图所示水壶的展开图。
说明：(1)作图时不考虑构件壁厚；(2)展开所需各点、线要表达清楚、准确、保留求解所作各线。

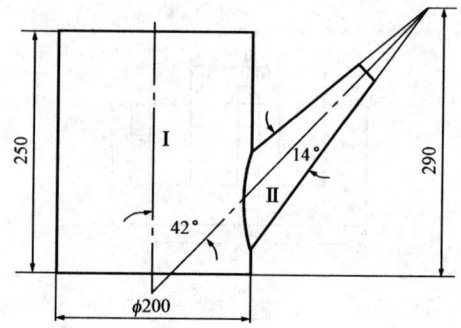

题 7 图

8. AC002　作出如图所示圆管渐缩四通管的展开图。

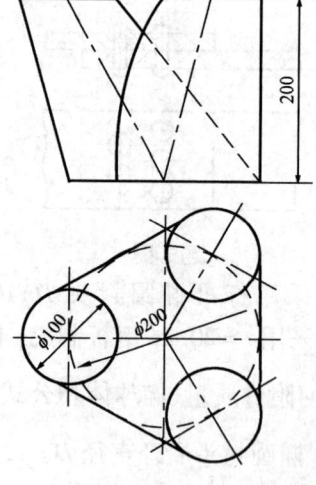

题 8 图

9. AC002 作出如图所示方管直交斜锥的展开图。

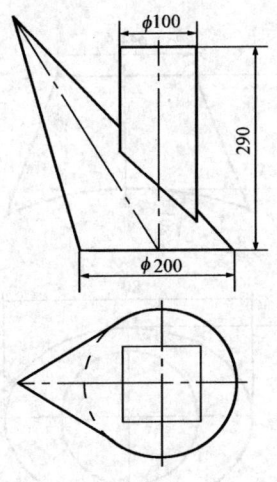

题 9 图

10. AC005 作出如图所示三节圆管弯头的展开图。

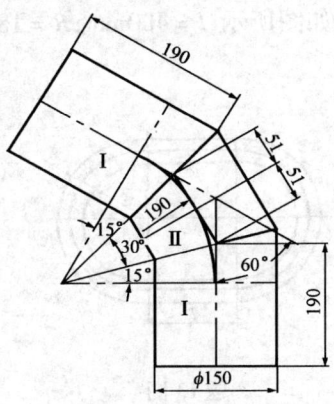

题 10 图

11. AC005 作出如图所示圆管渐缩三通管的展开图。

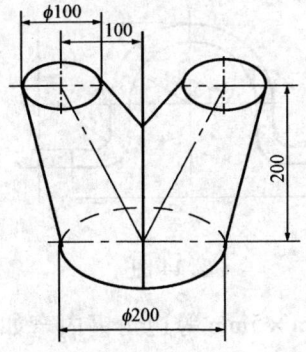

题 11 图

12. AC005　作出如图所示圆—椭圆鞍形接管的展开图。

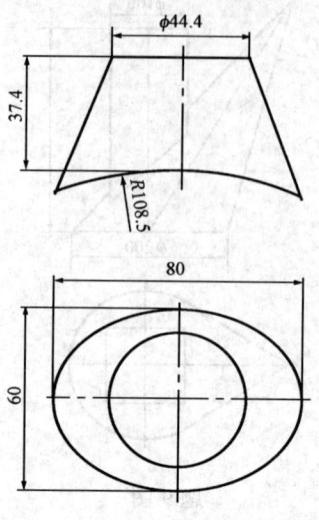

题 12 图

13. AC006　已知:圆钢弯曲腰圆环如图所示,$l=400\text{mm}$,$R=180\text{mm}$,圆钢直径 $d=15\text{mm}$,求该圆钢展开料长。

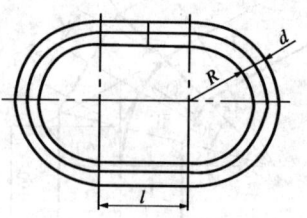

题 13 图

14. AC006　已知:Ω 形板如图所示,$l=400\text{mm}$,$R=80\text{mm}$,$h=200\text{mm}$,$r=20\text{mm}$,板厚 $t=10\text{mm}$。求该 Ω 形板的展开料长(不计中性层位置系数)。

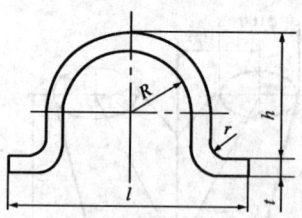

题 14 图

15. AC006　已知:采用 $50\text{mm}\times50\text{mm}\times5\text{mm}$ 等边角钢内弯如图所示,计算其展开料长和质量(每米角钢质量为 3.77kg)。

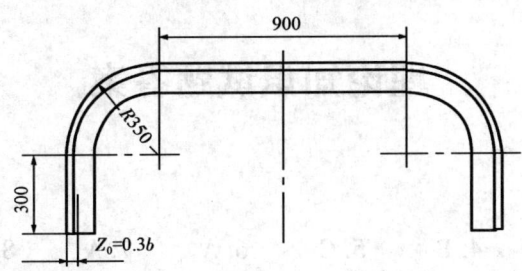

题 15 图

16. AC006　用 20 号工字钢组焊的三角架结构,如图所示,计算尺寸 B 是多少?

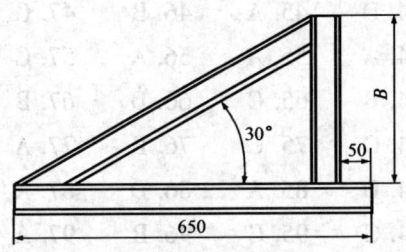

题 16 图

17. CA012　用 $\phi108\text{mm} \times 4\text{mm}$ 碳钢无缝管制作方形补偿器,其臂长为 1700mm,试计算补偿能力。注:$L = \left[\dfrac{1.5\Delta LED_W}{[\sigma](1+6K)}\right]$,$[\sigma]=75\text{MPa}$,$K=1$,$E=2\times10^5\text{Pa}$。

理论知识试题答案

一、选择题

1. A	2. D	3. C	4. B	5. C	6. A	7. A	8. C	9. B	10. B
11. C	12. C	13. D	14. B	15. C	16. D	17. D	18. D	19. D	20. B
21. B	22. B	23. C	24. B	25. A	26. A	27. C	28. A	29. A	30. A
31. C	32. D	33. A	34. B	35. A	36. B	37. A	38. A	39. C	40. C
41. A	42. C	43. C	44. D	45. A	46. B	47. C	48. B	49. A	50. B
51. D	52. A	53. B	54. A	55. A	56. A	57. C	58. C	59. A	60. D
61. B	62. A	63. C	64. B	65. C	66. D	67. B	68. D	69. D	70. D
71. A	72. D	73. A	74. C	75. C	76. B	77. A	78. B	79. B	80. A
81. B	82. C	83. D	84. D	85. A	86. D	87. A	88. D	89. A	90. B
91. D	92. A	93. D	94. C	95. C	96. B	97. A	98. B	99. D	100. A
101. D	102. B	103. B	104. C	105. C	106. B	107. B	108. C	109. A	110. B
111. B	112. B	113. B	114. A	115. B	116. B	117. A	118. B	119. B	120. A
121. B	122. D	123. D	124. C	125. D	126. A	127. C	128. C	129. B	130. C
131. B	132. A	133. C	134. D	135. C	136. B	137. B	138. C	139. B	140. C
141. A	142. D	143. C	144. B	145. D	146. C	147. A	148. D	149. C	150. D
151. D	152. B	153. C	154. A	155. B	156. C	157. D	158. C	159. A	160. C
161. B	162. B	163. D	164. C	165. B	166. B	167. C	168. B	169. A	170. B
171. D	172. C	173. B	174. C	175. B	176. D	177. B	178. A	179. B	180. C
181. B	182. B	183. D	184. B	185. B	186. A	187. B	188. A	189. D	190. D
191. C	192. C	193. B	194. C	195. B	196. C	197. A	198. D	199. A	200. C
201. D	202. B	203. D	204. B	205. C	206. D	207. B	208. C	209. D	210. C
211. A	212. B	213. B	214. A	215. C	216. B	217. C	218. C	219. C	220. B
221. D	222. A	223. D	224. A	225. B	226. B	227. B	228. D	229. C	230. B
231. D	232. D	233. D	234. D	235. C	236. D	237. B	238. B	239. A	240. B
241. D	242. D	243. C	244. A	245. B	246. A	247. B	248. B	249. B	250. B
251. A	252. A	253. D	254. A	255. A	256. C	257. A	258. C	259. A	260. C
261. B	262. D	263. C	264. A	265. C	266. C	267. B	268. A	269. D	270. A
271. A	272. D	273. A	274. C	275. B	276. C	277. A	278. C	279. C	280. C
281. A	282. B	283. B	284. B	285. C	286. B	287. B	288. D	289. D	290. B
291. C	292. A	293. D	294. A	295. C	296. D	297. C	298. D	299. B	300. A
301. D	302. D	303. A	304. A	305. D	306. C	307. A	308. C	309. A	310. B
311. B	312. A	313. C	314. B	315. B	316. A	317. C	318. D	319. A	320. D

321. A	322. D	323. C	324. A	325. B	326. B	327. A	328. D	329. D	330. B
331. A	332. D	333. D	334. A	335. C	336. D	337. A	338. B	339. C	340. C
341. B	342. B	343. C	344. C	345. C	346. A	347. B	348. C	349. C	350. D
351. B	352. B	353. C	354. D	355. C	356. C	357. C	358. C	359. C	360. C
361. A	362. B	363. B	364. C	365. A	366. C	367. C	368. C	369. C	370. A
371. B	372. B	373. B	374. B	375. C	376. A	377. D	378. B	379. C	380. B
381. D	382. B	383. A	384. B	385. B	386. C	387. B	388. B	389. D	390. A
391. A	392. B	393. B	394. B	395. A	396. B	397. B	398. A	399. A	400. A
401. A	402. B	403. A	404. C	405. C	406. C	407. C	408. D	409. A	410. C
411. A	412. A	413. C	414. B	415. C	416. B	417. A	418. C	419. B	420. D
421. C	422. C	423. C	424. D	425. C	426. D	427. C	428. C	429. A	430. A
431. D	432. C	433. D	434. C	435. C	436. C	437. C	438. C	439. A	440. C
441. C	442. A	443. C	444. C	445. C	446. C	447. C	448. D	449. B	450. C
451. D	452. D	453. A	454. C	455. C	456. C	457. C	458. C	459. B	460. B
461. A	462. C	463. C	464. C	465. B	466. C	467. C	468. C	469. C	470. D
471. C	472. A	473. A	474. C	475. D	476. C	477. A	478. C	479. B	480. B
481. C	482. A	483. D	484. A	485. C	486. C	487. D	488. A	489. B	490. B
491. C									

二、判断题

1. √ 2. √ 3. √ 4. × 为了保证零件能正常工作,材料的屈服点应高于零件工作时的应力。 5. × 金属材料的使用性能包括:物理性能、化学性能、力学性能。 6. √ 7. √ 8. × 中碳钢通过适当热处理(调质、表面淬火等)也可制作有良好综合力学性能要求的机件及表面耐磨、心部韧性好的零件,如传动轴、发动机连杆、机床齿轮等。 9. √ 10. × 碳钢按质量可分为普通钢、优质钢和高级优质钢。

11. √ 12. √ 13. √ 14. × GCr9 中铬的质量分数为 0.9%。 15. √ 16. × GCr15、GCr15SiMn 等是专用的滚动轴承钢,还可用于制作刀具、量具、冷冲模及性能要求与滚动轴承相似的耐磨零件。 17. × 可锻铸铁具有较高的塑性和韧性,但是它不可以进行锻造加工。 18. × 通过热处理可以改变铸铁的基体组织,但不能改变石墨的形态和分布,因而对提高铸铁的力学性能影响不大。 19. √ 20. × 变形铝合金中,防锈铝合金不能用热处理强化,但硬铝合金、超硬铝合金、锻铝合金都能用热处理强化。

21. √ 22. √ 23. × 特殊黄铜是在普通青铜的基础上再加入其他元素的黄铜。 24. √ 25. × 黄铜是铜锌合金,青铜是除了黄铜和白铜外,所有的铜基合金。 26. √ 27. √ 28. × 29. × 工业纯钛的牌号有 TA1、TA2、TA3 三种,顺序号越大,杂质含量越高。 30. √

31. × 硬质合金中,碳化物含量越高,钴含量越低,则其硬度和韧性越低。 32. × YG 类硬质合金适宜加工脆性材料,YT 类硬质合金适宜加工塑性材料。 33. √ 34. × 塑料密度小,质量轻。 35. × 热固性塑料包括环氧塑料。 36. × 碳纤维、石墨纤维复合材料比强度高,线胀系数小。 37. √ 38. √ 39. √ 40. × 碳素结构钢和低合金高强度结构钢主要用于制作钢结构件。

41. × 备料的估算与生产条件、生产设备等相关。 42. × 碳素钢主要用于制造机械零件和各种工程结构的碳钢,含碳量大多在0.7%以下。 43. √ 44. × 在钢结构中,要保证某一构件能处于稳定的平衡状态,则该构件必须符合强度和刚度条件。 45. × 压力试验时,容器顶部的压力称为工作压力。 46. × 名义厚度减去腐蚀裕量和钢板负偏差称为有效厚度。 47. × 压力容器上所指的压力均是指表压力。 48. √ 49. × 焊缝系数是焊缝强度与母材强度之比,比值不大于1。 50. √

51. √ 52. × 在双角自由压弯模中,凸模、凹模的单边间隙应大于板料厚度,间隙过大,弯曲回弹量大;间隙过小,压弯力就增大,并使材料变薄。 53. × 圆环的表面积计算公式为 $\pi/4(d_2^2-d_1^2)$。式中:d_1 为内圆直径,d_2 为外圆直径。 54. √ 55. × 56. × 57. √ 58. √ 59. × 根据立体弯管在图样上的投影征形状可归纳成三种类型。 60. × 用放射线法展开锥面时,等分的圆弧段数越多,所得的扇形展开图的误差就越小。

61. √ 62. √ 63. √ 64. √ 65. × 在压力机机身的结构形式中,龙门形结构的刚性最好。 66. × 对称式三轴卷板机在操作过程中,一般是调节上辊轴的垂直高度来达到工件的弯曲尺寸。 67. × 卷板是用卷板机对板料进行连续三点弯曲的塑性变形过程。 68. × 不对称式三辊卷板机的剩余直边量小于2倍的板厚。 69. × 四辊卷板机的主要特点是对中方便,可以矫正扭斜、错边等缺陷。 70. √

71. × 在楔条夹具中,为保证楔能自锁,楔角不能太大,但不应大于摩擦角。 72. × 公司承建大型建设项目的总体施工规划由公司总工程师领导组织,由公司技术部门及相关人员进行编制。 73. √ 74. × 编制施工组织设计应符合建设项目的计划要求,符合施工合同条款。 75. √ 76. √ 77. × 施工总平面应结合现场地形、永久性设施、道路等进行综合安排,紧凑合理、节约用地,符合安全及环境保护规定,不影响永久性工程施工。 78. × 当菜单项呈浅灰色时,表示该菜单项当前不可用。 79. × AutoCAD 2002 允许用户创建各种形式的基本曲面模型和基本实体模型。 80. √

81. √ 82. × 高强度、大六角头螺栓连接副终拧完成1h后,48h内应进行终拧扭矩检查。 83. × 箱型梁焊接前,主梁上拱度较低时,应先焊下盖板左右的两条焊缝。 84. × 多层钢结构安装柱时,每节柱的定位轴线应从地面控制轴线直接引上,不得从下层柱的轴线引上。 85. √ 86. × 通常,将储存介质低于 $-20℃$ 的球罐称为低温球罐。 87. × 铝制料仓安装焊接时,母材切条可以作为焊接填充材料。 88. √ 89. × 根据受力分析,圆柱形容器的纵向焊缝所受应力要比环向焊缝所受应力大1倍。 90. √

91. √ 92. × 中压压力容器施工中筒节上管孔中心线距纵向环向(横向)焊缝边缘的距离不小于管孔直径的0.8倍。 93. × 一高度为50m的塔采取地面组对成整体,应在早晨、傍晚或有遮阳措施下进行直线度检查合格后方可开始焊接。 94. √ 95. × 反应器可拆卸内件,安装应在压力试验合格后进行。 96. √ 97. √ 98. × 加热炉翅片管的翅片与炉管焊接时,一般采用电阻焊或高频焊进行焊接。 99. √ 100. × 额定容量为220t/h的锅炉属于超大型锅炉。

101. × 推丝式送丝机构适用于短距离输送焊丝。 102. √ 103. × 对于碱性焊条焊接时采用直流反接,能够减少气孔。 104. × 消氢处理的目的是减少焊缝和热影响区的氢含量,主要是防止产生冷裂纹。 105. × 为了减少应力,因该先焊结构中收缩量最大的焊缝。 106.√ 107.√ 108.√ 109.× 焊接变形是由于焊件的不均匀加热和冷却引起的。 110.× 为了有效地减少法兰盘的角变形,使法兰盘保持平直,采用刚性固定法比较有效。

111.√ 112.√ 113.√ 114.× 采用刚性固定法后,可减小焊件残余变形。 115.√ 116.√ 117.√ 118.× 火焰矫正变形时,应采用中性焰。 119.× 用三角形加热法矫正T形焊接梁的弯曲变形,则三角形加热区顶点朝向与起拱的方向相反。 120.× 对焊接质量的检验,是指对焊接结构生产过程中,每道工序进行的质量检验。

121.× 样板检验外观是常用的非破坏性检验。 122.√ 123.× 解尺寸链是保证构件的制造、装配精度,合理降低生产成本的重要依据。 124.√ 125.× 渗透检测常用的着色剂有苏丹红Ⅳ号、128烛红和刚果红等。 126.√ 127.× 有一拼焊法兰厚120mm,欲对其对接焊缝进行探伤检查,应选用γ射线探伤。 128.√ 129.× γ射线能照透厚度最大为300mm的钢板。 130.× 未焊透在底片上呈现一条连续或断续的黑直线状。

131.√ 132.× 在焊缝射线底片上呈圆形或椭圆形边缘清晰的黑点可能是气孔。 133.× 夹渣在射线底片上的特征是两端不尖锐、宽度均匀的黑色条纹。 134.× 产生咬边的原因是焊接电流过大、电弧过长以及运条角度不当。 135.× 改善20号钢的切削加工性能,可以采用正火。 136.√ 137.× 一般工件淬火冷却时,合金钢通常用油冷,而碳素钢则用水冷。 138.√ 139.√ 140.√

141.× 大型设备吊装时某吊装用钢丝绳的计算安全系数为6,则该钢丝绳可用于跑绳、吊绳无弯距和缆风绳。 142.× 吊耳结构应满足自身强度需要,也要满足设备局部强度要求。 143.√ 144.√ 145.× 在选择大型桅杆和移动式起重机联合作业吊装方案时,应以桅杆式起重机为主。 146.√ 147.√ 148.× GJ-12型熔割器,由主钳和副钳组成,主钳起引弧、熔割、吹渣的作用,而副钳仅起与主钳回路引弧的作用。 149.√ 150.√

151.√ 152.× 橡皮成形利用了橡皮富有弹性的特点。 153.× 橡皮成形的压力损失较大,零件圆角部分成形比较困难。 154.√ 155.× 旋压收口后的口部直径会出现0.1%~0.3%的回弹。 156.√ 157.√ 158.× 等离子弧工作电压和电源空载电压都很高,操作时必须注意安全用电。 159.√ 160.× 连接焊炬或割炬的橡皮管一般在10~15m为宜。

161.× E4303是典型的酸性焊条。 162.× 尽管电焊机的输出电压都比较低,但输出端应接地,外壳也应接地。 163.× 焊条药皮中的稳弧剂使焊条容易引弧,并在焊接过程中保持电弧稳定燃烧。 164.√ 165.× 碱性焊条施焊时必须短弧操作,否则易引起气孔。 166.√ 167.√ 168.√ 169.√ 170.× 多层钢板气割时,应比切割同等厚度钢板所选用的割嘴号大一些。

171.√ 172.× 二力平衡的条件是力的大小相等,方向相反,作用在一条直线上。 173.√ 174.× 计算弯管弧长时,弧长与r成正比。 175.× 弯曲变形时,相对弯曲半径越大,则回弹越大。 176.× 管子弯曲后,回弹性、回跳角受弯曲半径的影响很大,弹性回跳随着相对弯曲半径的增加而增大。 177.√ 178.√ 179.√ 180.√

181.× 携带型接地线在安装时先装接地端,再装三相端,拆时先拆三相端再拆接地端。

182. √　183. ×　闸刀开关(开启式负荷开关)可用于功率小于5.5kW的电动机控制电路。
184. ×　导体的电阻不随导体两端电压的变化而变化。　185. √　186. √　187. ×　测量电压时电压表必须和负载并联。　188. ×　行程开关是将机械信号转变为电信号的一种装置。
189. ×　平面划线只需选择两个划线基准,立体划线则要选择三个划线基准。　190. √
　　191. √　192. √　193. ×　立体划线的基准一般取三个。　194. ×　立体划线时,选择三个支撑点的距离尽可能远些,以保证工件的重心,位于三点构成的三角形三边部位。
195. ×　划线时一般使设计基准与划线基准一致。　196. √　197. ×　根据箱体的设计基准及加工过程的定位基准,第一次划线要进行三个位置的划线,而非六个面都划十字校正线。
198. ×　划线质量与平台的平整性有关,也与平台安装是否水平有关。　199. ×　找正是使工件处于合适位置,而借料则是相互借用,保证各加工表面都有足够的加工余量,两者必须相互兼顾。　200. ×　錾子经锻造、初磨后,刀口需经热处理才能获得所需要的硬度和韧性,錾子的热处理包括淬火和回火两个过程。
　　201. √　202. √　203. √　204. √　205. √　206. √　207. √　208. √　209. √
210. ×　制定的HSE方针应满足法律、法规及相关的HSE管理规定。
　　211. ×　施工时不可以用一个电气开关控制两台电动设备。　212. √　213. ×　多台电焊机的接地保护应该用并联的方式连接。　214. ×　《中华人民共和国劳动合同法》规定,从事技术工种的劳动者,上岗前必须经过培训。　215. ×　由于培训是一种特殊的教育,所以从设计到完成需要有一个基本程序。　216. √　217. √　218. ×　在鉴定理论知识要求中,专业知识所占比例要大于基础知识所占比例。　219. √　220. √
　　221. √　222. √　223. ×　编制说明内容包括编制产品制造工艺执行的设计图纸、主要技术标准、规范、有关技术文件以及对该产品制造工艺编制的必要说明。　224. √　225. √
226. √　227. ×　经过审核和批准后的产品制造和管理的依据,未经许可不得更改。　228. √
229. ×　凡是定额说明中没有规定可以调整的内容,都不允许调整。　230. √
　　231. ×　带法兰的管件已经套用法兰安装定额,可不再套用管件连接定额,但带法兰的管件主材应另行计算。　232. ×　一般机具摊销费8.74元/t是不变价格,各地区均按此价格计算。

三、简答题
1. (1)主要由于材料内部有组织缺陷(如气孔、疏松、夹杂物等);(2)表面划痕;(3)其他能引起应力集中的缺陷而导致产生微裂纹;(4)这种微裂纹随着应力循环次数的增加而逐渐扩展,最后使零件突然产生破坏。
　　评分标准:点(1)、(2)、(3)各20%,点(4)40%。
2. (1)液态金属的结晶过程包括晶核的形成和长大两个基本过程。(2)金属结晶时,首先从液态金属中形成一些极细小的晶体称为晶核,它不断吸附周围液体中的原子而长大。(3)与此同时,在液体中又不断产生新的晶核并且长大,直到全部液态金属凝固为止,最后金属便由许多外形不规则的小晶体组成。
　　评分标准:点(1)、(2)各30%,点(3)40%。
3. 利:(1)强化金属提高强度、硬度和耐磨性;(2)有利于金属进行均匀的变形;(3)提高构件在使用过程中的安全性;弊:(4)使金属塑性降低,给进一步塑性变形带来困难;(5)金属耐腐蚀性降低。

评分标准:每点20%。

4. (1)使金属中的夹杂物沿金属的变形方向被拉长,形成纤维组织;(2)细化晶粒,提高力学性能;(3)使铸态组织中的缩孔、疏松等孔洞压合,提高金属的致密度。

评分标准:点(1)、(2)各35%,点(3)30%。

5. (1)钢中常存有杂质锰、硅、硫、磷;(2)锰:提高钢的强度和硬度;硅:提高钢的强度和硬度,降低塑性和韧性;硫:使钢材出现热脆现象;磷:提高钢的强度和硬度,显著降低塑性和韧性,出现冷脆现象,使焊接性能变差。

评分标准:每点50%。

6. (1)生产中应用的管材、型材或板材都有一定的厚度,在不同情况下,板厚对构件尺寸和形状产生不同的影响;(2)为了消除板厚对构件尺寸和形状的影响,要采取相应措施;(3)根据构件的形状、角度、接口等不同具体情况作不同处理,确定按里皮,外皮或板厚中心去放样展开,这些措施的实施过程就叫做板厚处理。

评分标准:点(1)、(2)各35%,点(3)30%。

7. (1)凡断面为曲线形的构件,下料时展开长度以中心层的展开长度为准;凡断面为折线形时,以板的里皮长度为准。(2)侧面倾斜的构件高度,在画放样图和展开图时,以板厚中心层的高度为准。(3)相交零件的放样高度和展开高度,则以构件接触处的高度为准。

评分标准:点(1)30%,点(2)、(3)各35%。

8. (1)如果物体表面不能推平到一个平面上,就称为不可展曲面。(2)在物体表面有规律地划分成一系列小单元;(3)当这些小单元满足一定条件时,可以将其近似地看作是平面或单向弯曲的曲面,进而将其展开。

评分标准:点(1)、(2)各35%,点(3)30%。

9. (1)两个或两个以上基本几何体相交称为相贯,相交的交线称为相贯线。相贯线有两个基本特性:(2)相贯线是两物体表面的共有线也是分界线;(3)相贯线是空间封闭的。

评分标准:点(1)30%,点(2)、(3)各35%。

10. (1)当截切平面垂直于正圆锥轴时,截面是圆形;(2)当截切平面平行于正圆锥轴时,截面是抛物线轮廓平面;(3)当截切平面过正圆锥锥顶时,截面是等腰三角形;(4)当截面处于一般位置时,截面是椭圆或椭圆的一部分。

评分标准:每点25%。

11. (1)属于对零件施加夹紧力的夹具,要保证强度,在坚固耐用的前提下,可分开档次,以便适用于不同的使用要求;(2)通用夹具的通用性要好;(3)通用夹具多为手工操作,因此要力争轻便、灵巧、适用;(4)设计专用夹具时,要明确其主要用途;(5)夹具的结构要简单合理,操作要方便、可靠,并便于维修。

评分标准:每点25%。

12. (1)因为一套模具经过设计、制造、装配等几个过程,其中任何一项工作的疏忽,都可能造成模具不符合使用要求;(2)通过模具的试验,发现缺陷,分析产生的原因,设法解决,使模具不仅能加工出合格的制件,而且能安全稳定地投入生产使用。

评分标准:点(1)30%,点(2)、(3)各35%。

13. (1)毛坯应有可靠的定位,以防弯曲过程中毛坯可能发生偏移;(2)模具结构应使毛坯尽可能产生纯弯曲变形,以免产生严重的局部变薄;(3)作用在毛坯上的外力要尽量对称,避免毛坯产生横向错移;(4)弯曲区能得到校正,尽可能减少回弹;(5)有补偿和调整回弹量的可能。

评分标准:每点20%。

14. (1)当钢结构的外形有平面和非平面时,应以平面作为装配基准面;(2)在工件上有若干个平面的情况下,应选择尺寸较大的平面作为装配基准面;(3)根据钢结构的用途,选择重要的工作面作为装配基准面;(4)选择的装配基准面,应使装配过程能够容易对零件施行定位和夹紧。

评分标准:每点25%。

15. (1)有色金属制造,必须有一个专用制造车间和场地,不能与黑色金属制品或其他产品混杂生产;(2)工作场地应保清洁、干燥、严格控制灰尘;(3)加工成形和焊接,应有满足需要的专用工装和设备;(4)材料运输和保管,以及制造过程中均应妥善保护其表面不受机械损伤或焊接飞溅物沾污。

评分标准:每点25%。

16. (1)某些构件的焊缝可以被零件覆盖,如一次装成,内部焊缝就无法施焊,这样的构件应多次装成;(2)有些构件尺寸和余量超过了制造车间或现场加工和起吊设备能力范围或由于场地的原因使其无法一次装成,则选择多次装成;(3)对钢性大、结构复杂、受力较大的部件,为防止焊接裂纹和便于检查,可分别先组装并焊接成若干分部件,将诸部件热处理后再装焊在一起;(4)一般构件应尽量一次装成,其优点是可以减少焊接变形,容易校正,减少现场施工周转,缩短生产周期,提高生产效率。

评分标准:每点25%。

17. (1)先焊接纵向焊缝,后焊接环向焊缝;(2)先焊赤道带,后焊温带、极带;(3)先焊大坡口面焊缝,后焊小坡口面焊缝;(4)焊工均匀分布,并同步焊接。

评分标准:每点25%。

18. (1)外脚手架搭设→(2)支柱安装→(3)赤道带组装→(4)上温带板组装→(5)下极带组装→(6)上极带组装→(7)组装质量检查→(8)内脚手架搭设→(9)防护棚搭设→(10)各带焊接→(11)热处理→(12)附件安装。

评分标准:少一点扣10%。

19. (1)支柱安装→(2)内脚手架搭设→(3)赤道带组装→(4)外脚手架搭设及中心柱安装→(5)下温带板组装→(6)上温带板组装→(7)下极带组装→(8)上极带组装→(9)组装质量检查→(10)防护棚搭设→(11)各带焊接→(12)热处理→(13)附件安装。

评分标准:少一点扣10%。

20. 热处理工艺主要包括:(1)控制系统;(2)燃烧装置;(3)测温装置;(4)柱腿移动装置;(5)排烟系统。

评分标准:每点20%。

21. (1)利用均布在罐内侧带有提升机构的边柱提(顶)升与壁板下部临时胀紧固定的胀圈;(2)使上节壁板随胀圈一起上升到预定高度,组焊第二圈壁板;(3)然后将胀圈松开,降至第二圈壁板下部胀紧,固定后,再次起升;(4)如此往复,直至组焊完。

评分标准:每点25%。

22. (1)利用浮盘作为内操作平台;(2)每组装完一圈壁板后,向罐内充水;(3)使浮盘上升,再组装第二圈壁板;(4)直至全部组完。

评分标准:每点25%。

23. (1)罐底的严密性;(2)罐壁强度及严密性;(3)固定顶的强度、稳定性及严密性;(4)基础的沉降。

评分标准:每点25%。

24. (1)利用罐体本身的结构特点,将罐体所有的缝隙用胶皮密封;(2)再用离心式鼓风机把空气不断送入罐内,罐内空气压力超过所需浮升罐体重量在横断面单位平均压力时,罐体上升;(3)当罐体上升到所需高度时,控制进风量,使之向罐内鼓入的空气量与泄漏量相等;(4)这时,罐体即可保证一定高度,以达到组对的目的。

评分标准:每点25%。

25. (1)鼓风机向柜内充气,压力达到一定值时,最上一节上升,此时压力不变;(2)当挂上一节,压力增加到一定值时,该节又上升,以此类推,直至各塔节升到设计高度;(3)塔节下降时,只需打开各排气孔,依靠气柜塔节自重下降即可。

评分标准:点(1)、(2)各35%,点(3)30%。

26. (1)拱顶储罐充气升时,罐壁两带板间靠得很紧;(2)由于圆周各点间隙不一致,当内层壁板向上运动时,产生了不同的摩擦力;(3)从而使罐体受到不同的阻力,阻力大的地方上升速度慢,阻力小的地方上升速度快,造成罐顶在顶升时的倾斜;(4)为了避免罐体倾斜,实现均匀地同步上升,储罐顶升必须设置平衡装置。

评分标准:每点25%。

27. (1)检查各部尺寸及焊缝,清理容器内杂物并进行必要的封闭,合格后充满试验介质(一般以水为介质);(2)容器壁与液体温度相同时,缓慢升压至规定试验压力;(3)根据容器大小,试验压力保持10~30min;(4)将压力降到设计压力,至少保持30min,同时进行检查;(5)合格后放水,将容器内残留液体排净,并用压缩空气或惰性气体将容器内表面吹干。

评分标准:每点20%。

28. (1)压力容器气压试验时,试验的介质应为干燥洁净的空气、氮气或其他惰性气体,气体温度不低于15℃;(2)做容器定期检验时,若容器内残留有易燃易爆气体会导致爆炸,则不能使用空气作试验介质。

评分标准:每点50%。

29. (1)一般包括透油试验;(2)水压试验;(3)气压试验;(4)沉水试验和氨检查等。

评分标准:每点25%。

30. (1)对夹套容器应先进行内筒耐压试验,合格后组焊夹套,并对夹套做耐压试验;(2)其他步骤与单层容器的试验要求相同。

评分标准:点(1)80%,点(2)20%。

31. (1)容器强度试验合格→(2)脱脂准备(场地准备、脱脂剂配制及检验、工具及量具仪表等准备)→(3)脱脂操作→(4)检查验收→(5)容器封闭及标记。

评分标准:每点20%。

32. (1)灌浸法。容积不大的设备,采用灌注溶剂浸泡方法脱脂,此时应旋转或反复倾斜设备,使需脱脂表面均匀地与溶剂接触,浸泡时间视污染程度而定,一般为1h。(2)擦拭法。较大的金属容器,当油污轻微时,可用清洁织物(纤维不易脱落的布、丝绸、玻璃纤维织物等)浸蘸脱脂剂擦洗。(3)喷淋法。大容器的内表面脱脂,可采用喷头喷淋脱脂剂的方法。喷头应上下升降,使溶剂均匀地喷淋到容器的全部需脱脂表面。(4)循环法。管式换热器的脱脂,可采用循环溶剂的方法,但必须使溶剂能循环到需脱脂的全部表面。循环时间不得少于30min。(5)槽浸法。允许拆卸的零部件,可直接浸入溶剂槽内浸泡,浸泡时间视污染程度而定,一般为1~10h。

评分标准:每点20%。

33. (1)间隙小,精度高、质量好;(2)设备及模具简单;(3)操作简便、成本低,产品制造周期短。

评分标准:点(1)、(3)各40%,点(2)20%。

34. (1)层板包扎式高压反应器是将薄板分别卷制,然后逐层包扎和焊接在内筒之外,形成厚壁筒节。(2)在每次包扎层板时,都利用油压作用拉紧钢丝绳,将所包层板拉紧,然后进行其纵焊缝的点焊。(3)点焊合格后将钢丝绳松开,取下筒节进行纵缝焊接。(4)由于钢丝绳的拉紧力和焊缝的收缩力,使每层层板都紧密贴合在所包层的表面,并形成一定的预应力。

评分标准:每点25%。

35. (1)操作温度高于400℃时,复层部分用碳弧气刨剥开,加一个与复合板材相配的托架焊于基层钢板壳体上,再将剥开的复层堆焊,并将堆焊处表面磨平,进行100% PT检查。(2)操作温度低于或等于400℃时,复层部分先剥开,剥开部分用堆焊法修复,再用实心不锈钢架焊在堆焊层上。(3)对设备复合板卷制的人孔或接管,要选取相应牌号的电焊条进行堆焊,使接管端面及焊缝应有4mm±1mm高堆焊层,以防止腐蚀介质的侵蚀。

评分标准:点(1)30%,点(2)、(3)各35%。

36. (1)换热器零部件在组装前,应认真检查和清扫,不应留有焊疤、焊接飞溅物、浮锈及其他杂物等;(2)吊装管束时,应防止管束变形和损伤换热管;(3)螺栓的紧固至少分三遍进行,每遍的起点应相互错开。

评分标准:点(1)30%,点(2)、(3)各35%。

37. (1)滑动支座上的开孔位置、形状及尺寸,应符合设计图纸的要求;(2)地脚螺栓与相应的长圆孔两端的间距,应符合设计图纸或技术文件的要求,不符合要求时,允许扩孔修理;(3)换热设备安装合格后,应及时紧固地脚螺栓;(4)换热器工艺配管完成后,应松动滑动端支座螺母,使其与支座面间留有1~3mm的间隙,然后再安装一个锁紧螺母。

评分标准:每点25%。

38. (1)拉杆上的螺母应拧紧,以免在装入和抽出管束时,因折流板窜动而损伤换热管;(2)穿管时不应强行敲打,换热管表面不应出现凹瘪或划伤;(3)除换热管与管板间以焊接连接外,其他任何零件均不准与换热管相焊。

评分标准:点(1)、(3)各35%,点(2)30%。

39. (1)一般主要包括辐射室、对流室、余热回收系统、燃烧器、通风系统和主要结构。(2)其结构主要包括钢结构、炉墙、炉管和其他配件等。

评分标准:每点50%。

40. 优点:(1)扩大施工面,建筑工程和安装工程可以交叉进行;(2)减少高空作业,提高施工的安全性,有利于文明施工;(3)有助于提高工程质量和工效;(4)及时发现设备问题,及时处理解决;(5)提高机械使用率,加快施工工期。

缺点:(6)需要一定量的组合场地;(7)需要配备大型起重机械;(8)设备供货要求早,且零部件要齐。

评分标准:少一点扣15%。

41. (1)清洗、清理管束;(2)对管束进行气密性试验和试漏;(3)如管子和管板连接处有缺陷应进行补焊、补胀和堵管;如果泄漏的管子较多,应更换管束;(4)换热管如有振动断裂、电化学腐蚀,应及时更换;(5)管板、管端耐热防护层检查和修复;(6)对于炉管应进行无损探伤,并对管内壁的污垢进行吹扫和除尘。

评分标准:少一点扣15%。

42. (1)清理和清扫管程和壳程的污垢和积灰;(2)按锅炉监察规程进行外观检查和检测;(3)用水进行查漏和处理;(4)受压元件的宏观检查和无损探伤;(5)耐热层和隔热材料的检查;(6)管程和壳程的气密性试验和试压;(7)附件的检修、检查;(8)密封部位的检验和修理。

评分标准:少一点扣15%。

43. (1)准确性:各工件之间施工精度保持在允许的误差范围内,从而保证准确的装配;(2)管箱内部畅通洁净,为了保证管箱内的畅通洁净,应采取一系列的措施,如吹扫、铲刷、通球、化学清洗、蒸汽冲管等;(3)热胀处理:现场应备有热胀系统图,作为施工的依据,以便为施工人员了解、掌握和正确处理各部件的热胀问题;(4)严密性:对所有焊缝、拼缝接口、密封、防漏装置等检查其严密性;(5)结构牢固:安装时必须重视结构牢固,安全操作。

评分标准:每点20%。

44. (1)汽包在水压试验时,必须注意试压需用蒸馏水,并且水温需在50℃以上;(2)由于汽包上还装有管接头或其他附属装置,所以各部分强度不完全一致;(3)因此在高压试验时,可能导致汽包最弱点产生塑性变形;(4)若变形时汽包的温度低于裂纹扩展终止温度时,就有可能产生脆性破坏的危险;(5)因此水温必须控制在汽包材料的脆性转变温度以上。

评分标准:每点20%。

45. (1)相关标准和规程;(2)应力状态的高低和种类;(3)材料的种类;(4)同时必须考虑施焊部位新的热输入产生。

评分标准:每点25%。

46. (1)法规、技术规范或供货协议;(2)最佳经济性;(3)最小的焊接变形及内应力;(4)构件的焊接可焊性。

评分标准:每点25%。

47. (1)它是由若干小直径管子与汇管相连接的组合体;(2)是油气田集输工程中常用的金属构件;(3)它承受压力,但又不属于压力容器。

评分标准:点(1)30%,点(2)、(3)各35%。

48. (1)应从风险发生的可能性以及风险失控;(2)从发生事故后其后果的严重程度来考虑。

评分标准:每点50%。

49. 应包括:(1)记录名称;(2)记录的编码和顺序号;(3)记录的事项内容;(4)记录人员和记录时间;(5)记录的保存期和保存部门。

评分标准:每点20%。

四、计算题

1. 解:冲裁件裁口长度为:
$$L = \pi D = \pi \times 200 = 628.3 \text{(mm)}$$
冲裁力为:$F = KTL\tau$
$$= 1.3 \times 6 \times 628.3 \times 100$$
$$= 490.1 \text{(kN)}$$
答:冲裁为 490.1kN。
评分标准:公式 40%,过程 40%,结果 20%。

2. 解:冲裁件裁口长度为:
$$L = 2 \times 500 + 2 \times 300 + 4 \times 200$$
$$= 2400 \text{(mm)}$$
冲裁力为:
$$F = KTL\tau$$
$$= 1.3 \times 1.5 \times 2400 \times 420$$
$$= 1965.6 \text{(kN)}$$
答:冲裁为 1965.6kN。
评分标准:公式 40%,过程 40%,结果 20%。

3. 解:根据所给条件,代入公式:
$$d = \sqrt{\frac{4F}{n\pi[\tau]}} = \sqrt{\frac{4 \times 200 \times 10^3}{5\pi \times 145}} \approx 19.7 \text{(mm)} \approx 20 \text{(mm)}$$
答:应选用的铆钉最小直径为 20mm。
评分标准:公式 40%,过程 40%,结果 20%。

4. 解:椭球体积:$V_1 = \dfrac{3}{4}\pi a^2 b = \dfrac{3}{4}\pi \times (500)^2 \times 250 \times 10^{-9}$
$$= 0.26 \text{(m}^3\text{)}$$
筒体体积:$V_2 = SL = \pi R^2 \cdot L$
$$= \pi \times (500)^2 \times (19900 + 2 \times 50) \times 10^{-9}$$
$$= 15.7 \text{(m}^3\text{)}$$
盛水质量:$m_1 = V \cdot \rho = (2V_1 + V_2) \cdot \rho$
$$= (2 \times 0.26 + 15.7) \times 1 \times 10^3$$
$$= 16220 \text{(kg)}$$
封头展开直径:$D = 1.21DN + 2h$
$$= 1.21 \times 1000 + 2 \times 50$$
$$= 1310 \text{(mm)}$$
单个封头质量:$m_2 = V \cdot \rho = St\rho = \pi R^2 t\rho$
$$= \pi \left(\frac{1310}{2}\right)^2 \times 20 \times 10^{-9} \times 7.85 \times 10^3$$
$$= 211.6 \text{(kg)}$$
筒体展开长度:$L_{筒} = \pi D$
$$= \pi \times (1000 + 20)$$
$$= 3204.4 \text{(mm)}$$

筒体质量：$m = V \cdot \rho = St\rho$
$\qquad\qquad = L_{筒} Ht\rho$
$\qquad\qquad = 3204.4 \times 19900 \times 20 \times 7.85 \times 10^{-6}$
$\qquad\qquad = 10011.5 (\text{kg})$

水和容器的总质量：$m = m_1 + 2m_2 + m_3$
$\qquad\qquad\qquad\quad = 16220 + 2 \times 211.6 + 10011.5$
$\qquad\qquad\qquad\quad = 26654.7 (\text{kg})$

答：水和容器的总质量为 26654.7kg。

评分标准：公式 40%，过程 40%，结果 20%。

5. 解：$L = \sqrt{(\pi D)^2 + h^2} = \sqrt{(310\pi)^2 + 300^2}$
$\qquad = 1019 (\text{mm})$

$l = \sqrt{(\pi d)^2 + h^2} = \sqrt{(140\pi)^2 + 300^2}$
$\quad = 532.4 (\text{mm})$

$b = \dfrac{1}{2}(D - d) = \dfrac{1}{2} \times (310 - 140) = 85 (\text{mm})$

$r = \dfrac{lb}{L - l} = \dfrac{532.4 \times 85}{1019 - 532.4} = 93 (\text{mm})$

$R_1 = b + r = 85 + 93 = 178 (\text{mm})$

$\alpha = 360° \times \left(1 - \dfrac{L}{2\pi R_1}\right) = 360° \times \left(1 - \dfrac{1019}{2\pi \times 178}\right) = 32°$

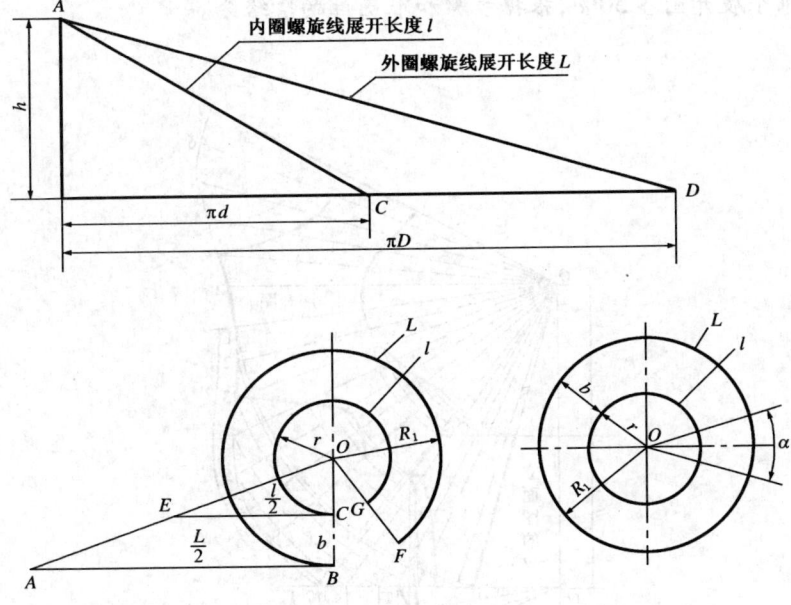

题 5 图

评分标准：公式 20%，过程 20%，结果 10%；图每错 1 个扣 15%。

6. 作图：

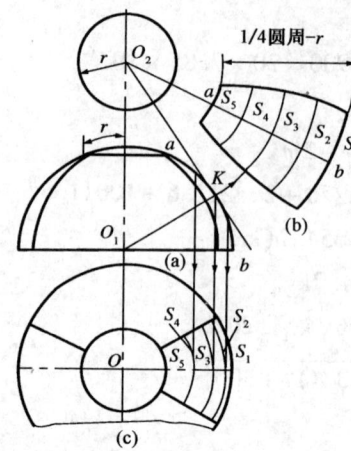

评分标准：(a)、(b)、(c)三个作图过程各1/3，根据步骤和准确性酌情给分。

7. 作图：

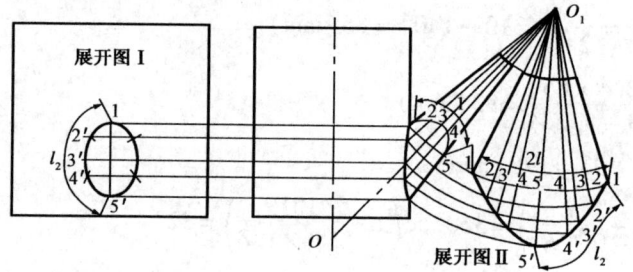

评分标准：每个展开图各50%，根据步骤和准确性酌情给分。

8. 作图：

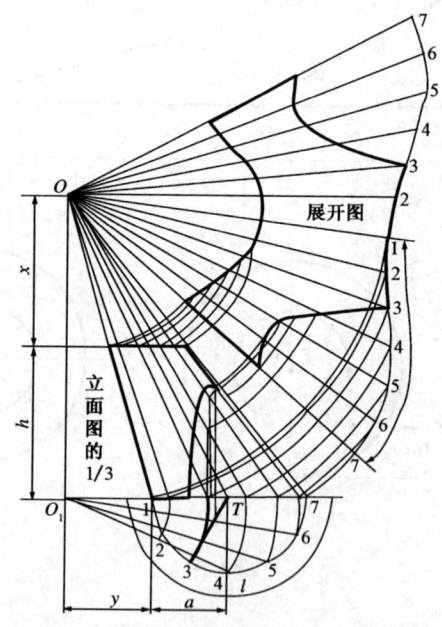

评分标准：展开图和立面图各50%，根据作图步骤和准确性酌情给分。

9. 作图:

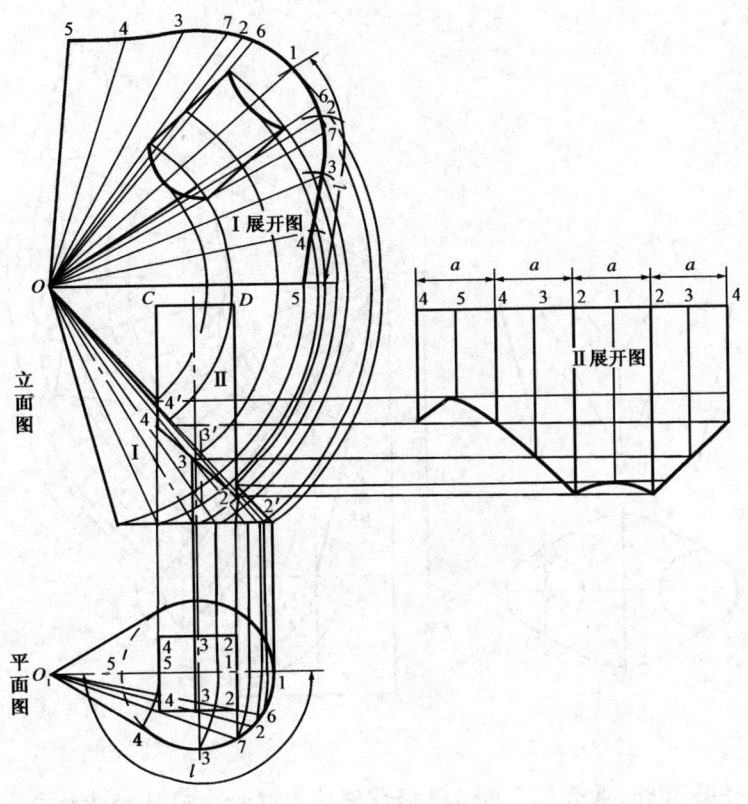

评分标准:每个展开图 50%,步骤和准确性酌情给分。

10. 作图:

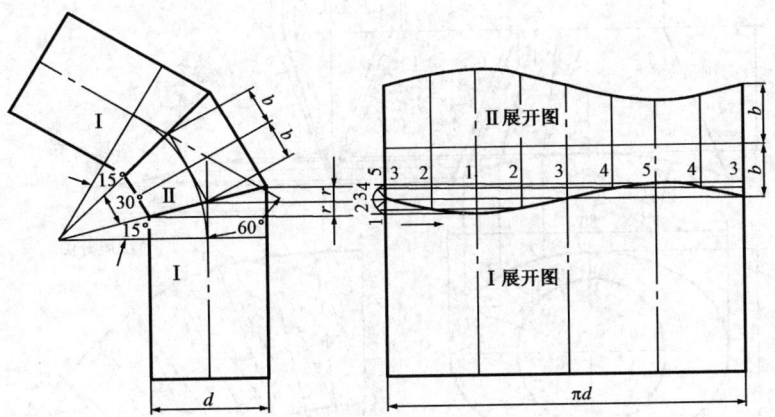

评分标准:展开图各 50%,根据作图的步骤和准确性酌情给分。

11. 作图:

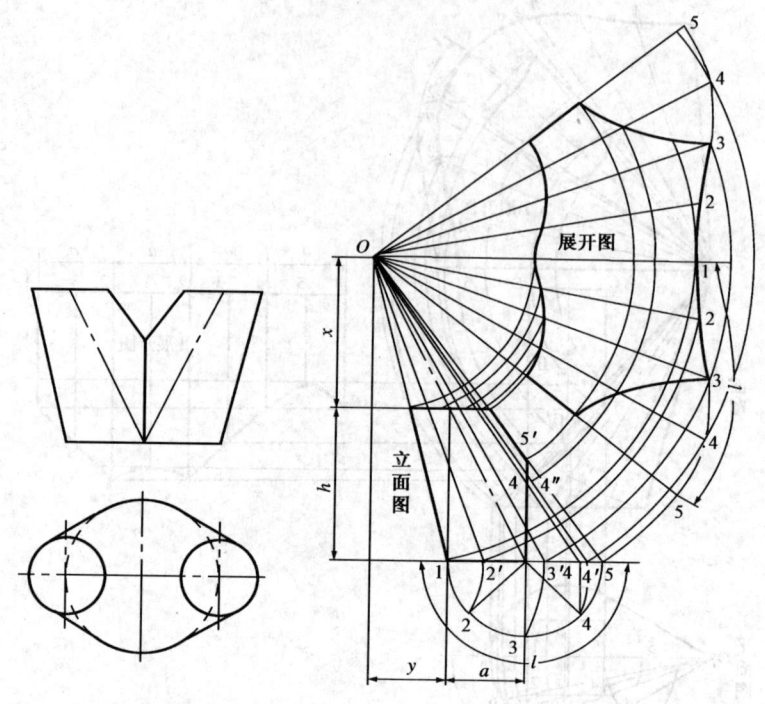

评分标准:放样图30%,展开图70%,根据作图的步骤和准确性酌情给分。

12. 作图:

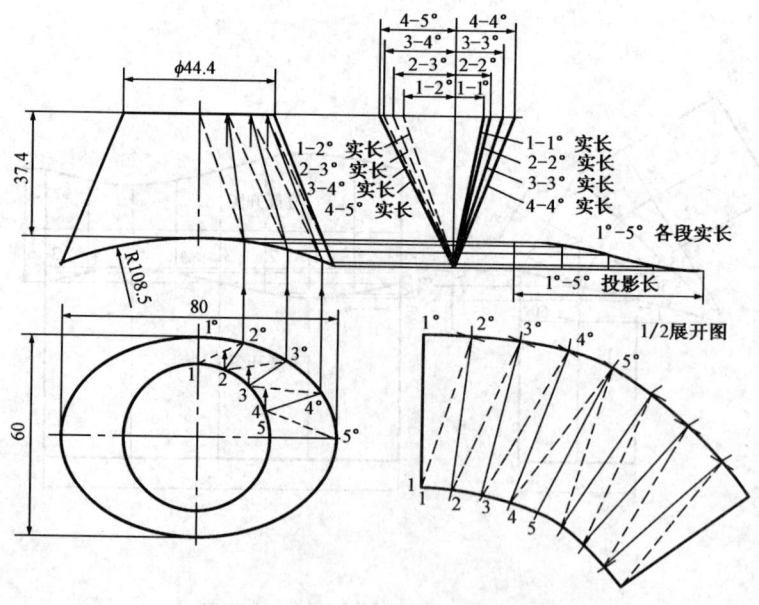

评分标准:求取实长30%,展开图70%,根据作图的步骤和准确性酌情给分。

13. 解:$L = 2l + \pi(2R + d)$
    $= 2 \times 400 + \pi(2 \times 180 + 15)$
    $= 1978.1(\text{mm})$

    答:该圆钢展开料长为1978.1mm。

    评分标准:公式40%,过程40%,结果20%。

14. 解:$L = l + 2h - 4(R + r + t) + \pi(R + \dfrac{t}{2}) + \pi r$

    $= 400 + 2 \times 200 - 4 \times (80 + 20 + 10) + \pi \times (80 + \dfrac{10}{2}) + \pi \times 20$

    $= 690(\text{mm})$

    答:求该Ω形板的展开料长为690mm。

    评分标准:公式40%,过程40%,结果20%。

15. 解:角钢直线段长度为:$l_1 = 300 \times 2 + 900 = 1500(\text{mm})$

    角钢圆弧长度为:$l_2 = \pi(350 - 50 \times 0.3) \times 2 \times \dfrac{90°}{180°} = 1052.4(\text{mm})$

    角钢总长为:$L = l_1 + l_2 = 1500 + 1052.4 = 2552.4(\text{mm})$

    角钢的质量为:$m = 2.5524 \times 3.77 = 9.62(\text{kg})$

    答:展开料长为2552.4mm,质量为9.62kg。

    评分标准:公式40%,过程40%,结果20%。

16. 解:尺寸B的长度为:$B = (650 - 50) \times \tan 30°$
    $= 600 \times \tan 30° = 346.4(\text{mm})$

    答:B的长度为346.4mm。

    评分标准:公式40%,过程40%,结果20%。

17. 解:$\Delta L = \dfrac{[\sigma](1 + 6K)L^2}{1.5ED_\text{w}}$

    $= \dfrac{75 \times (1 + 6 \times 1) \times 170^2}{1.5 \times 2 \times 10^5 \times 10.8} = 4.68(\text{cm})$

    答:补偿能力为4.68cm。

    评分标准:公式40%,过程40%,结果20%。

第八部分 技师和高级技师技能操作试题

考核内容层次结构表

级别	识图	手工成形	机械成形	装配	连接	矫正	制造	展开放样	安装	安全	合计
初级工	60分 30~90 min	40分 120~180 min									100分 150~270 min
中级工	40分 60~120 min	30分 120~180 min	30分 60min 选一项								100分 240~360 min
高级工	40分 60~180 min	30分 60~180min 选一项		30分 60~180min 选一项							100分 180~540 min
技师和高级技师							20分 150min	30分 60min	20分 60min	30分 60min	100分 330min

鉴定要素细目表

行为领域	鉴定范围			鉴定点		
	代码	名称	鉴定比重	代码	名称	重要程度
技能操作 A 100%	A	制造	20%	AA001	压力容器凸形封头的加工制作	Y
				AA002	大型分段、分片折边锥壳的制造	X
				AA003	大型球罐盘梯制作和安装	Y
				AA004	筒体组对缺陷的产生原因和预防措施	X
				AA005	球壳瓣片的净料计算和净料样板的制作	X
	B	展开放样	30%	AB001	带补料的等径三通制作	X
				AB002	三节等径变向、变位圆管弯头	X
				AB003	圆筒上斜交圆锥管	X
				AB004	变形接头	X
				AB005	圆管－圆锥－圆管三节直角换向连接管	X
	C	安装	20%	AC001	编制拱顶罐充气顶升施工方案	X
				AC002	编制催化裂化装置再生器现场组装施工方案	X
				AC003	编制圆筒形管式加热炉安装施工方案	X
				AC004	编制CO蒸汽锅炉安装施工方案	Y
				AC005	编制球形储罐现场组装施工方案	X
	D	安全	30%	AD001	编制出现人员受物体打击的应急措施	X
				AD002	编制出现物体高处坠落人员受伤的应急措施	X
				AD003	编制出现火灾情况的应急措施	Y
				AD004	编制出现人员高处坠落的应急措施	Y
				AD005	编制出现人员触电时的应急措施	X

注：X—核心要素；Y——般要素。

技能操作试题

一、AA001 压力容器凸形封头的加工制作

1. 准备要求

（1）鉴定机构准备：教室1间，能容纳30～50人，通风、光线良好，整洁规范无干扰；A4答题纸2张；A3绘图纸2张。

（2）考生准备：钢笔，铅笔，计算器，圆规，三角板，橡皮。

2. 编制说明

凸形封头是非标准压力容器设备制造中的主要组成部件，其加工成形方法有压制法（即冲压法——整体一次压制成形和瓣片压制成形后再组焊成整体，点压法——多次压制成形）和旋压法（先压制后旋压或先滚制后旋压）两种，加工成形方式有热成形（高温状态下成形）和冷成形（常温状态下成形）两种。

3. 考核要求

（1）写出图示四种封头整体冲压下料圆板坯料直径的计算公式。

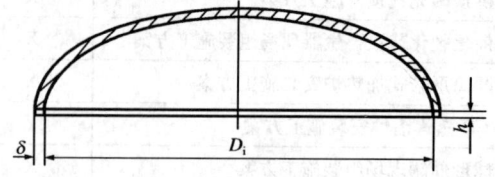
题AA001 图1 标准椭圆形封头

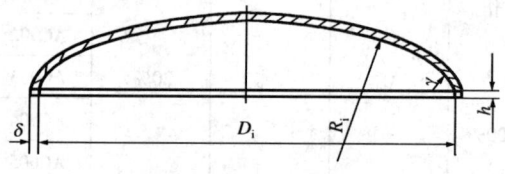
题AA001 图2 碟形封头

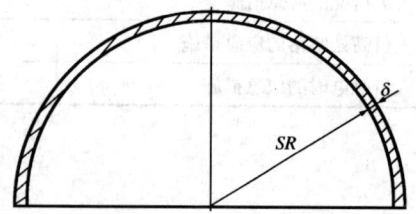
题AA001 图3 半球形封头

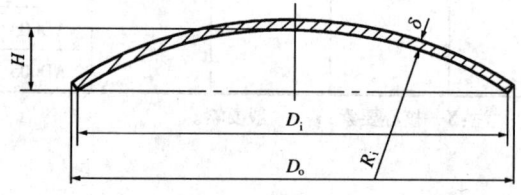
题AA001 图4 球冠形封头

（2）封头的加工方法和成形方式应根据其具体形状、材料尺寸、加工的可行性和择优性原则确定。根据上述原则，分别对四种凸形封头（椭圆形封头、碟形封头、半球形封头、球冠形封头）确定合理的加工方法和成形方式。

（3）提出热压整体椭圆形封头减薄产生的原因及控制措施。

（4）瓣片压制成形封头的组对方法和预防焊接变形的措施。

4. 考核时限

准备时间5min，正式操作时间150min，每超时1min从总分中扣2分，超时10min停止操作。

5. 配分与评分标准

序号	评分标准	配分	扣分	得分	备注
1	写出计算公式:标准椭圆形封头3分;碟形封头5分;半球形封头3分;球冠形封头4分	15			
2	叙述四种凸形封头的加工方法和成形方式,少一种扣5分	20			
3	热压整体椭圆封头减薄产生的原因叙述要全面,满分10分;控制措施从坯料的尺寸、模具设计和加工操作三方面叙述,缺一处扣5分	25			
4	瓣片压制成形封头的组对方法,应涉及组对平台及各种手段用料、组对基准、组对间隙的确定,组对后的周长应有说明,缺一项扣6分;预防焊接变形的措施应涉及焊接工艺参数、焊接次序及方法,缺一项扣5分	40			
	合　计	100			

考评员:_____　　　　记分员:_____　　　　___年___月___日

二、AA002　大型分段、分片折边锥壳的制造

1. 准备要求

(1)鉴定机构准备:教室1间,能容纳30~50人,通风、光线良好,整洁规范无干扰;答题纸(A4)2张;A3绘图纸2张。

(2)考生准备:钢笔,铅笔,计算器,圆规,三角板,橡皮。

2. 编制说明

折边锥壳用于石油化工装置中变径塔器的过渡段,受材料规格、加工能力和运输尺寸等条件的限制,大型折边锥壳的制作,只能分段、分片预制,再组焊成整体。

3. 考核要求

(1)叙述如图1所示锥壳分段位置、尺寸,等分片数所考虑的因素。

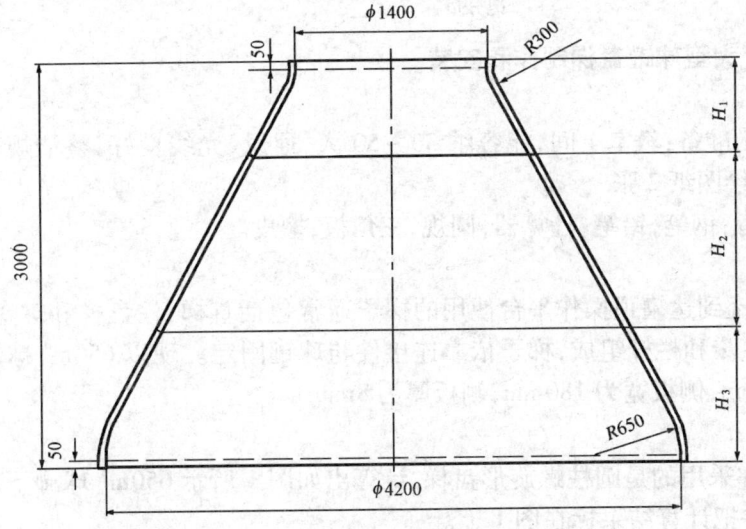

题 AA002 图1

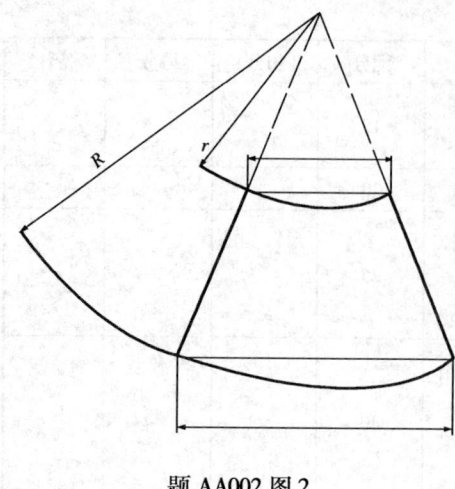

题 AA002 图 2

(2)叙述 H_1 段、H_2 段、H_3 段各段可能采用的成形方法。

(3)对 H_1 段采用分片冲压法成形时,叙述冲压胎具的制作方法及在冲压过程中如何保证冲压质量。

(4)对 H_3 段采用旋压法成形时,当 $H_3 = 1000mm$,分 1/4 等份,计算下料单片净料展开尺寸,写出计算步骤并把计算结果添入图 2 中。

(5)叙述锥壳大小端口的净料方法。

4. 考核时限

准备时间 5min,正式操作时间 150min,每超时 1min 从总分中扣 2 分,超时 10min 停止操作。

5. 配分与评分标准

序号	评分标准	配分	扣分	得分	备注
1	考虑因素应涉及设备加工能力、材料规格、运输能力,缺一项扣 5 分	15			
2	H_1 段应确定是整体还是分片冲压,再确定成形方法 10 分;H_2 段的成形方法 4 分;H_3 段的成形方法 6 分	20			
3	冲压胎具的制作方法,分上胎、下胎、压环分别叙述,少一项扣 5 分;冲压过程中保证冲压质量,应涉及加热过程、冲压过程,叙述不详一处扣 5 分	25			
4	下料单片净料展开尺寸不正确一处扣 5 分;计算步骤不详,每处扣 2.5 分	20			
5	叙述锥壳大小端口的净料方法,叙述不详一处扣 5 分	20			
	合　　计	100			

考评员:_____　　　　记分员:_____　　　　_____年_____月_____日

三、AA003　大型球罐盘梯制作和安装

1. 准备要求

(1)鉴定机构准备:教室 1 间,能容纳 30~50 人,通风、光线良好,整洁规范无干扰;答题纸(A4)2 张;A3 绘图纸 2 张

(2)考生准备:钢笔,铅笔,计算器,圆规,三角板,橡皮。

2. 编制说明

大型球形储罐到达罐顶操作平台使用的梯子通常包括直梯、柱盘梯和球盘梯三部分。梯子由内外侧板、踏步和栏杆组成,梯子依靠连接件与球罐固定。现以 650m^3 球罐盘梯为例,已知踏步宽为 800mm,侧板宽为 180mm,侧板厚为 8mm。

3. 考核要求

(1)下部盘梯采用的是圆柱螺旋形盘梯,计算出如图 1 所示 650m^3 球罐下部盘梯内、外侧板的展开尺寸;并把计算结果标在图 1 上。

(2)上部盘梯设计采用的是近似球面螺旋形盘梯。作出图 2 所示 650m^3 球罐上部盘梯内侧板展开图,等份自定,要求步骤清晰,保留辅助线,在绘图纸上作出。

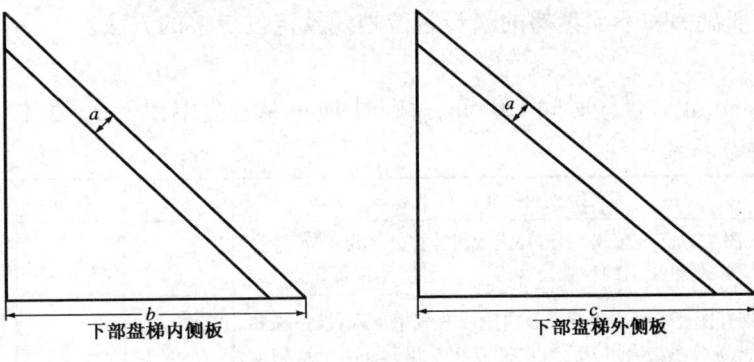

题 AA003 图 1

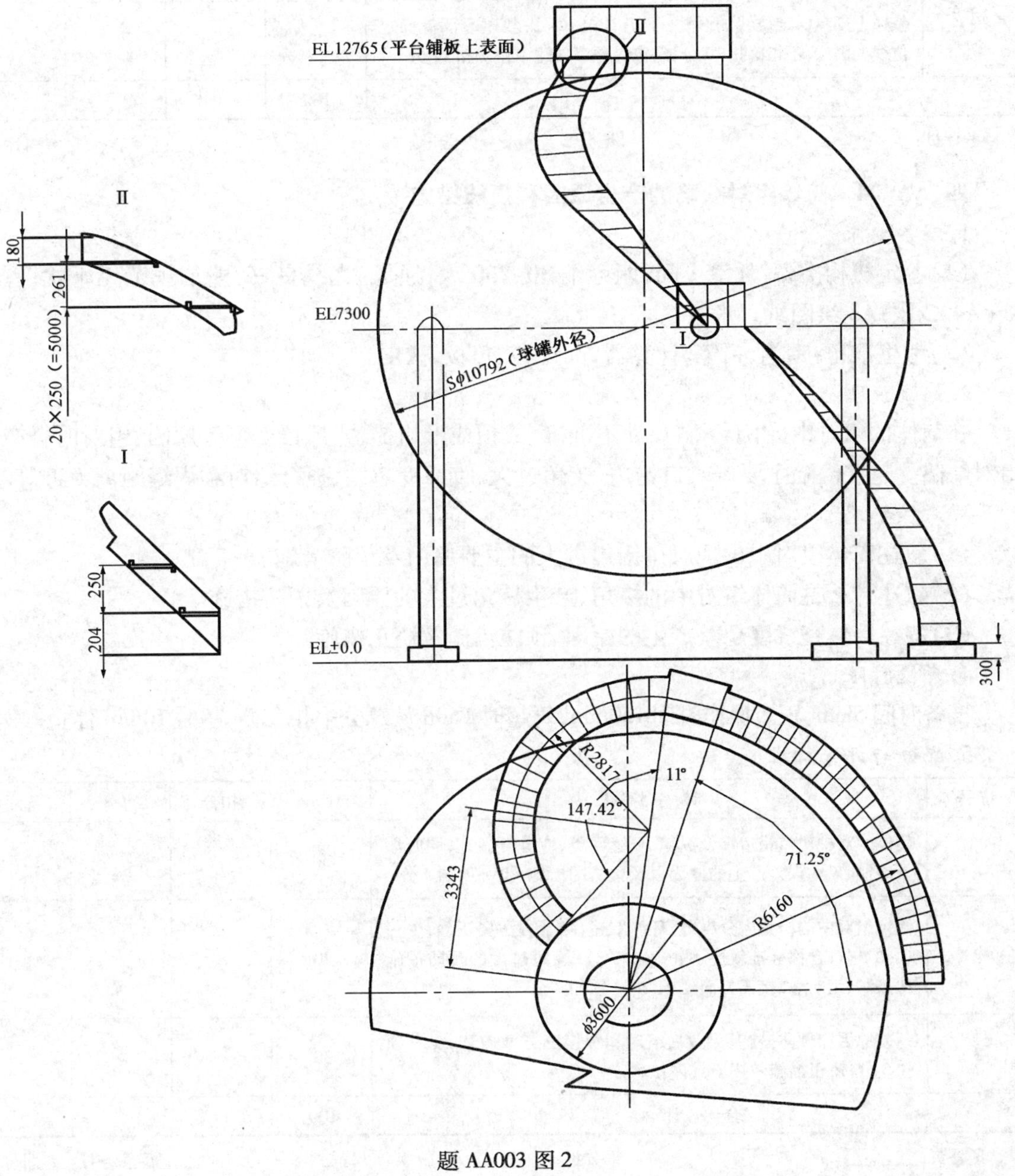

题 AA003 图 2

(3)叙述上部盘梯和下部盘梯的踏步定位划线及定位焊接的方法。

4. 考核时限

准备时间 5min,正式操作时间 150min,每超时 1min 从总分中扣 2 分,超时 10min 停止操作。

5. 配分与评分标准

序号	评分标准	配分	扣分	得分	备注
1	计算出(图1)所示 a 值得 5 分;写出 b 值计算公式得 4 分,计算结果得 3 分;写出 c 值的计算公式得 5 分,计算结果得 3 分	20			
2	内侧板展开图要求画出坐标轴及内侧板的假想球面,缺一项扣 5 分;踏步等分不正确扣 10 分;展开方法不正确扣 10 分;辅助线要清晰,画出内侧板的展开轮廓线,否则扣 10 分	40			
3	叙述上部盘梯定位线的画法,不正确扣 20 分;叙述下部盘梯定位线的画法,不正确扣 10 分;定位焊顺序叙述不正确扣 10 分	40			
	合　　计	100			

考评员:_____　　记分员:_____　　　　____年____月____日

四、AA004　筒体组对缺陷的产生原因和预防措施

1. 准备要求

(1)鉴定机构准备:教室 1 间,能容纳 30~50 人,通风、光线良好,整洁规范无干扰;答题纸(A4)2 张;A3 绘图纸 2 张

(2)考生准备:钢笔,铅笔,计算器,圆规,三角板,橡皮。

2. 编制说明

在筒体的组对中,由于下料尺寸不准确,或预成形粗糙,或焊接变形等原因,组对时会产生组对缺陷。这些缺陷主要有对口错边、棱角过大、直线度超差、强行组对和焊缝距离太近等。

3. 考核要求

(1)叙述筒体组对中出现对口错边过大的主要原因及预防措施。

(2)叙述什么是筒体组对中的棱角,产生棱角过大的原因及预防措施。

(3)叙述筒体直线度超差产生的原因、预防措施及矫正措施。

4. 考核时限

准备时间 5min,正式操作时间 150min,每超时 1min 从总分中扣 2 分,超时 10min 停止操作。

5. 配分与评分标准

序号	评分标准	配分	扣分	得分	备注
1	筒体组对中对口错边涉及纵缝、环缝两类,应分开叙述,同时涉及滚制、尺寸误差产生的原因以及预防的措施,少一项扣 5 分	30			
2	筒体组对中的棱角应分纵缝、环缝叙述,测量方法要正确,少一项扣 6 分;合格标准叙述不正确扣 7 分;棱角过大的预防措施从滚制、组对、焊接三方面要求,少一项扣 7 分	40			
3	超差原因和预防措施从下料、组对和焊接三方面叙述,少一项扣 5 分;矫正措施叙述不具体扣 5 分	30			
	合　　计	100			

考评员:_____　　记分员:_____　　　　____年____月____日

五、AA005　球壳瓣片的净料计算和净料样板的制作

1. 准备要求

（1）鉴定机构准备：教室1间，能容纳30～50人，通风、光线良好，整洁规范无干扰；答题纸（A4）2张；A3绘图纸2张。

（2）考生准备：钢笔，铅笔，计算器，圆规，三角板，橡皮。

2. 编制说明

球形储罐和大型半球形封头的壳体都是分瓣片成形后，再组焊成整体的。球壳瓣片属不可展部件，其制造工序可简单描述为下瓣片坯料—瓣片压制成形—瓣片净料—组焊成整体。瓣片净料的重要内容为净料计算和制作净料样板。本题要求净料样板为柔性净料样板。以 2000m³ 球形储罐为例，尺寸如图1所示。

3. 考核要求

（1）作出图1所示 2000m³ 球形储罐球壳上温带（24等份）单片净料的展开图，在图2上作出。

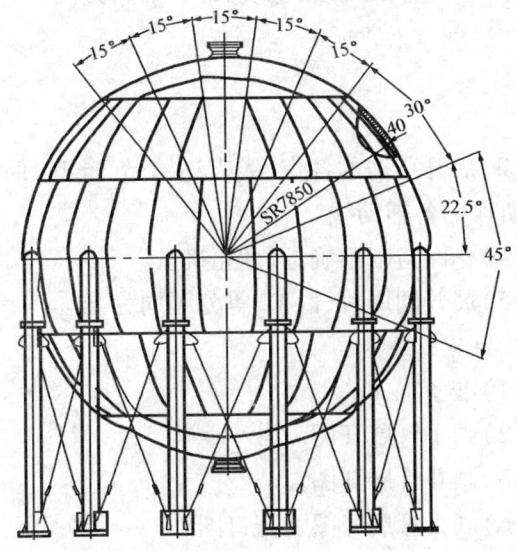
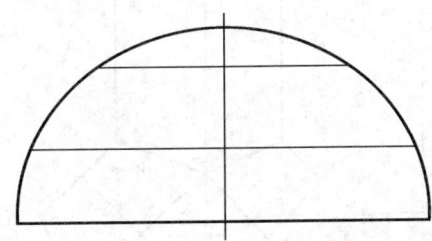

题 AA005 图1　　　　　　　　　　　　题 AA005 图2

（2）列出 2000m³ 球形储罐球壳温带（24等份）单片净料的计算公式，并计算出净料线。

（3）叙述球壳净料样板的制作方法，从以下三方面叙述：① 选择样板用材料；② 样板坯料的制作；③ 样板净料的制作。

4. 考核时限

准备时间5min，正式操作时间150min，每超时1min从总分中扣2分，超时10min停止操作。

5. 配分与评分标准

序号	评分标准	配分	扣分	得分	备注
1	上温带单片按中径展开并标出中径尺寸，否则扣5分；作图方法不正确扣10分；视图辅助线不正确扣5分；未连接轮廓线扣5分	25			
2	未推导出上温带单片计算的数学模型扣11分；上温带计算尺寸共6项，少一项尺寸计算扣4分	35			

续表

序号	评 分 标 准	配分	扣分	得分	备注
3	球壳净料样板材料选择不正确扣5分;样板制作应包括①对毛料球片的要求,②划线方法,③样板组装钉制的方法,④净料样板周边的处理方法,⑤样板的验证,少一项扣7分	40			
	合　　计	100			

考评员:_____　　　记分员:_____　　　____年____月____日

六、AB001　带补料的等径三通制作

1. 准备要求

(1)鉴定机构准备:教室1间,能容纳30~50人,通风、光线良好,整洁规范无干扰;A3绘图纸2张。

(2)考生准备:HB、2B铅笔,200mm三角尺,300mm直尺,圆规,橡皮,计算器,刀片。

2. 考核要求

(1)在白纸上作可选比例1:1。

(2)作图时不考虑构件的壁厚。

(3)展开所需的各点、线表达清楚、准确,保留求解所作的各辅助线。

(4)作图清晰准确,尺寸正确。

(5)展开圆周时,以12等分圆周为准。

3. 操作程序

(1)准备工作。

(2)画Ⅰ管展开图。

(3)画Ⅱ管展开图。

(4)画Ⅲ管展开图及开口图。

(5)作实长线。

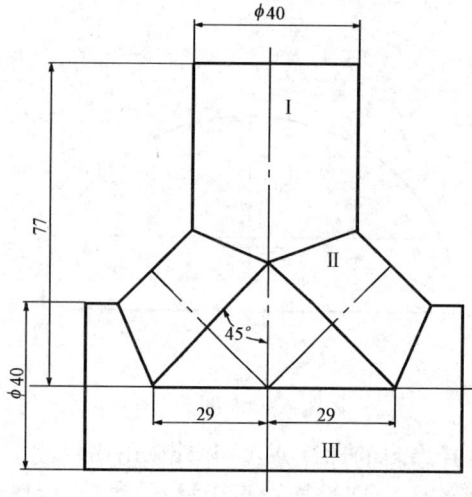

题 AB001 图

4. 考核时限

准备时间15min,正式操作时间60min,每超时1min从总分中扣2分,超时10min停止操作。

5. 工件图

见题 AB001 图。

6. 配分与评分标准

序号	考核项目	评 分 要 素	配分	评 分 标 准	扣分	得分	备注
1	准备工作	工具、用具准备	5	工具、用具少一件扣2分,选错工具每件扣2分			
2	画实样图	根据试题要求画出实样图尺寸	5	实测误差在±0.5mm之间不扣分,每超差1mm扣1分			

续表

序号	考核项目	评分要素	配分	评分标准	扣分	得分	备注
3	画Ⅰ管展开图	画1/4(或1/2)断面圆	3	圆心、半径选取错误每处扣1分			
		3等分1/4圆周(或6等分1/2圆周)	4	等分点位置允差±1mm,每超差1mm扣1分			
		等分点引上垂线	4	垂直度允差±1mm,每超差1mm扣1分			
		延长线上截取圆周长	4	展开长度允差±1mm,每超差1mm扣1分			
		12等分展开圆周	4	等分点位置允差±1mm,每超差1mm扣1分			
		引水平线(或量取实长)	2	实长尺寸允差±1mm,每超差1mm扣1分			
		作出交点	3	应一一对应得交点,位置错误每点扣1分			
		光滑连接各点	3	不光滑每处扣1分			
4	画Ⅲ管展开图及开口图	画1/4(或1/2)断面圆	3	圆心、半径选取错误每处扣1分			
		3等分1/4圆周(或6等分1/2圆周)	4	等分点位置允差±1mm,每超差1mm扣1分			
		等分点引水平线	4	水平度允差±1mm,每超差1mm扣1分			
		水平取线截取圆周长	4	展开长度允差±1mm,每超差1mm扣1分			
		12等分展开圆周	4	等分点位置允差±1mm,每超差1mm扣1分			
		引垂线(或量取实长)	2	实长尺寸允差±1mm,每超差1mm扣1分			
		开口交点	3	投影线与垂直距离一一对应得交点,位置错误每点扣1分			
		光滑连接各点	3	不光滑每处扣1分			
5	画Ⅱ管展开图	作展开长度且6等分	3	端点位置不正确,每错一处扣1分			
		引平行线(或量取实长)	12	取线不正确,每错一处扣2分			
		依次做出交点	5	一一对应得交点,位置错误每点扣1分			
		圆滑连接各点	3	不光滑每处扣1分			
		作出补料三角形	3	实长尺寸允差±1mm,每超差1mm扣1分			
6	样板	轮廓线	10	边缘有明显缺陷不得分;每一不光滑处扣1分,每个样板最多扣2分			
7	安全生产	按国家颁发有关法规或企业自定有关规定		劳保用品少穿一件从总分中扣2分;违规操作,一次从总分中扣除3分,严重违规停止操作;工作场地整洁,工具摆放整齐合理不扣分,稍差扣1分,很差扣3分			
8	考核时限	超时		每超时1min从总分中扣2分;超时10min停止操作			
		合计	100				

考评员:_____ 记分员:_____ ____年____月____日

七、AB002 三节等径变向、变位圆管弯头

1. 准备要求

(1) 鉴定机构准备：教室1间，能容纳30～50人，通风、光线良好，整洁规范无干扰；A3绘图纸2张。

(2) 考生准备：HB、2B铅笔，200mm三角尺，300mm直尺，圆规，橡皮，计算器，刀片。

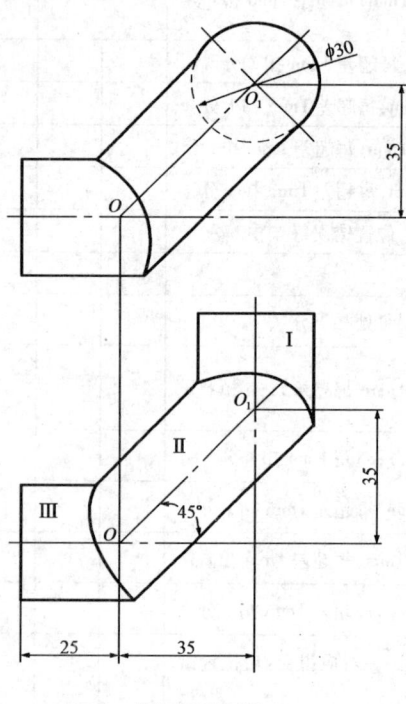

题 AB002 图

2. 考核要求

(1) 在白纸上作可选比例1:1。

(2) 作图时不考虑构件的壁厚。

(3) 展开所需的各点、线表达清楚、准确，保留求解所作的各辅助线。

(4) 作图清晰准确，尺寸正确。

(5) 展开圆周时，以8等分圆周为准。

3. 操作程序

(1) 准备工作。

(2) 求作展开图所需尺寸。

(3) 展开Ⅱ管。

(4) 展开Ⅲ管。

4. 考核时限

准备时间15min，正式操作时间60min，每超时1min从总分中扣2分，超时10min停止操作。

5. 工件图

见题 AB002 图。

6. 配分与评分标准

序号	考核项目	评分要素	配分	评分标准	扣分	得分	备注
1	准备工作	工具、用具准备	5	工具、用具少一件扣2分，选错工具每件扣2分			
2	求作展开图所需尺寸	一次变换投影图	5	做法正确得5分，否则不得分			
		二次变换投影图	5	做法正确得5分，否则不得分			
		三次变换投影图	5	做法正确得5分，否则不得分			
		作出Ⅱ管截面	4	截面垂直Ⅱ管中心线，否则不得分			
		求出错心差	4	做法错误不得分			
3	展开Ⅱ管	展开圆周长度	5	不正确不得分；长度允差±1mm，每超差1mm扣1分			
		8等分圆周	4	等分点位置允差±1mm，每超差1mm扣1分			
		画两个1/4圆周	4	圆心位置、半径尺寸错不得分			
		2等分1/4圆周	4	等分点位置允差±1mm，每超差1mm扣1分			

续表

序号	考核项目	评分要素	配分	评分标准	扣分	得分	备注
3	展开Ⅱ管	作出错心差	4	位置错误不得分			
		引水平线	4	水平度允差±1mm,每超差1mm扣1分			
		截取长度得交点	4	应一一对应得交点,位置错误每点扣1分			
		光滑连接各点	4	不光滑每处扣1分			
4	展开Ⅲ管	展开圆周长度	5	不正确不得分;长度允差±1mm,每超差1mm扣1分			
		8等分圆周	4	等分点位置允差±1mm,每超差1mm扣1分			
		画两个1/4圆周	4	圆心位置、半径尺寸错不得分			
		2等分1/4圆周	4	等分点位置允差±1mm,每超差1mm扣1分			
		引水平线	4	水平度允差±1mm,每超差1mm扣1分			
		截取长度得交点	4	应一一对应得交点,位置错误每点扣1分			
		光滑连接各点	4	不光滑每处扣1分			
5	样板	轮廓线	10	边缘有明显缺陷不得分;每一不光滑处扣1分,最多扣5分			
6	安全生产	按国家颁发有关法规或企业自定有关规定		劳保用品少穿一件从总分中扣2分;违规操作,一次从总分中扣除3分,严重违规停止操作;工作场地整洁,工具摆放整齐合理不扣分,稍差扣1分,很差扣3分			
7	考核时限	超时		每超时1min从总分中扣2分;超时10min停止操作			
		合计	100				

考评员:_____   记分员:_____   ____年____月____日

八、AB003 圆筒上斜交圆锥管

1. 准备要求

(1)鉴定机构准备:教室1间,能容纳30~50人,通风、光线良好,整洁规范无干扰;A3绘图纸2张。

(2)考生准备:HB、2B铅笔,200mm三角尺,300mm直尺,圆规,橡皮,计算器,刀片。

2. 考核要求

(1)在白纸上作可选比例1:1。

(2)作图时不考虑构件的壁厚。

(3)展开所需的各点、线表达清楚、准确,保留求解所作的各辅助线。

(4)作图清晰准确,尺寸正确。

(5)展开圆锥管时,以12等分圆周为准。

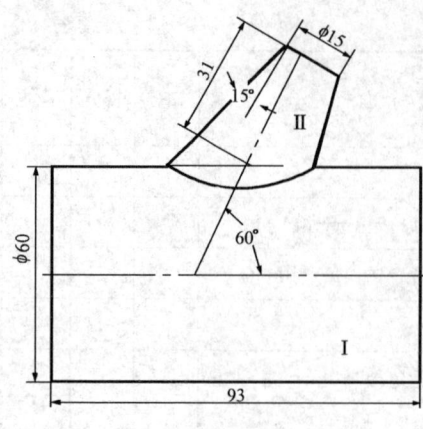

题 AB003 图

3. 操作程序

(1) 准备工作。

(2) 求作接合线。

(3) 展开圆锥管Ⅱ。

(4) 求作圆管Ⅰ上开孔样板。

4. 考核时限

准备时间 15min,正式操作时间 60min,每超时 1min 从总分中扣 2 分,超时 10min 停止操作。

5. 工件图

见题 AB003 图。

6. 配分与评分标准

序号	考核项目	评分要素	配分	评分标准	扣分	得分	备注
1	准备工作	工具、用具准备	5	工具、用具少一件扣 2 分,选错工具每件扣 2 分			
2	求作接合线	根据试题要求画出实样图尺寸	5	实测误差在 ±0.5mm 之间不扣分,每超差 1mm 扣 1 分			
		画断面圆	4	圆心半径选取正确,各得 2 分,否则不得分			
		得侧视图交点	5	交点不正确每点扣 1 分			
		作水平线,与主视图相交得交点	6	水平线位置不正确每点扣 1 分			
		连点得接合线	4	连接不正确,每条线扣 2 分			
3	展开圆锥管Ⅱ	圆锥顶点	5	做法不正确不得分			
		12 等分圆周	6	长度允差 ±1mm,每超差 1mm 扣 1 分;等分点允差 ±1mm,每超差 1mm 扣 1 分			
		等分点引圆锥顶点素线	5	素线允差 ±1mm,每超差 1mm 扣 1 分			
		在素线上画出小圆锥展开半径	3	展开半径 ±1mm,每超差 1mm 扣 1 分			
		连线得交点	3	交点位置每错一处扣 1 分			
		交点引平行线	4	平行度每超差 1mm 扣 1 分			
		在素线上画圆弧得交点	10	圆心、半径选取错误一处扣 1 分;一一对应得交点,位置错误每点扣 2 分			
		光滑连接各交点	4	不光滑每处扣 1 分			
4	展开圆管Ⅰ上开孔	由各交点引垂线	4	垂直度允差 ±1mm,每超差 1mm 扣 1 分			
		量取侧视图中对应的弧长作水平线	4	尺寸长度允差 ±1mm,每超差 1mm 扣 1 分;水度允差 ±1mm,每超差 1mm 扣 1 分			

续表

序号	考核项目	评分要素	配分	评分标准	扣分	得分	备注
4	展开圆管Ⅰ上开孔	作出交点	8	交点位置不正确每一处扣1分			
		光滑连接各交点	5	不光滑每处扣1分			
5	样板	轮廓线	10	边缘有明显缺陷不得分；每一不光滑处扣1分,最多扣5分			
6	安全生产	按国家颁发有关法规或企业自定有关规定		劳保用品少穿一件从总分中扣2分；违规操作,一次从总分中扣除3分；严重违规停止操作；工作场地整洁,工具摆放整齐合理不扣分,稍差扣1分,很差扣3分			
7	考核时限	超时		每超时1min从总分中扣2分；超时10min停止操作			
	合　　计		100				

考评员:＿＿＿＿＿＿　　　记分员:＿＿＿＿＿＿　　　　　　　　　　　　　　＿＿年＿＿月＿＿日

九、AB004　变形接头

1.准备要求

（1）鉴定机构准备:教室1间,能容纳30~50人,通风、光线良好,整洁规范无干扰;A3绘图纸2张。

（2）考生准备:HB、2B铅笔,200mm三角尺,300mm直尺,圆规,橡皮,计算器,刀片。

2.考核要求

（1）在白纸上作可选比例1∶1。

（2）作图时不考虑构件的壁厚。

（3）展开所需的各点、线表达清楚、准确,保留求解所作的各辅助线。

（4）作图清晰准确,尺寸正确。

（5）展开圆锥管时,以12等分圆周为准。

3.操作程序

（1）准备工作。

（2）展开变形接头。

4.考核时限

准备时间15min,正式操作时间60min,每超时1min从总分中扣2分,超时10min停止操作。

5.工件图

见题AB004图。

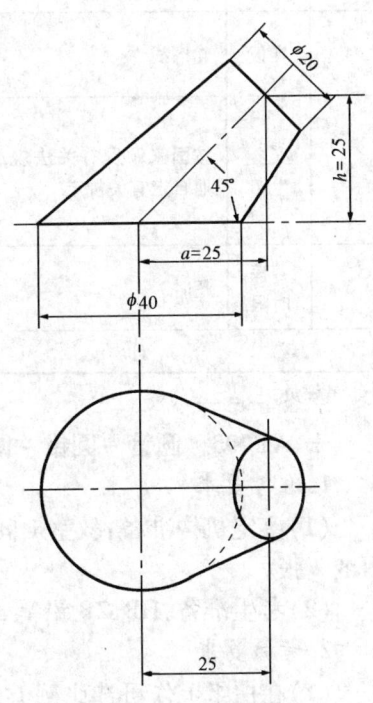

题 AB004 图

6. 配分与评分标准

序号	考核项目	评分要素	配分	评分标准	扣分	得分	备注
1	准备工作	工具、用具准备	5	工具、用具少一件扣2分,选错工具每件扣2分			
2	用三角形法求作实长线	根据试题要求画出实样图尺寸	5	实测误差在±0.5mm之间不扣分,每超差1mm扣1分			
		作出俯视图的椭圆	5	应根据主视图顶圆的正投影作,错误不得分			
		分别等分两断面圆周,6等分1/2圆周	5	分点要选择合理,每错一点扣1分			
		分别连出12个三角形	5	点要一一对应,每错一处扣1分			
		作水平线	12	水平度允差±1mm,每超差1mm扣1分			
		截取水平距离	12	截取距离不正确,每错一处扣1分			
		得实长线	12	一一对应得实长线,每错一处扣1分			
3	作展开图	用三角形法作展开图	5	方法错不得分			
		取主视图实长线	5	直线应竖直,偏斜允差±1mm,每超差1mm扣1分;长度允差±2mm,每超差1mm扣1分			
		依次画弧得交点	15	圆心位置、半径选取不正确,每错一处扣2分			
		光滑连接各点	4	不光滑每处扣1分			
4	样板	轮廓线	10	边缘有明显缺陷不得分;每一不光滑处扣1分			
5	安全生产	按国家颁发有关法规或企业自定有关规定		劳保用品少穿一件从总分中扣2分;违规操作,一次从总分中扣除3分;严重违规停止操作;工作场地整洁,工具摆放整齐合理不扣分,稍差扣1分,很差扣3分			
6	考核时限	超时		每超时1min从总分中扣2分;超时10min停止操作			
	合 计		100				

考评员:_____　　　记分员:_____　　　　　　　　　　___年___月___日

十、AB005　圆管－圆锥－圆管三节直角换向连接管

1.准备要求

(1)鉴定机构准备:教室1间,能容纳30～50人,通风、光线良好,整洁规范无干扰;A3绘图纸2张。

(2)考生准备:HB、2B铅笔,200mm三角尺,300mm直尺,圆规,橡皮,计算器,刀片。

2.考核要求

(1)在白纸上作可选比例1∶1。

(2)作图时不考虑构件的壁厚。

(3)展开所需的各点、线表达清楚、准确,保留求解所作的各辅助线。

(4)作图清晰准确,尺寸正确。
(5)展开圆锥管时,以8等分圆周为准。

3.操作程序

(1)准备工作。
(2)求作接合线。
(3)圆管Ⅰ、Ⅲ展开。
(4)圆锥管Ⅱ展开。
(5)样板。

4.考核时限

准备时间 15min,正式操作时间 60min,每超时 1min 从总分中扣 2 分,超时 10min 停止操作。

5.工件图

见题 AB005 图。

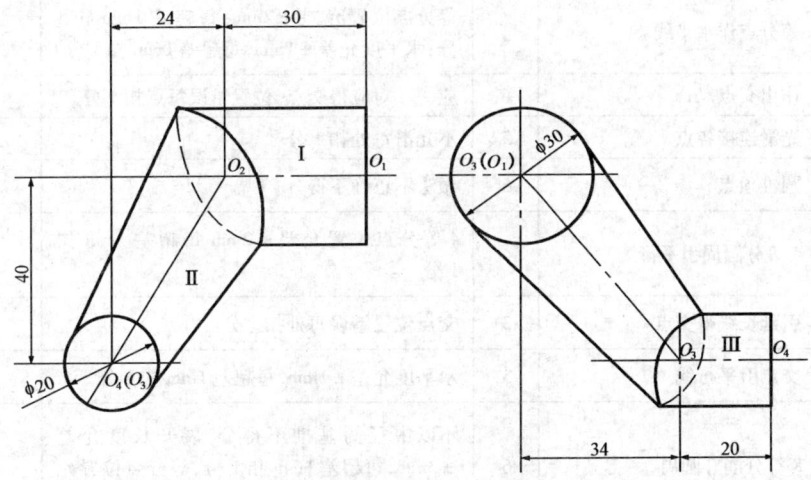

题 AB005 图

6.配分与评分标准

序号	考核项目	评分要素	配分	评分标准	扣分	得分	备注
1	准备工作	工具、用具准备	5	工具、用具少一件扣 2 分,选错工具每件扣 2 分			
2	求作大管与圆锥管接合线	作大管与圆锥管中心线的夹角	2	做法不正确不得分			
		作圆锥管中心线实长线	2	做法不正确不得分			
		画两个断面圆	2	圆心、半径选择错误一处扣 1 分			
		连公切线	2	切点位置错不得分			
		连点得接合线	2	连点不正确不得分			

续表

序号	考核项目	评分要素	配分	评分标准	扣分	得分	备注
3	求作小管与圆锥管接合线	作小管与圆锥管中心线的夹角	3	做法不正确不得分			
		画两个断面圆	3	圆心、半径错,不得分			
		连公切线	3	切点位置错不得分			
		连点得结合线	3	连点正确,每条线得1分			
4	大小圆管展开	8等分展开圆周	6	以中径展开得2分,否则不得分;展开长度允差±3mm,每超差1mm扣1分			
		截取长度	4	等分点允差±2mm,每超差1mm扣1分;截取不正确扣2分			
		等分点作水平线	4	等分点位置允差±2mm,每超差1mm扣1分;水平度允差±1mm,每超差1mm扣1分			
		作出交点	6	应一一对应得交点,位置错误每点扣1分			
		光滑连接各点	5	不光滑每处扣1分			
5	圆锥管展开图	圆锥顶点	5	做法不正确不得分			
		4等分圆周引平行线	4	4等分点位置允差±2mm 每超差1mm扣1分			
		引延长线得交点	3	交点位置错误每处扣1分			
		交点引平行线	3	水平度允差±1mm,每超差1mm扣1分			
		8等分展开圆周	6	不以中径为基准不得分;展开长度允差±3mm,每超差1mm扣1分;等分点位置允差±2mm,每超差1mm扣1分			
		画圆弧得交点	12	圆心、半径不正确每处扣1分;应一一对应得交点,位置错误每点扣1分;正反曲不标注或标注错误扣3分			
		光滑连接各点	5	不光滑每处扣1分			
6	样板	轮廓线	10	边缘有明显缺陷不得分;每一不光滑处扣1分,最多扣6分			
7	安全生产	按国家颁发有关法规或企业自定有关规定		劳保用品少穿一件从总分中扣2分;违规操作,一次从总分中扣除3分,严重违规停止操作;工作场地整洁,工具摆放整齐合理不扣分,稍差扣1分,很差扣3分			
8	考核时限	超时		每超时1min从总分中扣2分;超时10min停止操作			
		合　　计	100				

考评员:_____　　　　记分员:_____　　　　___年___月___日

十一、AC001 编制拱顶罐充气顶升施工方案

1. 准备要求

(1) 鉴定机构准备：教室 1 间，能容纳 30~50 人，通风、光线良好，整洁规范无干扰；白纸若干。

(2) 考生准备：钢笔，铅笔。

2. 编制说明

(1) 储罐技术参数：

储罐名称：污水罐；公称容积：10000m^3，储罐内径：27500mm；罐壁高度：22100mm；共由 11 圈壁板构成，从下到上壁板厚度(mm)依次为 26、26、24、24、20、20、20、16、16、12、12；钢板到货规格均为 8000mm×2100mm；罐顶质量为 76t（含包边角钢和顶部平台）；底板厚度 7mm；弓形边缘板厚度 16mm。

(2) 方案所用机具：

50t、25t 汽车吊各 1 台，鼓风机 1 台，36mm×3000mm 滚板机 1 台，半自动火焰切割机 3 台，电焊机 40 台，2t、5t 倒链各 4 台，大锤 5 把，10t 千斤顶 4 台，ϕ12mm 圆钢 100m，⊏25 槽钢 250m，厚度为 10mm、12mm 的 Q235B 钢板各 10m^2，厚度为 6mm 的 Q235B 钢板 15m^2，密封胶皮 100m^2，其他施工工具和手段用料按需供应。

3. 考核要求

(1) 方案切实可行、安全可靠。

(2) 方案需按步骤编写。

4. 考核时限

准备时间 5min，正式操作时间 60min，每超时 1min 从总分中扣 2 分，超时 10min 停止操作。

5. 配分与评分标准

序号	评分标准	配分	扣分	得分	备注
1	方案需按步骤编写，不按步骤编写扣 10 分	10			
2	所提供机具和手段用料应全部使用，并注明机具和手段用料的用途，少用一件扣 4 分，补充内容不合理的一件扣 4 分	20			
3	方案中应体现提升最大风压和风量计算过程，提供风机选用依据，缺一项扣 10 分	20			
4	方案中应涉及提升过程的平衡和限位措施，缺一项扣 10 分	20			
5	方案中应涉及滚板胎具、背杠以及组对工具、卡具的制作，缺一项扣 5 分	15			
6	叙述不详一处扣 5 分	15			
	合　　计	100			

考评员：_____　　　记分员：_____　　　　　　　___年___月___日

十二、AC002 编制催化裂化装置再生器现场组装施工方案

1. 准备要求

(1) 鉴定机构准备：教室 1 间，能容纳 30~50 人，通风、光线良好，整洁规范无干扰；白纸若干。

(2) 考生准备：钢笔，铅笔。

2. 编制说明

(1) 再生器技术参数:

设备名称:140×10⁴t/a 催化裂化装置再生器;几何尺寸(mm):(8600 或 5400)×42000×(22 或 24 或 26);安装标高:17.00m;设备材质:20R,分片到货,现场预制、分段吊装,衬里为支模浇筑。

(2) 方案所用机具:

150t 履带吊、50t 汽车吊各 1 台(只考虑现场组对,不考虑吊装就位),电焊机 40 台,厚度为 20mm 的 Q235B 钢板 200m²,2t、5t 倒链各 10 台,大锤 5 把,5t、10t 千斤顶各 4 台,∠75mm×75mm×5mm 角钢和 φ89mm、φ168mm 钢管各 250m,厚度为 10mm、12mm 的 Q235B 钢板各 10m²,其他施工工具和手段用料按需供应。

3. 考核要求

(1) 方案切实可行、安全可靠。

(2) 方案需按步骤编写。

4. 考核时限

准备时间 5min,正式操作时间 60min,每超时 1min 从总分中扣 2 分,超时 10min 停止操作。

5. 配分与评分标准

序号	评分标准	配分	扣分	得分	备注
1	方案需按步骤编写,不按步骤编写扣 10 分	10			
2	所提供机具和手段用料应全部使用,并注明机具和手段用料的用途,少用一件扣 4 分,补充内容不合理的一件扣 4 分	20			
3	因支模衬里需要,方案中应体现封头和过渡段的翻转,缺一项扣 10 分	20			
4	方案中应涉及压力容器检查和与土建基础、焊接、衬里等工序的过程交接的要求,缺一项扣 5 分	20			
5	方案中应涉及现场开孔的技术要求和内部旋风分离器的安装以及组对工具、卡具的制作,缺一项扣 5 分	15			
6	叙述不详一处扣 5 分	15			
	合　　计	100			

考评员:_____　　　　　记分员:_____　　　　　___年___月___日

十三、AC003　编制圆筒形管式加热炉安装施工方案

1. 准备要求

(1) 鉴定机构准备:教室 1 间,能容纳 30~50 人,通风、光线良好,整洁规范无干扰;白纸若干。

(2) 考生准备:钢笔,铅笔。

2. 编制说明

(1) 加热炉技术参数:

设备名称:250×10⁴t/a 常压蒸馏装置减压炉;加热炉内径:7500mm;加热炉高度:42100mm;由炉底钢结构、辐射室、对流室、烟囱等构成。

(2) 方案所用机具:

50t、25t 汽车吊各 1 台(只考虑现场组对,不考虑吊装就位),厚度为 20mm 的 Q235B 钢板

150m², 20mm×2000mm 滚板机 1 台, 电焊机 40 台, 半自动火焰切割机 3 台, 2t、5t 倒链各 5 台, 大锤 5 把, 5t、10t 千斤顶各 4 台, ∠75mm×75mm×5mm 角钢和 ϕ89mm、ϕ114mm 钢管各 150m, 厚度为 10mm、12mm 的 Q235B 钢板各 10m², 其他施工工具和手段用料按需供应。

3. 考核要求

(1) 方案切实可行、安全可靠。

(2) 方案需按步骤编写。

4. 考核时限

准备时间 5min, 正式操作时间 60min, 每超时 1min 从总分中扣 2 分, 超时 10min 停止操作。

5. 配分与评分标准

序号	评分标准	配分	扣分	得分	备注
1	方案需按步骤编写,不按步骤编写扣 10 分	10			
2	所提供机具和手段用料应全部使用,并注明机具和手段用料的用途,少用一件扣 4 分,补充内容不合理的一件扣 4 分	20			
3	方案中应体现天圆地方制作和炉管的焊接、试压以及烘炉等关键工序,缺一项扣 5 分	20			
4	方案中应涉及与土建基础、焊接、衬里、吊装等工序的过程交接的要求,缺一项扣 5 分	20			
5	方案中应涉及炉管组对和滚板胎具制作、背杠以及组对工具、卡具的制作,缺一项扣 5 分	15			
6	叙述不详一处扣 5 分	15			
	合　　计	100			

考评员:_____ 　　　记分员:_____ 　　　___年___月___日

十四、AC004　编制 CO 蒸汽锅炉安装施工方案

1. 准备要求

(1) 鉴定机构准备:教室 1 间,能容纳 30~50 人,通风、光线良好,整洁规范无干扰;白纸若干。

(2) 考生准备:钢笔,铅笔。

2. 编制说明

(1) 加热炉技术参数:

设备名称:140×10⁴t/a 催化裂化装置 CO 锅炉;锅炉高度:42100mm;由锅炉钢结构、上下锅筒、过热器、省煤器、水冷壁、烟风道等构成,炉管与锅筒胀管连接。

(2) 方案所用机具:

50t、25t 汽车吊各 1 台(只考虑现场组对,不考虑吊装就位),厚度为 20mm 的 Q235B 钢板 150m², 电焊机 40 台, 胀管器 5 台, 半自动火焰切割机 3 台, 2t、5t 倒链各 5 台, 大锤 5 把, 5t、10t 千斤顶各 4 台, ∠75mm×75mm×5mm 角钢和 ϕ89mm、ϕ114mm 钢管各 150m, 厚度为 10mm、12mm 的 Q235B 钢板各 10m², 其他施工工具和手段用料按需供应。

3. 考核要求

(1) 方案切实可行、安全可靠。

(2) 方案需按步骤编写。

4. 考核时限

准备时间 5min,正式操作时间 60min,每超时 1min 从总分中扣 2 分,超时 10min 停止操作。

5. 配分与评分标准

序号	评分标准	配分	扣分	得分	备注
1	方案需按步骤编写,不按步骤编写扣 10 分	10			
2	所提供机具和手段用料应全部使用,并注明机具和手段用料的用途,少用一件扣 4 分,补充内容不合理的一件扣 4 分	20			
3	方案中应体现炉管到货验收中的校管和通球检查,施工准备的试胀过程以及炉管的焊接、试压以及烘炉等关键工序,缺一项扣 5 分	30			
4	方案中应涉及与土建基础、焊接、衬里、吊装等工序的过程交接的要求,缺一项扣 2.5 分	10			
5	方案中应涉及校管胎具制作以及锅筒找正、烘炉、煮炉等内容,缺一项扣 5 分	15			
6	叙述不详一处扣 5 分	15			
	合　　计	100			

考评员:_____　　　　记分员:_____　　　　____年____月____日

十五、AC005　编制球形储罐现场组装施工方案

1. 准备要求

(1)鉴定机构准备:教室 1 间,能容纳 30~50 人,通风、光线良好,整洁规范无干扰;白纸若干。

(2)考生准备:钢笔,铅笔。

2. 编制说明

(1)球形储罐技术参数:

设备名称:球形储罐;公称容积:1000m²;设计温度 40℃;设计压力:2.5MPa,几何尺寸:$\phi12300mm \times 34mm$;设备材质:16MnR,分片到货,现场组装、焊接和热处理,要求气密性试验。

(2)方案所用机具:

50t、25t 汽车吊各 1 台(只考虑现场组对,不考虑吊装就位),电焊机 30 台,组装卡具 1 套,5t 倒链 10 台,2t 倒链 20 台,大锤 5 把,5t、10t 千斤顶各 4 台,$\angle 75mm \times 75mm \times 5mm$ 角钢和 $\phi89mm$、$\phi168mm$ 钢管各 100m,厚度为 10mm、12mm 的 Q235B 钢板各 10m²,其他施工工具和手段用料按需供应。

3. 考核要求

(1)方案切实可行、安全可靠。

(2)方案需按步骤编写。

4. 考核时限

准备时间 5min,正式操作时间 60min,每超时 1min 从总分中扣 2 分,超时 10min 停止操作。

5. 配分与评分标准

序号	评分标准	配分	扣分	得分	备注
1	方案需按步骤编写,不按步骤编写扣10分	10			
2	所提供机具和手段用料应全部使用,并注明机具和手段用料的用途,少用一件扣4分,补充内容不合理的一件扣4分	20			
3	方案中应体现到货验收的主要内容:配件清点、测厚、几何尺寸、超声检查等,缺一项扣5分	20			
4	方案中应涉及压力容器检查和与土建基础、焊接、热处理、水压试验、气密试验等工序的过程交接的要求,缺一项扣5分	30			
5	方案中应涉及现场组装伞架和防风棚及脚手架的搭设技术要求,缺一项扣5分	15			
6	叙述不详一处扣5分	15			
	合　　计	100			

考评员:_____　　　记分员:_____　　　____年____月____日

十六、AD001　编制出现人员受物体打击的应急措施

1. 准备要求

(1)鉴定机构准备:教室1间,能容纳30~50人,通风、光线良好,整洁规范无干扰;白纸若干。

(2)考生准备:钢笔,铅笔,三角板,橡皮。

2. 编制说明

紧急状况描述:在某石化装置施工现场,铆焊队正在进行再生器环形口的组对。由于焊接变形,筒体的椭圆度较大。在组对过程中,由于电焊工在焊接挡板时,焊缝焊肉较薄,导致挡板焊缝断裂,挡板飞出,碰到了正在指挥组对的张某的头部,张某遂即昏倒。

3. 考核要求

(1)详细叙述所应采取的应急措施,包括所用的应急设施。

(2)采取措施切实可行,安全可靠,所采用的应急手段应合理、科学。

(3)应急措施需按所采取的步骤顺序编写。

(4)画出所采取应急措施流程图。

4. 考核时限

准备时间5min,正式操作时间60min,每超时1min从总分中扣2分,超时10min停止操作。

5. 配分与评分标准

序号	评分标准	配分	扣分	得分	备注
1	应急措施需按所采取的步骤顺序编写,不按顺序编写扣10分,每少一步扣5分,叙述不详一处扣3分	60			
2	所采用的急救手段应合理,否则扣10分	10			
3	所用的应急设施合理,否则扣10分	10			
4	采取的通讯联络手段合理,否则扣10分	10			
5	画出所采取应急措施流程图,画错扣10分	10			
	合　　计	100			

考评员:_____　　　记分员:_____　　　____年____月____日

十七、AD002　编制出现物体高处坠落人员受伤的应急措施

1. 准备要求

（1）鉴定机构准备：教室1间，能容纳30~50人，通风、光线良好，整洁规范无干扰；白纸若干。

（2）考生准备：钢笔，铅笔，三角板，橡皮。

2. 编制说明

紧急状况描述：在某施工现场，一石油化工塔类设备已吊起准备就位。铆工作业人员在进行塔类设备的就位安装。设备采用的是整体吊装，为减少高处作业，塔体上的劳动保护平台已在筒体卧式组对时安装。由于吊装前的安全检查不到位，有一小铁块遗留在平台上。塔体就位时，由于晃动，小铁块从高处坠落，砸到了铆工作业人员李某的胳膊，李某的胳膊受伤且不能动。

3. 考核要求

（1）详细叙述所应采取的应急措施，包括所用的应急设施。

（2）采取措施切实可行，安全可靠，所采用的应急手段应合理、科学。

（3）应急措施需按所采取的步骤顺序编写。

（4）画出所采取应急措施流程图。

4. 考核时限

准备时间5min，正式操作时间60min，每超时1min从总分中扣2分，超时10min停止操作。

5. 配分与评分标准

序号	评分标准	配分	扣分	得分	备注
1	应急措施需按所采取的步骤顺序编写，不按顺序编写扣10分，每少一步扣5分，叙述不详一处扣3分	60			
2	所采用的急救手段应合理，否则扣10分	10			
3	所用的应急设施合理，否则扣10分	10			
4	采取的通讯联络手段合理，否则扣10分	10			
5	画出所采取应急措施流程图，画错扣10分	10			
	合　　计	100			

考评员：＿＿＿＿＿＿　　　　　　记分员：＿＿＿＿＿＿　　　　　　＿＿＿年＿＿＿月＿＿＿日

十八、AD003　编制出现火灾情况的应急措施

1. 准备要求

（1）鉴定机构准备：教室1间，能容纳30~50人，通风、光线良好，整洁规范无干扰；白纸若干。

（2）考生准备：钢笔，铅笔，三角板，橡皮。

2. 编制说明

紧急状况描述：某石化厂的生产装置由于运行时间较长，正停产检修。在检修现场，由于地面存在易燃物质，而操作人员认为不会有险情出现，没有进行必要的处理。当操作人员进行气割作业时，地面起火。

3. 考核要求

（1）详细叙述所应采取的应急措施，包括所用的应急设施。

(2)采取措施切实可行,安全可靠,所采用的应急手段应合理、科学。
(3)应急措施需按所采取的步骤顺序编写。
(4)画出所采取应急措施流程图。

4. 考核时限

准备时间5min,正式操作时间60min,每超时1min从总分中扣2分,超时10min停止操作。

5. 配分与评分标准

序号	评分标准	配分	扣分	得分	备注
1	应急措施需按所采取的步骤顺序编写,不按顺序编写扣10分,每少一步扣5分,叙述不详一处扣3分	60			
2	所采用的急救手段应合理,否则扣10分	10			
3	所用的应急设施合理,否则扣10分	10			
4	采取的通讯联络手段合理,否则扣10分	10			
5	画出所采取应急措施流程图,画错扣10分	10			
	合　　计	100			

考评员:_____　　　　记分员:_____　　　　___年___月___日

十九、AD004　编制出现人员高处坠落的应急措施

1. 准备要求

(1)鉴定机构准备:教室1间,能容纳30~50人,通风、光线良好,整洁规范无干扰;白纸若干。
(2)考生准备:钢笔,铅笔,三角板,橡皮。

2. 编制说明

紧急状况描述:在某钻井作业施工现场,铆焊操作人员正在进行井架的立式组对安装。由于劳动保护平台的围栏焊接质量不好,加之在其上操作时,操作人员王某在操作时用力挤靠围栏,导致围栏扁铁间的焊缝断开,王某站立不稳,从10m高的平台坠落至地面。

3. 考核要求

(1)详细叙述所应采取的应急措施,包括所用的应急设施。
(2)采取措施切实可行,安全可靠,所采用的应急手段应合理、科学。
(3)应急措施需按所采取的步骤顺序编写。
(4)画出所采取应急措施流程图。

4. 考核时限

准备时间5min,正式操作时间60min,每超时1min从总分中扣2分,超时10min停止操作。

5. 配分与评分标准

序号	评分标准	配分	扣分	得分	备注
1	应急措施需按所采取的步骤顺序编写,不按顺序编写扣10分,每少一步扣5分,叙述不详一处扣3分	60			
2	所采用的急救手段应合理,否则扣10分	10			
3	所用的应急设施合理,否则扣10分	10			
4	采取的通讯联络手段合理,否则扣10分	10			
5	画出所采取应急措施流程图,画错扣10分	10			
	合　　计	100			

考评员:_____　　　　记分员:_____　　　　___年___月___日

二十、AD005　编制出现人员触电时的应急措施

1. 准备要求
(1) 鉴定机构准备：教室 1 间，能容纳 30～50 人，通风、光线良好，整洁规范无干扰；白纸若干。
(2) 考生准备：钢笔，铅笔，三角板，橡皮。

2. 编制说明
紧急状况描述：在某施工现场，铆焊队正在进行化工塔类设备的组对。因交叉作业，电焊工也在进行焊接作业。由于没有采取接地措施，在组对过程中，铆工操作人员孙某在组对筒体时触电倒地。

3. 考核要求
(1) 详细叙述所应采取的应急措施，包括所用的应急设施。
(2) 采取措施切实可行，安全可靠，所采用的应急手段应合理、科学。
(3) 应急措施需按所采取的步骤顺序编写。
(4) 画出所采取应急措施流程图。

4. 考核时限
准备时间 5min，正式操作时间 60min，每超时 1min 从总分中扣 2 分，超时 10min 停止操作。

5. 配分与评分标准

序号	评分标准	配分	扣分	得分	备注
1	应急措施需按所采取的步骤顺序编写，不按顺序编写扣 10 分，每少一步扣 5 分，叙述不详一处扣 3 分	60			
2	所采用的急救手段应合理，否则扣 10 分	10			
3	所用的应急设施合理，否则扣 10 分	10			
4	采取的通讯联络手段合理，否则扣 10 分	10			
5	画出所采取应急措施流程图，画错扣 10 分	10			
	合　　计	100			

考评员：_____　　　记分员：_____　　　___年___月___日

参 考 文 献

[1] 国家质量技术监督局. 压力容器安全技术监察规程. 北京:中国劳动社会保障出版社,1999.
[2] 国家质量技术监督局. 压力容器安全技术监察规程及解析. 北京:中国劳动社会保障出版社,1999.
[3] 机械工业职业技能鉴定指导中心编. 冷作工技能鉴定考核试题库. 北京:机械工业出版社,2003.
[4] 翟洪绪. 实用铆工手册. 北京:化学工业出版社,1996.
[5] 夏巨谌. 实用钣金工. 北京:机械工业出版社,2002.
[6] 王爱珍. 冷作成形技术手册. 北京:机械工业出版社,2006.
[7] 樊文萱,宫述之,毛昕,郭丽珍. 钣金展开技术手册. 北京:北京出版社,1998.